陈义旺　吕小兰　胡　昱　主编

化学工业出版社

·北京·

本书结合最新科技成果和社会发展动态，从大家熟悉的角度出发，用翔实的资料论述了化学与人类社会的关系以及化学对人类社会发展的巨大贡献。

全书共八章，分别是：化学史与人类文明史，微观化学世界，生命的化学奥秘，医药与化学，食品与化学，环境保护与绿色化学，新能源与化学，日用品与化学。各章穿插的“知识·链接”，介绍了大家耳熟能详的相关历史事件或是常识性的知识，可以激发读者的阅读兴趣。在化学实验室和专业老师指导下，与各章内容相关的“趣味实验”会让走进实验室的读者，亲自动手享受求知的乐趣。

本书可作为高校开设跨专业选修课教材使用，也可作为中学化学教师的参考书或中学生的课外科普读物，亦可作为中学生化学夏令营的教材，还是社会各界人士了解化学的普及读物。

图书在版编目（CIP）数据

化学创造美好生活/陈义旺，吕小兰，胡昱主编. —北京：化学工业出版社，2013.11（2023.1重印）

ISBN 978-7-122-18758-1

Ⅰ.①化… Ⅱ.①陈…②吕…③胡… Ⅲ.①化学-普及读物 Ⅳ.①O6-49

中国版本图书馆CIP数据核字（2013）第249736号

责任编辑：宋林青　　文字编辑：孙凤英

责任校对：宋　玮　　装帧设计：关　飞

出版发行：化学工业出版社（北京市东城区青年湖南街13号　邮政编码100011）

印　　装：北京虎彩文化传播有限公司

787mm×1092mm　1/16　印张18¼　字数445千字　　2023年1月北京第1版第3次印刷

购书咨询：010-64518888　　售后服务：010-64518899

网　　址：http：//www.cip.com.cn

凡购买本书，如有缺损质量问题，本社销售中心负责调换。

定　　价：50.00元

序

2011 年是联合国确定的“国际化学年”，其主题“化学——我们的生活，我们的未来”指明了化学作为一门中心科学，是科技进步和社会发展源源不断的动力，人类离不开化学！化学就在我们的生活中，正带给我们日新月异的变化。

虽然舆论有时不公平地将污染、吸毒和造假等负面形象赋予化学，但是挡不住全球众多化学工作者在元素周期表上耕耘的脚步，挡不住他们用化学的力量为社会创造新的财富，推动社会的进步。在大力提高全民文化素质的今天，如何纠正人们对化学的偏见，全面普及化学知识，提高大众的的化学素养，让更多的人领悟到化学的魅力和创造力，急需有识之士来大力开展这方面的科普工作。

教育的目的在于传播科学知识，提高人们的科学文化素质。陈义旺教授在高校从事教学和研究工作多年，他组织编撰的这本书知识面很广，从远古洪荒到现代生活，从日常生活的方方面面到环境、能源、信息、材料和健康等国家目标和科学的前沿；全书避免了枯燥、繁琐的理论和公式，试图通过一种通俗易懂的方式将严谨的化学和日常生活相联系；书中的“知识・链接”和“趣味实验”让身边的化学知识变得触手可及。

我个人就是在中学时看到老师滴一滴溶液而使酸碱变色的实验，让我终生献身于奇妙的化学。化学虽然看起来很枯燥，但实际是很有趣味的。众所周知，兴趣是激励人们创新意识的源泉，相信读者通读本书后，可以更辩证、更全面地认识化学。化学源于生活也服务于人类的生活，如果没有化学，就很难理解现代文明，更不会有现在如此美好的生活。

作为一个化学工作者，我深切地意识到，一门学科的普及将对本学科的发展起着积极的推动作用。期待本书的出版能够活跃研究性学习、培养年轻读者发散思维的能力，吸引更多的年轻人参加到化学这个行列中来；也期待本书能普及大众对化学知识的认知，能促进不同学科之间的相互渗透交叉，提升读者综合利用各种科技知识的能力。

科学普及任重道远，值此书出版之际，特作此序。

中国科学院院士 游效曾

2013. 11. 2

前言

万物始于元素，生命离不开化学变化，我们生活在化学世界里。化学，不仅是化学工作者的专业知识，更是一种文化，是人文素养中的重要部分，向大众普及化学知识是提高全民科学文化素质的需要。

纵观历史，化学起源于远古洪荒，积极推动了人类文明的进程。化学的每一次重大突破都对人类社会产生了重要的影响，给人类生活带来巨大的改变；横观世界，与人类发展进步密切相关的环境科学、能源科学、材料科学、生命科学、地球科学等，都与化学科学交叉融合、相互促进、密不可分。近观生活，无论是衣食住行、防病治病、保护生存环境，还是新能源和特殊功能材料的开发利用等各方面，化学都有着无可替代的作用！

本书分八章，分别从化学史与人类文明史、微观化学世界、生命的化学奥秘、医药与化学、食品与化学、环境保护与绿色化学、新能源与化学、日用品与化学等方面，介绍了化学的基本知识，阐述了各领域中化学知识的应用。"读书知化学"，全书各章节穿插的"知识·链接"，介绍的是大众耳熟能详的相关历史事件或是常识性知识，可以拓展读者的视野，增加读者的阅读兴趣，"实践知化学"，化学的一切理论都来源于实验，没有实验就没有发现。本书每章末选取的与章节内容相关联的"趣味实验"，展现出化学学科的趣味性。如果读者有机会走进化学实验室，在专业老师的指导下亲自动手，还可以体验到在实验里增长知识的乐趣。

编写本书时，我们力求资料翔实，内容新颖，文笔简练，深入浅出，将知识性和趣味性、科学性和实践性集于一体，努力将深奥的科学知识普及化，反映出化学科学与人类生活息息相关的特点。

本书由陈义旺、吕小兰、胡昱主编，参与本书编写工作的还有南昌大学理学院的吴芳英、王翔、戴延凤、李志美、郭瑛、方修忠、谈利承、迟宝珠和刘艳珠，感谢蔡靓霞、成炯灵、黄小玲和陈妙静为本书插图付出的劳动。本书获得了南昌大学2013年教材出版资助。对南昌大学教务处的大力支持和化学工业出版社编辑们的辛勤劳动，在此一并致谢！

本书在编写过程中，汲取了很多科技发展的新知识，参考引用了许多近年来公开发表的国内外相关读物、期刊和互联网上的相关内容和图片，涉及面很广，难免挂一漏万、没有列入参考文献中，在此，特向本书借鉴了相关内容和图片的所有作者深表谢意！

本书旨在帮助读者开阔视野，提高化学认知水平和提升化学素养。但是，由于编者水平有限，难免有不妥和疏漏之处，恳请同行专家、读者提出批评与指正，以期本书再版时进行修订。

编者

2013. 9

目 录

第一章 化学史与人类文明史 /1

第一节 古代化学时期 …… 1
一、原始实用化学——化学知识的起源 …… 2
二、炼金术、炼丹术时期——无机化学的萌芽 …… 7
三、医药化学和冶金化学时期——原始化学的最后形式 …… 9
第二节 近代化学发展时期 …… 10
一、燃素化学时期 …… 11
二、定量化学时期 …… 11
第三节 现代化学时期 …… 19
一、量子化学的诞生和化学键理论的发展 …… 19
二、晶体结构及晶体化学 …… 21
三、核化学的发展 …… 22
四、原子能时代的来临 …… 24
五、化学交叉学科的发展 …… 25
六、诺贝尔化学奖的贡献 …… 28

趣味实验 1-1 自制火柴 / 32
趣味实验 1-2 pH 试纸的制作 / 33
趣味实验 1-3 植物中某些元素的鉴定 / 33

第二章 微观化学世界 /36

第一节 微观世界的历史与起源 …… 37
一、古代哲学家对微观世界的猜想 …… 37
二、近代原子论科学根基的探索与建立 …… 38
三、科学实验打开原子世界的大门 …… 39
第二节 原子和分子的结构 …… 39
一、原子的微观世界 …… 39
二、分子的微观世界 …… 42
第三节 化学元素与元素周期表 …… 44

一、氢元素 …… 45
二、碳元素 …… 46
三、氮元素 …… 46
四、氧元素 …… 47
五、氯元素 …… 47
六、硫元素 …… 48
七、磷元素 …… 48
八、钙元素 …… 49
九、铁元素 …… 49
十、铜元素 …… 50
十一、锌元素 …… 50
十二、钛元素 …… 51
十三、氙元素 …… 51
十四、碘元素 …… 52
十五、镭元素 …… 53
第四节 纳米材料与纳米技术 …… 53
一、纳米的概念 …… 54
二、纳米材料的特性 …… 54
三、自然界中的纳米材料 …… 55
四、化学与纳米科技的关系 …… 56
五、纳米材料的应用 …… 56

趣味实验 2-1 酒精和水混合实验 / 61
趣味实验 2-2 酸碱滴定法测定蛋壳中 CaO 的含量 / 62
趣味实验 2-3 焰色反应实验 / 63

第三章 生命的化学奥秘 / 65

第一节 生命的起源 …… 65
一、生命的起源：氨基酸形成 …… 66
二、生命的要素：水与氧 …… 67
第二节 生命分子的化学结构奥秘 …… 69
一、生命的物质基础：蛋白质 …… 70
二、制造生命体的“基础”：核酸 …… 79
第三节 生命中的化学反应网络 …… 87
一、“甲醛门”事件（氨基酸） …… 87
二、糖代谢 …… 88
三、探索水在大脑记忆功能中的作用 …… 90
四、烫发（蛋白质） …… 92
五、酒精代谢 …… 92

趣味实验 3-1　自制昆虫琥珀标本 / 95
趣味实验 3-2　从牛奶中提取酪蛋白 / 96
趣味实验 3-3　氨基酸和蛋白质的颜色信息 / 97
趣味实验 3-4　指纹鉴定 / 98

第四章　医药与化学 / 100

第一节　人类、医药与化学 …… 100
一、人类与医药的关系 …… 100
二、药物与化学的关系 …… 101
第二节　化学与临床诊断技术 …… 102
一、电化学分析在临床诊断中的应用 …… 103
二、荧光分析在临床诊断中的应用 …… 103
三、色谱分析在临床诊断中的应用 …… 103
四、质谱分析在临床诊断中的应用 …… 103
五、核磁共振成像在临床诊断中的应用 …… 104
第三节　中药简介 …… 104
一、生物碱类中药 …… 105
二、挥发油和萜类中药 …… 105
三、苷类中药 …… 105
四、环酮类中药 …… 106
五、甾族化合物类中药 …… 106
六、氨基酸、蛋白质类中药 …… 106
七、糖类中药 …… 106
八、有机酸类中药 …… 106
第四节　化学药物简介 …… 107
一、抗酸药 …… 108
二、解热镇痛药 …… 109
三、抗菌药 …… 111
四、抗癌药 …… 117
五、镇静催眠药 …… 119
第五节　新药创制简介 …… 121
一、从天然活性物质中筛选和发现先导化合物 …… 121
二、用普筛方法发现先导化合物 …… 122
三、以酶作为药物作用靶发现先导化合物 …… 123
四、从药物的代谢产物中发现先导化合物 …… 123
五、以药物合成的中间体作为先导化合物 …… 123
六、基于构效关系发现先导化合物 …… 123
第六节　合理用药 …… 124
一、临床用药四大原则 …… 125
二、合理选药 …… 125

三、用药剂量 …… 127
四、给药途径 …… 128
五、化学药物中毒 …… 129
第七节　珍惜生命，远离毒品 …… 129
一、毒品的分类 …… 130
二、毒品的危害 …… 132

趣味实验 4-1　阿司匹林的制备 / 133
趣味实验 4-2　检验尿糖 / 134
趣味实验 4-3　葡萄糖酸锌的制备 / 135

第五章　食品与化学　/137

第一节　营养化学 …… 137
一、营养化学 …… 137
二、健康饮食 …… 148
第二节　茶与化学 …… 151
一、茶的分类 …… 152
二、茶叶的有效成分及功效 …… 153
三、饮茶有讲究 …… 154
第三节　食品添加剂 …… 155
一、色素 …… 156
二、香料 …… 159
三、调味剂 …… 159
四、疏松剂 …… 161
五、防腐剂和抗氧化剂 …… 162
第四节　食品污染与绿色食品 …… 163
一、食品污染 …… 163
二、绿色食品 …… 168
第五节　常见食品中的化学现象 …… 168
一、皮蛋中的化学 …… 168
二、油条中的化学 …… 169
三、豆腐中的化学 …… 170
四、葡萄酒中的化学 …… 170
五、碳酸饮料中的化学 …… 170

趣味实验 5-1　检验加碘食盐成分中的碘 / 171
趣味实验 5-2　从红辣椒中提取辣椒红素 / 171
趣味实验 5-3　维生素 C 的性质实验 / 172
趣味实验 5-4　水果味添加剂——乙酸异戊酯的合成 / 173
趣味实验 5-5　实验室制备豆腐 / 174

第六章　环境保护与绿色化学　/ 176

第一节　环境概述 …… 176
一、环境的概念 …… 176
二、自然环境生态圈中的物质循环 …… 177
三、环境问题 …… 178
第二节　水环境 …… 180
一、我国水资源现状 …… 180
二、水污染的来源 …… 181
三、水污染的危害 …… 182
四、水污染的防治 …… 183
五、污水处理与化学 …… 184
六、水的化学净化、纯化及软化 …… 185
七、海水的淡化 …… 186
第三节　大气环境 …… 187
一、大气污染之一：汽车尾气污染 …… 188
二、大气污染之二：静态源尾气污染 …… 195
第四节　土壤污染 …… 198
一、土壤污染的概念 …… 199
二、土壤的组成及性质 …… 199
三、土壤污染的类型 …… 200
四、土壤污染的危害 …… 201
五、我国土壤污染治理措施 …… 202
第五节　绿色化学 …… 203
一、绿色化学的概念 …… 203
二、绿色化学的原则 …… 204
三、绿色化学的主要研究方向 …… 204

趣味实验 6-1　一氧化碳与氧化铜反应 / 206
趣味实验 6-2　环己烯的绿色催化合成 / 207
趣味实验 6-3　用废旧易拉罐制备明矾 / 208

第七章　新能源与化学　/ 210

第一节　能源简介 …… 210
一、能源的利用史 …… 210
二、能源的分类 …… 212
三、能源储量及消费 …… 213
四、能源化学 …… 214
五、能源发展趋势 …… 215
第二节　质子交换膜燃料电池 …… 217

一、燃料电池简介 …… 218
二、质子交换膜燃料电池的结构和工作原理 …… 219
三、质子交换膜燃料电池的优点 …… 220
四、质子交换膜燃料电池的发展状况 …… 220
五、质子交换膜燃料电池的应用 …… 221
第三节 锂离子电池 …… 223
一、锂离子电池简介 …… 223
二、锂离子电池的组成及工作原理 …… 224
三、锂离子电池的应用领域 …… 225
第四节 太阳能电池 …… 226
一、太阳能发展历史 …… 226
二、太阳能的利用方式 …… 227
三、太阳能电池的分类 …… 228
第五节 核能 …… 231
一、核能简介 …… 231
二、核能的发现 …… 232
三、核能的利用 …… 233
四、核能的安全问题 …… 235
五、核能的未来发展趋势 …… 235
第六节 氢能 …… 236
一、氢能简介 …… 236
二、氢能的特点 …… 236
三、氢气的制取 …… 237
四、氢气的储存与运输 …… 238
五、氢能的应用 …… 239
趣味实验 7-1 巧用硬币使二极管发光 / 241
趣味实验 7-2 自制水果电池 / 242
趣味实验 7-3 染料敏化 TiO_2 太阳能电池 / 243
第八章 日用品与化学 / 246
第一节 刷牙——牙膏里的化学 …… 246
一、牙膏中的化学成分及功能 …… 247
二、牙膏的主要原料 …… 247
三、牙膏的质量问题 …… 248
四、如何选择牙膏 …… 250
第二节 洗涤去污化学 …… 252
一、洗涤剂的主要成分 …… 252
二、常用洗涤剂 …… 253
三、洗涤用品的一般选择 …… 256

第三节 护肤品化学 …… 256
一、皮肤的结构与老化 …… 256
二、护肤品的发展 …… 257
三、护肤品中的化学奥秘 …… 258
四、几种护肤品的化学鉴别法 …… 262
第四节 服装中的化学 …… 263
一、服装中的主要成分 …… 263
二、服装中的危害 …… 267
第五节 塑料制品 …… 269
一、塑料的成分 …… 269
二、塑料的性质 …… 271
三、不同型号的“塑料” …… 271
四、塑料用品的简单鉴定 …… 272
趣味实验 8-1 自制牙膏 / 273
趣味实验 8-2 沐浴露的配制 / 273
趣味实验 8-3 洗洁精的配制 / 274
趣味实验 8-4 肥皂的制作 / 275
参考文献 / 277

第一章 化学史与人类文明史

化学是一门古老的学科，与人类历史一样悠久。化学现象普遍存在于大自然中，人类的活动没有一天能够离开它。化学知识就是客观存在的化学现象在人们头脑中的正确反映，这些知识来源于人类的生产实践活动中，来源于人们对复杂多变的大自然的观察、概括和思辨；反过来，人类用化学研究的成果指导、推动生产实践、改造自然。

从古至今，伴随着人类社会的进步，化学的发展经历了古代实用化学时期、近代化学时期和现代化学时期三个时期。从古代化学知识的积累、近代化学独立学科的出现，到现代化学的飞速发展，化学始终与社会发展联系在一起。社会的发展离不开化学，化学的发展推动着社会的发展；化学为人类创造出无穷的财富，改变着人类生存的环境，化学这门学科正在不断地改变世界，为人类创造出更美好的生活。本章将以化学发展史为主线，介绍人类社会是如何由原始走向文明、从落后走向现代化的。

第一节 古代化学时期

在古代化学时期（远古～公元 1650 年），人类学会在熊熊的烈火中由黏土制出陶器、由矿石烧出金属，学会从谷物酿造出酒、给丝麻等织物染上颜色等，这些在实践经验的直接启发下经过长期摸索而来的最早的化学工艺，还没有形成化学知识，是化学的萌芽时期。

这个时期的化学知识主要来源于三个方面。其一，原始实用化学，从一些具体工艺中得到的化学知识，如陶瓷、冶金、造纸等；其二，金丹术，它是古代化学发展的最高形式；其三，医药化学和冶金化学，它们在从金丹术到科学化学的转变中起了桥梁作用。

一、原始实用化学——化学知识的起源

古代化学的主要特点是实用为主，主要为原始的化学工艺和技术，表现为原始的能源、材料、冶金、造纸和火药等技艺的发展和传播，一开始就为人类文明的三大支柱——能源、材料和信息的确立，做出了奠定性的贡献。

1. 人类文明的起点——火的利用

学会用火是人类最早和最伟大的化学实验。有了火，原始人告别了茹毛饮血的生活。在我国180万年以前的云南元谋人遗址中，以及大约同一时期山西芮城西侯度遗址中，有现在已知的人类最早的用火遗迹，晚一些时候的用火遗迹在世界各地都有发现。

随着人类的生活越来越依赖于火，人类开始总结经验教训，寻找人工取火的方法。摩擦取火，特别是钻木取火的方法就是人类在生活实践中发明的。在欧洲的一些遗址中曾发现可以碰击发光的黄铁矿石和可用于引火的干菌化石，这些东西都可能与人工取火有关。

火的利用是古代化学的开端，学会用火是人类最早也是最伟大的化学实践。它是人类第一次开发除自身的体力（生物能）以外的一种强大的自然能源，获得了改造自然的有利手段。利用火，人类开始了烧煤、制陶、冶金、酿造等，进入了广阔的生产、生活新天地。后来化学家使用的燃烧、煅烧、煮沸、蒸馏、升华、蒸发等重要的实验方法，无一不是建立在用火的基础上，甚至化学史上第一个化学系统理论的建立和第一次化学革命的发生都与火相关。

知识·链接

最早的火柴

学会用火是人类最早和最伟大的化学实验。火柴是根据物体摩擦生热的原理，利用强氧化剂和还原剂的化学活性制造出的一种能摩擦发火的取火工具。

据记载，最早的火柴是我国于公元577年（中国南北朝时期）发明的。将硫黄沾在小木棒上，借助于火种或火刀火石，能很方便地把“阴火”引发为“阳火”。这就是最原始的火柴。

2. 人类文明进化的基础——煤、石油和天然气的利用

煤、石油和天然气的利用代表原始能源化学的开端。人类最早使用的能源是树枝、柴草和木炭——“火”让人类走上利用能源的道路。当学会利用煤之后，人类认识和支配自然的能力变得更强大。

煤是人类几千年文明的主要能源支柱。我国利用煤的历史悠久，超过世界其他各国。煤炭，我国古称石炭、乌薪、黑金、燃石，其中以“石炭”用得最广。我国战国时期的著作《山海经》中云：“女儿之山，其上多石涅”，“石涅”就是煤；到了汉代，煤除用于日常生活中，还用于冶铁等生产中，是技术上的一项重要改进；元朝时，从意大利来我国的

马可·波罗，在游记中描述了我国用煤的盛况：中国有一种“黑石头”，像木柴一样，能够燃烧，火力比木柴强，晚上燃着了直到第二天早上还不熄灭，价钱比木柴便宜。于是欧洲人把煤当作奇闻来传颂，而直到16世纪欧洲人才开始用煤炼铁。

石油是现代工业中最重要的燃料和原料，我国是世界上发现、开采和使用石油最早的国家。宋朝就有用含蜡量极高的固态石油制成蜡烛。宋朝著名的科学家沈括发明了用石油烟做墨，开创了把石油作为化工原料的新篇章；沈括在《梦溪笔谈》中明确提出“石油”之名，一直沿用到现在。

在某些地区，石油从地下流出来，常常和溪流混在一起。大规模开采石油是用人工打钻深井。我国最早记载石油的文献《汉书·地理志》中说“高奴，有洧水可难。”其中的“难”就是“燃”，意思是说，“洧水”可以作为燃料，这是石油可燃性发现的确证。高奴即今陕北延长县一带，现在仍是石油的产地。《元一统志》记载了在陕北的延长、延川、宜君等县都钻了油井，它们是我国历史上，同时也是世界上钻凿的第一批油井。

我国人民是人类最先征服天然气，使天然气为人类服务的民族。在我国古代，天然气的开采与掘井技术和盐井开采紧密相连。当盐井开到一定的深度时，如果刚好碰上浅层含天然气地层，则盐井同时也产天然气，所以天然气井又叫“火井”。公元前1世纪，四川临邛、陕北鸿门出现了我国第一批天然气井。天然气的主要成分是甲烷（占90%以上），“火力”比木柴和煤的更大，所以天然气煮盐，不但经济，而且煮盐的速度也会提高。这在人类能源认识史上是光辉的一页。我国比英国使用天然气（1668年）约早13个世纪以上。

3. 远古文明的重要载体——制陶

陶器是反映远古时期人类生产力水平、生活水平和文化水平的最重要的物质载体。陶瓷和玻璃都是原始的无机材料化学。

陶器的制造是新石器时代开始的重要标志。陶器的意义在于，用陶制容器煮食，利于人体吸收，提高人的体质和智能；陶制容器可以储水，人工灌溉，利于农业发展；用陶坯和砖瓦造的房子牢固，利于人类生活的安定；陶器为金属冶炼和铸造准备了技术条件，标志着人类制造和使用机械的开始。

在农业生产过程中，人们对于黏土的黏性和可塑性的认识，加上用火的经验和对火力的掌控都为陶器的出现提供了必要的条件。我国是最早生产陶器的国家（大约在1万年以前），迄今发现的最早的陶器出土于我国江西、陕西等地，西亚地区出土的陶器最早也有八千多年的历史。

早期陶器的发展阶段如下。

红陶，由于露天烧制，陶土中的铁素被充分氧化为Fe_2O_3，成品多呈红色或红褐色。

彩陶，红陶器上进行彩绘装饰，成为彩陶。如红褐色条纹——赤铁矿粉着色；黑褐色条纹——铁锰矿粉着色；白色条纹——硅酸铝矿粉（白土）着色。

黑陶或灰陶，使用色泽黑灰或乌黑黏土为原料，如在坯体中掺进去细石英砂，称为“灰陶”。黑陶器内外通体黑灰是由于陶坯中的氧化铁在还原气氛中生成Fe_3O_4所造成的。

白陶，使用白色黏土为原料，主要成分：硅酸铝，Al_2O_3含量高，达30%～40%，Fe_2O_3低。白陶质地坚硬、壁薄，而且常有印纹装饰，比红陶的彩绘更美观。

硬陶，胎质比一般泥质或夹砂质陶器细腻、坚硬。其中SiO_2较红陶要高，CaO、MgO较低，因此烧成温度较高，以致有深度的烧结现象，所以质硬不裂。

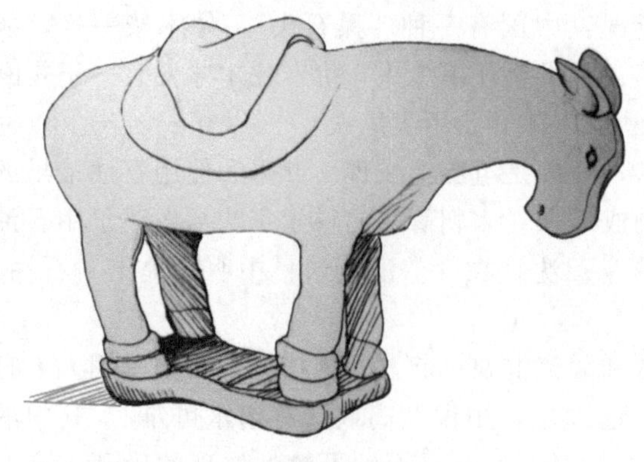
红陶示意图

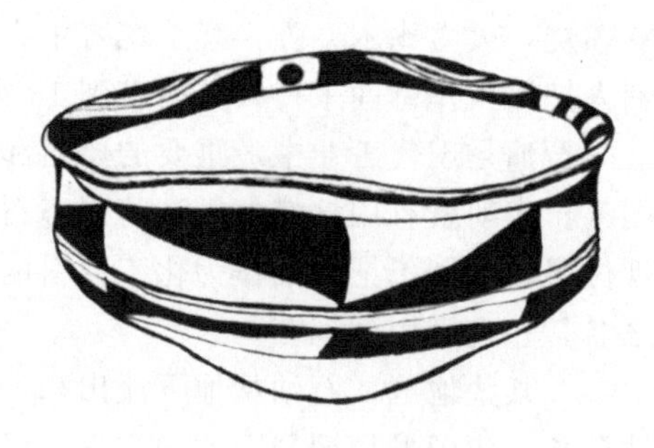
彩陶几何纹盆示意图

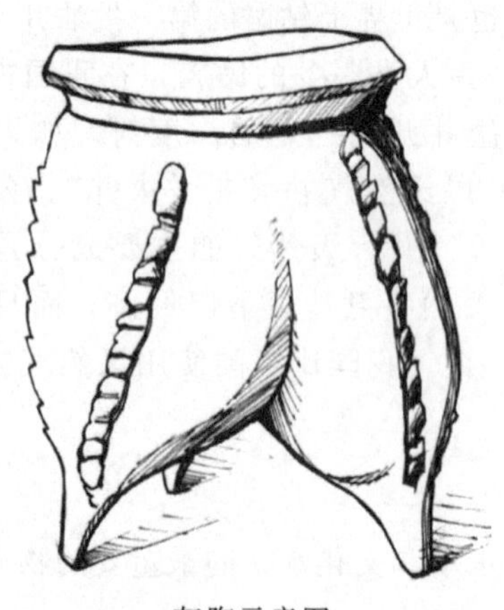
灰陶示意图

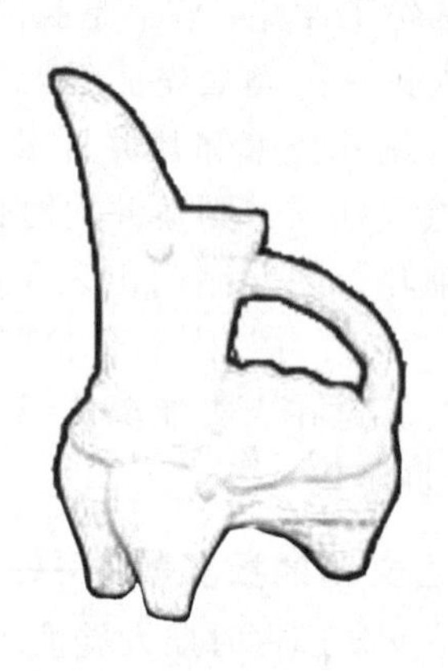
白陶示意图

釉陶，是敷釉的陶器。施釉技术是商代的一个重要成就。釉陶胎骨原料与硬陶相近，但在挂陶衣的黏土浆中掺加了一些石灰石、方解石、草木灰等碱性物质。这层陶衣的熔点很低，在1000℃焙烧的过程中陶器表面形成了一层玻璃状物质，这就是最早的石灰釉，称为原始釉陶。硅是釉的主体，铁和铜是釉料的着色剂。釉的发明是从陶过渡到瓷的必备条件。

商周原始瓷器的出现，标志着我国陶瓷生产进入了一个新时代。东汉末到六朝时期，已经发明了瓷器。这一时期多属青瓷，通体施有颜色浓绿的厚釉——青釉，即石灰釉，它是我国传统的瓷釉；低温色釉在汉代已闻名于世了，该釉以黄丹（PbO）、铅粉［$2PbCO_3 \cdot Pb(OH)_2$］作为基本的助熔剂（约700℃开始熔化），又称为铅釉，多用铜和铁作为着色剂，陶釉若在氧化气氛中烧成，Cu(Ⅱ）使釉呈深绿色，Fe(Ⅲ）使釉呈深黄色或棕红色。

著名的唐三彩，是一种施以多种釉色的陶器制品。它以白色黏土为胎，釉彩有黄、深绿、浅绿、翠绿、褐、赭黑、蓝、白、紫等多色。白、绿、黄三色是基色，人们习惯地称它为“三彩”。唐三彩使用低温铅釉，约在800℃的温度下烧成。其中，绿釉是用氧化铜类矿石（孔雀石、蓝铜矿）着色，黄釉和褐色釉是用赭石（主要成分是Fe_2O_3）着色，蓝色釉是用钴土（含钴软锰矿）着色的，黑色釉采用铁锰矿粉（Fe_2O_3与Mn_0）着色，白色釉是无色透明釉覆盖在化妆白土上达成的效果。

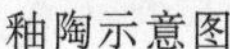

釉陶示意图

三彩胡人牵骆驼俑示意图

公元11世纪，我国造瓷技术传到了波斯，后来又传到了阿拉伯、土耳其和埃及。1470年又传播到意大利的威尼斯，欧洲才开始生产瓷器。

玻璃制造技术是埃及人发明的。在埃及的一些湖岸上，存在着天然碱（碳酸钠），人们在制陶中无意将天然碱与砂石混合高温加热，熔融冷却后意外得到一种美丽透明的东西—— 玻璃。罗马人对玻璃制造技术进行了改进，并发明了吹管技术，生产出美丽明亮的各种用具。通过添加铁、铜、铅等金属做成的彩色玻璃也随之出现了。

玻璃制品的运用对中古时代欧洲炼金术、制药化学的发展起了促进作用。玻璃仪器及器皿也为近代化学实验所必需，是化学科学发展的有力工具。

4. 社会文明转型的重要物质基础——金属冶炼

金属器件的制造，标志着铜器时代和铁器时代的到来。人类开始运用冶炼技术制造各种农业生产工具以及各种冷兵器，如箭、刀、剑等，这些金属产品的出现使人类社会文明进入了一个更高的阶段，从原始社会步入了奴隶社会。

原始冶金化学由铜→青铜→铁发展而来。

约公元前3800年，伊朗就开始将铜矿石和木炭混合在一起加热，得到了金属铜。公元前3000～2500年，出现了铜和锡的合金，称为青铜。青铜比纯铜有更好的铸造性，在生产力的发展上起了划时代的作用，石器时代被青铜时代所代替。铜制的生产工具、兵器及青铜铸造的铜币开始出现，殷朝前期的“司母戊大鼎”是世界上出土最大的青铜器。到公元前3000年，西亚和东南欧的广大地区，都普遍掌握了炼铜技术。

在我国，青铜的冶铸包括采矿、冶炼、制范、熔铸等四个主要工序。炼铜时，在器内放置孔雀石［$Cu(OH)_2 \cdot CuCO_3$］和木炭，让木炭在里面燃烧，用吹管往里送风，产生高温，熔化矿石，同时产生一氧化碳使铜析出。这种内熔法，冶炼温度较高，说明冶铸的技术也达到相当高的水平。熔铸加工青铜要根据所铸器物的要求，配调铜、锡、铅等金属的适当比例。先秦古籍《考工记》记载调剂比例的“六齐说”是世界上最早的合金工艺总结：“六分其金而锡居其一，谓之钟鼎之齐；五分其金而锡居其一，谓之斧斤之齐；四分其金而锡居其一，谓之戈戟之齐；三分其金而锡居其一，谓之大刃之齐；五分其金而锡居其二，谓之削杀矢之齐；金锡半谓之鉴燧之齐。”这张青铜调剂表，就今天来看，大体还是合理的。因为青铜中锡的成分占15%～20%时，最为坚韧，过则逐渐变脆。斧斤是工具，戈戟是兵器，都需坚韧；青铜中锡的成分占30%左右时，硬度较高，而削杀矢都是

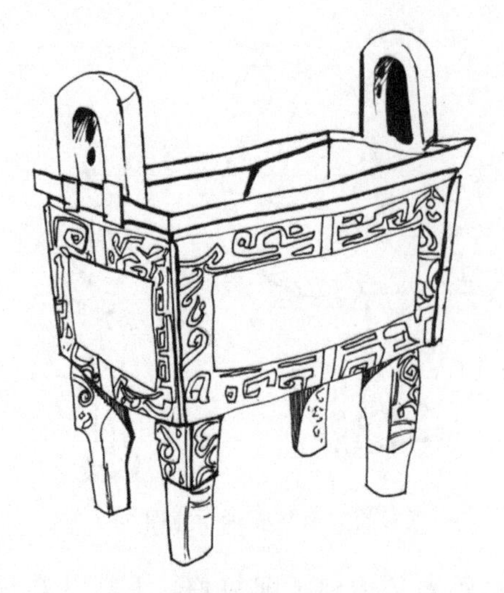

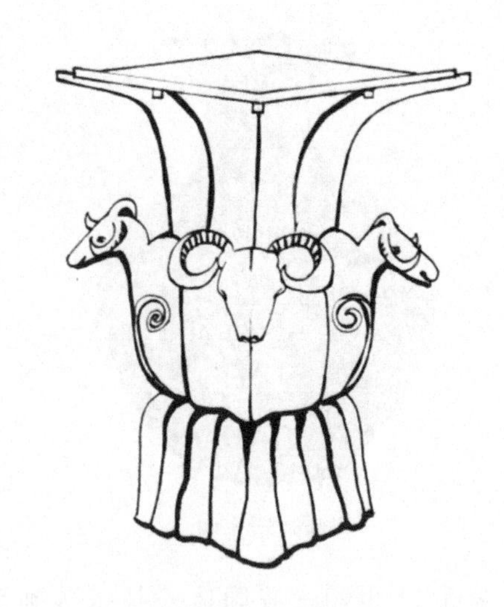

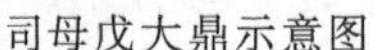
司母戊大鼎示意图

四羊方尊示意图

兵器，既需锋利且硬度要大，又要坚韧；青铜的颜色随着锡含量的增加而发生变化，由赤铜色（红铜）经赤黄色、橙黄色，最后变为灰白色。鉴燧只需灰白色，不怕脆，故含锡50%左右；钟鼎要坚韧，更要辉煌灿烂，故含锡1/7，具有美丽的橙黄色。

秦、汉以后，除青铜外，还出现了一些其他的铜合金。铜锌合金即“黄铜”，古又称“钥石”。最初冶炼这种铜锌合金，是将铜与含锌的炉甘石放在还原炉中冶炼而制成，后来在我国制造出单质锌，便直接将铜与锌冶炼成黄铜合金。《天工开物》中有用金属锌（“倭铅”）进一步炼制黄铜的详细记载：“每红铜六斤[1]，入倭铅四斤，先后入罐熔化，冷定取出，即成黄铜。”继黄铜之后，又出现了白铜即铜镍合金。元朝著作《格物粗谈》中有“砒石炼为白铜，杂锡炼为响铜”之语。明朝的《本草纲目》中有：“白铜出云南，赤铜以砒石炼为白铜。”其中提到的用砒石及赤铜炼制的白铜，很可能是指含镍的砷镍矿与赤铜炼制的结果。

天然的纯铁在自然界几乎不存在，人类认识、利用铁比铜、锡、铅、金等要晚些。人类最早发现和使用的铁，是天空中落下来的陨铁。在埃及、西亚和南亚的一些文明古国所发现的最早铁器，都是用陨铁加工而成的。因铁矿分布较广，铁在性质上比青铜优越，人类掌握冶铁技术，制造出铁器工具后社会生产力获得很大发展。恩格斯曾高度评价说：“铁已在为人类服务，它是在历史上起过革命作用的各种原料中最后的和最重要的一种原料。”

西方的铁器时代大约在公元前2000年。据冶金史家的分析，在冶炼铜矿石时使用氧化铁为助熔剂，在炉的底部还原一些铁来，于是在炉底出现许多熔渣和可锻的铁。公元前1000年左右，人类完全过渡到铁器时代。

西方应用的铁主要有：①块炼铁（或叫固态铁），熔点约1200℃，铁矿石用木炭还原，生成的铁与渣和未烧完的木炭屑搅混在一起，呈团块状，不断趁热锤打，挤出其中的夹杂物，把小铁块锻接起来，锻打成型，主要作匕首的刀体；②生铁（铸铁），碳、硫和磷含量较高，熔点低，只有1150℃，但质硬性脆，经不起锤打，不适合做兵器。

我国的冶铁技术开始于春秋战国中后期，比欧洲早1000多年，应用的铁有白口铁、灰口铁、麻口铁和韧性铸铁四种，特别是韧性铸铁主要用于农具方面，它对农业的发展起

[1] 1斤=500克，下同。

过积极的作用。

我国在春秋晚期初步学会制钢，到战国时期，炼钢技术广泛应用到制造兵器和工具中。最早的钢是以块炼铁为原料，在炭火中加热渗炭而成。“炒钢”发明于西汉后期，生铁加热熔化后，在熔池中加以搅拌，借助空气把生铁中所含的炭部分氧化掉。把生铁炒成了熟铁，然后再经百炼渗炭而成优质钢，历代名剑、宝刀多是用这类百炼钢锻成的。

5. 中国对世界文明的重大贡献——造纸术和火药的发明

造纸术、指南针、火药术和印刷术是我国古代科学技术的四大发明，对世界科学文化发展作出了卓越贡献。其中，纸和火药的发明属于原始化工技术。

1933 年在新疆罗布淖尔汉代烽燧遗址中出土了公元前 1 世纪的西汉麻纸。汉代麻纸的制造过程，大体是将麻头、破布等原料先用水浸湿，使之润胀，再用斧头剁碎，放在水中洗去污泥、杂质。然后用草木灰水浸透并且蒸煮，这个过程可以说是现代碱法化学制浆过程的基础。通过碱液蒸煮，将木素、果胶、色素、油脂等杂质除去，用清水洗涤后送去舂捣。捣碎后的细纤维用水配成悬浮的浆液，再用漏水的纸模捞取纸浆，经脱水、干燥后就成纸张。

人类最早使用的火药是我国发明的黑火药。火药的发明来自炼丹制药的实践中，黑火药的主要成分是硝酸钾、硫黄、木炭三者粉末的混合物，这种混合物着火易燃。因为，硝石、硫黄曾一度作为重要药材使用，所以把这种混合物称为“火药”。火药发明之后，火药本身仍被引入药类。《本草纲目》中说，火药能治疮、癣、杀虫、避湿气和瘟疫。火药的发明在军事上的运用和发展，对于促进社会的进步有着深远的意义。恩格斯曾明确评价：“火药和火器的采用绝不是一种暴力行为，而是一种工业的、也就是经济的进步。”

二、炼金术、炼丹术时期——无机化学的萌芽

从公元前 1500 年到公元 1650 年，化学被炼丹术、炼金术所控制。我国是炼丹术的起源地，炼金术则最早产生于西方。炼金术与炼丹术主要区别在于：炼金术以乞求财富为目的，着眼于点石成金（故又称点金术）；而炼丹术虽然也要炼制黄金、白银，但主要目的不是为了财富，而是为了获得服之不死的金丹，乞求长生不老药。

炼丹

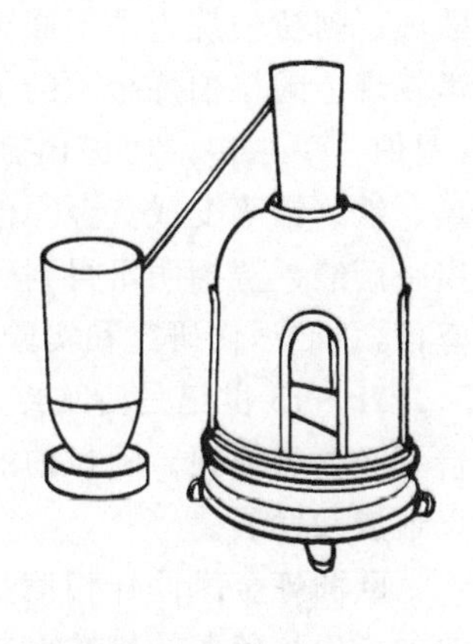

炼丹炉

为求得长生不老的仙丹或象征富贵的黄金，炼丹家和炼金术士们开始了最早的化学实验。虽然炼丹家、炼金术士们都以失败而告终，但是部分炼丹家孜孜不倦地从事采药、制

药的活动，实现了物质间用人工的方法进行相互转变，累积了许多物质发生化学变化的条件和现象，为化学的发展积累了丰富的实践经验。炼丹人大多兼搞医疗活动，炼丹的药物引入医疗中丰富了我国传统医学的内容。

我国的炼丹术和炼金术比西方要早近 800 年，曾持续了 2000 年。我国的炼丹术始于春秋战国时期。秦始皇统一六国后就曾派人去海上“求仙人不死之药”。东汉魏伯阳的《周易参同契》是世界上存世最早的炼丹术著作，书中阐述了炼丹的指导思想，还记载了许多有价值的古代化学知识和较多的药物，如汞、硫黄、铅、胡粉、铜、金、云母、丹砂等。唐代时炼丹术发展到鼎盛时期，著名炼丹家孙思邈兼通医药，著有《备急千金要方》、《千金翼方》和炼丹著作《丹房诀要》。

我国金丹术为后世遗留下了相当丰富的矿物性医药制剂的丹方，据不完全统计，炼丹家大约用了 60 多种药物，炼丹家的“丹房”里有“丹炉”、“丹灶”或“丹鼎”等加热设备，研磨、蒸馏、升华等操作也多有特殊设备。炼丹方法大致有加热法、升华法、蒸馏法、沐浴法、密封法、溶液法等。炼丹家对化学物质变化有所认识，已经接触到了分解反应、化合反应和金属置换反应。例如，汞和硫的化合反应：$Hg+S=HgS$；晋代著名炼丹家葛洪认识到“从丹砂制汞”这样的分解反应，还注意到硫和汞的可逆变化：“丹砂烧之成水银，积变又还成了丹砂。”即 HgS（丹砂）$\rightleftharpoons Hg+S$。这种硫化汞的制成实际上是无机合成。

希腊化埃及炼金术产生于公元 1 世纪，它的产生是希腊自然哲学、埃及化学工艺和东方神秘主义汇集交融的产物。长期从事冶金、染色等化学工艺的埃及工匠，萌发由普通金属仿造贵重金属的思想，当他们把金银和其他金属混合熔化后，就会得到一些不易与金、银分辨开的东西，从而发现了黄金仿造术，他们相信贱金属（铜、锡、铅、铁等）通过人工操作可以炼制出贵金属（金、银等），希腊化埃及炼金术因此而诞生。在希腊化埃及炼金术活动过程中，产生了大量可靠而实用的化学知识，在当时的文献中就有关于熔化、熔烧、过滤、结晶、升华和蒸馏等操作方法，有用活火、灯、沙浴、水浴等加热方法；发明了蒸馏器、熔炉、加热锅、烧杯、过滤器及其他一些仪器。

阿拉伯地处东西方交通要冲，是沟通东西方科学文化的桥梁，同时又能够融合东西方科学文化成果。阿拉伯炼金术融合了中国炼丹术和希腊化埃及炼金术的成果，随后传播到欧洲。阿拉伯炼金术不囿于追求黄金，而具有相当浓重的学术气息，因而有不少重大的化学发现。阿拉伯炼金术的早期代表人物是一位学识渊博的医生——扎比尔·伊本·海扬（贾伯，Geber），他提出金属可互相转变，并把水银称做童女，说她能起死回生，能将铜、铁、铅等变成黄金。他广泛地应用蒸馏方法于物质变化之中。他应用蒸馏法最早制备出来硝酸，蒸馏明矾得到硫酸，将硝酸与盐酸混合制得了王水，还制得过有机酒石酸。他坚信，“谁不作研究和实验，则他就一事无成……”。

12～15 世纪是西欧封建制度的全盛时期，生产力的提高，为这一时期学术的复兴创造了必要的前提。阿拉伯的炼金家贾伯和拉泽的著作先后被译成拉丁文，欧洲的炼金术得以形成和发展。

欧洲炼金术同样相信基本金属通过死亡和复活的程序可以变成高贵金属。他们认为金属的产生是硫黄的雄性本质和水银的雌性本质相互结合所致，从而把硫黄和水银提高到万物之本原的地位。在炼金术士看来，汞是一切金属的本原，硫为一切可燃物所共有。二者结合，可得各种金属。而金、银则含有最纯粹的汞和硫，普通金属与金银的不同在于所含硫汞的比例和纯度不同，因此只要借助“哲人石”，就可以把金属中的“下贱”成分清除掉，使它达到完善的本质，进而转变为金银。欧洲炼金家很少兼攻医药，主要人物都是僧侣，教会是炼金术的集中活动场所。欧洲炼金术的代表人物英国人罗哲·培根（Roger Bacon，1214—1294）在《炼金术原理》中把炼金术分为理论的和实践的两种：理论炼金术研究金属和矿物成分、起源及其他变化等；而实践炼金术则介绍金属制备、净化及各种颜料的制造。

尽管欧洲炼金术有其荒诞的一面，但一些炼金术士在实际操作过程中，确实完成不少化学转变，积累了某些化学知识和一些实验方法与手段，因此，对炼金术功过应予正确评价，既不能一切否定，又不能一切肯定。

炼丹术士和炼金术士们是第一批专心致志地探索化学奥秘的“化学家”。他们发明了蒸馏器、熔化炉、加热锅、烧杯和过滤装置等；制造出很多化学试剂、有用的合金和治病的药；还创造了很多术语，写下了许多著作。正是这些理论、方法、仪器以及著作，开辟了化学这门科学的先河。

三、医药化学和冶金化学时期——原始化学的最后形式

“长生不老药”、“贱金属点制成贵金属”的目标一再破灭，金丹术在我国逐渐让位于本草学；在欧洲则转移到实用的医药化学和冶金化学方面。这种转移是化学史上一次大转折，在从炼金术到科学化学的转变中，医药化学和冶金化学起了桥梁作用。中、外药物学和冶金学的发展为化学成为一门科学准备了丰富的素材。在欧洲文艺复兴时期，出版了一些有关化学的书籍，第一次有了“化学”这个名词。英语的 chemistry 起源于 alchemy，即炼金术。chemist 至今还保留着两个相关的含义：化学家和药剂师，这些可以说是化学脱胎于炼金术和制药业的文化遗迹了。

我国古代药物学的著作，多半称为“本草”，最早的一部经典著作是汉代的《神农本草经》。明朝李时珍的《本草纲目》，是我国最完整的一部有关药物学的巨著，全书共记载植物 1195 种，动物 340 种，矿物 357 种，总计药物 1892 种，附处方 11000 多例，各种矿物插图 1160 幅，该书于 1606 年传入日本，先后译成日、德、法、英、俄等文字，传遍全世界，被誉为“东方医学巨典”、“中国古代的百科全书”。

和炼丹术完全不同，本草学从一开始就以防治疾病、保障健康为目的。本草学不仅对无机药物进行了分类，对金属与非金属单质有一定认识；还记载了许多矿物知识，历代本

李时珍和本草纲目

草著作中都注意记载钢铁冶炼方法。从历史的重要本草著作中可以看到祖先是如何逐步掌握到一些化学知识的。因此，医药学的著作也是研究我国化学史的重要资料来源之一。

帕拉塞斯（Philippus Aureolus Paracelsus，1493—1541）

十五六世纪，欧洲的“文艺复兴”把科学从神学中解放了出来。波兰的天文学家哥白尼的《天体运行论》宣告了近代自然科学的独立；化学开始向医学转移，瑞士人帕拉塞斯创立了医药化学，视人体为一化学体系，力主通过化学药物的制取和使用，调节人体内部的元素不平衡，达到治病的作用。帕拉塞斯一方面把炼金及其所取得的化学知识引入医学中来，给医学带来了革新因素；另一方面，又将炼金术引向药物化学的实用方面，为化学的发展开辟了新的途径。他是化学史和医学史上一名勇敢的革新者，曾被誉为“化学中的路德”。

由于资产阶级的兴起，发展生产力必须发展社会物质生产、开矿冶金，在这种背景下，冶金化学成了新的研究方向。意大利人毕林古桥和德国人阿格里柯拉开启了冶金化学的先河，使得化学从工艺技术向独立科学靠近。毕林古乔是一位实用化学家，他在代表作《烟火术》中论述了用火制取各种物质的生产技术，其中包括非金属矿物如硫黄、矾类、砷、硼砂、盐类等的开采和提炼；也包括金属矿物的加工、冶炼、铸造等；还包括烟火（火药及其他爆炸物）的制造技术。阿格里柯拉是德国矿区的一名医生，代表著作《论金属》既是矿冶技术家的必读手册，又是冶金史和化学史上的重要著作，书中含有丰富的化学内容，同时还十分强调定量研究方法的意义。这表明化学已从工艺技术向独立的学科靠近。

第二节 近代化学发展时期

古代化学缘于古代文明古国，近代化学则形成于欧洲国家。从17世纪中叶，英国化学家波义耳（Roben Boyle，1627—1691）把化学确立为科学开始，到19世纪90年代末，微观领域的三大发现前的两个半世纪，为近代化学时期。这个时期的化学，从一般知识的积累发展到系统整理阶段，主要特点如下。

(1) 全新的化学观念使近代化学朝着科学形态的化学方向发展。经过长期的经验事实的积累，逐步提炼出一系列的化学概念、定律、学说、理论，近代化学之网逐渐编织起来，最终形成了近代化学体系。

(2) 近代化学主要还是一门实验科学。近代化学的传统主体是实证精神，没有实验就没有近代化学的进步。正是由于近代化学实验的深入发展，才导致众多化学史上的新发现。

(3) 近代化学表现出科学分化发展的态势。无机化学、有机化学、分析化学、物理化学……成为独立的分支科学体系。

(4) 化学科学的发展带动了化学工业的大发展，酸碱工业、煤焦油工业和肥料工业构成化学工业的主体。大规模制酸、制碱、漂白、火药和无机盐等工业发展起来。化学工业成为19世纪与机器制造业、电力工业并列的三大重要工业部门之一。

(5) 化学在19世纪的繁荣昌盛和巨大成就，它的基础性和广泛的应用性，使之成为科学技术总体发展的一个重要带头学科，促进了科学技术的总体发展。

(6) 近代化学的发展深刻地影响着人类社会的自然观，如有机物尿素的人工合成，说明了有机物与无机物之间没有不可逾越的鸿沟，世界总是存在内在的相互联系。化学元素周期律充分展现了辨证唯物主义的否定之否定，质量互变的基本观念。例如，随着原子核电荷数的增加，元素在常温下的物理状态呈现由固态（锂、铍、硼、碳）⟶ 气态（氮、氧、氟、氖）⟶ 固态（钾、钙）的复归过程。

一、燃素化学时期

这个时期从1650年到1775年，是近代化学的孕育时期。随着冶金工业和实验室经验的积累，人们总结感性知识，进行化学变化的理论研究，使化学成为自然科学的一个分支。1661年波义耳发表了名著《怀疑的化学家》（The Sceptical Chemist），他指出“化学不是为了炼金，也不是为了治病，它应当从炼金术和医学中分离出来，成为一门独立的科学”。波义耳为化学发展成为真正的科学做出了重大贡献，被誉为“化学之父”。波义耳极为崇尚实验，认为“空谈毫无用途，一切来自实验”。他把严密的实验方法引入化学研究，使化学成为一门实验科学。

波义耳

(R. Boyle，1627—1691)

随后，化学借燃素说从炼金术中解放出来。一般认为燃素说的创始人是德国医生兼化学家贝歇尔(J. J. Becher，1635—1682）和他的学生斯塔尔。燃素说认为，可燃物能够燃烧是因为它含有燃素，燃烧过程是可燃物中燃素放出的过程。

燃素学说在当时几乎用来解释所有的化学现象，因而获得了许多化学家的赞同与支持，从而取代了炼丹（金）术理论在化学上的统治地位。燃素学说是历史的必然产物，而且在化学发展史上起过积极的作用。在燃素说流行的一百多年间，化学家做了大量的实验，发现多种气体的存在，积累了更多关于物质转化的新知识。燃素说认为“化学反应是一种物质转移到另一种物质的过程，化学反应中物质守恒”，这些观点奠定了近代化学思维的基础。

二、定量化学时期

从1775年到1900年，是近代化学发展的时期。

1. 近代化学革命——拉瓦锡氧化学说

18世纪后半叶，新发现的化学现象层出不穷，燃素说面临全面危机，化学思想空前混乱，法国化学家拉瓦锡掀起了一场化学革命，他用定量化学实验阐述了燃烧的氧化学说，开创了定量化学时期，使化学沿着正确的轨道发展。

拉瓦锡（A. L. Lavoisicr，1743—1794）

拉瓦锡尊重实验、重视定量研究，更重要的是有批判和怀疑的头脑。他说“假如有‘燃素’这样的东西，我们就要把它提取出来看看。假如的确有的话，在我的天平上就一定能觉察出来。”1774 年，拉瓦锡做了著名的金属煅烧实验：他将锡和铅分别密封在曲颈瓶中，在加热前后都精确地进行称量，经过煅烧瓶中的金属变成煅灰，但瓶和煅灰的总重量并未改变。当他把瓶子打开后，发现有空气冲进瓶内，这时，瓶和煅灰的总重量增加了，空气进入瓶内所增加的重量，与金属经煅烧增加的重量正好相等。在精密的定量实验事实面前，拉瓦锡对燃素说产生了怀疑，于 1783 年出版了《关于燃素的回顾》，提出燃烧的氧化学说；1789 年出版了《化学纲要》，创立了氧化学说。

拉瓦锡氧化学说的建立，在化学上以真实的物质——氧，取代了神秘虚幻的燃素，使过去以燃素说形式倒立着的化学正立过来。拉瓦锡还有项重大成就——首次给元素下了一个科学又清晰的定义：“元素是用任何方法都不能再分解的简单物质”。拉瓦锡被称为“近代化学之父”。

2. 近代化学发展的新起点——近代原子-分子学说

19 世纪初，随着化学知识的积累和化学实验从定性研究到定量研究的发展，关于化合物的组成也初步得出了一些规律。在实验的基础上，1803 年英国科学家道尔顿在曼彻斯特的“文学哲学会”上第一次宣读了他的有关原子学说及原子量计算的论文，他指出：①元素是由非常微小的、看不见的、不可分割的原子组成；原子既不能创造，不能毁灭，也不能转变，所以在化学反应中都保持自己原有的性质；②同一元素所有原子的质量、性质都完全相同，不同元素的原子质量和性质各不相同，原子质量是每一种元素的基本特征之一；③不同元素化合时，原子以简单整数比结合。道尔顿的原子论合理地解释了当时已知的一些化学定律，而且通过相对原子质量的测定得到了第一张相对原子质量表，为化学的发展奠定了重要的基础，化学由此进入了以原子论为主线的新时期，标志着人类对物质结构的认识前进了一大步，开辟了化学全面、系统发展的新时期。

道尔顿原子学说抓住了化学中的化合与分解这一核心问题，但依然残存着一些形而上学观点，他否认分子的存在，抹杀原子和分子间的差别，致使原子学说碰到了越来越多难以解决的矛盾。如果不加以修正、补充和发展，就不能发挥它的应有作用。

1808 年，盖·吕萨克提出一个关于气体反应体积定律的假说：“在同温同压下，相同体积的不同气体，含有相同数目的原子。”它在一定意义上是对道尔顿原子论的支持，但又与道尔顿的“原子不可分”的概念相抵触。

为了消除这一定律与道尔顿原子学说的矛盾，1811 年意大利物理学家阿莫迪欧·阿伏伽德罗提出分子假说，引入了“分子”概念后，盖·吕萨克的实验事实与道尔顿的原子学说统一了起来，人们对物质结构的认识发展到一个新的阶段，澄清了长期混淆不清的物质的微粒概念。然而，分子假说遭到化学权威瑞典化学家贝齐里乌斯和道尔顿的反对。贝齐里乌斯的电化二元论在当时的化学原理方面占统治地位，他认为，同种原子必然带相同的电荷，因此单质的气体是不可能形成多原子分子的；道尔顿也认为，同种原子必然相互排斥而不能结合成分子。权威的反对，加上缺乏充分的实验依据，分子假说被冷落了半个世纪之久。

约翰·道尔顿
(John Dalton，1766—1844)

阿莫迪欧·阿伏伽德罗
(Amedeo Avogadro，1776—1856)

分子学说提出后的近五十年间，当量、原子量和分子量等概念混淆不清，化学式的表达处于混乱状态。直到18世纪中叶，意大利化学家康尼查罗通过大量地测定原子量和分子量的实验，经过正确地归纳和推理，论证了阿伏伽德罗的假说，把原子学说和分子学说结合成为一个协调统一的完整理论。

1860年9月3日，在德国卡尔斯鲁厄召开了首届国际化学家代表大会，希望在原子量、化学式、原子价等问题上得到一个统一的意见。许多著名化学家如凯库勒、杜马、武兹、迈尔、A·霍夫曼、门捷列夫等140位代表参加了会议。会议经过激烈辩论，各种分歧仍未能得到统一，最后只能以"科学上的问题，不能勉强一致，只好各行其是"作为会议的结论。大会结束时，意大利化学家帕维塞散发了康尼查罗所著《化学哲理教程提要》的小册子，小册子中提出：只要我们把分子与原子区别开来，只要我们把用以比较分析数目和重量的标志与用以推导原子量的标志不混为一谈，只要我们最后心中不固执这类成见，以为化合物的分子可含不同数目的原子，而各单质的分子却只含一个原子或相同数目的原子，那么阿伏伽德罗的分子假说和已知事实就毫无矛盾之处。这本小册子的散发出现了戏剧性的强烈效果，康尼查罗的观点得到了化学界的赞许与承认。迈尔读了这本小册子后曾说"眼前的阴翳消失了，怀疑没有了，使我有了一种安宁、明确的感觉。"

康尼查罗对原子-分子学说的确立，使人们认识到原子与分子的区别和联系，结束了长期以来由于二者界线不清在化学上所造成的混乱，化学史开始了新的一页。原子-分子学说的确立直接导致了元素周期律和化学结构理论的诞生。化学结构理论的创立者之一布特列洛夫说："分子学说的建立是对以往化学的全部总结，所以现代化学确实可称为分子化学。"

19世纪的化学，在实践和理论两个方面都取得了重大突破。除无机化学得到高速度发展外，有机化学、物理化学、分析化学等各分支学科确立，并以强大的生命力蓬勃向前发展。

3. 化学学科分支的出现——有机化学的诞生

19世纪，欧洲实现了从手工业生产到使用机器的大工业生产的转变，钢铁、煤炭、纺织和化学等工业得到迅速的发展。有机化学正是在这样的年代里诞生和发展起来的。

早期的有机化学主要是有机化合物的提取和离析，在19世纪以前，人们对有机物的认识，主要基于实用的目的和来自对有机物的直接观察，而且只能从天然动植物中提取有机物。随着分离提纯技术的发展，新的有机物不断被发现，人们想弄明白：有机物到底是由什么元素组成，如何组成等。德国一代化学宗师李比希结合自己的亲身化学实验活动，形成了有机化学中至今仍使用的常规分析标准，他对许多有机化合物的分析结果相当精确，使有机分析发展为精确和系统的定量分析技术。

1780年，瑞典化学家贝格曼第一次明确提出“有机物”。他把物质划分为无机物、有机物和介于二者之间的复杂化合物。但他所说的“有机物”不完全是现代意义上的；“有机化学”一词则是由贝齐里乌斯首先在他的教科书中提出来的，但他主要指的是现在的生物化学；18世纪末，瑞士化学家葛伦定义“有机物”为：有机物就是那些只由有限数目的元素按多种比例构成，而不能由人工制取的动植物体中的直接组成。这个定义中包含了一个错误的观点——“生命力论”。

许多无机物在古代就能由单质及其化合物经化学反应而制得，而当时的有机物只能从有生命的动植物体中提取，于是“生命力论”产生并流行起来。“生命力论”者认为，有机物属于“有生命之物”，是在一种“生命力”的作用下产生的，不能从生命体外的生产或实验室里用化学的方法合成，不可能由无机物合成有机物。这种具有神秘色彩的“生命力论”使一些化学家放弃了在有机合成方面的主动进取，影响了有机化学的发展。

尤斯图斯·冯·李比希
(Justus von Liebig，1803—1873)

维勒（F. Wohler，1800—1882）

1824年德国化学家维勒，首次用无机物人工合成了有机化合物——尿素，给“生命力论”敲响了警钟。维勒起初想用氰作用于氨水来制取氰酸铵，却意外地得到一种与动物机体内的代谢产物——尿素相同的物质。这一实验结果震动了整个化学界。维勒又用了四年时间采用不同无机物通过不同途径合成了尿素，并于1828年发表了论文《论尿素的人工合成》。随后，德国化学家柯尔柏（H. Kolbe，1818—1884）在1844年用木炭、硫黄、氢与水等无机物合成了有机物醋酸，第一个实现了从单质出发合成了有机物。此后人们又合成了酒精、葡萄糖、苹果酸、柠檬酸、琥珀酸、酒石酸等有机酸。在生命过程中有重要作用的油脂类和糖类也分别在1854年和1861年由法国化学家贝特罗(P. F. M. Berthelot，1827—1907)与俄国化学家布特列洛夫（A. M. ByTnepoB，1828—1886）合成出来，这一切都证明了有机物完全可以用无机物合成，“生命力论”被彻底推翻了。有机化学开始进入了一个新的时代——有机合成。

19 世纪的化学主要是有机化学，19 世纪下半叶的有机化学是煤焦油的合成化学。煤焦油是炼焦生产中的废物。约在 1810 年，美国开始利用高温分解各种有机物，并将得到的照明气用以照明，不久煤焦油就成为照明气的主要来源。人们从煤焦油分离出轻油、杂酚油、苯、萘、蒽、甲苯、二甲苯、苯酚、苯胺等芳香族化合物。这些物质很快成了工业上生产各种染料、药品以及其他物质的原料。与人类生活密切相关的染料、药品等工业，在 19 世纪蓬勃发展起来。德国化学家拜尔于 1870 年与他人合作首次合成靛蓝，因为拜尔对靛蓝及其衍生物的深入研究工作，荣获 1905 年的诺贝尔化学奖；水杨酸及其衍生物（如阿司匹林）是当时重要的药品合成物；此外，安息香酸、苦杏仁油、香豆素、香草醛、硝化甘油、苦味酸、TNT 等都为人工合成。

20 世纪初，以碳为原料制取电石→乙炔→多种有机化合物的有机合成工业得到了发展。合成有机物的原料主要是煤而不是动植物体，人们不仅能合成天然有机物，而且还能合成自然界不存在的有机物，有机化合物的种类和数量远远超过了无机化合物。贝特罗预见到了有机合成的威力，它体现为在一个“旧的自然界”旁边，再放进一个“新的自然界”，并且“新的自然界”远远超过了“旧的自然界”。这是有机化学单独成为化学一个分支的重要原因之一。

19 世纪上半叶有机物的提纯、分析技术臻于完善，有机合成的不断发展，使有机化学呈现出了辉煌的前景，吸引了大批优秀的化学家，但是尚缺乏理论。第一个有机化学理论为基团理论，1815 年，盖·吕萨克指出，氰基（CN）在一系列同氯或碘参加的反应十分类似的反应过程中仍能不起变化。氰基实际上是“一个整体，虽然也是化合物，但它与氢和金属结合时，起的是单质的作用”。这在很大程度上反映出了现代基团概念的意义。

1857 年由凯库勒和库珀提出碳四价和碳成链的学说，是有机化学结构理论的基础，人们真正开始认识有机化合物中原子间的结合方式，为数不多的几个元素却组成了庞大的物质种类之谜开始得到解答。链状使“脂肪族化合物”的性质得到了比较满意的解释，但另一类重要的物质——“芳香族化合物”并没有因此而解除疑难。直到 1865 年凯库勒提出了苯的环状结构。它对理论化学、实验化学和化学工业发展的影响巨大，在 1890 年 3 月 11 日，苯环结构学说问世 25 周年之际，各个阶层和各种国籍的化学家

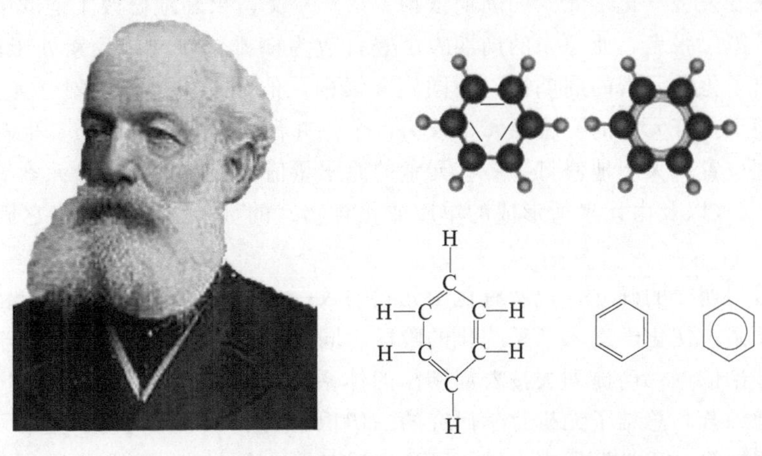

凯库勒（Friedrich A. Kekule，1829—1896）和苯环

都把这一天当作一个盛大的化学节日来庆祝。“苯作为一个封闭链式结构的巧妙概念，对于化学理论发展的影响，对于研究这一类及其相似化合物的衍生物中的异构现象的内在问题所给予的动力，以及对于像煤焦油染料这样巨大规模的工业的前导，都已为举世公认。”

俄国著名有机化学家布特列洛夫于1861年明确提出了“化学结构”这一概念，他认为可以从分子的化学结构去了解或预测它的许多化学性质；反过来，也可以从化学性质去确定分子的化学结构。另外，19世纪下半叶产生和发展起来的有机结构理论的一个重要分支——立体化学，使化学从二维向三维发展。

4. 无机化学的系统化——元素周期律的发现

无机化学是最早出现的化学，如青铜、陶瓷、彩陶、点金术、炼丹术、黑火药等。18世纪中叶至19世纪中叶的100年间，无机化学有了很大的发展，化学家们系统地分析了人类能接触到的各种物质。到1869年，共发现了63种化学元素，但是对这些元素的分类以及它们的相互联系缺乏研究。

1869年，俄国化学家门捷列夫和德国化学家迈尔独立发现元素周期律。两人都是在编写教科书过程中完成这一重要发现的。迈尔对元素性质的研究偏重于物理性质，而门捷列夫则更多地着眼元素的化学性质。

门捷列夫

1869年3月18日，门捷列夫的论文《元素属性和原子量的关系》由他的朋友门舒特金在俄国化学会上代为宣读。论文中阐述了周期律的基本观点。①若把元素按原子量的大小排列，明显地呈现出性质上的周期性变化。②化学性质相似的元素的原子量，有些作有规律的增大，如钾、铷、铯；有些则近于相等，如锇、铱、铂。③元素的族的顺序与其化合价相当。④原子量较小的几种元素，它们在性质上差异较大，分散在各族里，是各族有代表意义的元素。⑤原子量的大小决定元素的特征。⑥元素的原子量，可借与其相邻各元素的性质及原子量进行校正，碲的相对原子质量不应是128，而应介于123～126。⑦可以预测尚未被发现的元素，例如“类铝”和“类硅”的相对原子质量应介于65～75。1871年门捷列夫又发表了《化学元素的周期依赖关系》一文，果断地修改了他的第一张元素周期表，制作了第二张表，使原来的周期表由竖行改为横排，使同族元素处于同一竖行中，这样更加突出了化学元素的周期性。在同族元素中，他和迈尔一样，划分为主族与副族。在这一表中他把预言元素的空格由4个改为6个，并预言了它们的性质。他根据一些元素在表中的合理位置，大胆地修订了一些元素的原子量值。他在该文中给元素周期律作了如下定义：“元素（以及由元素所形成的单质或化合物）的性质周期地随着它们的原子量而改变”。

化学元素周期律的确立，把所有化学元素纳入一个完整的体系，揭示出化学元素之间存在的自然关系，使化学进入了系统化的阶段。同时，为光谱学、原子物理学的研究提供了强有力的理论依据。门捷列夫按着周期律的体系撰写了著名的《化学原理》，第一次完整而又系统地综合和总结了无机化学研究的一切积极成果，为无机化学奠定了正确的理论体系。元素周期律是化学发展史上继原子论之后又一次重大的发现，成为化学的主要基石之一。

元素周期表

原子序数 — 92 U — 元素符号，红色指放射性元素

元素名称注＊的是人造元素 — 铀

$5f^{3}6d^{1}7s^{2}$ — 外围电子层排布，括号指可能的电子层排布

238.0 — 相对原子质量（加括号的数据为该放射性元素半衰期最长同位素的质量数）

非金属　金属　过渡元素

周期＼族	ⅠA 1	ⅡA 2	ⅢB 3	ⅣB 4	ⅤB 5	ⅥB 6	ⅦB 7	Ⅷ 8	Ⅷ 9	Ⅷ 10	ⅠB 11	ⅡB 12	ⅢA 13	ⅣA 14	ⅤA 15	ⅥA 16	ⅦA 17	0 18	电子层	0族电子数
1	1 H 氢 $1s^{1}$ 1.008																	2 He 氦 $1s^{2}$ 4.003	K	2
2	3 Li 锂 $2s^{1}$ 6.941	4 Be 铍 $2s^{2}$ 9.012											5 B 硼 $2s^{2}2p^{1}$ 10.81	6 C 碳 $2s^{2}2p^{2}$ 12.01	7 N 氮 $2s^{2}2p^{3}$ 14.01	8 O 氧 $2s^{2}2p^{4}$ 16.00	9 F 氟 $2s^{2}2p^{5}$ 19.00	10 Ne 氖 $2s^{2}2p^{6}$ 20.18	L K	8 2
3	11 Na 钠 $3s^{1}$ 22.99	12 Mg 镁 $3s^{2}$ 24.31											13 Al 铝 $3s^{2}3p^{1}$ 26.98	14 Si 硅 $3s^{2}3p^{2}$ 28.09	15 P 磷 $3s^{2}3p^{3}$ 30.97	16 S 硫 $3s^{2}3p^{4}$ 32.06	17 Cl 氯 $3s^{2}3p^{5}$ 35.45	18 Ar 氩 $3s^{2}3p^{6}$ 39.95	M L K	8 8 2
4	19 K 钾 $4s^{1}$ 39.10	20 Ca 钙 $4s^{2}$ 40.08	21 Sc 钪 $3d^{1}4s^{2}$ 44.96	22 Ti 钛 $3d^{2}4s^{2}$ 47.87	23 V 钒 $3d^{3}4s^{2}$ 50.94	24 Cr 铬 $3d^{5}4s^{1}$ 52.00	25 Mn 锰 $3d^{5}4s^{2}$ 54.94	26 Fe 铁 $3d^{6}4s^{2}$ 55.85	27 Co 钴 $3d^{7}4s^{2}$ 58.93	28 Ni 镍 $3d^{8}4s^{2}$ 58.69	29 Cu 铜 $3d^{10}4s^{1}$ 63.55	30 Zn 锌 $3d^{10}4s^{2}$ 65.41	31 Ga 镓 $4s^{2}4p^{1}$ 69.72	32 Ge 锗 $4s^{2}4p^{2}$ 72.64	33 As 砷 $4s^{2}4p^{3}$ 74.92	34 Se 硒 $4s^{2}4p^{4}$ 78.96	35 Br 溴 $4s^{2}4p^{5}$ 79.90	36 Kr 氪 $4s^{2}4p^{6}$ 83.80	N M L K	8 18 8 2
5	37 Rb 铷 $5s^{1}$ 85.47	38 Sr 锶 $5s^{2}$ 87.62	39 Y 钇 $4d^{1}5s^{2}$ 88.91	40 Zr 锆 $4d^{2}5s^{2}$ 91.22	41 Nb 铌 $4d^{4}5s^{1}$ 92.91	42 Mo 钼 $4d^{5}5s^{1}$ 95.94	43 Tc 锝 $4d^{5}5s^{2}$ (98)	44 Ru 钌 $4d^{7}5s^{1}$ 101.1	45 Rh 铑 $4d^{8}5s^{1}$ 102.9	46 Pd 钯 $4d^{10}$ 106.4	47 Ag 银 $4d^{10}5s^{1}$ 107.9	48 Cd 镉 $4d^{10}5s^{2}$ 112.4	49 In 铟 $5s^{2}5p^{1}$ 114.8	50 Sn 锡 $5s^{2}5p^{2}$ 118.7	51 Sb 锑 $5s^{2}5p^{3}$ 121.8	52 Te 碲 $5s^{2}5p^{4}$ 127.6	53 I 碘 $5s^{2}5p^{5}$ 126.9	54 Xe 氙 $5s^{2}5p^{6}$ 131.3	O N M L K	8 18 18 8 2
6	55 Cs 铯 $6s^{1}$ 132.9	56 Ba 钡 $6s^{2}$ 137.3	57～71 La～Lu 镧系	72 Hf 铪 $5d^{2}6s^{2}$ 178.5	73 Ta 钽 $5d^{3}6s^{2}$ 180.9	74 W 钨 $5d^{4}6s^{2}$ 183.8	75 Re 铼 $5d^{5}6s^{2}$ 186.2	76 Os 锇 $5d^{6}6s^{2}$ 190.2	77 Ir 铱 $5d^{7}6s^{2}$ 192.2	78 Pt 铂 $5d^{9}6s^{1}$ 195.1	79 Au 金 $5d^{10}6s^{1}$ 197.0	80 Hg 汞 $5d^{10}6s^{2}$ 200.6	81 Tl 铊 $6s^{2}6p^{1}$ 204.4	82 Pb 铅 $6s^{2}6p^{2}$ 207.2	83 Bi 铋 $6s^{2}6p^{3}$ 209.0	84 Po 钋 $6s^{2}6p^{4}$ (209)	85 At 砹 $6s^{2}6p^{5}$ (210)	86 Rn 氡 $6s^{2}6p^{6}$ (222)	P O N M L K	8 18 32 18 8 2
7	87 Fr 钫 $7s^{1}$ (223)	88 Ra 镭 $7s^{2}$ (226)	89～103 Ac～Lr 锕系	104 Rf 𬬻* $(6d^{2}7s^{2})$ (261)	105 Db 𬭊* $(6d^{3}7s^{2})$ (262)	106 Sg 𬭳* (266)	107 Bh 𬭛* (264)	108 Hs 𬭶* (277)	109 Mt 鿏* (268)	110 Uun * (281)	111 Uuu * (272)	112 Uub * (285)	……							

	57	58	59	60	61	62	63	64	65	66	67	68	69	70	71
镧系	57 La 镧 $5d^{1}6s^{2}$ 138.9	58 Ce 铈 $4f^{1}5d^{1}6s^{2}$ 140.1	59 Pr 镨 $4f^{3}6s^{2}$ 140.9	60 Nd 钕 $4f^{4}6s^{2}$ 144.2	61 Pm 钷 $4f^{5}6s^{2}$ (145)	62 Sm 钐 $4f^{6}6s^{2}$ 150.4	63 Eu 铕 $4f^{7}6s^{2}$ 152.0	64 Gd 钆 $4f^{7}5d^{1}6s^{2}$ 157.3	65 Tb 铽 $4f^{9}6s^{2}$ 158.9	66 Dy 镝 $4f^{10}6s^{2}$ 162.5	67 Ho 钬 $4f^{11}6s^{2}$ 164.9	68 Er 铒 $4f^{12}6s^{2}$ 167.3	69 Tm 铥 $4f^{13}6s^{2}$ 168.9	70 Yb 镱 $4f^{14}6s^{2}$ 173.0	71 Lu 镥 $4f^{14}5d^{1}6s^{2}$ 175.0
锕系	89 Ac 锕 $6d^{1}7s^{2}$ (227)	90 Th 钍 $6d^{2}7s^{2}$ 232.0	91 Pa 镤 $5f^{2}6d^{1}7s^{2}$ 231.0	92 U 铀 $5f^{3}6d^{1}7s^{2}$ 238.0	93 Np 镎 $5f^{4}6d^{1}7s^{2}$ (237)	94 Pu 钚 $5f^{6}7s^{2}$ (244)	95 Am 镅* $5f^{7}7s^{2}$ (243)	96 Cm 锔* $5f^{7}6d^{1}7s^{2}$ (247)	97 Bk 锫* $5f^{9}7s^{2}$ (247)	98 Cf 锎* $5f^{10}7s^{2}$ (251)	99 Es 锿* $5f^{11}7s^{2}$ (252)	100 Fm 镄* $(5f^{12}7s^{2})$ (257)	101 Md 钔* $(5f^{13}7s^{2})$ (258)	102 No 锘* $(5f^{14}7s^{2})$ (259)	103 Lr 铹* $(5f^{14}6d^{1}7s^{2})$ (262)

注：相对原子质量录自2001年国际原子量表，并全部取4位有效数字。

元素周期表

5. 科学史上第一门边缘学科的形成——物理化学

物理与化学作为自然科学的两个分支，关系十分密切，早期的物理学家和化学家并没有十分明确的分工。许多科学家诸如波义耳、布拉克、凯文迪旭、道尔顿、法拉第等的研究都兼具物理和化学，他们都进行化学实验和物理测量。从 19 世纪初开始，情况发生了很明显的变化，化学家们和物理学家们走上了不同的道路。物理学家们使用化学物品只是为了概括出物理概念和定律，化学家们对物理学的成就则不甚关心。但是，从 18 世纪中期到 19 世纪，物理学中逐步发现与化学现象相关的一些规律，化学中形成的重要基本学说和重要事实，客观上促使两门学科在新的基础上逐步结合，19 世纪下半叶形成了第一门边缘学科——物理化学。

长期以来，热现象与化学反应紧相联系。1840 年，瑞士化学家黑斯在圣彼得堡发表的“总热量守恒定律”是热化学领域发现的第一个定律，也是在自然科学上首先得出的能量守恒和转化的规律性结论。1853 年，英国物理学家开尔文把能量转化与物系的内能联系起来，给出了热力学第一定律的数学表达式。热力学第一定律回答了能量能否无中生有的问题。1850 年，德国物理学家克劳修斯指出，热不可能独自地、不付任何代价地从冷物体转向热物体，这个结论就是热力学第二定律，克劳修斯于 1854 年给出了它的数学表达式。

热力学第一定律强调，能量转化时的守恒性和等值性，它要求从能量的转换恒等性上把握运动形式的变化，突破了仅用物质要素和成分解释世界的僵化模式，为边缘学科的形成提供了基础；热力学第二定律强调，能量实际转化的不可逆性，它要求给予时间的流逝以物理意义和方向，否定了从牛顿理论中衍生出来的用时间可逆和时间反演对称的观点处

理一切问题的简单方法。直到1869年，化学家们才逐步把热力学的成果引入化学研究之中。霍斯特曼用热力学第二定律研究了热分解反应中分解压力与温度的关系，研究了升华过程的热力学，建立了最大功与反应热之间的关系。随后，越来越多的物理学家和化学家走进了热力学和化学结合的领域，终于形成了物理化学的重要分支——化学热力学。

19世纪中叶以后，大规模的工业生产推动着自然科学的各个学科迅猛发展。在原子-分子学说、气体分子运动学说、元素周期律已经确立的基础上，物理化学逐步形成。1887年出版的经典式的标准教科书《化学总论教科书》和专业刊物《物理化学杂志》，标志了物理化学的正式创建。

6. 分析化学学科的诞生

分析化学成为一门独立学科诞生于19世纪。分析化学作为检测手段，早在古代已经萌芽，当时，人们往往从状态特征和性能来区分和鉴别物质。随着人们认识的深化，渐渐发展到通过物理现象和化学变化来识别物质。随着商品生产的发展，提出了检验商品质量和纯度的要求。在4世纪至5世纪时，发明了比重计来估量酒、醋、蜂蜜和牛奶的浓度。11世纪时，阿拉伯人所测得的密度数据已达到了相当精确的程度。早期商品交换中的货币常常是贵金属，为了防止受到伪金的欺骗，试金分析成了一门专门的技艺；对于矿石中含金量的测定，罗马人在公元初所使用的“烤钵法”流传了几百年。到了16世纪的“医药化学时期”，很多人从事矿泉水的研究，促进了水溶液检验的兴起和发展。

波义耳是定性分析化学的奠基人。1685年，波义耳的《天然矿泉水实验史简编》，全面总结了当时已知的化学检验知识，如反应中颜色的变化、沉淀的生成以及焰色反应等，把当时的分析检验提高到一个新水平。1841年德国化学家伏累森纽斯在《化学考励》中提出了对阳离子定性分析法的修订方案，他的系统定性分析方案基本上沿用至今，为当时的矿物化验、地质普查作出了积极贡献。

重量分析方法产生于17世纪，到了18世纪中叶，拉瓦锡发现的物质不灭定律，为化学定量研究建立了理论基础。19世纪初，重量分析在沉淀的分离、干燥和灼烧方法等方面不断地完善起来。重量分析仪器中最重要的是分析天平。起初精密天平都是由手工业匠人制造的，专门生产分析天平是从1823年开始的。天平灵敏度可达到0.5毫克；过滤材料对分析有着重要意义，滤纸（filter）一词来源于中世纪的felt（毛毡），炼金家和医药化学家用毛毡过滤液体，直到18世纪时才开始用无胶纸。1883年才开始使用无灰滤纸。贝齐里乌斯在从事测定原子量的工作中，先后对上千种化合物进行了定量分析，把许多新的分析方法、新的试剂和仪器引进到分析化学中来，使定量分析的准确度达到了空前的高度。

8世纪中叶，各类化工厂为了确保购进原料和出售产品的质量合乎规格，要求比重量法更快速、简易的分析方法，容量法（滴定分析）便应运而生。盖·吕萨克是滴定分析的创始人，特别是对提高准确度方面有所贡献，他所提出的银量法至今仍在应用。1786年法国学者德克劳西发明了最早的滴定管。药剂师莫尔对容量分析作出了重大贡献。分析化学中不少仪器和物品都是由他开始使用的，例如莫尔夹子、莫尔吸量管、莫尔盐、莫尔天平等。19世纪30年代至50年代，滴定分析发展到鼎盛时期，银量法、碘量法、高锰酸钾法、重铬酸钾法和铈量法等都已发展成熟。在化学研究和工业生产中都得到应用。

有机化学的发展中有机分析是相伴而发展的。有机分析最先发展起来的是元素分析，元素分析中首先是碳、氢分析。首次进行有机化合物的碳、氢分析的是拉瓦锡。他将有机物燃烧，测定所产生的水和二氧化碳的量，就可以测得所含碳和氢的量。贝齐里乌斯和李比希相继地改进了有机元素分析，并使之成为精确的定量分析技术。

20 世纪以来，现代物理学中电、磁、热等理论成就和研究方法，促进了分析仪器制造业的发展，许多新型的分析仪器应运而生。其中较具特色和具有代表性的仪器有：光谱分析仪、色谱分析仪和 X 射线衍射仪以及质谱分析仪等，分析化学进入到仪器分析的时代。但是，经典的化学方法由于不需要昂贵的仪器设备、易于推广普及等优越性，仍然发挥着应有的作用。

第三节 现代化学时期

从 20 世纪初开始，是现代化学时期。19 世纪末，物理学上的三大发现——“X 射线、放射性和电子”猛烈地冲击了道尔顿关于原子不可分割的观念，打开了原子和原子核内部结构的大门，揭露了微观世界中更深层次的奥秘。

现代化学为人类的衣、食、住、行提供了有力的物质保证，在改善人民生活、提高人类的健康水平方面作出了应有的贡献。

现代化学的特点主要有：①从传统的宏观研究领域转向微观研究领域；②从定性和半定量向高定量化深入；③从静态向动态伸展；④由描述向推理或设计深化；⑤向分子识别和分子群研究深入；⑥实验水平空前提高；⑦现代化学的三大支柱是实验、形式理论和计算；⑧学科分化和融合日益突出；⑨呈持续加速发展的态势；⑩大化学特征愈加突现。

一、量子化学的诞生和化学键理论的发展

1896 年法国物理学家贝克勒尔在研究产生穿透力极强的 X 射线的原因时，发现了天然铀的放射性现象，接着又相继发现了钍、钋、镭、锕等放射性新元素，并建立了放射性元素的衰变理论。放射性的发现揭示了原子内部的复杂性。1897 年英国物理学家 J. 汤姆生发现了各种原子都有一个共同的组成部分——带负电荷的微粒“电子”。电子的发现，打开了通往原子内部的大门；放射性的发现打开了窥视原子奥秘的大门。

1905 年，德国物理学家爱因斯坦为了解释光电效应，提出了光量子学说，这为量子论提供了实验依据和理论基础。1913 年丹麦物理学家玻尔将 E·卢瑟福的原子模型与量子论巧妙地结合起来，提出著名的玻尔原子结构模型，成功地解释了氢原子的定态结构和氢原子光谱线系，在原子结构理论上取得了重大的突破。1926 年，奥地利物理学家薛定谔提出了描述微观粒子运动规律的波动方程。于是，关于微观物质运动的根本科学理论——量子力学建立了。

量子力学用于原子结构研究上取得巨大的成功后，人们开始把量子力学用于分子结构的研究。1927 年，英国的海特勒和伦敦首次用量子力学的方法处理氢分子，说明了氢分子稳定存在的原因，原则上阐明了化学键的本质，推动了应用量子力学原理研究多原子分

英国化学及物理学家
道尔顿

道尔顿原子模型

英国物理学家汤姆生

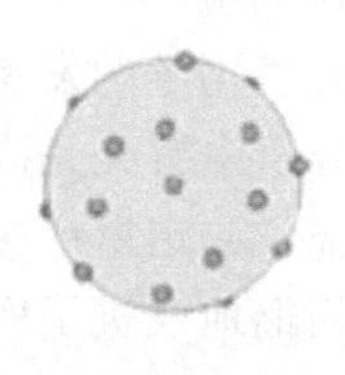

汤姆生原子模型
(枣糕模型)

英籍新西兰物理学家
卢瑟福

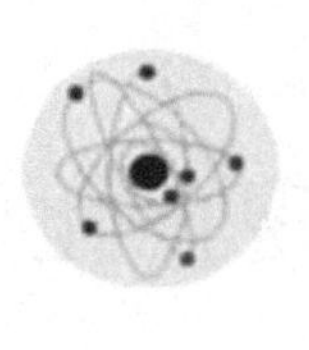

卢瑟福原子模型

丹麦物理学家
玻尔

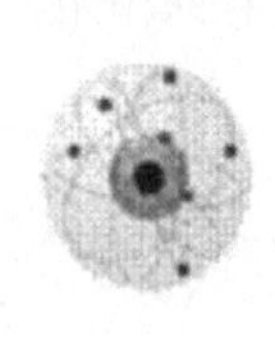

玻尔的原子模型

子、分子间相互作用和化学反应的规律等，成为量子化学发展的起点。1927 年也因此被视为量子化学诞生之年。

量子化学的诞生是现代化学发展中的一个重要里程碑，它使化学研究的方法从描述向推理迈进。到 20 世纪 30 年代初建立了两种化学键理论，一种是价键理论，另一种是分子轨道理论。

1931 年美国化学家鲍林和斯勒特发展了价键理论，提出了“杂化轨道”理论，成功地解释了甲烷、乙烯、乙炔和其他许多分子的成键和几何构型问题，进一步发展和丰富了现代价键理论；1931 年鲍林等人提出的“共振论”认为，体系的真实电子状态是介于所有可能状态之间的一种状态，分子是在不同化学键结构之间共振的，成功解释了苯分子结构，“共振论”成为有机化学结构基本理论之一。

分子轨道理论是由德国物理学家洪德、英国理论化学家伦纳德·琼斯和美国理论化学家穆利肯等人在 20 世纪 30 年代初提出的。该理论将分子看成是一个整体，在一定条件下由原子轨道线性组合成分子轨道，然后电子按一定规则安排在一系列分子轨道上。分子轨道理论在解释分子光谱、分子的磁性和处理多原子的 π 电子体系等方面都能较好地反映客观实际，并且提出了“单电子键”、“三电子键”等新的概念，解决了价键理论所不能解释的许多问题。

1952 年日本化学家福井谦一提出了“前线轨道”理论。他指出，分子轨道中最高占据轨道（HOMO）和最低空轨道（LUMO）处于反应的前沿，在反应中起主导地位，并称这两种特殊的分子轨道为前线轨道。这一观念成为研究分子动态化学反应的一个起点。美国有机化学合成家伍德沃德与美国量子化学家 R·霍夫曼合作，在 1965 年提出了分子对称守恒原理。这一原理的提出，标志着量子化学已进入到对分子的动态研究中。过去主要依靠经验的类型反应来合成，现在开始以结构理论和反应机理为指导进行合成。福井谦一和 R·霍夫曼在这方面作出了杰出的贡献，共同获得了 1981 年诺贝尔化学奖。

1951 年，美国人基利和波桑合成了二茂铁。1955 年，德国化学家费歇尔和英国化学家威尔金森分别指出二茂铁具有夹心结构。此后，化学家们先后合成了几乎全部过渡金属的二茂夹心式化合物以及羰基配合物和烯烃配合物，并且发现了血红素（含铁）、维生素 B_{12}（含钴）等金属有机化合物，进一步打破了无机化学和有机化学的界限。从此，元素有机化学崛起为一门独立的学科，有机硼化学、有机硅化学、有机磷化学、有机锗化学、有机锡化学等蓬勃发展起来，它们正广泛地应用于工业、农业、国防和科研等各个领域，具有广阔的发展前景。

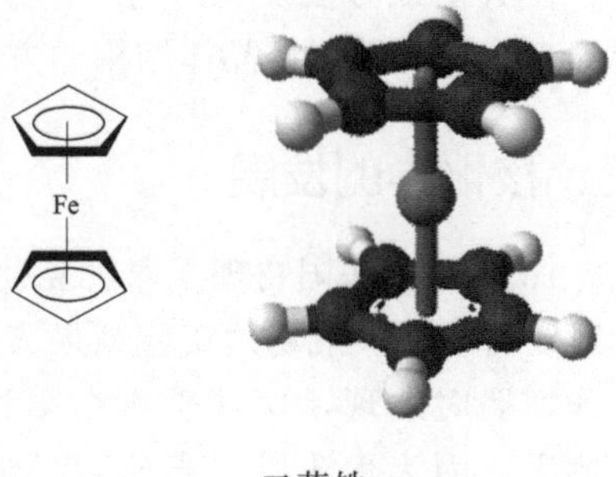

二茂铁

二、晶体结构及晶体化学

20 世纪初，人们初步估计出晶体中原子的间距为 10^{-10} 米左右，而 X 射线可能是波长为 10^{-10} 米左右的电磁波。德国物理学家劳厄设想，如果晶体确实具有点阵结构，那么晶体就可以作为 X 射线的天然衍射光栅。像可见光通过光栅时要发生衍射现象一样，X 射线通过晶体时也应发生衍射现象。1912 年，伦琴的学生德国人福里德里希和克尼平用五水合硫酸铜晶体做光栅进行实验，成功地得到了第一张 X 射线衍射图，证实了 X 射线是一种电磁波，也证实了晶体的点阵结构。

1913 年，英国物理学家布拉格用 X 射线衍射法测定了氯化钠和氯化钾的晶体结构，通过结构分析确定了它们的空间结构，并测定出了晶体中原子的间距。X 射线结构分析从此建立起来，标志着经典晶体学发展为现代的结构晶体学。1927 年，德国矿物学家戈德施米特得出了晶体化学定律，即晶体的结构取决于其组成的（指原子或有关离子与原子团）数量关系、大小关系与极化性能。这些总结促进了无机化学结构理论的发展，也为无机物的结构分析开辟了途径。

在有机化学方面，运用 X 射线结构分析，测定了尿素、正链烷烃、六亚甲基四胺以及一些简单的芳香族化合物的结构。这些工作与金刚石、石墨结构的研究资料一起，印证了有机物的经典结构理论，还给出了第一批键长、键角的数据，20 世纪 50 年代，人们已经能够研究和测定复杂的天然有机物、蛋白质、核酸等晶状生物高分子结构。1945～1957 年，美国化学家肯德鲁测定了鲸肌红蛋白的晶体结构，开辟了人们认识蛋白质分子中肽键与螺旋体折叠方式的三级结构的正确结构。人们能在蛋白质的主体结构基础上了解其生物功能。

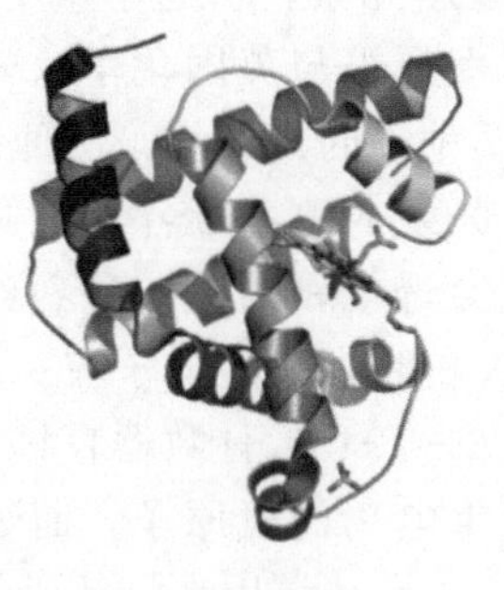
肌红蛋白

血红蛋白结构

在X射线方法发展的同时，电子衍射法和中子衍射法也于1927年和1936年逐步发展起来。这三种测定晶体结构的方法，成为人们探测微观世界强有力的手段。

三、核化学的发展

1896年，法国物理学家贝克勒尔决定用强荧光物质硫酸钾铀酰进行研究，试图弄清X射线的本质。最初的实验结果表明，磷光或荧光物质并不发射X射线。当他用硫酸铀酰作实验时发现，这种矿物在阳光照射后，能够使包在不透光黑纸里的底片感光；一个阴天，因为无法用阳光照射，他把铀酰盐和底片放进抽屉。检查底片时冲洗了其中一张，意外地发现底片已经曝光，上面有铀酰盐包的像。这说明，日晒与荧光与底片感光都没有关系，他推断：铀酰盐发出一种神秘的能贯穿黑纸的射线。进一步的实验表明，温度变化、放电、激发等对铀酰盐的射线都毫无影响。只要有铀元素存在，就有射线产生。因此断定，铀酰盐所产生的射线不是外界因素引起的，而是铀原子自身的作用。

玛丽·居里（1867—1934）

贝克勒发现的铀的放射性及其特异的性质引起了许多科学家的密切注意。其中包括玛丽·居里和其丈夫皮埃尔·居里。居里夫人用皮埃尔·居里发明的验电计测定了放射性强度，证实了贝克勒所发现的铀的放射强度同含铀的数量成正比，而与其化学形式无关。此外她发现沥青铀矿的放射性比铀化合物强4倍，她认为这个矿物应该含有比铀的放射性更强的元素。经过近三个月的实验，她发现在硫化铋的沉淀中有放射性沾染物，其中可能有比铀强400倍的新元素，并把这种新元素命名为“钋”，这是居里夫人的祖国——波兰的第一个字母。为了确证这个新元素，在极端艰苦的条件下，居里夫人花了四年时间从几吨沥青铀矿渣中分离出0.12克纯氯化镭，并测定出镭的相对原子质量为225。镭发出的射线比纯铀强100多万倍。镭很快用于制造夜光表盘和治疗肿瘤。1903年居里夫人的博士论文《放射性物质的研究》中详述了放射线的各种性质，其中包括与磁场的关系。居里夫妇由于他们的贡献获得了许多奖励，居里夫人两次获得诺贝尔奖。

放射性的发现揭示了原子核的复杂性，打开了物质世界的又一关键点，拉开了原子时代的序幕，使人们的认识深入到原子核里，由此而产生了一个崭新的研究领域——核化学。

继镭发现后，短短几年内接二连三地发现放射性新元素，引起了整个科学界的关注。1898年出生于新西兰的英国物理学家和化学家E·卢瑟福与英国化学家索迪在研究铀的放射性对气体电离的作用时，发现铀和铀盐能发出两种不同的射线，一种极易被吸收，并具有巨大的动能，命名为α射线；另一种有较强的贯穿本领，命名为β射线。1900年法国化学家维拉尔又发现了类似于X射线且具有更强穿透本领的第三种射线，称之为γ射线。同年，贝克勒通过荷质比（e/m）的测定，确认β射线就是电子流；E·卢瑟福努力探索了10年，直到1908年用盖革（H. Geiger，1882—1945）计数器直接测出α粒子带有两个正电荷，并通过光谱分析证实了α粒子就是双重电离的氦原子，而α射线就是粒子流。由于α粒子带有巨大的能量和动量，因此成为E·卢瑟福用来打开原子大门研究原子内部结构的有力工具。

欧内斯特·卢瑟福
（Ernest Rutherford，1871—1937）

索迪
（Frederick Soddy，1877—1956）

放射性元素蜕变的发现是E·卢瑟福早期研究的成果。1899年，E·卢瑟福发现钍的表面有一种放射性的“射气”。随后，镭和其他放射性元素的射气也相继发现。E·卢瑟福在青年化学家索迪的帮助下对镭射气进行研究，发现镭射气是一种具有暂时放射性的惰性气体。1901年底索迪过滤分离氢氧化钍的溶液时，他发现不应含有钍的滤液中却有极强的放射性，而含有钍原子的氢氧化钍却失去了放射性。他把滤液中的放射性蜕变产物称为钍X；1902年初，过完圣诞节回来的索迪发现令人惊奇的现象，氢氧化钍（钍原子）恢复了放射性，而钍X基本上失去了放射性。反复研究后索迪认为，钍的放射性可看作钍X的生成和钍X放射性衰减效果的综合。E·卢瑟福和索迪反复实验得出钍X放射性衰减的速率和钍原子放射性复原的速率基本相等。于是提出放射性元素蜕变理论：放射性原子是不稳定的，它们自发地放出射线和能量而蜕变成另一种放射性原子，直到成为一种稳定的原子为止。每一种放射性原子的放射性强度都按指数关系随时间不断衰减。这种蜕变速率只同放射性物质本身有关，而同其他任何因素无关。

元素蜕变的理论打破了自古希腊以来原子永恒不变的传统观念，正式确认一种元素的原子按着一定的规律可以变成另一种元素的原子。因为太像早先的炼金术，这种理论曾遭到元素周期律的发现者门捷列夫和英国科学界泰斗开耳芬等的强烈反对。但从1899年到1907年，陆续发现了整族元素的自转变，分别是铀、钍、锕。每一种放射性元素发出α射线、β射线和γ射线而变成另一种，最终变为稳定的元素铅。放射性的发现在化学中开辟了新的研究领域。

到1907年，分离出来并加以研究过的放射性元素多达30多种，这么多的放射性元素，周期表中却没有容纳它们的空位，这令很多科学家头疼。根据“有些具有不同放射性的元素，其化学性质却完全相同”这一事实，索迪于1910年提出了“同位素”假说：一种化学元素可以有几种不同的原子量和放射性，但它们的化学性质完全相同，在元素周期表上应该处于同一位置。索迪把它们命名为“同位素”。1913年，索迪和英国化学家罗素（A. S. Russell）以及德国物理学家法扬斯（K. Fajans）根据原子蜕变时放出的α射线相当于分裂出一个氦核，β射线相当于发射一个电子的实验事实，同时各自提出了放射性元素蜕变的位移规则：放射性元素发生α蜕变后，在周期表中向左移两位，即原子序数减2，相对原子质量减小4；发生β蜕变后，则向右移一位，即原子序数增加1而原子量保持不变。根据位移规则他们把当时已发现的43种天然放射性元素归为三个放射系列：铀-镭系、钍系和锕系。至此，天然放射性元素的谱系和它们之间的变化关系弄清楚了，数目众多的放射性“新”元素在周期表中的位置也得到了圆满解决。

四、原子能时代的来临

1815年，英国医生兼化学家普劳特根据多数元素的原子量是氢原子的整数倍，提出氢是母质，其他元素都是由不同数目的氢构成的假说。由于历史和科学发展的局限性，这个假说曾被看成幻想而被否定。近一个世纪之后，随着对放射性现象和同位素的深入研究，发现各种元素及其同位素的原子量基本上是氢原子量的整数倍，于是，普劳特的假说重新被提出来，而且把氢原子核命名为质子（proton，源于希腊文"protos"，意思是"基础"）。

那么，原子核真是由氢原子核组成的吗？只有击破原子核才能弄明白！1919年，E·卢瑟福用极强的α射线对氮轰击，第一次成功地实现了人工核反应，并发现了质子。用α射线轰击硼、氟、铝和磷等轻元素也发生类似的反应。1924年，英国布莱克特在拍摄多达25000张云室照片中，有8次抓住氮原子核被α粒子击破的一瞬间，完全证实了E·卢瑟福进行的人工核反应。古代炼金家梦寐以求的能使一种元素变成另一种元素的千年夙愿，如今在原子核的实验中开始实现了。为此，E·卢瑟福专门出版了一本《新炼金术》。

1919年，居里夫人根据原子核中存在原子和β蜕变的实验事实，提出了原子核的质子-电子模型：一个原子序数为Z，质量数为A的原子核，它是由A个质子和$(A-Z)$个电子所组成的。这个模型成功地解释了已知的有关放射性的各种事实，但在核自旋问题以及核稳定性的问题上，还有无法克服的矛盾。

为解决质子-电子模型出现的矛盾，1920年E·卢瑟福提出了原子核中存在中子的假说，并力图用实验追寻这种粒子。1932年，他的学生英国核物理学家查德威克完成了他的心愿。查德威克分析出α粒子轰击铍时所产生的穿透力极强的射线就是E·卢瑟福预言的不带电荷的中子。中子的发现，完善了人们对原子核组成的认识，更为人工变革原子核提供了强有力的手段。1932年5月前苏联物理学家伊凡宁柯首先提出，中子和质子一起存在于原子核中，并提出了中子-质子原子核模型：每种元素的原子序数Z就是该元素原子核中的质子数（核电荷数），而质量数A就是质子数和中子数$(A-Z)$之和。同一元素的各种同位素，其质子数都相同，但中子数不同，因此化学性质相同而质量不同。中子-质子模型解决了质子-电子核模型在核自旋上的矛盾，很快就被人们所接受。1934年，约里奥·居里夫妇用α粒子轰击铝靶时发现除了产生中子外，靶本身也发射正β射线（即正电子，1932年由安德逊捕捉到），这是第一次用人工方法获得的放射性同位素，是人类改造微观世界的一个重大突破。

1938年12月，德国物理学家哈恩（O. Hahn）和德国物理学家斯特拉斯曼（F. Strassmann）发现了铀被中子轰击后所产生的裂变反应。1939年1月，德国女科学家梅特纳（L. Meitner）和弗里希（O. R. Frisch）对原子核反应作出了解释，他们根据爱因斯坦的质能联系定律（$E=mc^2$），估算出一个铀核裂变时会释放出2亿电子伏特的能量，这比碳燃烧时的化学能，即一个碳原子和两个氧原子结合的能要大5000万倍。这一发现立即引起了轰动。约里奥·居里夫妇、匈牙利核物理学家西拉德（L. Szilard，1898—1964）、意大利核物理学家费米（E. Fermi，1901—1954）等人分别用实验证明了铀核裂变时将在瞬间发生链式反应而释放出巨大的能量。从发现放射性到利用原子能只经历了半个世纪，同时很快出现了放射化学、同位素化学、辐射化学以及人工超铀元素合成等分支学科。

知识·链接

世界上第一座原子能反应堆和第一座核电站

1942 年 10 月，著名意大利核物理学家艾立科·费米（1901—1954）领导的一个小组，在美国芝加哥大学的网球场上建立起世界上第一座原子能反应堆，同年 12 月 2 日 15 点 20 分，费米点燃了世界上第一座原子能反应堆，为人类打开了原子世界的大门。这是人类第一次实现自持链式原子核反应，它标志着人类进入了原子能时代。

世界上第一座核电站于 1954 年 6 月在前苏联建成，成为人类和平利用原子能的成功典范。当时称为第一核电站。1954 年 6 月 27 日，俄语广播电台播报的一则新闻震惊了全国和世界，“在科学家和工程师的共同努力下，苏联建成了世界上第一座 5000 千瓦发电量的核电站，该核电站已为苏联农业生产项目提供所需电力。”

2002 年 4 月 30 日俄罗斯原子能部宣布，正式关闭这座已经安全运行了近 50 年的核电站，用于该核电站的“和平原子能”（Atom Mirny）反应堆是世界上第一座通过常规输电网供应电力的动力堆，也于 2002 年 4 月 29 日关停，但反应堆厂房本身不会完全拆除。虽然这座设施规模很小，但是它已被全世界公认为人类科学与技术发展过程中的标志。

现在，奥布宁斯克核电站正式变身为俄罗斯的一座博物馆和科技馆，更名为“斯奥布宁斯克科学城”。

核反应堆

从 1940 年起，超铀元素一个接一个地被人工合成，至 1984 年止，人工合成的元素已到 109 号。研究表明，随着原子序数的增加，超铀元素的稳定性急剧降低。因为拥有太短的半衰期，所以自 107 号以后，元素在生成的同时就又裂变了。

五、化学交叉学科的发展

20 世纪 60 年代以来，化学的发展更加迅速和深入。新化合物增加的速率已快于指数表达方式。化学元素学科的结构及其与相邻学科之间的关系，起了根本的变化。化学对相关学科发展的促进作用不可忽视，与化学交叉而兴起的新兴学科、边缘学科成了科学家们研究的热点。

（一）生物化学

生物化学是关于生命现象的化学本质的科学，主要研究：①生命物质的化学组成、性质、结构和功能等静态问题；②生物体内各种化学物质在体内怎样变化、怎样相互转化、怎样相互制约及在变化过程中能量转换等动态问题；③各种生命现象（例如生长、发育、运动、适应、遗传、变异等）的化学本质。

20 世纪以前的生物化学主要是从生理和病理的角度进行研究，实际上是生理化学。20 世纪以来，逐渐从整体水平上的描述性生物化学发展到细胞和亚细胞水平，成为名副其实的生物化学。20 世纪 60 年代，由于化学方法的进步，促进了生物体的化学成分、性质和结构的认识与合成，同时各种物理方法在生物体物质代谢的研究上获得广泛应用，加速了生物化学的诞生和发展。

在生物化学的建立和发展过程中，对蛋白质和核酸的研究，成为生物化学不断取得进展的重要标志。继 1956 年英国化学家桑格（F. Sanger）揭示了牛胰岛素的全部 51 个氨基酸的排列顺序和两个肽链间的硫-硫键之后，中国化学家于 1965 年在世界上首次实现了人工合成牛胰岛素，开创了人工合成蛋白质的新阶段。1953 年，美国生物学家华特生（J. D. Watson）和英国物理学家克里克（F. H. C. Crick）发现了 DNA（deoxyribonucleic acid，脱氧核糖核酸）分子的双螺旋结构，在分子水平上合理地解释了生物遗传机制，在揭示生命奥秘的征途中，迈出了重要的一步。1961 年，美国生物化学家尼伦贝格（M. W. Nirenberg）首次破译出生物遗传密码，发现了核酸中的碱基与蛋白质中氨基酸之间的本质联系，为进一步揭示生物遗传的奥秘开拓了道路。经过科学家们的继续努力，于 1969 年破译出生物的 64 个遗传密码，发现了 DNA 分子控制蛋白质合成的生物机制，自孟德尔以来的百余年中，科学家为之奋斗探索的生物遗传规律终于以生物大分子间信息的传递和分子变化的方式简明地表达出来。

DNA 双螺旋结构

（二）新材料与化学

人类经历了石器时代、青铜器时代、铁器时代、钢铁时代，进入到高分子时代，这样划分时代是以材料为标志的。20 世纪出现了各种优质合金钢、半导体材料、高分子材料等，使材料的品种和性能有了很大的改观。复合材料日益被重视而获得较快的发展。

1. 高分子材料

在古代人类的衣、食、住、行等方面所用的物质都依赖于天然高分子物质，例如淀粉、纤维素、蛋白质等，但并不认识这些物质的属性。直到 20 世纪 20～30 年代才认识到这些物质是由相对分子质量达 5 万至几百万的“大分子”组成的。1926 年，施陶丁格首先提出大分子的见解。1930年，在胶体化学会上论证了苯乙烯单体可聚合成聚苯乙烯，且经氢化后仍是大分子而不是胶体，这对大分子概念的确立，起了关键作用。1953年，施陶丁格因“链状大分子物质的发现”而获得诺贝尔化学奖。1936年，英国法拉第学会召开的“聚合与缩聚现象”的国际会议上，美国化学家卡罗瑟斯（W. H. Carothers，1896—1937）提出了他的性能比蚕丝还好的尼龙缩聚的理论。1947年在比利时召开了第一次国际高分子讨论会，此后科学家进行了大规模的有计划的合作，有效地发展了合成橡胶和塑料的加工技术，并使纺织工业进入一个新的时期。高分子科学与材料科学互相渗透，互相结合而形成了高分子材料科学，促进了高分子材料工业迅速发展。在近代石油化工体系内，塑料、橡胶、合成纤维三大合成材料的世界产量已上亿吨，美国三大合成材料的消耗量已超过钢、铜、铝消耗量的总和，材料生产已进入高分子时代。

2. 半导体材料

自20世纪50年代初固体物理学家发现了纯半导体材料以后，现代固体材料的时代就开始了。早年，要求制备极纯的硅和锗作为半导体材料。以后，人们的兴趣转移到Ⅲ-Ⅵ两类主族化合物的半导体。例如锑化铟，多年以来它一直被认为是最灵敏的近红外检测材料之一。近年来，注意力又转向Ⅲ-Ⅴ的单晶化合物，这种材料可用于激光。现在，还发现了无定形硅也具有半导体的性质。对这种无定形物质半导体，尚待理论解释。

3. 有机导体材料

聚乙烯的碳链中具有相互交替的单键和双键，形成了一个共轭体系，近年来发现它具有导电性能，当用溴、碘等处理后呈现金属光泽，而且导电性能比许多金属还强，经过适当的处理，有的电导可高达10^{14}数量级。其后，化学家们把聚对硫化亚苯、聚对亚苯基等高分子变成导体。目前已经开始研究用高分子材料作电极，制备重量轻、功率密度大且可再充电的蓄电池。

4. 超导体

人们制成的第一种超导体聚硫氮不仅具有金属导电性，而且在0.3K显示出超导性。从此，人们开始寻求转换温度高的超导体。目前转换温度已达100K左右。近年来有人分离出了室温超导体碎片，这些碎片的大小足够使科学家研究材料中的原子排列，以观察室温下超导材料与非超导材料原子排列之间的区别。

5. 纳米材料

纳米材料和技术是纳米科技领域最富有活力、研究内涵十分丰富的学科分支。“纳米”是一个尺度的度量，20世纪80年代“纳米”作为一种材料的定义把纳米颗粒限制在0.1～100纳米（1纳米$=10^{-9}$米，下同）。广义的纳米材料是指在三维空间中至少有一维处于纳米尺度范围或由它们作为基本单元构成的材料。纳米材料中涉及的许多未知过程和新奇现象，很难用传统物理、化学理论进行解释。从某种意义上来说，纳米材料研究的进展势必把物理、化学领域的许多学科推向一个新层次。由于纳米材料尺寸小，使得纳米体系的光、热、电、磁等物理性质与常规材料不同，出现许多新奇特性；另外，随着纳米材料粒径减小，比表面大大增加，导致纳米体系的化学性质与化学平衡体系出现很大差别，应用特别广泛（详见第二章）。

（三）能源与化学

化学作为一门基础学科，必须为能源开发和利用服务。生产的发展、人口的增加和生活的提高都要求增加能源消费。20 世纪 70 年代以来，许多国家出现了能源短缺，世界各国都将合理开发和利用能源作为一项十分重要的战略任务。煤、石油、天然气等的蕴藏量是有限的，有的使用现在的方法还没法开采。人们根据细菌在缺氧的条件下能分解生物物质产生甲烷这一现象，把垃圾、粪便或其他废料转化为甲烷。我国农村许多地方修建了沼气池，以沼气作为燃料，但这种过程进行缓慢，且对酸度太敏感。如果进一步研究甲烷生成的机理及有机物质分解的生化过程，将有可能把生物物料作为烃类燃料或化学原料的一种资源。目前，世界上大批科学家正在为安全利用核能发电，实现严格受控核聚变反应以及氢能源的开发和利用等方面进行着大量的工作（详见第七章）。

（四）环境与化学

人类总是设法为自身提供充足的食品、居室及卫生的环境，但人口的增长和密集，生产的发展，能源消费量的增加，使许多地区环境污染相当严重，酸雨的威胁，同温层中保护性臭氧层被破坏，已经成为全球性问题。怎样保护人类的生存环境，维持生态平衡？水、空气、土壤潜在哪些有害物质？如何减少污染？如何制定出有效的方案减少和排除污染，这与每个人都息息相关（详见第六章）。

（五）计算机与化学

计算机技术的发展，使繁难的量子化学计算得到了极大的改善，多种计算方法、密度矩阵理论和多级微扰理论等大大提高了用量子力学处理化学问题的能力，过去认为既困难又费时的单晶结构测定工作，已成为常规方法，为结构与性能的研究提供了更可靠的结构数据。

计算机技术的发展引起了化学实验技术的革命。多种分析测试方法，如各种衍射、光谱、能谱、波谱、质谱、热谱、色谱、电子显微镜、激光技术、动态测定技术等，与计算机组成了庞大的高、精、尖综合探索系统。有的发射光谱仪 1 分钟可测 15 种元素，X 射线荧光光谱仪同时可测 28 种元素，动态测试技术可达皮秒（10^{-12}秒）数量级。这样一个综合探测系统从物质的表面相到体相、从静态到动态、从空间结构到电子结构，进行广泛的分析综合工作，从而提供了大量有用的信息。化学实验技术的革命，正在继续向着高灵敏度、高分辨率、快速、自动化的方向发展，促进化学学科更加精密化。

六、诺贝尔化学奖的贡献

瑞典著名化学家、硝化甘油炸药发明人阿尔弗雷德·贝恩哈德·诺贝尔（1833—1896）生于瑞典的斯德哥尔摩，一生共获得技术发明专利 355 项，并在世界五大洲 20 多个国家开设了约 100 家公司和工厂，积累了巨额的财富。1896 年 12 月 10 日，诺贝尔在意大利逝世。逝世的前一年，他留下了遗嘱：将部分遗产（约 920 万美元）作为基金，用利息分设物理学、化学、生理学或医学、文学、和平 5 种奖金，授予世界各国在这些领域对人类做出重大贡献的学者。之后在 1968 年和 1990 年分别增设了诺贝尔经济学奖和地球奖。

1900 年 6 月瑞典政府批准设置了诺贝尔基金会，并于次年诺贝尔逝世 5 周年纪念日，即 1901 年 12 月 10 日首次颁发诺贝尔奖。

阿尔弗雷德·贝恩哈德·诺贝尔（1833—1896）

化学作为自然科学的核心学科，在社会发展和科技进步中发挥了重要作用，无数化学家为此付出了毕生精力。诺贝尔化学奖是全球最顶级的化学类奖项，表彰在化学领域有重要发现或发明的人。下面举例说明几个重要领域的诺贝尔化学奖及其意义。

（一）重要化学反应的贡献

自诺贝尔奖设立以来的 100 多年中，有机合成方法学领域已经 6 次获奖。其中的 3 个重要的化学反应特别值得一提。

（1） 2001 年度诺贝尔化学奖授予了美国化学家诺尔斯、日本化学家野依良治和美国化学家夏普雷斯，以表彰他们在手性催化/不对称合成研究方面做出的卓越贡献。

手性是三维物体的基本属性，当一个物体不能与其镜像重合，该物体就具有手性。制备手性化合物的不对称反应在医药领域有非常重要的应用。因为很多具有活性的生物分子和药品都是具有手性的，在药物合成中，手性的控制非常重要，获得高纯度的单一性选择性的手性药物是新药研发的一个重要方向。例如，*R* 型沙利度胺是镇静剂，而 *S* 型结构有严重致畸性，所以，作为镇静剂的沙利度胺必须是纯 *R* 型结构的组分。

沙利度胺
R 型：镇静剂
S 型：严重致畸

氯霉素
R 型：抑菌剂
S 型：无效异构体

氯胺酮
S 型：麻醉剂
R 型：致幻剂

青霉胺
S 型：治疗关节炎
R 型：突变剂

肺敌平
S 型：治疗结核
R 型：致盲

另外，手性农药的使用不仅可以达到减少剂量、提高药效的目的，还可以减少不良和无效对映体可能造成的环境污染。例如，第一个用不对称方法工业合成的手性除草剂精异丙甲草胺自问世以来，使用量减少了 40%，这相当于每年向环境少排放 8 千多吨化学物质。

（2） 2005 年的诺贝尔奖为法国的肖万以及美国的格拉布和施罗克三位科学家共享，

他们的贡献在于烯烃的复分解反应——在金属催化剂的作用下，两分子的烯烃交换与双键相连的碳原子，而形成新的烯烃分子。

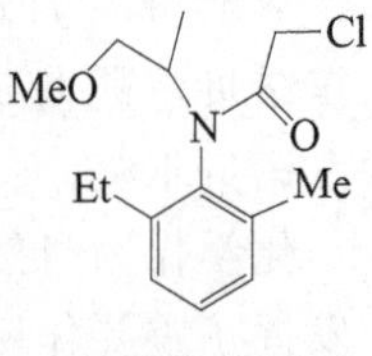

异丙甲草胺

复分解反应广泛应用于药品和塑料生产，不仅使生产效率更高，产品更稳定，而且产生的有害废物较少。它的重要性不仅体现为应用面上，而在于催化剂的设计和改造，为构建新的分子提供了新的思维方式。随着对复分解反应认识和应用的深入，尤其是工业应用中对催化剂需求量的不断增大，施罗克和格拉布催化剂为合成化学家提供了许多新的机会。

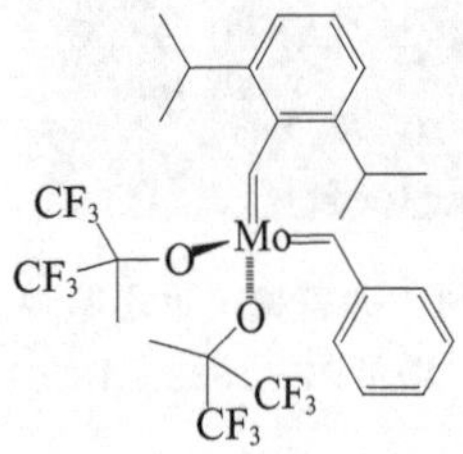

施罗克催化剂

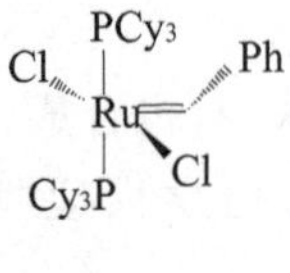

第一代格拉布催化剂 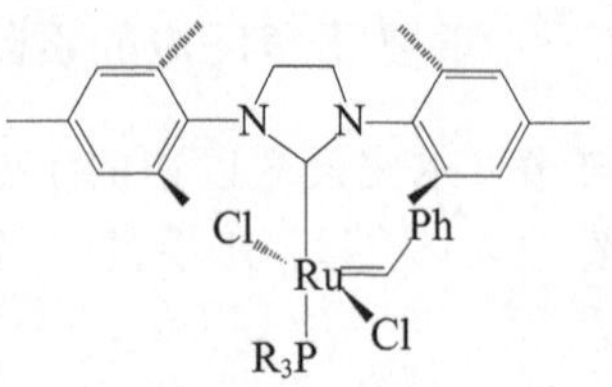　第二代格拉布催化剂

格拉布催化剂

(3) 2010年，赫克、根岸英一以及铃木章三位科学家，通过一些钯催化的反应实现了碳碳的偶联，反应非常温和，广泛应用在生物医药、农药、精细化学品的生产中，因此获得了2010年的诺贝尔化学奖。

“钯催化交叉偶联反应”向化学家们提供了“精致工具”。毫无疑问，碳-碳原子的偶联方法极大地促进了现代有机合成化学的发展，它不仅表现在对合成科学上的巨大贡献，而且在医药开发与生产、发光材料和电子工业材料等领域得到广泛应用。例如，除草剂氟磺隆、非甾体抗炎镇痛药萘普生、平喘药顺尔宁、抗真菌剂啶酰菌胺以及电子封装材料等在内的越来越多的医药制品、农药、精细化学品和有机材料的生产中使用了这些方法，一方面大大降低了生产成本，同时也大大减少了对环境的污染。

(二) 探究生命物质领域的贡献

(1) 1958年英国的桑格因蛋白质的研究，特别是确定了胰岛素的分子结构，获得诺贝尔化学奖。

桑格经过10年的努力，精确测定了胰岛素的结构是由51个氨基酸残基组成，分别含有21和30个氨基酸的两条链通过两个二硫键连接起来的。胰岛素是人体中唯一能降低血糖的激素，可促进葡萄糖的利用和储备，减少体内生成葡萄糖，使血糖水平下降。

这项研究揭开了测定蛋白质一级结构的序幕，是分子生物学发展进程中的一个重要突破，为日后测定更复杂的蛋白质结构打下了基础。

(2) 霍奇金因为使用X射线衍射技术测定了具有重要生理活性的化学物质青霉素和维生素B_{12}的结构而获得1964年诺贝尔化学奖。

青霉素是第一个用于临床的抗生素（详见第四章）。维生素B_{12}是迄今为止科学家合成的最复杂的化合物，可以促进红细胞的发育和成熟，使肌体造血机能处于正常状态，预防恶性贫血，维护神经系统的健康。霍奇金通过X射线在晶体学上确定了这两种重要生化物质的结构，意义非常重大。

(3) 2008年，查尔菲、下村修和华裔生物学家钱永健，发现了在生物化学领域极为重要的“绿色荧光蛋白”而荣获诺贝尔化学奖。

绿色荧光蛋白，是一种能够在可见光蓝色波段激发下发出荧光的特殊蛋白质，它可以称之为生物的绿色荧光蛋白北斗。生命中的细胞、分子、基因，用肉眼看不到的、绿色荧光蛋白在微观和宏观之间架起一座桥梁，它的发光效应可以推测出分子层面的活动。

北大生命科学学院院长饶毅教授曾评价说：绿色荧光蛋白的出现，可以说使我们的“死物学”变成了“生物学”。具体地说，生物学中有些现象只能在打碎细胞后才能看得到的，而打碎了细胞，“生物”就变成了“死物”，用荧光标记的方法，可以直接在活体上来观察生物的一些现象，让我们的“死物学”变成真正的“生物学”。

（三）促进高分子领域发展的贡献

（1） 1953 年的诺贝尔化学奖颁给了德国的科学家施陶丁格，他是高分子学科的创立人，不仅确定了高分子溶液黏度与相对分子质量的关系，创立了相对分子质量的黏度理论，还有效推动了高分子学说的建立，促进了塑料、合成橡胶、合成纤维的工业的蓬勃发展。

（2） 1963 年的诺贝尔化学奖得主，齐格勒和纳塔发明了一种有机金属催化剂实现了烯烃的常压聚合，催化剂被命名为齐格勒-纳塔催化剂。该催化剂广泛用于合成非支化、高立体规整性的聚烯烃，使很多塑料的生产不再需要高压，减少了生产成本，并且使得生产者可以对产物结构与性质进行人为的控制。

（3） 2000 年的诺贝尔化学奖授予了美国的黑格、麦克德尔米德以及日本的白川英树三位科学家，他们的贡献在于发现了导电高分子。通常，高分子材料是不导电的、绝缘的。例如聚乙烯、聚丙烯都是绝缘材料。这三位科学家发现一些结构特殊的高分子材料具有导电性，打破了人们对“塑料不导电”的这样一个常规的认识。

（四）发现新元素及元素存在新形式的贡献

（1） 1911 年居里夫人因发现元素镭和钋，对镭的分离及其性质和化合物的研究获诺贝尔化学奖。她从几万千克沥青铀矿残渣中提取出来 0.1 克的氯化镭，完成了化学元素发现史上最艰巨的伟大壮举。

（2） 1951 年的诺贝尔化学奖表彰了麦克米伦和西博格两位科学家对超铀元素研究的贡献。铀是自然界中稀有的元素，具有放射性，在中子的轰击下可以产生链式的核裂变，释放大量的能量，可以作为原子弹的核装料以及核电站反应堆的燃料（详见第七章）。超铀元素的发现，既可以为人类生活服务（低浓缩铀，丰度为 3%，可以作为核电站发电使用）；也可能给人类带来危害（因为丰度大于 90%的铀可以制造核武器）。

（3） 1996 年苛尔、克罗托和斯莫利因为发现了碳元素的第三种形式——富勒烯、足球烯（C_{60}）的结构，开创了化学研究的新领域而获诺贝尔化学奖。富勒烯的球状结构有一些特殊的性能，比如导电性能、电学性能、稳定性能等，因此有着非常重要的应用（详见第二章）。

总之，诺贝尔化学奖在推动了化学学科进步的同时，也大力推动了社会的发展。每一个获奖项目的贡献，无一例外都对人类社会的发展影响深远，带给人类无限福音，促进人类的生活变得更加现代化、更加美好。

趣味实验1-1 自制火柴

【实验目的】

了解火柴头药和火柴盒药的化学组成，掌握火柴的制作过程。

【实验原理】

利用摩擦生热，使火柴盒上的磷颗粒受热后在空气中着火，接着便引起具有氧化剂的火柴头燃烧起来，并继续燃烧着表面涂有蜡层的火柴梗。

【实验用品】

用过的火柴梗（梗较长的）、研钵、蒸发皿、木夹、旧毛笔、酒精灯；氯酸钾、重铬酸钾、硫、锌白、氧化铁、玻璃粉、骨胶、红磷、三硫化二锑、白垩。

【实验步骤】

（1）配火柴头药

先将氯酸钾、重铬酸钾、锌白、氧化铁粉、玻璃粉分别在研钵中研细，按表1的配方进行混合，用骨胶配成胶水后，把混合药品调成较稠的薄糊状。

在蒸发皿中熔化适量的石蜡，把火柴梗一端浸在液态的石蜡中（石蜡的温度稍高些，避免沾上的石蜡过稠）迅速地蘸一下，长约2cm左右。然后将附有石蜡层的火柴梗逐一蘸取火柴头药，置一边晾干。

（2）配火柴盒药

按表2配方把红磷、三硫化二锑、氧化铁粉、白垩、锌白、玻璃粉等分别在研钵中研细后，用稀骨胶调成糊状，用毛笔均匀地涂在旧火柴盒边（或另用一条硬纸），晾干待用。

表1 火柴头药配方 单位：%

配方一		配方二	
氯酸钾	46.5	氯酸钾	52
重铬酸钾	1.5	重铬酸钾	1
硫粉	4.4	硫粉	5
锌白	3.5	锌白	1
氧化铁粉	15.5	二氧化锰	12
玻璃粉	17.3	炭黑	1
骨胶	11.3	玻璃粉	12
		松香	4
		骨胶	12

表2 火柴盒药配方 单位：%

配方一		配方二	
红磷	30.8	红磷	48
三硫化二锑	41.8	炭黑	1
氧化铁粉	12.8	硫化锑	48
白垩	2.6	骨胶	3
锌白	1.5		
玻璃粉	3.8		

【注意事项】

（1）各种原料一定要分别研成细粉以利摩擦，但绝不能混合后研磨，以防爆炸。

(2) 火柴梗蘸蜡一定要均匀，只要涂薄薄的一层即可。

(3) 一定要等药干燥后再进行摩擦实验。

趣味实验 1-2 pH 试纸的制作

【实验目的】

学会用天然植物制作 pH 试纸的方法。

【实验原理】

许多植物的花、果、茎、叶中都含有色素，这些色素在酸性溶液或碱性溶液里显示不同的颜色，可以作为酸碱指示剂。

【实验用品】

试管、量筒、玻璃棒、研钵、胶头滴管、点滴板、漏斗、纱布；花瓣（如牵牛花）、植物叶子（如紫甘蓝）、萝卜、酒精溶液（乙醇与水的体积比为 1∶1）、稀盐酸、稀 NaOH 溶液。

【实验步骤】

(1) 取一些花瓣、植物叶子、萝卜等，分别在研钵中捣烂。

(2) 各加入 5mL 酒精溶液，搅拌。

(3) 再分别用 4 层纱布过滤，所得滤液分别是花瓣色素、植物叶子色素和萝卜色素等的酒精溶液，将它们分装在 3 支试管中。

(4) 用滤纸蘸取各种溶液，阴干后即成。

[备注]：

用不同的材料制成的 pH 试纸，变色范围是不同的。现有 pH 试纸多是用多种指示剂混合后制成。

知识·链接

pH 试纸的发现

pH 试纸是波义耳在一次偶然的机会中发现的：在一次紧张的实验中，放在实验室内的紫罗兰，被溅上了浓盐酸，爱花的波义耳急忙把冒烟的紫罗兰用水冲洗了一下，然后插在花瓶中。过了一会儿波义耳发现深紫色的紫罗兰变成了红色的。这一奇怪的现象促使他进行了许多花木与酸碱相互作用的实验。由此他发现了大部分花草受酸或碱作用都能改变颜色，其中以石蕊地衣中提取的紫色浸液最明显，它遇酸变成红色，遇碱变成蓝色。利用这一特点，波义耳用石蕊浸液把纸浸透，然后烤干，这就制成了实验中常用的酸碱试纸——石蕊试纸。

趣味实验 1-3 植物中某些元素的鉴定

【实验目的】

了解从周围植物中分离和鉴定化学元素的方法。

【实验原理】

植物是有机体，主要由C，H，O，N等元素组成，此外，还含有P，I和某些金属元素如Ca，Mg，Al，Fe等。把植物烧成灰烬，然后用酸浸溶，即可从中分离和鉴定某些元素。元素鉴定基于以下反应：

$$Ca^{2+}+C_2O_4^{2-} \longrightarrow CaC_2O_4 \quad (白色沉淀)$$

$$Fe^{3+}+K_4[Fe(CN)_6] \longrightarrow KFe[Fe(CN)_6] \quad (蓝色)+3K^+$$

$$或\ Fe^{3+}+nSCN^- \longrightarrow [Fe(SCN)_n]^{3-n} \quad (血红色)(n=1\sim6)$$

$$HPO_4^{2-}+3NH_4^++12MoO_4^{2-}+23H^+ \longrightarrow (NH_4)_3[P(Mo_3O_{10})_4]\cdot 6H_2O \quad (黄色)+6H_2O$$

$$2I^-+Cl_2(Br_2) \longrightarrow I_2+2Cl^-(Br^-) \quad (CCl_4\ 层呈玫瑰红色)$$

$$Al^{3+}+铝试剂+OH^- \longrightarrow 红色絮状沉淀$$

$$Mg^{2+}+镁试剂+OH^- \longrightarrow 天蓝色沉淀$$

【实验用品】

松枝、柏枝、茶叶、海带；HCl（$2mol\cdot L^{-1}$）、HNO_3（浓）、HAc（$1mol\cdot L^{-1}$）、NaOH（$2mol\cdot L^{-1}$）、浓氨水、草酸铵（$0.5mol\cdot L^{-1}$）、镁试剂（0.001%对硝基苯偶氮α-萘酚的氢氧化钠溶液$2mol\cdot L^{-1}$）、氢氧化钠溶液（$2mol\cdot L^{-1}$）、0.1%茜素S（1,2-二羟基蒽醌-3-磺酸钠）、硫酸（$2mol\cdot L^{-1}$）、0.1%亚铁氰化钾、硫氰化钾饱和溶液、硫酸和钼酸铵的混合液（体积比50% H_2SO_4 ∶ 10%钼酸铵＝3 ∶ 1）、氯水、亚硝酸钾固体、CCl_4、广泛pH试纸。

【实验步骤】

（1）从松枝、柏枝、茶叶等植物中任选一种鉴定Ca^{2+}，Mg^{2+}，Al^{3+}，Fe^{3+}。

取约5g已洗净且干燥的植物枝叶（青叶用量适当增加），放在蒸发皿中，在通风橱内用煤气灯加热灰化，然后用研钵将植物灰研细。取一勺灰粉（约0.5g）于10mL $2mol\cdot L^{-1}$ HCl中，加热并搅拌促使溶解，过滤盐酸溶液，滤液中金属离子按Ca^{2+}、Mg^{2+}、Al^{3+}、Fe^{3+}顺序检出。

往溶液中加入浓氨水，调pH≤8，待有沉淀生成，过滤。

将滤液分成两份，在其中一份溶液中，加入$0.5mol\cdot L^{-1}$的草酸铵几滴，若有白色沉淀生成，证明有Ca^{2+}存在。在另一份溶液中加入镁试剂，若出现蓝色沉淀，或溶液由紫色变为蓝色，证明有Mg^{2+}存在。

将滤出的沉淀移入小烧杯中，加入10mL浓度为$2mol\cdot L^{-1}$的氢氧化钠溶液搅拌，过滤。在滤液中加几滴浓度为0.1%的茜素S，用浓度为$2mol\cdot L^{-1}$的硫酸中和紫色溶液变为红色，再滴加浓氨水。有红色沉淀生成，证明有Al^{3+}存在（碳酸铵可消除Ca^{2+}的干扰）。对不溶物，加约10mL浓度为$2mol\cdot L^{-1}$的硫酸溶解，分为两等份。在其中一份溶液中加入几滴0.1%的亚铁氰化钾，若有蓝色沉淀生成，表示有Fe^{3+}存在，在另一份溶液中加入1滴硫氰化钾饱和溶液，若有血红色生成，也表示有Fe^{3+}存在。

（2）植物中磷的鉴定　取一药匙植物灰于100mL烧杯中，用2mL浓硝酸溶解，再加30mL蒸馏水，过滤得透明溶液。在滤液中加入1mL硫酸和钼酸铵的混合液，若生成黄色沉淀，则表示有PO_4^{3-}的存在。

（3）海带中碘元素的鉴定　取10g左右的海带进行灰化（在通风橱中进行）。取一药匙灰于100mL烧杯中，加入10mL 5%的醋酸溶液，稍加热解，过滤。在过滤液中，滴加氯水（溴水）或加入亚硝酸钾固体，充分摇匀。在此溶液中加入等体积的四氯化碳，充分振荡后静置，若四氯化碳层中有玫瑰红色出现，表示有I^-存在。

【思考题】

植物中还可能含有哪些元素？如何鉴定？

（郭瑛，陈义旺）

第二章 微观化学世界

古往今来，人们就力求了解世界万物的起源。盘古开天地、女娲补天、后羿射日、精卫填海等都是对地球起源神话的描述。多姿多彩的物质世界外表看来变化无穷、形形色色，但内部是统一的，当走进物质的微观世界，你会发现，一切物质都含有相同的、最基本的组成单元，那就是元素、原子和分子。只有很好地把握物质的最基本单元，才能打开化学科学的大门。

受到当时科学技术的限制，古代的人只能从宏观上去理解和认识这个世界。为了认识世界，古代的哲学家们通过自己的思想分析思考，提出了一系列对人类发展和认识世界有很大影响的观点。古希腊哲学家德谟克利特（公元前 460—公元前 370）曾对他的学生们说："……你们看见远处那片树林了吗？由这里望去，它像一堵密不透风的绿墙。但走近一看，穿过它并不困难。……正像绿墙是由树干和枝叶组成似的，大自然的万物都由看不见的微小粒子——原子构成。原子不能消失，但也不会无中生有。"这就是德谟克利特的原子论。原子是非常小的，不但肉眼看不出来，就是用显微镜也看不出来。那么在两千年前，在完全没有科学实验的基础上原子论是如何提出的呢？事实上，德谟克利特的原子论只是一种哲学的推测，但历史发展证明，他关于"原子"的思维闪烁着真理的火花。毫无疑问，德谟克利特在自然科学上最重要的贡献，是他继承和发展了原子论，为现代原子科学的发展奠定了基石。

因为德谟克利特的"原子论"思想缺少科学实验基础，所以在"物质是由什么构成"的争论中，很长一个历史时期它并不占上风。直到 17 世纪下半叶和 18 世纪，以玻义耳和道尔顿为代表的科学家才复活和确立了原子论。他们研究和测量了大量物质的化学反应，发现并确认了如下事实：

(1) 多数物质可由其他物质通过化学反应合成，这些物质称为化合物；

(2) 一些物质不能由其他物质通过化学反应来合成，这些物质称为元素；

(3) 对应各种元素，存在着各种原子，元素的差异就在于它们的原子是不相同的。原子是元素不可再分的最小单元。

DNA 生物大分子结构示意图

从此，原子论从模糊不清的思辨性见解走向了根植于精确实验测量的自然科学的轨道。

1811 年，意大利科学家阿伏伽德罗指出，无论化合物还是单质，它们一般并不是直接由原子组成，而是由几个原子相结合的分子构成。单质的分子由同种原子构成，化合物的分子由两种或两种以上原子构成。

事实上，无论是有生命或无生命的物质，都由分子、原子组成。

对微观世界的认识人们是如何从思想推测发展到理论阶段？下面，简单介绍一下其发展历程。

第一节　微观世界的历史与起源

任何事物的发展都是一个对立统一的辩证否定过程，对微观世界的探索也是如此，从古代哲学家对微观世界的猜测，到近代原子论的建立。人们对微观世界的每一次探索，都显示了科技变革与发展过程中对前人研究成果的继承、质疑、超越与发展。物质微观世界的研究探索永远是科学的最前沿，是带动各学科发展的最重要的研究方向。人们对微观世界的探索大致分为三个阶段。

一、古代哲学家对微观世界的猜想

美丽而神秘的爱琴海孕育了古希腊文明中的灿烂神话，同时也造就了古希腊哲学家的理性思维。古希腊的自然哲学就是在对世界始基的探索中，逐步形成了原子论的思想。对万物本原的探索，是从古希腊时期米利都学派创始人泰勒斯开始的。泰勒斯提出了水的本原说，即“万物源于水”，是古希腊第一个提出“什么是万物本原”这个哲学问题的人。泰勒斯的思想被他的学生阿那可西曼德所发展，阿那可西曼德认为水的存在也需要解释，而引入了一个新的概念“无限者”。他认为一切事物都有开端，而“无限”没有开端。世界从它产生，又复归于它。希腊爱菲斯的哲学家赫拉克利特沿着米利都学派的路线，认为万物的本源是火，一切都由火生成，又回归于火。而米利都的另一位学者阿那克西米尼则认为“气”是世界的本源。哲学家恩培多克勒否定了一种元素说并认为，火、土、气、水作为组成万物的四根，并且这四种元素是永远不灭的。恩培多克勒的四根说涉及的不只是物质的本源问题，还包含了对物质结构的猜想。在“四根说”的基础上，阿纳克克拉托提出了“种子说”。阿纳克萨克拉认为万物都可以无限分割。在小的东西里面，总是还有更小的，他提出了一个无限小的概念，并且已经包含了物质守恒的思想。“四根说”和“种子说”随后得到继承与发展，古代原子论思想最终由古希腊哲学家伊壁鸠鲁发展为完整的理论形态。古罗马时期，唯物主义哲学家卢克莱修在总结当时的自然科学成果的基础上，把伊壁鸠鲁的原子论进一步哲学化。

希腊最早的哲学学派——米利都学派创始人泰勒斯

二、近代原子论科学根基的探索与建立

物质是由原子构成的这一猜想，很早就已经提出，但一直到了 18 世纪，尤其是 18 世纪后半期至 19 世纪中期，随着工业兴起，科学迅速发展，人们通过生产实践和大量化学、物理学实验，才加深了对原子的认识。

经过漫长的中世纪的沉默，西方文艺复兴之后，科学思想得到解放，原子论思想也得到了恢复与发展，原子论再一次被纳入自然哲学的讨论之中。在早期近代科学中，博伊尔的“火粒说”和牛顿的“微粒说”明显受到古希腊原子论的启迪。在晚期近代科学发展时期，古希腊原子论孕育出来的第一个理论成果是康德的天体演化说，第二个理论成果是道尔顿的化学原子论。为了清楚地解释化学领域的当量定律、定比定律等一系列化学定律，英国化学家道尔顿在对大气进行研究的基础上，根据实验观察，吸收了古希腊朴素的原子论思想和当时关于物质组成的微粒思想，在 1803 年提出了原子假说（详见第一章），才掀开了人类对物质本质认识的新篇章。道尔顿的原子论的建立是继拉瓦锡的氧化学说建立以后，在理论化学中所取得的最重大的进步。它结束了元素说与原子说旷日持久的隔离状态，第一次把它们融合为一个统一的理论体系。在科学上，原子论首次揭示出了原子这一化学现象的物质载体，揭示出了一切化学现象不过是原子的运动这一本质。但道尔顿错误地认为原子是组成物质的最小部分，原子是不可分的，没有从根本上克服关于原子的逻辑可分性的问题。近代原子论认识模式达到了原子这一物质层次，但是它还缺乏一系列的科学实验，并没有深入到原子内部去。因此，道尔顿的原子论仍然具有很大的局限性。

三、科学实验打开原子世界的大门

19世纪中期以后，欧洲资本主义国家的工业生产有了快速发展。电的广泛应用，促使人们对电的本质和现象进行更加深入的研究。19世纪末，X射线、贝克勒尔射线、电子和放射性元素的发现，打开了原子世界的大门，这向道尔顿"原子不可再分"的思想提出了挑战。人们逐渐认识到：原子不是组成物质的最小单元，它还有内部结构。1837年，人们发现了第一个基本粒子——电子。1919年，物理学家卢瑟福用α粒子（氦核$^{4}_{2}He$）轰击氮原子时，氮原子核变成了氧原子核，同时释放出高速的质子（$^{1}_{1}H$），从而首次发现了质子。

$$^{14}_{7}N+^{4}_{2}He \longrightarrow ^{17}_{8}O+^{1}_{1}H$$

据此，卢瑟福提出了原子有核模型。1932年英国的查德·威克在实验中又发现了组成原子核的另一种基本粒子——中子，从而形成所有物质都是由基本的结构单元——质子、中子、电子构成的统一的原子结构。在此阶段，量子力学建立了起来，这是人们在挣脱了经典力学以及一系列经典理论的束缚后建立起来的微观粒子运动普遍遵从的基本规律。在相对论量子力学的基础上，通过场的量子化初步建立量子场论，很好地解决了场的粒子性和描述粒子的产生、湮没等问题。之后的几十年里，科学家们先后陆续发现了众多的粒子。

第二节 原子和分子的结构

20世纪科学技术突飞猛进，人类已能飞向太空进入月球，已能控制原子核能的释放并加以利用。如今人类已经跨入21世纪，纷繁奇异和瞬息万变的多样化世界都源于20世纪初打开了"原子"这个微粒大门。经过众多科学家的不懈努力，步步深入地认识了原子内部结构的复杂性，建立了原子结构的有关理论，化学也因此迅速发展。在微观理论的指导下，新化合物的合成每年迅速递增，特种功能材料的研制日新月异，为航天器、电子计算机、通信等高科技领域的发展提供众多的原材料，同时还为人们提供丰富多彩的新型产品。这都是因为不同的物质是由不同的原子或分子按照不同的方式组成，因此表现出不同的物理化学性质，支配这些性质的决定因素就在于组成它们的原子和分子的结构，那么，原子和分子的内部结构究竟是怎样的呢？

一、原子的微观世界

1. 原子的概念

原子是化学反应的基本微粒，原子在化学反应中不可分割。原子直径的数量级大约是10^{-10}米。原子重量极小，且99.9%集中在原子核。原子核外分布着电子，电子决定了一个元素的化学性质，并且对原子的磁性有着很大的影响。所有质子数相同的原子组成元素，每一种元素至少会有一种不稳定的同位素，可以进行放射性衰变。

原子是一种元素能保持其化学性质的最小单位。一个原子包含有一个致密的原子核及若干围绕在原子核周围带负电的电子。原子核由带正电的质子和电中性的中子组成。当质子数与电子数相同时，这个原子就是电中性的；否则，就是带有正电荷或者负电荷的离子。电子的质量相对于原子核而言可以忽略，原子的相对质量的整数部分等于质子相对质量的整数部分与中子相对质量整数部分之和。一般用 A 表示质量数，Z 表示质子数，N 表示中子数，即有：$A=Z+N$。核电荷数是由质子数决定的，即：核电荷数＝核内质子数＝核外电子数。如果用 X 代表某原子，${}_{Z}^{A}X$ 表示该原子所有的质量数和质子数，具体关系如下：

$$\text{原子}({}_{Z}^{A}X)\begin{cases}\text{原子核}\begin{cases}\text{质子} & Z\text{个}\\ \text{中子} & (A-Z)\text{个}\end{cases}\\ \text{核外电子} \quad Z\text{个}\end{cases}$$

根据质子和中子数量的不同，原子的类型也不同：质子数决定了该原子属于哪一种元素，而中子数则确定了该原子是此元素的哪一个同位素。原子是化学变化的最小粒子，分子是由原子组成的，许多物质是由原子直接构成的。

知识·链接

同位素

具有相同质子数的同类原子称为元素，质子数相同而中子数不同的原子互称为同位素。许多元素都具有同位素，如一号元素氢就有氢${}_{1}^{1}H$（氕）、重氢${}_{1}^{2}H$（氘）和超重氢${}_{1}^{3}H$（氚）三种同位素，其中氘和氚是制造氢弹的材料；铀元素也有三种同位素，分别是${}_{92}^{234}U$、${}_{92}^{235}U$、${}_{92}^{238}U$，其中${}_{92}^{235}U$是制造原子弹的材料，也是核反应堆的燃料。

登普斯特使用完善的质谱仪研究发现，除了放射性元素外，总共有 267 种同位素。同位素的发现丰富了“化学元素”的概念。19 世纪道尔顿的原子概念基本特征只是原子量。发现同位素后，在某些情况下由于元素同位素组成不同，原子量也随之变化，而元素的化学性质则保持不变。此外，还有一种情况，位于周期表中不同位置的元素却具有相同的原子量，这类元素被称为“同量异序元素”。

2. 原子的构成

(1) 原子核

在 α 粒子散射实验中，人们发现，原子的质量集中于一个很小且带正电的物质中，这就是原子核。原子核也称作核子，是由质子和中子两种微粒构成。原子核的直径在 $10^{-15}\sim10^{-14}$ 米之间。体积只占原子体积的几千亿分之一。在这极小的原子核里却集中了 99.96%以上原子的质量。原子核的密度极大，核密度约为 10^{14} 克·厘米$^{-3}$，原子核的能量也极大。构成原子核的质子和中子之间存在着巨大的吸引力，能克服质子之间所带正电荷的斥力而结合成原子核，使原子在化学反应中原子核不发生分裂。当一些原子核发生裂变（原子核分裂为两个或更多的核）或聚变（轻原子核相遇时结合成为重核）时，会释放出巨大的原子核能，即原子能。例如核能发电（详见第七章），为人类生活提供了新的能源。

知识·链接

原子弹爆炸原理

原子弹是利用原子核裂变反应瞬时释放巨大能量的核武器。其基本原理是：铀235、钚239等重核在中子轰击下发生裂变反应，这一过程同时放出2～3个中子和200兆电子伏特的能量。放出的中子有可能继续引起其他重核裂变。如果每一个核裂变后能引起下一代核裂变的中子数平均多于1个。裂变系统就会形成链式裂变反应。重核裂变链式反应，必须在一定质量的体积中才能进行。能使重核裂变链式反应持续进行的裂变物质的最小质量，叫做临界质量。与临界质量相对应的体积，叫做临界体积。

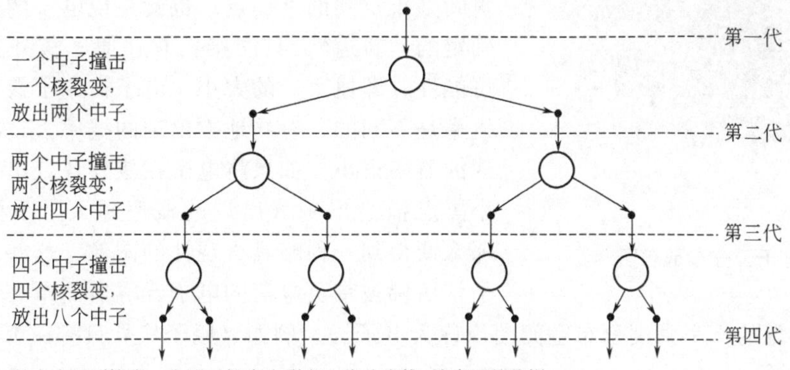

每个中子再撞击一个原子核发生裂变，依此类推，使中子数倍增

原子弹中要放置足够数量的裂变材料，但未使用时，它们必须处于次临界状态。使用时，要使处于次临界状态的裂变材料瞬间达到超临界状态，并适时提供若干中子触发链式裂变反应。超临界状态可以通过“枪法”或“内爆法”来达到。原子弹的基本构造并不复杂，主要部件包括核装料（铀235或钚239）、引爆装置、炸药、中子源、中子反射层、弹壳等。原子弹中的引爆控制系统在预定时间或条件下发出引爆指令，使炸药起爆。炸药的爆炸产生推动力并压缩反射层和核装料，使之达到超临界状态，核点火部件适时提供若干“点火”中子，使核装料内发生链式裂变反应，在极短的时间内释放巨大能量，形成猛烈的核爆炸。从炸药起爆到核点火前是起爆压缩阶段，通常要几十微秒时间，从核点火到链式裂变反应完成是裂变放能阶段，只需要十分之几微秒。1千克铀235或钚239释放的能量相当于2万吨TNT炸药爆炸时所释放的能量。

(2) 核外电子

核外电子是一种带有负电的亚原子粒子，通常标记为 e^-。电子属于轻子类，以引力、电磁力和弱核力与其他粒子相互作用。轻子是构成物质的基本粒子之一，即其无法被分解为更小的粒子。电子带有1/2自旋，是一种费米子。因此，根据量子力学中的原理，任何两个电子都不能处于同样的状态。电子的反粒子是正子，其质量、自旋、带电量大小都与电子相同，但是电量正负性与电子相反。电子与正子会因碰撞而互相湮灭，同时在这过程中释放出能量。

由电子与中子、质子所组成的原子，是物质的基本单位。相对于中子和质子所组成的原子核，电子的质量显得极小。质子的质量大约是电子质量的1842倍。当原子的电子数与质子数不等时，原子会带电，称为离子。当原子得到额外的电子时，它带有负电，叫阴离子；失去电子时，它带有正电，叫阳离子。若物体带有的电子多于或少于原子核的电量，导致正负电量不平衡时，称该物体带静电。当正负电量平衡时，称物体的电性为电中性。静电在日常生活中有很多用途，例如，静电油漆系统能够将瓷漆或聚氨酯漆均匀地喷洒于物品表面。

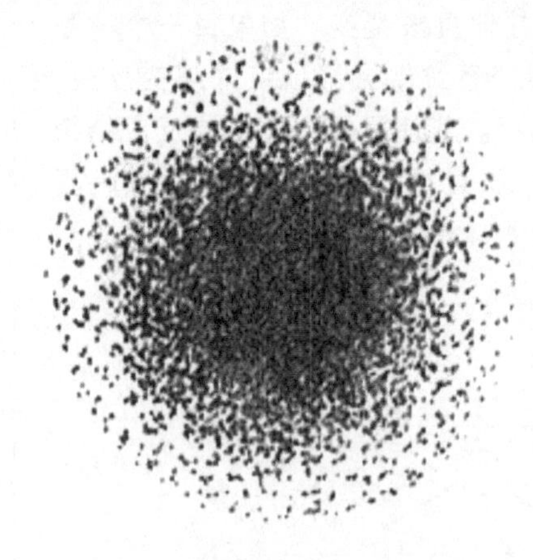

电子云分布示意图

电子与质子之间的吸引性库仑力，使得电子被束缚于原子，称此电子为束缚电子，因为处于原子核的外侧，也称为核外电子。因为电子与原子核具有吸引性库仑力，所以核外电子会围绕着原子核运动。电子的运动不能像描述普通物体运动那样，肯定它在某一瞬间处于空间的某一点，也就是说电子的运动不会有确定的“轨道”，只能指出它在原子核外某处出现的可能性（即概率）的大小。电子在原子核各处出现的概率是不同的，有些地方出现的概率大，有些地方出现的概率很小，如果将电子在核外各处出现的概率用小黑点描绘出来（出现的概率越大，小黑点越密），那么便得到一种略具直观性的图像，这些图像中，原子核仿佛被带负电荷的电子云雾所笼罩，因此，将电子在核外出现的概率密度分布空间图像称为电子云。例如氢原子核外只有一个电子，其电子云如下所示，呈球形。

两个以上的原子，会交换或分享它们的核外电子，这是化学键的主要成因。当电子脱离原子核的束缚，能够自由移动时，称为自由电子。许多自由电子一起移动所产生的净流动现象称为电流。在许多物理现象中，例如电传导、磁性或热传导，电子都扮演了重要的角色。移动的电子会产生磁场，也会被外磁场偏转。呈加速度运动的电子会发射电磁辐射。

二、分子的微观世界

1. 分子的概念

分子是能单独存在并保持纯物质的化学性质的最小粒子。分子的概念最早是由意大利的阿莫迪欧·阿伏伽德罗提出，他于1811年发表了分子学说，即“同温同压下，同体积气体含有相同的分子数”，这一假说有史以来第一次出现了“分子”的概念，“原子是参加化学反应的最小质点，分子则是在游离状态下单质或化合物能够独立存在的最小质点。分子是由原子组成的，单质分子由相同元素的原子组成，化合物分子由不同元素的原子组成。化学变化的实质就是不同物质的分子中各种原子进行重新结合。”

一个分子是由多个原子在共价键中通过共享电子连接一起而形成。它可以由相同化学元素的原子构成，如氧气 O_2；也可以是不同的元素，如水分子 H_2O。单一原子也可当作是一分子（经常称之为单原子分子），常见的是双原子分子及多原子分子；按照电性结构可分为有极分子和无极分子。不同物质的分子的微观结构，形状不尽相同。

2. 分子的极性

分子往往由不同原子组成，而这些原子对核外电子的作用力不同，由此产生正、负电荷。根据分子中正、负电荷重心是否重合，可以把分子分为极性分子和非极性分子。正、负电荷重心重合的分子称为非极性分子；正负电荷重心不重合的分子称为极性分子。对双原子分子，分子的极性和键的极性是一致的。对多原子分子，情况比较复杂，主要考察分子是否具有对称性。如：CO_2、BF_3、CCl_4 等对称的分子是非极性分子；H_2O、NH_3、$CHCl_3$ 等不对称的分子是极性分子。

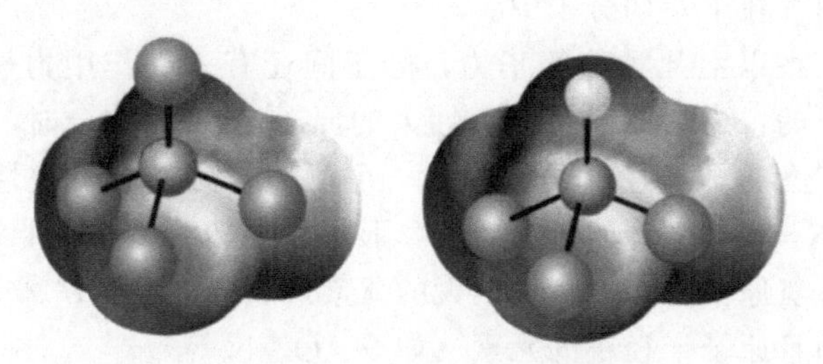

CCl_4 和 $CHCl_3$ 的分子结构模型

3. 分子间作用力

分子是由数量不等的原子组成的，那么，分子中各原子又是如何相互结合在一起的呢？这涉及分子内部的作用力，原子间必须通过化学键连接。化学键是分子中原子之间的一种强烈的相互作用，键能一般为 100～800 千焦·摩尔$^{-1}$。这种属于分子内部的作用力很大程度上决定了物质的化学性质。但是，有时物质变化仅仅是分子间距离增大，没有发生化学键的断裂，比如液体的汽化，虽然化学键没有变化，但也需要提供热量才能实现，这说明分子间还存在一种非化学键的力。这种分子与分子之间存在的较弱的作用力，我们称为分子间力，分子间力是 1873 年范德华提出的，所以又称为范德华力。分子间力按实质来说是一种电性的吸引力，要考察分子间作用力的起源就得研究物质分子的电性及分子结构。分子间力的大小一般在 40 千焦·摩尔$^{-1}$以下，包括取向力、诱导力和色散力三种。

(1) 取向力　由于极性分子具有偶极，而偶极是电性的，因此两个极性分子相互接近时，同极相斥，异极相吸，使分子发生相对的转动这就是取向。这种靠极性分子永久偶极而产生的相互作用力叫做取向力。所以取向力只存在于极性分子和极性分子之间。分子的极性越大，取向力则越大；如果温度升高，由于分子的定向排列趋势减弱，取向力会减小。

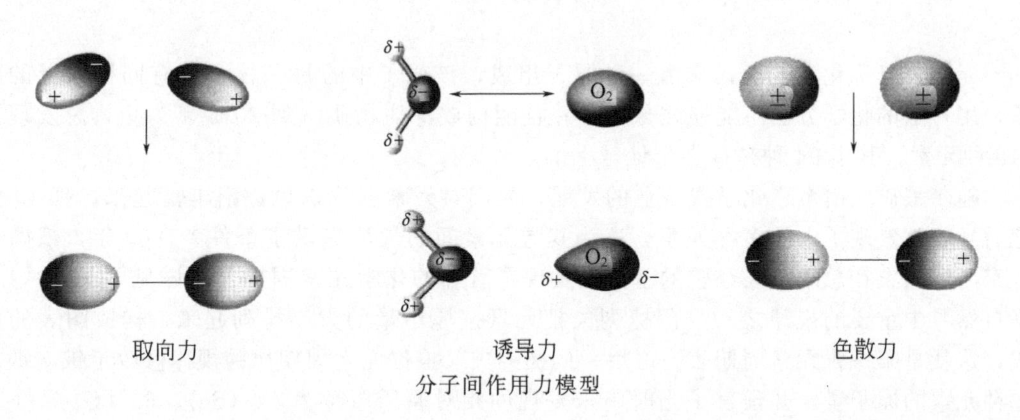

分子间作用力模型

(**2**) 诱导力　非极性分子由于受到极性分子偶极电场的影响，正、负电荷重心发生位移，从而产生诱导偶极。诱导偶极同极性分子的永久偶极间的作用力叫做诱导力。诱导力不仅存在于极性分子和非极性分子之间，还存在于极性分子和极性分子之间。

(**3**) 色散力　任何一个分子，由于电子的运动和原子核的振动可以发生瞬间的相对位移，从而产生“瞬间偶极”。这种瞬间偶极也会诱导邻近的分子产生瞬间偶极，于是两个分子可以靠瞬间偶极相互吸引在一起。这种由于存在“瞬时偶极”而产生的分子间作用力称为色散力。色散力存在于一切分子中。

分子间力除了存在以上几种范德华力，分子间还有一种作用力——氢键，也较为常见。氢键是这样形成的：当氢原子与电负性大的原子 X 共价结合时，共享的电子对强烈地偏向 X 的一边，使氢原子带上部分正电荷，可以再与另一个电负性大而半径较小的原子 Y 结合，形成的 X—H…Y 型的键。因此，形成氢键必须具备两个条件：①分子中必须有一个氢原子，而且氢原子要与电负性很大的元素形成强极性键；②分子中必须有带孤电子对、电负性大，而且原子半径小的元素（如 F、O、N 等）。

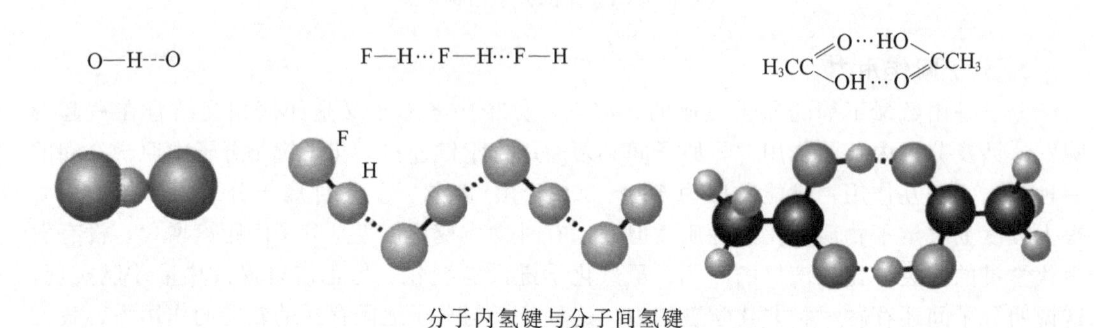

分子内氢键与分子间氢键

氢键的作用力比化学键弱，但比一般的范德华力要大很多，生物体系中的氢键能达 33.4 千焦•摩尔$^{-1}$，对物质的性质有较大的影响。例如形成分子间氢键后，使分子间产生了较强的结合力，要使液体汽化或使固体熔化，必须给予额外的能量去破坏分子间氢键，因此化合物的沸点和熔点显著升高。

第三节　化学元素与元素周期表

元素，又称化学元素，只由一种原子组成，该原子中的每一核子具有同样数量的质子，用一般的化学方法不能使之分解，并且能构成一切物质。到 2012 年为止，总发现了 118 种元素，其中 94 种是存在于地球上的。

随着采矿、冶金、化学等工业的发展，人们对元素的认识也逐渐丰富起来，到 19 世纪后半叶就发现了六十多种元素，这为找寻元素间的规律提供了条件。1869 年，俄国化学家门捷列夫在总结前人经验的基础上发现了著名的化学元素周期律（详见第一章），这是自然界中重要的规律之一。门捷列夫把元素按原子量的大小排列起来，构成图表的形式，这就是第一张元素周期表。之后，门捷列夫又根据元素周期律的规律修改了铍、铟等七种元素的原子量，并预言了当时尚未发现的相对原子质量为 44（Sc）、68（Ga）和 72

(Ge) 等元素的存在和性质。正如他所预料的，1875 年至 1886 年之间，科学家真的在自然界发现了这 3 种元素。事实上，元素周期律的发现凝聚了众多科学家努力探索的心血，门捷列夫超越同道者到达了这一伟大发现的光辉顶点。有了元素周期律，人们把握元素性质变化的内在规律性就有了系统性。

下面，介绍自然界中十五种重要元素的存在形式及其重要作用。

一、氢元素

氢 (H)，源于希腊文，原意是“水的生成者”。氢是宇宙中含量最丰富、最普遍的元素，占整个宇宙中原子总数的 90%。氢是组成各种星体、寒冷的“真空”以及人类所赖以生存的地球的重要元素。

氢随处可见，绝大多数化合物中都含有氢，可以说，氢是宇宙中最为普遍的元素。在所有元素中，氢的组成是最简单的。氢的原子核中仅含有一个质子，核外只有一个电子，所以氢原子的体积非常小。但正是这种简单的结构却赋予了氢元素神圣的使命：氢是最原始的元素，其他所有元素都是由氢元素进化而来的。尽管在地球上氢元素无处不在，但却很少以气体的形式存在，这是因为氢分子非常轻，很容易从地球的大气层中逸出。地球上仅存的游离态氢气深埋在地下，是有机物质腐烂分解的产物，石油和天然气也是在这一过程中形成的。

氢气是一种易燃易爆的气体，工业上每年都要消耗大量的氢气。其中大约有一半用于合成氨 (NH_3)，氨是制造化肥的基本原料；此外氢气还广泛用于冶炼金属；氢气的另一个重要用途是制备液体甲醇，甲醇是制造人造纤维的原料。工业制氢是 21 世纪的一个重要研究课题。

太阳主要是由氢元素构成的，正是氢的燃烧才使得太阳“光芒万丈”，其他星体所发出的光也是由氢燃烧产生的。太阳内部存在巨大的压力，能将氢原子聚合为较重原子核氦，并释放出巨大的能量，这个过程叫做核聚变。所以说，氢是太阳的燃料。核聚变是宇宙中最剧烈的变化，人类已经利用这种反应制造出了热核炸弹（即氢弹，详见第七章)。正是得益于太阳中的核聚变反应，地球上的生命才能够生生不息。

知识·链接

核聚变核反应

核聚变核反应分为核裂变反应和核聚变反应两种。核裂变是指一些重原子核在一定的条件下发生链式裂变反应，而核聚变是通过强力将两个原子结合成一个质量较大的原子。与核裂变一样，核聚变发生时，也会释放出大量的能量。核聚变是宇宙中最普遍的一种特征反应，但却是最难人工实现的反应过程之一。核聚变的发生需要极高的温度和压强，这两个条件在有些星体上是天然存在的，而地球却不具备这样的条件，因此，要想在地球上进行核聚变反应，绝非易事。

没有辐射性污染的核反应核聚变不会产生任何辐射性的污染，它不是像核裂变那样的链式反应，所以不可能失控爆炸。所以，核聚变能源既安全又洁净，是一种理想能源，是解决人类能源危机的一个重要途径。因此，很多国家都非常重视核聚变技术的研发，希望从核聚变能源的发展过程中受益。

二、碳元素

碳（C）是人类接触到的最早的元素之一，也是人类利用得最早的元素之一。自从人类在地球上出现以后，就和碳有了接触，由于闪电使木材燃烧后残留下来木炭，动物被烧死以后，便会剩下骨炭，人类在学会了怎样引火以后，碳就成为人类永久的“伙伴”了。发现碳的精确日期已无从考究，碳在古代的燃素说的发展过程中起了重要的作用。在拉瓦锡 1789 年编制的《元素表》中，碳已经作为元素出现。

碳在自然界中有三种同素异形体——金刚石、石墨、富勒烯（C_{60}）。金刚石和石墨早已为人们熟知，拉瓦锡通过燃烧金刚石和石墨的实验后，确定这两种物质燃烧都产生了 CO_2，因而得出结论，金刚石和石墨中含有相同的“基础”，称为碳，正是拉瓦锡首先把碳列入元素周期表中。C_{60}是 1985 年由美国休斯顿赖斯大学的化学家哈里可劳特等人发现的，它是由 60 个碳原子组成的一种球状的稳定的碳原子簇，是金刚石和石墨之后的碳的第三种同素异形体。

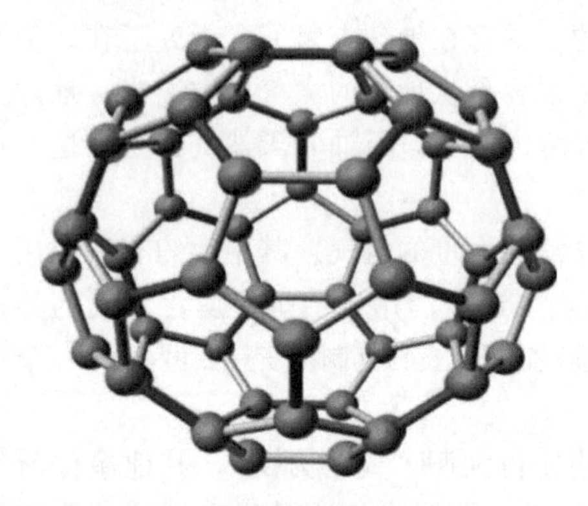

C_{60}的结构示意图

从 C_{60} 被发现的短短二十几年以来，富勒烯已经广泛地影响到物理学、化学、材料学、电子学、生物学、医药学各个领域，极大地丰富和提高了科学理论，同时也显示出有巨大的潜在应用前景。

对 C_{60}原子簇进行掺杂，使 C_{60} 分子在其笼内或笼外俘获其他原子或基团，形成类 C_{60} 的衍生物。例如 $C_{60}F_{60}$，就是对 C_{60}原子簇充分氟化，给 C_{60}球面加上氟原子，把 C_{60}球壳中的所有电子“锁住”，使它们不与其他分子结合，因此 $C_{60}F_{60}$表现出不容易粘在其他物质上，其润滑性比 C_{60}要好，可做超级耐高温的润滑剂，被视为“分子滚珠”。再如，把 K、Cs 等金属原子掺进 C_{60}原子簇的笼内，就能使其具有超导性能。用这种材料制成的电机，只要很少电量就能使转子不停地转动。

三、氮元素

在围绕着地球的空气中，大约有 4/5 是氮气，所以，自从有人类那一天起，就和氮气打起了交道。可是由于它无色又无味，性情也孤僻，人们对它的存在一直视而不觉，直到分离并且认识了氧气，氮气才在人面前变得清晰和明朗。1772 年，几乎是在同时，在欧洲的不同地方，有 4 位化学家各自用不同的方法，分离出了氮气。其中的 3 位，是大家熟悉的科学家，分别是瑞典的舍勒、英国的卡文迪什和普利斯特里，但是这 3 位都没有及时公布自己的发现。最早公开氮气的是英国学生丹尼尔·卢瑟福，在他的博士论文里。

1998 年 11 月的一天，在美国克里斯特博士的实验室里，一台复杂又昂贵的设备，顷刻之间毁于一炸。两个月后，当克里斯特博士向美国化学协会介绍他的这次“不感意外”的“壮观”爆炸时，化学界震惊了。他们惊的不是发生了爆炸，而是引起爆炸的那几粒小东西——看上去就像餐桌上的食盐，新闻媒体管它叫“盐粒炸弹”。“盐粒炸弹”使一向沉稳的无机化学界特别兴奋起来。这种由5个氮原子连在一起的 N_5 分子实在是一种很奇特的物质，超乎寻常的巨大能量，使它成为有史以来最有破坏力的炸药之一。

四、氧元素

氧（O）元素是地球上含量最多、分布最广的元素，约占地壳总质量的46.6%。它遍及岩石层、水层和大气层。在岩石层中，氧主要以氧化物及含氧酸盐的形式存在；在海水中，氧占海水质量的89%；在大气层中，氧以单质状态存在，约占大气质量的23%。氧有三种稳定同位素：^{16}O、^{17}O 和 ^{18}O，其中 ^{16}O 的含量最高。1774年英国科学家普里斯特利用透镜把太阳光聚焦在氧化汞上，发现一种能强烈帮助燃烧的气体。拉瓦锡研究并解释了这种气体在燃烧中的作用。

构成有机体的所有主要化合物都含有氧，包括蛋白质、碳水化合物和脂肪。构成动物壳、牙齿及骨骼的主要无机化合物也含有氧。由蓝藻、藻类和植物经过光合作用所产生的氧气（O_2），几乎所有复杂生物的细胞呼吸作用都需要用到氧气。动物中，除了极少数之外，都无法脱离氧气生存。

氧被大量用于熔炼、精炼、焊接、切割和表面处理等冶金过程中；液体氧是一种制冷剂，也是高能燃料氧化剂。它和锯屑、煤粉的混合物叫液氧炸药，是一种比较好的爆炸材料；氧与水蒸气相混，可用来代替空气吹入煤气汽化炉内，能得到较高热值的煤气；液体氧也可作火箭推进剂；氧气是许多生物过程的基本成分，氧是担负空间任何任务时需要大量装载的必需品之一；医疗上用氧气疗法医治肺炎、煤气中毒等缺氧症；石料和玻璃等产品的开采、生产和创造均需要大量的氧。

五、氯元素

氯（Cl）是一种化学性质非常活泼的元素。它几乎能跟一切普通金属和许多非金属直接反应。氯多储存在钢瓶中，因为干燥的氯恰恰不与铁发生反应。应当注意的是，氯有较强的毒性。如果空气中含有万分之一的氯气，就会严重影响人的健康。一般认为，空气中游离氯气的最高含量不得超过1毫克·米$^{-3}$。

人们关心“氯——人类健康——环境”问题，事出有因：许多含氯化合物都可以溶解在生物体的脂肪里且几十年不变，使得动物成了会走、会飞和会游的氯污染物的“储存器”。

人类对使用有机氯杀虫剂，早就存有戒心。当DDT（结构如下）在地球上被广泛使用的时候，从天上到地下，从河流到海洋，从平原到高山，从南极到北极，都可以找到它的踪迹。直到人们发现，DDT在杀灭昆虫的同时，也杀害了一些昆虫的天敌，使剩余的昆虫繁殖得更快、更顺利了；植物中残留着DDT，动物或人类食用这些植物后，DDT会在动物和人体中积蓄起来，日积月累，后果不堪设想。于是，开始禁止DDT的生产。

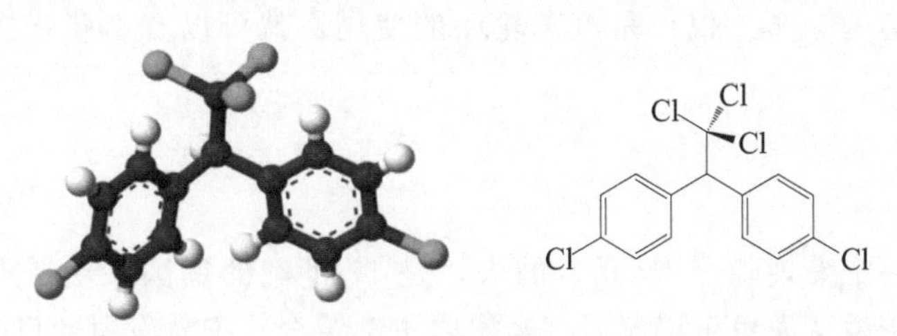

DDT结构示意

现代的氯碱厂，每天通过食盐电解制得大量的氯气，经过冷却、液化，灌在液氯钢瓶里，可以用来漂白纸浆，消毒自来水，制造氯产品。如果一不小心，从液氯钢瓶里泄漏出来一些黄绿色的氯气，那么，人们必须戴上防毒面具，才能接近钢瓶抢修；不然的话，它会使人咳嗽不止，窒息难忍，呕吐、头晕，严重中毒将危及生命。

然而，世界上没有氯制品是不可想象的。在无机化学工业中，氯是卤族工业的支柱，合成盐酸、含氯的无机盐，都是人们生活必需的农用化肥和工业上的重要原料；有机化学工业中，氯乙酸、氯乙烯、氯乙烷等许多含氯的有机化合物都是人们熟知的化工原料或产品；含氯的药物中有许多是常用的药物。

氯是利是害，完全取决于人类自己，禁用有毒化作用的氯制品，发展有益于人类的氯产品，让氯真正为人类服务。

六、硫元素

硫（S）在地壳中的含量为0.045%，是一种分布较广的元素。它在自然界中以单质硫和化合态硫两种形态出现。天然的硫化物包括金属硫化物、硫酸盐和有机硫化物三大类。最重要的硫化物是黄铁 FeS_2，它是制造硫酸的重要原料。硫酸盐以 $CaSO_4 \cdot 2H_2O$ 和 $Na_2SO_4 \cdot 10H_2O$ 最为丰富。有机硫化合物广泛存在于煤和石油等沉积物中。对所有的生物来说，硫都是一种重要的必不可少的元素，它是多种氨基酸的组成部分，是大多数蛋白质的组成部分。

在农业上，硫是制造农药的重要原料，由于硫黄仅能杀死它周围1毫米以内的害虫，使用时，人们常把它研成粉末，然后均匀喷洒到庄稼叶子上。为了增强硫黄杀虫能力，人们常把石灰和硫黄混合制成石硫合剂，它可以防治小麦锈病，杀死棉螨、红蜘蛛等。多硫化钙也是农业生产中的杀虫剂。

硫是一种易燃物质，是制造火药的原料。我国最早发明的黑火药中就含硫，硫在空气中燃烧产生微弱的淡蓝色火焰，在纯氧中燃烧有明亮的蓝紫色火焰，产生的气体无色但有刺激性气味，这种气体就是二氧化硫（SO_2）。二氧化硫能使澄清石灰水浑浊，也具有漂白作用，通入品红溶液，能使品红的颜色褪去，一束色彩鲜艳的花朵在二氧化硫中迅速失去光泽，变成白花。二氧化硫常用来漂白毛、丝、稻草。麦秆是金黄色的，用麦秆编成的草帽却接近白色，这样的草帽便是用二氧化硫熏过的。草帽用过一段时间后又有些泛黄，原因是，二氧化硫与有色物质形成暂时的、不稳定的无色物，加热或稍长的时间，被漂白的物质就会恢复原来的颜色。

硫在橡胶生产中有特殊用途。通常，不饱和有机小分子加聚生成的高分子——橡胶受热易黏，受冷易脆，在工业上没有什么实际用途，但往其中加入少量硫黄后，线型的橡胶分子变成网状结构后不黏不脆且坚韧有弹性，这个工艺叫橡胶的硫化，它在橡胶工业的发展过程中是最关键的一步。仅仅是汽车轮胎的使用，就可以看出硫化橡胶的应用有多么重要。

七、磷元素

化学史上第一个发现磷（P）元素的人，是17世纪的德国汉堡商人波兰特，一个相信炼金术的人。听说从尿里可以制得“金属之王”黄金，抱着发财的目的，波兰特用尿作了大量实验。1669年的一次实验中，波兰特将砂、木炭、石灰等和尿混合，加热蒸馏，意外地得到一种色白质软、能在黑暗处放出闪烁的亮光的美丽物质，波兰特称之为“冷光”，也就是今天的“白磷”。虽然波兰特对制磷的方法极其保密，不过，他发现这种新物质的消息很快传遍了德国。德国化学家孔克尔好不容易打听到这种发光的物质是由尿里提取出来的，于是他也开始用尿做实验，经过苦心摸索，终于在 1678 年也告成功。

磷广泛存在于动植物体中，它是第一个从有机体中提取的元素，这和古代人们从矿物中取得的那些金属元素不同。人们最初得的是白磷，白色半透明晶体，在空气中缓慢氧化，产生的能量以光的形式放出，因此在暗处发光。当白磷在空气中氧化到表面积聚的能量使温度达到 40℃时，便达到白磷的燃点而自燃。所以白磷曾在 19 世纪早期被用于火柴的制作中，但由于当时白磷的产量很少而且白磷有剧毒，使用白磷制成的火柴极易着火，效果倒是很好，可是不安全，而且常常会发生自燃，所以很快就不再使用白磷制造火柴。到 1845 年，奥地利化学家施勒特尔发现了红磷，确定白磷和红磷是同素异形体。由于红磷无毒，在 240℃左右着火，受热后能转变成白磷而燃烧，于是红磷成为制造火柴的原料，一直沿用至今。

磷的最大用途是在农业方面，因为磷是庄稼生长不可缺少的元素之一，它也是构成细胞核中核蛋白的重要元素。磷对于种子的成熟和根系的发育，起着不可替代的作用，在庄稼开花期间追施磷肥，往往会收到显著的增产效果。一旦缺乏磷，庄稼根系便不发达，结实迟，颗粒小。要种好庄稼，就要补充足量磷肥。

磷是人体的重要元素之一。磷是软组织结构的重要成分，机体内许多重要物质如 DNA、RNA、蛋白质和细胞膜都不能缺少磷。磷有许多重要的生理机能，机体中能量储存和利用是通过含磷的三磷酸腺苷和磷酸肌酸来实现的。葡萄糖进行代谢时，要通过生成 6-磷酸葡萄糖后才可继续进行。体内许多酶的辅酶或辅基都少不了磷，这些酶在能量代谢、氧化还原反应中都起着重要作用。有机体可通过尿排出不同量或不同形式的磷酸盐来达到体内酸碱平衡，从而维持正常的生理活动。

八、钙元素

1808 年 5 月，英国化学家戴维电解石灰与氧化汞的混合物，得到钙汞合金，将合金中的汞蒸馏后，就获得了银白色的金属钙（Ca）。

钙是动物不可缺少的矿物元素，约占人体重量的 2%，一个成人体内大约含 1.2 千克的钙，它在体内有十分重要的生理机能（详见第五章）。只有在钙、镁、钾、钠离子保持一定比例时，心脏才可正常搏动，肌肉、神经的正常兴奋的传导和适宜的感受才可维持。

钙与衰老密切相关，衰老从细胞角度来看，就是细胞的功能不可逆地、逐渐地丧失，从而造成各器官功能的逐年衰退。钙在细胞内外浓度比正常值为 1∶5000 左右，当细胞内液钙浓度增加，细胞内外钙离子的浓度梯度大时，细胞熵值增大，机体逐渐衰老。

九、铁元素

铁（Fe）在自然界中分布极为广泛，约占地壳质量的 5%，居元素分布序列中的第四位，但人类发现和利用铁却比黄金和铜要迟（详见第一章）。人类最早发现的铁是从天空落下来的陨石，陨石中含铁的百分比很高，是铁和镍、钴等金属的混合物，在熔化铁矿石的方法尚未问世，人类不可能大量获得生铁的时候，铁一直被视为一种带有神秘性的最珍贵的金属。至今铁仍然是现代化学工业的基础，人类进步所必不可少的金属材料。

对于人体，铁是不可缺少的微量元素（详见第五章）。在十多种人体必需的微量元素中铁无论在重要性上还是在数量上，都属于首位。

铁是植物制造叶绿素不可缺少的催化剂。如果一盆花缺少铁，花就会失去艳丽的颜色，失去那沁人肺腑的芳香，叶子也发黄枯萎。一般土壤中也含有不少铁的化合物。铁是土壤中的一个重要组分，其在土壤中的比例从小于1%至大于20%不等，平均是3.2%。铁主要以铁氧化物的形式存在，其中既有二价又有三价铁，大多数铁氧化物在土壤颗粒中以不同程度的微结晶形式存在。

纯铁（指纯度较高的铁）是一种多用途的含碳量低、含杂质量低的材料，具有优良的磁性能。纯铁是钢中含碳量最低、含各种元素最少、夹杂物最低的一种金属材料，常用于制造各种仪器、仪表的铁芯。因其强度低，故很少用作机械结构材料，常用的是它和碳的合金。

十、铜元素

铜（Cu）在自然界中分布极其广泛，地壳中的含量在所有元素中排第二十二位。铜主要以三种形式存在于自然界：一种是游离态铜（极少），第二种是硫化物如Cu_2S（辉铜矿）、CuS（铜蓝）、$Cu_2S \cdot Fe_2S_3$（黄铜矿）等，第三种是含氧化合物如Cu_2O（赤铜矿）、CuO（黑铜矿）、$Cu(OH)_2 \cdot CuCO_3$（孔雀石）、$CuSO_4 \cdot 5H_2O$（胆矾）等。铜矿一般含Cu 2%～10%（富矿可达20%，贫矿含Cu<0.6%）。据考证，我国公元前2700多年前已开始使用铜器；到了殷代，冶炼青铜的技术已经很发达了，著名的青铜祭器——“司母戊大鼎”，是我国三千多年前高水平炼铜技术的一个有力见证。

纯净的铜是紫红色的金属，俗称“紫铜”、“红铜”或“赤铜”。纯铜的延展性极好，像一滴水那么大小的纯铜，可拉成长达2千米长的细丝或压延成比床还大的几乎透明的箔，导电性在所有金属中仅次于银，因此在电气工业中唱“主角”。纯铜在电气工业上使用时要求含铜量在99.95%以上才行，如含有极少量磷、砷、铝等会大大降低铜的电导率，铜中若含氧（炼铜时容易混入少量的氧），对电导率影响也很大。若需要纯度很高的纯铜，一般用电解法精制：把不纯的粗铜作阳极、纯铜作阴极，以酸性硫酸铜溶液为电解液，当电流通过后，阳极上的不纯铜逐渐溶解，纯铜便在阴极上析出，这样精制而得的铜纯度可达99.99%以上。

铜对人体、植物、动物是一种不可缺少的微量元素。对于成年人来说，每天需吸收5毫克铜。如果进入人体的铜量不足，会引起血红素减少、患贫血症。在人体中，铜主要集中在肝脏以及其他组织的细胞中，孕妇的血液中，含铜量比一般人高出一倍。植物同样需要少量的铜，硫酸铜是微量元素肥料——铜肥，铜肥施在沼泽地区能显著提高作物产量。据测定，1千克干燥谷物中含铜5～14毫克，1千克豆类产品中含铜18～20毫克，1千克瓜类食物含铜30毫克，在食物中含铜量最多的是牛奶。

十一、锌元素

锌（Zn）主要以硫化物或含氧化合物存在于自然界中。如ZnS（闪锌矿）、$ZnCO_3$

（菱锌矿）、ZnO（红锌矿）等，并常与铅矿（如 PbS，方铅矿）共生而称为铅锌矿。我国用锌是从炼制黄铜开始的，黄铜即铜锌合金（详见第一章）。

锌是银白色的金属。日常生活中用的白铁桶，是用白铁制成的，表面上像冰花状的结晶是锌的结晶体，目的是防止铁被锈蚀。锌比铁的化学性质更活泼，放在空气中表面很快氧化成蓝灰色氧化锌，这层氧化锌非常致密，能严严实实覆盖在金属的表面，保护里面的金属不锈蚀，对金属起保护作用。白铁皮即使碰掉一块，也不容易被锈蚀，因为锌的化学性质比铁活泼，当外界的空气和水分向白铁进攻时，构成微小原电池，锌首先被锈蚀，从而保护了铁。金属锌除了用来制造白铁皮之外，也用来制造干电池的外壳，不过干电池外壳用的是比较纯的锌。

锌是植物生长所不可缺少的元素。硫酸锌是一种“微量元素肥料”。据测定，一般植物中大多含锌百万分之一，个别植物含锌量高，如车前草、芹菜和葵花籽。在人体中也含有十万分之一以上的锌，含锌最多的是人体的牙齿和神经系统。据研究，人体中缺少锌会直接影响人体的发育与智力（详见第五章）。更有趣的是，鱼类在产卵期以前，几乎会把身体中所有的锌转移到鱼卵中去。

十二、钛元素

钛（Ti）是富有传奇色彩的金属元素。1795 年，德国化学家克拉普罗特在金红石里发现了一种不知名的元素，这种新金属的氧化物具有不怕酸、碱溶液的特性，于是他借希腊神话中大地的第一代儿子们泰坦神族的名字，给这个不知名的元素取名为钛。

遍布地壳的钛，曾经被戴上“稀有金属”的帽子，这是由于在自然界中其存在分散并难于提取。事实上，它是分布极广的元素，在地壳中的含量非常大，蕴藏量是铜、锌、镍、钒、铬和锰总和的三倍，钛的含量甚至比氯、磷和镁都大，但是没有一个真正的钛矿床，因而也没有游离状态的钛。人们主要是从金红石和钛铁矿石中炼取钛。

银白色的金属钛，具有密度小、强度高、耐高温、抗腐蚀的优点。纯钛的强度，与钢铁差不多，但是重量只有同体积钢铁的一半；钛在 1675℃的高温下才熔化，比黄金的熔点还高出 600℃左右。钛的耐腐蚀本领特别强，甚至超过耐腐蚀的高级合金钢。钛是制造飞机、坦克、军舰、潜艇不可缺少的金属。飞机上主要的、受重负荷的构件都是钛合金制造的。制造一架超音速飞机就要用 4～25 吨钛。有的飞机构成材料 95％是用钛做的，人们称它“钛飞机”；钛在海水中不受腐蚀，抗海水的腐蚀能力比任何金属都好，在海水中连续浸泡 3～5 年，仍然是光亮依旧。因此，用来制造船舶、军舰、潜艇的各种部件是十分适宜的。

钛合金有着好的耐热强度、低温韧性和断裂韧性，在宇航事业上大显身手。主要用于制作燃料及氧化剂箱体和高压容器，也用来制造火箭、导弹发动机壳体、喷嘴套筒及人造卫星外壳等。钛合金的密度小，可以减轻机体的重量。对三级火箭来说，第一级火箭每减轻 1 千克，可使发射总量减轻 5 千克，二、三级火箭每减轻 1 千克，发射总量分别减轻 8 千克和 30 千克到 100 千克。减轻重量可以节省燃料和发射费用。

钛材料出色的强度和良好的耐腐蚀特性，使它在化学工业中大放异彩。它被用来作盛酸器具的衬里，也用于热交换器和电极；二氧化钛是良好的白色颜料，商业称为“钛白粉”，它在油漆、纸浆中应用甚广；钛对人体无毒，也不与人体肌肉组织和骨骼发生反应，因此，钛合金很早就被用来制造人工关节、人工心瓣、人造齿龈等。

十三、氙元素

英国化学家拉姆赛，在发现惰性气体方面，取得了卓越的成就。氦、氖、氩、氪、氙和氡的发现，都有他的功劳。1898 年 7 月的一天，拉姆赛准备好 30 升液态空气，兴致勃勃地为提取新元素而认真操作着，开始时，他小心谨慎地使液态空气汽化，再把汽化的部分进行分离。当液态气体的体积只剩下几立方厘米时，他发现有一种比氪的沸点更高、密度更大的气体，通过光谱分析确认它是一种新元素，随即把它命名为氙（Xe），来自希腊文“奇异的”意思。

氙发现以后，半个多世纪内没有引起人们的注意。直到 20 世纪 60 年代，大城市里出现了“人造小太阳”——氙灯。原来，氙在电场的激发下，能射出类似于太阳光的连续光谱，光电学家利用这一特性，制造出深受人们欢迎的高亮度、长寿命的高压长弧灯。

1962 年，英国青年化学家巴莱特第一次制得六氟铂氙化合物，突破了“惰性气体”难以制成化合物的禁区，此后，人们又制成了多种氙的其他化合物。1979 年，美国康奈尔大学的科学家在 32 万大气压（1 大气压＝101325 帕，下同）和 32K 温度条件下制得了极微量的金属氙，其导电性增加了 10 亿倍。

氙气是一种能够安全使用的有效麻醉剂，因为它不会爆炸、无毒而且能够迅速地从麻醉中恢复过来。目前尚未应用于常规手术，主要是没有能大批供应使用这种气体的麻醉装置，同时，氙比笑气昂贵，又极易挥发；氙也是一种理想的溶剂，能够溶解碳氢化合物、水和聚合物等各种分子。

十四、碘元素

碘(I)元素在大自然中很少，仅占地壳总重量的一千万分之一。1811 年，法国巴黎的药剂师别尔恩加尔特·库尔图阿在从海藻中发现了碘元素。纯净的碘，是紫黑色有光泽的片状晶体，它的希腊文原意，便是“紫色的”意思。

碘是一个很有意思的元素：碘虽是非金属，但却闪耀着金属般的光泽；碘虽是固体，却很易升华，可以不经过液态而直接变为气态。然而，碘的盐类大部分却类似食盐，是白色晶体，只有极少数例外，如碘化银是浅黄色，碘化铜闪耀着黄金般的色彩。

碘的分布很广。海水中有碘，岩石中有碘，甚至连最纯净的冰洲石、从宇宙空间掉下来的陨石、吃的葱、海里的鱼，都有微量的碘。海水中碘含量约为十万分之一，海里还有许多天然的“碘工厂”——海藻。经测定，海藻灰中约有 1%的碘。世界上也有一些比较集中的碘矿，含有较多的碘酸钠和过碘酸钠。在智利硝石中，也含有一些碘化物。

碘微溶于水，易溶于有机溶剂。碘溶液的颜色有紫色、红色、褐色、深褐色，颜色越深，表明碘溶解得越多。碘酒，是碘的酒精溶液，碘酒能杀菌，常作皮肤消毒剂。涂了碘酒后，黄斑会逐渐消失，那是因为碘升华了，变成了蒸气，散失在空气中。大量的碘对人来说，是有毒的，碘蒸气会剧烈地刺激眼、鼻黏膜，会使人中毒致死。在成年人体内，大约含有 20 毫克的碘，而其中约有一半是在靠近喉头的甲状腺里。碘是制造甲状腺素必不可缺的原料（详见第五章）。

用碘和钨的化合物——碘化钨可以制成碘钨灯。大家知道，普通的白炽灯泡中的灯丝是用钨做的。通电时，灯丝温度越高，发光效率也越高。但是，温度越高，钨丝就越易挥发，寿命也就缩短。在碘钨灯中，在钨丝上附着一层碘化钨。通电后，当灯丝温度高于1400℃，碘化钨就受热分解，变成碘与钨。钨留在灯丝上，而碘是极易升华的元素，便立即充满整个灯管。当钨丝上的钨受热蒸发，扩散到管壁上，若管壁温度高于200℃，碘即与钨作用生成碘化钨。碘化钨，扩散到灯丝，又受热分解，钨黏附于钨丝，而碘又升华到灯管各部分。如此循环不已，使钨丝保持原状，使用寿命很长。普通照明用的碘钨灯的使用寿命可达5000小时左右。碘钨灯具有体积小、光色好、寿命长等优点。一支普通的碘钨灯管，比一支自来水笔还小，很轻便。通电后，射出白炽耀眼的光芒。现在，我国已普遍应用碘钨灯，作为电影摄影、舞台、工厂、建筑物、广场等照明光源。红外线碘钨灯，则用于工厂的加热烘干操作。

十五、镭元素

镭（Ra），是一种天然放射性元素，元素名来源于拉丁文，原意是“射线”。居里夫妇克服了人们难以想像的困难，处理了几十吨矿石残渣，终于得到0.1克的镭盐，并测定出了它的相对原子质量是225。镭在自然界分布很广，但含量极微，约为地壳中质量的十亿分之一，总量约1800万吨。现已发现质量数为206～230的镭的全部同位素，其中只有镭223、224、226、228是天然放射性同位素，其余都是通过人工核反应合成的。镭226半衰期最长，天然丰度最大，是镭最重要的同位素。

镭是银白色有光泽的金属，是剧毒物质。镭的化学性质活泼，与钡相似。金属镭暴露在空气中能迅速反应，生成氧化物和氮化物；能与水反应生成氢氧化镭；新制备的镭盐呈白色，放置后因受辐照而变色。

镭是现代核工业兴起前最重要的放射性物质，广泛应用于医疗、工业和科研领域；把镭盐和硫化锌荧光粉混匀，可制成永久性发光粉。到1975年为止，全世界共生产了约4千克镭，其中85%用于医疗，10%用来制造发光粉。

第四节　纳米材料与纳米技术

1959年著名的诺贝尔物理奖得主费因曼（Feyneman）大胆预言：“如果对物体微小规模上的排列加以某种控制的话，物体就能得到大量的异乎寻常的特性。”在当时，这仅仅只是一个预言，直到1989年，美国商用机器公司（IBM）的科学家利用扫描隧道显微镜（STM）上的探针移动氙原子，在镍板上按自己的意志成功地安排氙原子组合成为“IBM”字样。

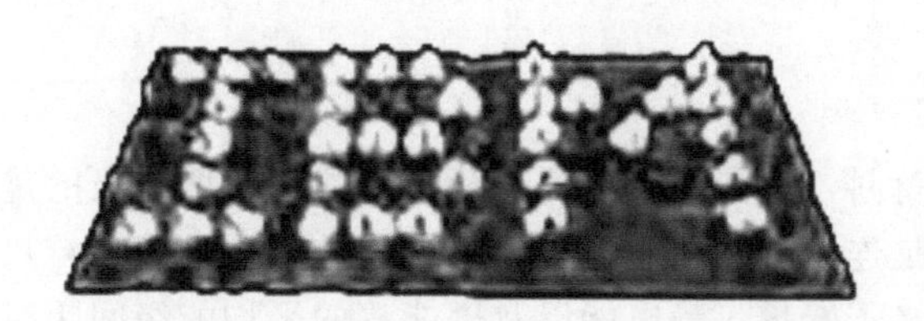

随后的1991年IBM的科学家制造出速度为二百亿分之一秒的氙原子开关……据专家预计，在不久的将来，这种具有突破性的纳米级范围的新技术，完全可能将美国国会图书馆的全部藏书都存储在一个直径约为0.3米的硅片上。我国著名科学家钱学森曾断言“纳米左右和纳米以下的结构将是下一阶段科技发展的重点，会是一次技术革命，从而将是21世纪的又一次产业革命”。纳米技术的发展正越来越成为世界各国科技界所关注的焦点，谁能在这一领域取得领先，谁就能占据21世纪科学的制高点。

一、纳米的概念

原子的半径一般为零点几纳米（10^{-9}米），例如氧原子（O）的半径为0.14纳米，锑原子（Sb）的半径为0.22纳米，而纳米微粒的尺度一般定义为1～100纳米。这是一般显微镜看不见的微粒。纳米科学就是指以1～100纳米尺度的物质或结构为研究对象的学科，即指通过一定的微细加工方式直接操纵原子、分子或原子团、分子团，使其重新排列组合，形成新的具有纳米尺度的物质或结构，进而研究其特性及其实际应用的一门新兴科学与技术。

信息、生物和新材料代表了当代高新技术发展的方向，其中纳米科技的发展引起了科技界的高度重视。随着纳米技术的发展，纳米电子学、纳米生物学、纳米材料学、纳米医学等分支学科相继建立和发展起来，而且，这些学科相互融合、相互渗透的交叉学科正在兴起。

二、纳米材料的特性

处于纳米尺度下的物质，其电子的波性以及原子之间的相互作用将受到尺度大小的影响，诸如熔点、光学性能、电学性能、磁学性能、力学性能和化学活性会出现与传统材料迥然不同的性质，表现出的独特性能无法用传统的理论体系解释，导致纳米材料表现独特性能的有以下四种基本效应。

1. 小尺寸效应

随着颗粒尺寸变小所引起的宏观物理性质的变化称为小尺寸效应。纳米颗粒尺寸小，比表面积大，在熔点、磁学性能、电学性能和光学性能等都较大尺寸颗粒发生了变化，产生出一系列奇异的性质。例如，金属纳米颗粒对光的吸收效果显著增加，而直径为2纳米的金和银的纳米颗粒，其熔点分别降为330℃和100℃。

2. 表面效应

当微粒的直径降低到纳米尺度时，其表面粒子数、表面积和表面能均会大幅增加。由于表面粒子的空位效应，周围缺少相邻的粒子，出现表面粒子配位不足；高的表面能使得表面原子具有高的活性，极不稳定，易于通过与外界原子结合而获得稳定。例如，金属的纳米颗粒在空气中会燃烧，无机的纳米颗粒暴露在空气中会吸附气体并与气体发生反应，都是由表面效应所致。

3. 量子尺寸效应

处于纳米尺度的材料，其能带将裂分为分立的能级，即能级的量子化，而金属大块材料的能带，可以看成是连续的。纳米材料能级之间的间距随着颗粒尺寸的减小而增大。当能级间距大于热能、光子能量、静电能以及磁能等的平均能级间距时，就会出现一系列与块体材料截然不同的反常特性，这种效应称之为量子尺寸效应。量子尺寸效应将导致纳米微粒在磁、光、电、声、热以及超导电性等特性与块体材料的显著不同，例如，纳米颗粒具有高的光学非线性及特异的催化性能。

4. 力学性能效应

由于纳米粒子细化，晶界或相界数量大幅度地增加，可使材料的强度、韧性和超塑性大为提高。其结构颗粒对光、机械应力和电的反应完全不同于微米或毫米级的结构颗粒，使得纳米材料在宏观上显示出许多奇妙的特性。例如，纳米相铜强度比普通铜高5倍；纳米陶瓷、纳米金属间化合物的韧性极高，甚至已达到常规金属材料的水平，这与大颗粒组成的普通陶瓷完全不一样。

此外，纳米材料还具有特殊的光学性质、电磁性质、化学和催化性能、热性质等效应。

三、自然界中的纳米材料

当粒子小到纳米级就会显现出一些特殊的物理和化学性质，自然界中就存在很多纳米级的物质，举例说明如下。

（1）荷叶　在高分辨的显微镜下观察，荷叶的表面是一种非常粗糙的突起结构，突起上面长有很多毛刺（如图所示），荷叶的这种高度粗糙的表面，使它具有超强的不亲油、不亲水的性能。荷叶上的水珠能轻快地滑落，就是这个性能的直接表现；当你将油滴到荷叶之上，它一样会飘然落下。这种超强的疏水和疏油的性能，是由荷叶表面的纳米结构决定的。

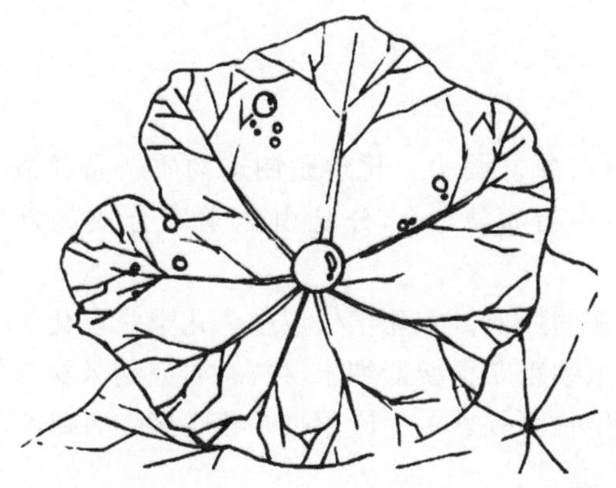

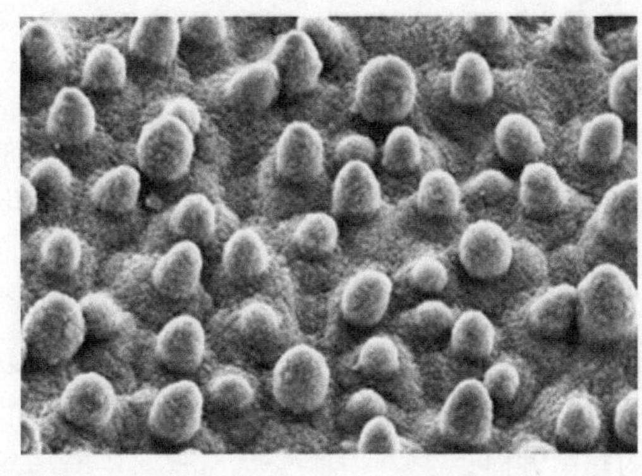

荷叶表面的结构

（2）壁虎　脚掌上有很多纳米级的吸管结构，使它可以吸住墙面，所以它能够飞檐走壁；自然界中蝴蝶翅膀大多是五彩斑斓颜色，是由于蝴蝶的翅膀是一种纳米的结构，在光的照射下产生了不同的颜色；蜜蜂有很强的定位能力，主要因为蜜蜂的尾部拥有的“罗盘”，是一种磁性的纳米粒子，所以它具有定位的功能；蜘蛛吐的丝其实就是一种天然的纳米纤维。

许多自然界中的花粉也是纳米级的，它们通过蜜蜂的劳动或是随风飘荡，得到了有效的传播；另外，猖獗一时的SARS病毒就是一种纳米级的颗粒，它扩散起来很快，在空气中就容易传播，治疗时必须进行隔离。

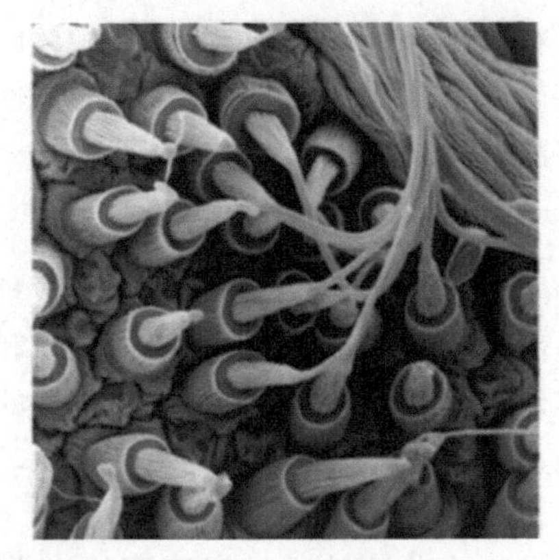

蜘蛛与它的纳米丝

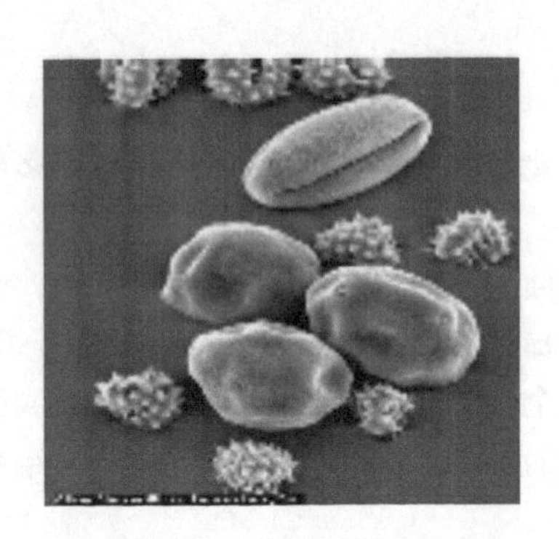
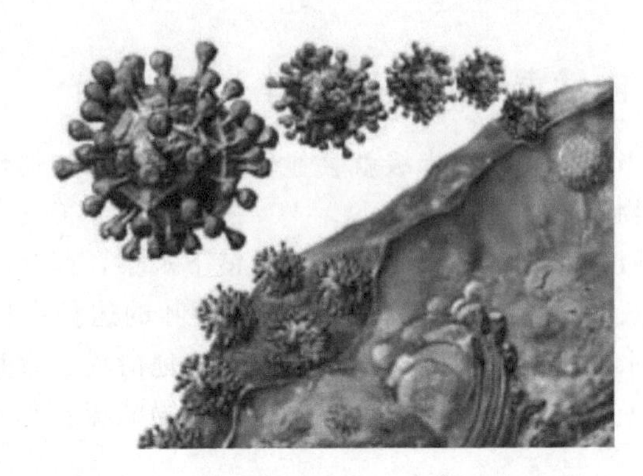

纳米级花粉和纳米级 SARS 病毒

四、化学与纳米科技的关系

一方面，化学为纳米科技创造了丰富的研究对象。因为，化学是制造物质新品种最多的一级学科，已知的上千万种分子和化合物中有很大一部分是由化学家合成的新品种。

另一方面，纳米科技为化学研究开辟了一个新的层次。在化学领域中，化学家以化学合成、组装和功能化为主要手段，多尺度复合及组装来获得智能纳米材料；研究纳米材料的组成、结构和特性，以及在新能源、光电磁、生物等领域中的应用也是化学工作者研究的热门方向。

五、纳米材料的应用

（一）纳米材料在生物工程上的应用

生物多样性及其复杂性的来源，决定于组成它们的原子和分子在纳米尺度上的结构、纳米尺度上的生命运动规律。生物学现在已经深入到细胞质、DNA、基因片段、蛋白质，这些构成生命体的基本单元层次大多在微米级或以下，其中基因片段、蛋白质即在纳米级。对这么小的生命体基本单元的观察、研究、裁减、拼接、转移，就需要纳米技术的参与。目前纳米科技同生物技术、医药学已交叉互相渗透，形成了纳米生物学和纳米医药学，并成为纳米科学技术工程应用的热点领域。专家们普遍认为，纳米技术很可能在这里先挖出“金矿”来。

1. 纳米生物传感器

生物传感器是由生物分子识别元件以及理化换能器组成，可用于分析和检测多种生命和化学物质。生物传感器的特点是，体积小、分辨率高、响应时间短、所需样品少、对活细胞损伤小。纳米材料应用于生物传感器领域，不仅优化了生物传感器的检测性能，而且促发了新型的生物传感器，使生物传感器的化学和物理性质以及对生物分子或者细胞的检测灵敏度大幅提高，检测时间缩短，实现了高通量的实时分析检测。应用于生物传感器的纳米材料有纳米金属、纳米碳材料和纳米硅材料。

纳米金属材料生物传感器，对纳米金属材料尺寸、形状、吸附等特性的研究应用使得该项技术成为生物纳米技术最令人兴奋的部分。在众多纳米金属材料中，纳米金粒子是最常用的。由于纳米金具有较大的比表面积、较高的催化活性以及较好的表面控制性，使基于纳米金粒子构建的生物传感器具有非同寻常的特性。中国科学院上海应用物理所研制出一种新型的电化学 DNA 纳米生物传感器，可以通过对电极界面纳米尺度的精细调控，同时引入金纳米粒子进行电化学信号放大，显著提高了 DNA 检测的灵敏度。

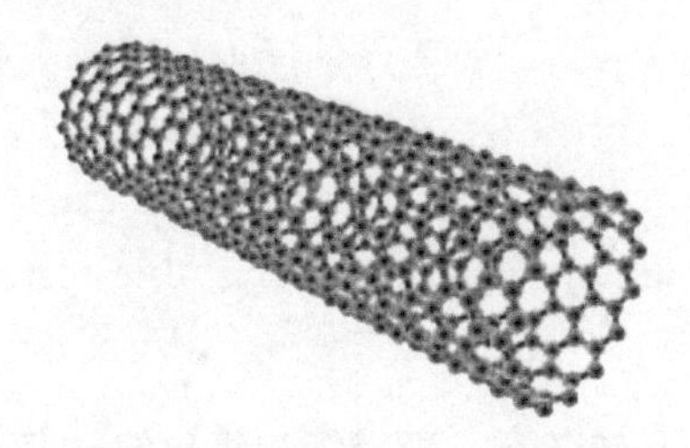

碳纳米材料中的碳纳米管有极好的抗拉强度、极高的化学稳定性、优良的导电性、极高的纵横比以及高催化活性的表面，使得基于碳纳米管制作的生物传感器具有灵敏度高、反应速度快、性能稳定等特点，是制作生物传感器的理想材料。用碳纳米管制作的生物传感器，除对单独存在的生物分子有极好的检测性能外，在混合体系测定中也显示了广泛的应用前景，能够对共存的生物分子选择性地检测其中某一物质，而不受其他共存物质的干扰。科学家们已经将酶等功能性物质固定在碳纳米管上，从而制备成修饰电极。这种电极能显著提高在部分领域的电化学检测灵敏度和选择性，扩大其应用范围。

纳米硅材料，对单晶硅进行阳极腐蚀可以得到具有纳米孔径的多孔硅。这种材料具有室温可见发光特性，还具有高比表面积、与现有硅加工技术相容的优点，在生物传感器领域的应用正在不断的探索中。例如，在多孔硅的表面固定抗体和 DNA 等敏感分子，通过检测光干涉和折射率的变化，构建了一种新型的免标记生物传感器，灵敏度可达 1.942×10^{-13}摩尔·升$^{-1}$。美国耶鲁大学利用传统方法研制出一种简易而敏感的硅材料纳米生物传感器，在抗体或者其他生物分子上覆盖了一层直径为 30 纳米的纳米线，能够捕获特定种类的蛋白质。

2. 纳米陶瓷材料

陶瓷材料在生物领域可制成具有生物活性的人造器官。纳米陶瓷材料的问世，克服了传统陶瓷材料气孔和微小裂纹和因此导致的可塑性差、脆性高等缺点，使陶瓷材料的强度、硬度、韧性和超塑性都大为提高。纳米陶瓷材料具有高生物相容性和低细胞黏附性，在人工骨、人工关节、人工齿、牙种植体、耳听骨修复体等人工器官制造方面，具有广泛的应用和极大的发展前景。

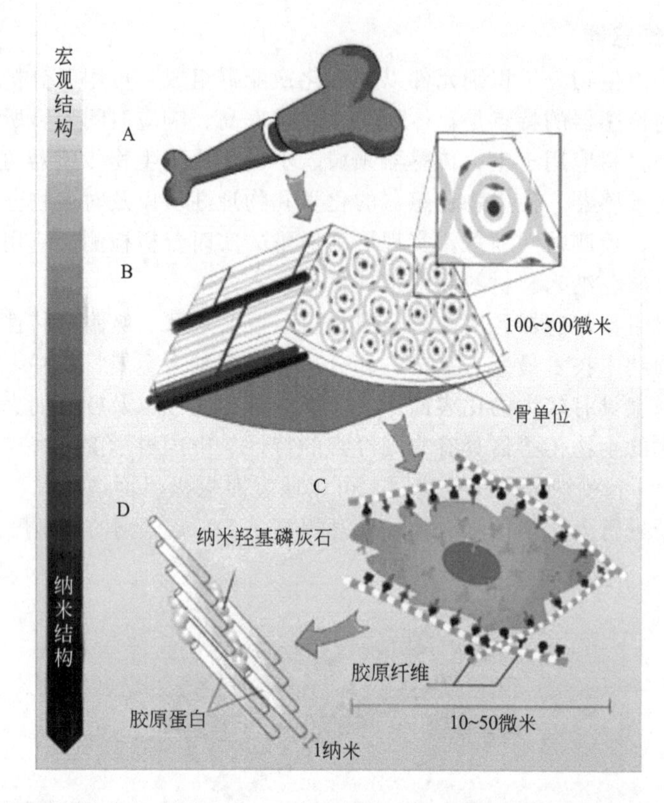

常用的纳米陶瓷材料有羟基磷灰石、磷酸钙和氧化铝。羟基磷灰石[$Ca_{10}(PO_4)_6(OH)_2$]是脊椎动物的骨和牙齿的主要成分，与生物陶瓷中的其他生物材料相比，对机体的亲和性最为优良，目前已应用于人造牙根、骨填充材料及人工骨等生物材料。另外，采用各种方法在金属上涂上与骨具有很好亲和性的纳米陶瓷，特别是能和骨发生化学结合的磷灰石，能够制造出更加先进的人工关节。

（二）纳米材料在医药学上的应用

在医药学领域，纳米级颗粒将使药物在人体内的传输更为方便。我国已经成功研制出纳米级的新一代抗菌药物。这种粉末状的纳米颗粒直径只有25纳米，对大肠杆菌、金黄色葡萄球菌等致病微生物有强烈的抑制和杀灭作用，还具有亲水、环保等多种性能，因为使用的是天然矿物质而不会产生耐药性。

将中药在水相中纳米化能够促使水溶性提高，以注射方式给药，从而大大提高中药的治疗效果。

常见的胶囊药，往往采用一些天然的物质进行包覆，如果采用纳米技术进行包覆，例如通过一些纳米的球、核壳结构，来对药物进行包覆，然后通过外壳的降解或者是药物的渗透，使得药物能够在一定时间内缓慢地对人体作用，达到一个持久有效的作用。

另外，将药物上修饰一些靶向的分子可以对一些特殊的病状、特殊的部位进行靶向定位，起到靶向治疗的作用。例如，纳米金壳偶联转铁蛋白分子可以携带药物靶向至肿瘤，光热疗与化疗结合杀死肿瘤细胞。如下图所示。

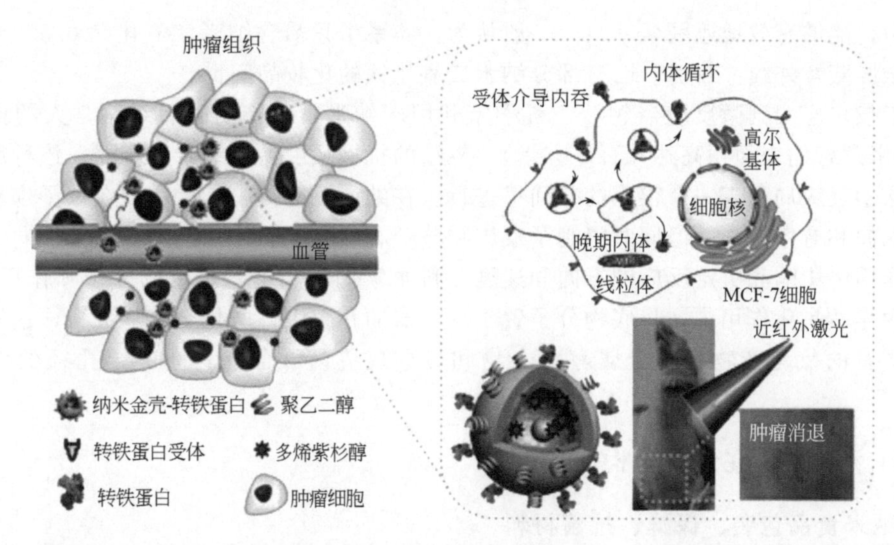

在抗癌的治疗手段方面，德国一家医院的研究人员将一种极其细小的氧化铁磁性纳米颗粒，注入患者的癌瘤里，然后将患者置于可变的磁场中，使患者癌瘤里的氧化铁纳米颗粒升温到45～47℃，这一温度足以烧毁癌瘤细胞，而周围健康组织却不会受到伤害。

在器官移植领域，只要在人工器官外面涂上纳米粒子，就可预防人工器官移植的排异反应。在膜技术方面，用纳米材料制成独特的纳米膜，能过滤、筛去制剂的有害成分，消除因药剂产生的污染，从而保护人体；在医学检验学领域，使用纳米技术制备出的新型诊断仪器，只需检测少量血液，就能通过其中的蛋白质和DNA（脱氧核糖核酸）诊断出各种疾病。

DNA纳米自组装技术之父、美国纽约大学Nadrian C. Seeman的课题组和南京大学肖守军课题组合作，在2010年5月13日的《自然》杂志上报道了在DNA纳米机器人领域所取得的最新进展。研究人员认为，将来纳米级机器人可遨游于人体微观世界，可随时清除人体中的一切有害物质，激活细胞能量，使人类保持健康，延长寿命。

（三）纳米技术在化工领域的应用

纳米技术在光催化领域的应用受到广泛关注，纳米光催化剂具有粒径小、比表面积大、光催化效率高等诸多优点。纳米粒子生成的电子、空穴在到达表面之前，大部分不会重新结合。电子、空穴能够到达表面的数量多，使得化学反应活性增加。纳米粒子能很好地分散在介质中形成透明胶体，容易运用光学手段和方法来观察界面间的电荷转移、质子转移、半导体能级结构与表面态密度的影响。目前，工业上已经利用纳米TiO_2-Fe_2O_3作光催化剂，用于废水处理（含SO_3^{2-}或$Cr_2O_7^{2-}$体系），取得了很好的效果。

纳米技术已经广泛应用于静电屏蔽材料。以往的静电屏蔽材料一般都是由树脂掺加炭黑喷涂而成，性能不是很理想。为了优化静电屏蔽材料的性能，科学家研制出具有良好静电屏蔽效果的纳米涂料。利用具有半导体特性的纳米氧化物粒子如Fe_2O_3、ZnO、TiO_2等做成涂料，由于这类材料具有较高的导电特性，因而能起到静电屏蔽作用。另外，氧化物纳米微粒的颜色各异，因而可以通过复合控制静电屏蔽涂料的颜色，这种纳米静电屏蔽涂料不仅拥有有很好的静电屏蔽特性，而且也有效克服了炭黑静电屏蔽涂料颜色的单一性。

纳米技术已经渗透到化妆品领域，科研人员发现将纳米TiO_2粉体按一定比例加入到化妆品中，能够有效地遮蔽紫外线。一般认为，体系中只需含纳米二氧化钛0.5%～1%，即可完全屏蔽紫外线。目前，已有部分纳米二氧化钛的化妆品问世。

纳米技术应用到微反应器领域，科学家利用碳纳米管独特的孔状结构，大的比表面（每克纳米碳管的表面积高达几百平方米）、较高的机械强度做成纳米反应器，该种反应器能够使化学反应局限于一个很小的空间里进行。在纳米反应器中，反应物在分子水平上有一定的取向和有序排列，但同时限制了反应物分子和反应中间体的运动。这种取向、排列和限制作用将影响和决定反应的方向和速度。科学家们利用纳米尺度的分子筛作反应器，在烯烃的光敏氧化作用中，将底物分子置于反应器的孔腔中，敏化剂在溶液中，这样就只生成单重态的氧化产物。用金属醇化合物和羧酸反应，可合成具有一定孔径的大环化合物。

（四）纳米技术在食品科学中的应用

1. 纳米食品包装、保鲜、抗菌材料

纳米材料用于食品包装领域，纳米高分子材料的微观结构不同于一般材料，其微观结构排列紧密有序，优越的性能体现在他的低透湿率、低透氧率、阻隔二氧化碳和抗菌表面等特性，是一种食品包装的新型材料。将纳米技术应用在纳米复合阻透性包装材料中，可以实现食品的保质、保鲜，并延长食品贮藏时间。

纳米抗氧化剂、抗菌剂保鲜包装材料可提高新鲜果蔬等食品的保鲜效果和延长货架寿命，保留更多的营养成分。研究发现，纳米银粉不仅具有优良的耐热性、耐旋光性和化学稳定性，而且具有抗菌时间长、对细菌和霉菌等均有效的特点，添加到食品中可以保持长期抗菌效果，且不会因挥发、溶出或光照引起颜色改变或食品污染；还可加速氧化果蔬释放出的乙烯，减少包装中乙烯含量从而达到良好的保鲜效果。紫外线不仅能使肉类食品自动氧化而变色，而且还会破坏食品中的维生素和芳香化合物，从而降低食品的营养价值。如用添加0.1%～0.5%的纳米二氧化钛制成的透明塑料包装材料包装食品，既可以防止紫外线对食品的破坏作用，还可以使食品保持新鲜。

2. 食品纳米检测技术

仿生材料是纳米技术的又一新型技术领域。纳米仿生技术在食品检测中识别病原体、检测食物腐败等方面有潜在的应用。生物纳米传感器的研制融合了纳米技术和生物学、电子材料等多个领域，通过生物蛋白与计算机硅芯片结合，检测食品中化学污染物并标记损失分子和病毒，具有高灵敏度和简单的生物计算机功能，能更好地控制、监测和分析生物结构的纳米环境；通过模仿植物病理学研制出“电子舌”和“电子鼻”，利用化学敏感性的“电子舌”用于检测小含量的化学污染，识别食物和水中的杂质，服务于食物风味质量的控制；“电子鼻”是改变电学特性的应用，用于识别食物中病原体、判定食物是否腐败。

3. 纳米功能食品

纳米食品是生命技术与生物技术的最前沿分支，综合了多门最前沿科学技术的发展。纳米食品是指运用纳米技术对人类可食的天然物、合成物、生物生成物等原料进行加工制成的粒径小于100纳米的食品，并根据人体寿命与健康所需进行不同配制的食品。用纳米技术对食物进行分子、原子工程技术重新程序设计，食品经过纳米化以后，某些结构会发生改变，能表现出更高的生物活性，甚至显现出常态物质没有的活性。同时，能大大地提高吸收率，加快营养成分在体内的运输，延长保质期。纳米食品具有营养、增强体质、防

止疾病、恢复健康、调节身体节律和延缓衰老的功能。

纳米钙对人体有重要生理作用。钙难溶于水而不易被人体吸收，采用纳米技术制备出碳酸钙的超细粉末与常规大颗粒碳酸钙相比，有更强的亲水性，碳酸钙分子有更活泼的化学性质，更易被人体吸收。

纳米硒是一种抗氧化酶的活性中心物质，缺硒对于人的免疫系统有一定的影响，但过量对人体有毒副作用。纳米硒是一种低毒高效的红色物质，其物质结构发生了变化。纳米硒有两个特点：它是零价的硒，既有氧化作用又有还原作用；活性很高，剂量降低，毒性和危害性减小。纳米硒有护肝、抑制肿瘤、免疫调节作用，还能延缓衰老，抗氧化，提高免疫力。

纳米维生素是指通过细微加工，把维生素微粒粉碎到100纳米以内，直接操纵维生素的原子、分子微团，利用复配技术使其重新排列，研究其物理特性和生理、生化特性，最终研制成具有独特的溶解度、吸收率、生理生化特点、对机体起到高营养免疫作用的新剂型维生素。纳米维生素具有“功能协同结构体”的特性。不同的物质微粒之间通过各种作用力构筑成稳定的纳米结构体系，形成一种新型鲜活的、协同作用更强的、具有独特营养保健免疫功能的以“功能协同结构体”存在的维生素复合剂，而不是简单的各种保健功能的叠加。纳米维生素中的脂溶性维生素是亲水性的，又处在胶体分散状态，是一种热力学稳定体系，并且改善了其在体内的药物动力学特性；而纳米级的水溶性维生素可以增加与胃肠道细胞的有效接触面。所以，纳米维生素的吸收率和生物利用率都得到很大的提高。此外，纳米维生素的安全性、稳定性、高效性都是普通单一或复合维生素不可比拟的。

（五）纳米技术在其他方面的应用

目前，纳米技术深入到了对单原子的操纵，利用软化学与主客体模板化学、超分子化学相结合的技术，正在成为组装与剪裁，实现分子手术的主要手段。1996年，IBM公司利用分子组装技术，研制出了世界上最小的“纳米算盘”，算珠由球状的C_{60}分子构成；美国利用纳米碳管制成了一种崭新的“纳米秤”，能够称出一个石墨微粒的重量，并预言该秤可以用来称取病毒的重量；在军事方面，利用昆虫作平台，把分子机器人植入昆虫的神经系统中控制昆虫飞向敌方收集情报；还可利用碳纳米管来制作储氢材料，用作燃料汽车的燃料“储备箱”；利用具有强红外吸收能力的纳米复合体系来制备红外隐身材料，都是极具应用前景的技术开发领域。

凡此种种，纳米技术给我们带来了无限美景，一定会为我们创造出更美好的生活。

趣味实验2-1　酒精和水混合实验

【实验目的】

通过酒精与水的混合实验认识分子的真实存在；了解分子的基本性质；理解分子的概念。

【实验原理】

分子是保持物质化学性质的最小微粒，酒精分子和水分子混合，由于分子是运动的，不同分子间存在着间隙，混合后总体积会发生变化。

【实验用品】

滴管、烧杯、注射器（10mL）、橡胶塞、红色橡皮筋；酒精、水、品红。

【实验步骤】

（1）滴管一端用橡胶塞塞紧。注射器取约 5mL 的水沿细口处注入。再取约 2mL 的酒精（加品红）沿滴管内壁缓慢注入。移动橡皮筋至液面处。

（2）缓慢颠倒滴管 2～3 次，使酒精与水充分混合。

（3）倒立静置。观察此时液面明显低于橡皮筋标注原始位置。若发现细口处液柱残留，轻叩滴管上部即可。

【实验结果】

混合后的体积较混合前的体积减小了。

【注意事项】

（1）由于酒精密度比水小，所以先在仪器中注入水再加入酒精。

（2）用注射器注入酒精（加品红）时，应缓慢沿容器内壁注入，以免提前将酒精与水混合影响实验效果。

（3）为防液体渗漏，可在橡胶塞与仪器接口处涂抹少许凡士林。

【思考题】

1. 不同比例酒精与水混合对结果有什么影响？

2. 不同实验温度对实验结果有什么影响？

3. 验证其他组别不同的液体混合前后是否体积也会发生变化？

趣味实验 2-2　酸碱滴定法测定蛋壳中 CaO 的含量

【实验目的】

学习用酸碱滴定方法测定 $CaCO_3$ 的原理及指示剂选择。

【实验原理】

蛋壳中的碳酸盐能与 HCl 发生反应

$$CaCO_3 + 2H^+ \longrightarrow Ca^{2+} + CO_2\uparrow + H_2O$$

过量的酸可用标准 NaOH 回滴，据实际与 $CaCO_3$ 反应标准盐酸体积求得蛋壳中 CaO 含量，以 CaO 质量分数表示。

【实验用品】

新鲜蛋壳、浓 HCl（A. R.）、NaOH（A. R.）、蒸馏水、0.1%甲基橙。

【实验步骤】

（1）$0.5mol\cdot L^{-1}$ NaOH 配制：称 10g NaOH 固体于小烧杯中，加 H_2O 溶解后移至试剂瓶中用蒸馏水稀释至 500mL，加橡皮塞，摇匀。

（2）$0.5mol\cdot L^{-1}$ HCl 配制：用量筒量取浓盐酸 21mL 于 500mL 容量瓶中，用蒸馏水稀释至 500mL，加盖，摇匀。

（3）酸碱标定：准确称取基准 Na_2CO_3 0.55～0.65g 3 份于锥形瓶中，分别加入 50mL 煮沸去 CO_2 并冷却的去离子水，摇匀，温热使溶解，后加入 1～2 滴甲基橙指示剂，用以上配制的HCl溶液滴定至橙色为终点。计算HCl溶液的精确浓度。再用该HCl标准溶液标定NaOH溶液的浓度。

(4) CaO含量测定：准确称取经预处理的蛋壳0.3g（精确到0.1mg）左右，于3个锥形瓶内，用酸式滴定管逐滴加入已标定好的HCl标准溶液40mL左右（需精确读数），小火加热溶解，冷却，加甲基橙指示剂1～2滴，以NaOH标准溶液回滴至橙黄。

【实验结果】

按滴定分析记录格式作表格，记录数据，按下式计算w_{CaO}（质量分数）。

$$w_{CaO}=\frac{(c_{HCl}V_{HCl}-c_{NaOH}V_{NaOH})\times\frac{56.08}{2000}}{m_{样品}}\times 100\%$$

【注意事项】

(1) 蛋壳中钙主要以$CaCO_3$形式存在，同时也有$MgCO_3$，因此以CaO存量表示Ca+Mg总量。

(2) 由于酸较稀，溶解时需加热一定时间，试样中有不溶物，如蛋白质之类，但不影响测定。

【思考题】

1. 蛋壳称样量多少是依据什么估算？
2. 蛋壳溶解时应注意什么？
3. 为什么说w_{CaO}是表示Ca与Mg的总量？
4. 实验误差与哪些因素有关？

趣味实验2-3　焰色反应实验

【实验目的】

初步学会利用焰色反应检验K和Na。

【实验原理】

某些金属及其化合物在灼烧时火焰呈现特殊颜色。锂：紫红；钠：黄色；钾：浅紫色（透过蓝色钴玻璃）；铷：紫色。

【实验用品】

Na_2CO_3、K_2CO_3、KCl、稀HCl；酒精喷灯、铂丝、烧杯、火柴。

【实验步骤】

把装在玻璃棒上的铂丝（也可用光洁无锈的铁丝或镍、铬、钨丝）放在酒精灯火焰里灼烧，等到跟原来的火焰颜色相同的时候，用铂丝蘸碳酸钠溶液，放在火焰上，观察火焰颜色。每次试完后都要用稀盐酸洗净铂丝，在火焰上灼烧到没有什么颜色，在观察钾的火焰颜色的时候，要透过蓝色的钴玻璃去观察，这样可以滤去黄色的光，避免碳酸钾里钠的杂质所造成的干扰。

【实验结果】

用铂丝蘸碳酸钠溶液在火焰上灼烧时火焰呈黄色；当蘸碳酸钾溶液或氯化钾在火焰上灼烧时，透过蓝色钴玻璃观察，火焰呈紫色。

【结果讨论】

多种金属或它们的化合物灼烧时火焰呈特殊的颜色，可以用来检验一些金属或金属化合物，测定它们的存在，钠的焰色反应为黄色，钾的焰色反应透过蓝色钴玻璃观察为紫色。

【注意事项】

由于钾与钠性质相似，在钾的化合物里常含有钠离子，给观察钾的焰色反应带来干扰，所以在观察钾的焰色反应时需透过蓝色的钴玻璃滤去黄色。也就是如做焰色反应实验时，如焰色反应为黄色，不能说明溶液中只含钠离子，还可能含钾离子。焰色反应是金属或金属离子的性质，无论是化合物还是单质都具有这一性质。

【思考题】

1. 用来区别鉴定金属的一种方法是什么？

2. 为什么实验时一定要选用铂丝蘸取溶液？

（方修忠，胡昱）

第三章 生命的化学奥秘

第一节 生命的起源

人类居住的地球是生命的世界，充满着复杂而又丰富多彩的生命现象，生存着形形色色、种类繁多的生物。根据科学家不完全统计，地球上有植物 30 多万种，动物 150 多万种，微生物 10 多万种。但是，地球上不少地区，诸如严寒的极地和高山、热带的丛林、荒芜的沙漠、较深的海洋，生物调查还非常不全面。随着科学特别是生物学的发展，逐年都有新物种被发现，每年新发现的植物约 5000 个新种，动物约 10000 个新种及亚种。所以，植物、动物合计 200 万种的数字偏于保守，地球上现存的生物实际可能高达 500 万种，最多时曾达到 16 亿种（寒武纪“生物大暴发”时期，距今 5.4 亿～5.1 亿年）。

那么，丰富多彩的生命体系是如何起源的呢？关于这个问题，历史上出现过各种错误的解释，有主张一切生物来自神创的“神创论”；有认为生物是由某种“活力”的激发而产生于死物的“活力论”或“自生论”；有提倡“一切生命来自生命”，认为地球上的生命是宇宙空间其他天体飞来的“宇宙生命论”；还有坚持生物只能由同类生物产生的“生源论”等。随着辩证唯物主义宇宙观的发展和自然科学的进步，实践和理论都已证明了这些观点的谬误，并对它们进行了批判。

恩格斯曾经提出：“生命的起源必然是通过化学的途径实现的”。化学分为无机化学和有机化学两大块领域，生命是有机质，必然是通过有机化学实现的。目前，探索生命起源的科学家们通过生物学、古生物学、古生物化学、化学、物理学、地质学和天文学等方面的综合研究，证明了恩格斯这一预见的正确性。大量研究成果说明，生命是由无机物经历了漫长时间而发展产生的，自从生命在地球上出现了以后，又经历了几十亿年的时间，才由生命逐渐发展成为生物界。

一、生命的起源：氨基酸形成

生命究竟是如何形成的？这问题一直非常神秘。若只想仰赖早期化石及地质资料来考古，将没有答案，因为在地球几十亿年的地壳变动中，地质的记录大半消失了，所以只能靠推断了。根据目前的理论，地球刚生成（46亿年前）到40亿年前这一段期间，曾遭遇无数的彗星或陨石撞击（这一段时间太阳系刚生成有许多小陨石，小行星游走于星际，撞击比较频繁）。地球经历很大的变动，以后的几亿年间彗星相撞仍然频繁，但是规模小多了。当地球这个星体稳定后渐渐冷却，地表开始划分出了岩石圈、水圈和大气圈。

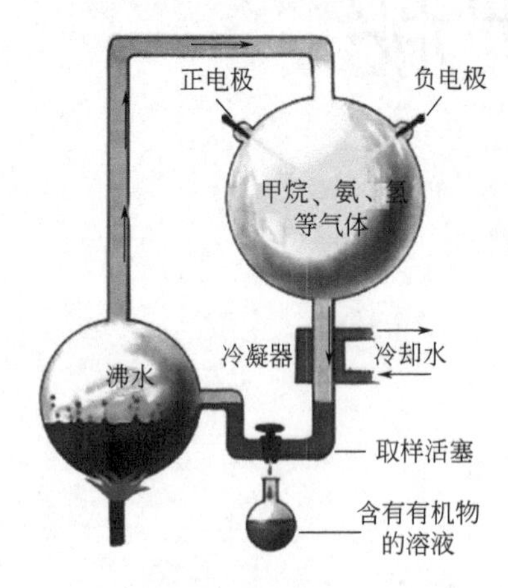

米勒实验装置

后期出土的化石中可找到微生物的迹象，据考证，最早的生命大概发生于35亿年前。由地球自己孕育出生命的说法至今仍被很多人认同，这个说法源于约一个世纪前俄国生化学家欧巴林（A. I. Oparin）。欧巴林认为早期（30亿年前）地球大气完全无氧，但是却充满了还原性的气体如氨、甲烷、氢等，太阳的紫外线与大气中的闪电造成这些气体分解，而后形成有机化合物，以及生命的要素氨基酸。

为了了解生命的起源及欧巴林学说，1952年芝加哥大学的两位化学家米勒（Stanley Miller）和尤瑞（Harold Urey）做了一个重要的实验：以简单气体包括氨、甲烷、氢或水蒸气来做介质，然后在容器中放电，试图模拟可能的地球原始状态。米勒及尤瑞的实验成功地制成氨基酸，似乎证明了欧巴林的说法并成功模拟了氨基酸形成方式。随后又有许多人进行类似的实验，使用不同的气体组成或用紫外线代替闪电。诸多实验的成功一方面得到许多赞赏，但随之而来的质疑也不少，其中最重要的一点指出，原始大气中氨的存量可能不像实验中那么多。因为现在的大气中氨几乎没有（大概是空气的十亿分之一）。有人提出，空气中有大量氮和氢，可以用来制造氨。如果米勒及尤瑞实验是正确的，那么第一步就要解决氢和氮怎样形成氨的问题。这个问题可以用反应式 $3H_2+N_2 \longrightarrow 2NH_3$ 来表述。

德国物理化学家哈伯（Fritz Haber）发明了工业制氨的方法，在高压及高温状态，氢气和氮气在金属催化剂催化下合成氨。哈伯法制氨方法可行，但自然界可能无法拥有高压（500大气压）高温（500℃）及金属催化剂等条件。因此，生命起源的第一步一直无法突破。有人提议，水中的铁离子或沙漠中沙粒中的二氧化钛均有催化作用，虽缺少高压及高温，过程很慢，但原则上仍在长时间将空气中的氮转为氨。可是这少量的氨一旦挥发到大气中，应该很快就会被日光分解。在地球生命出现以前，大气层稀薄，辐射应当很强（虽然那时太阳可能比现在弱30%，但是没有大气屏蔽），而氨分子对紫外线的吸收很强，氨应该很快被分解。

最近有一些实验或许给出了合理的解释。高压、高温及催化剂存在于深海之中。美国卡内基研究所科学家宣称他们模拟深海中热泉（喷发火山口）附近的状况，可以制造出足够的氨。在深海之下的火山口附近温度可达350℃。海洋生物学家曾在热泉附近找到许多生物，为数之多令人惊叹，这些生物是靠硫化物维持生命的。当然，目前还没有直接的实验去证明海底氨的存量（氨可能很快被微生物所消化），但完全可以想象，随火山喷发出气体中的氮与氢形成氨有极大的可能，溶于水中的铁会形成硫铁化合物及氧化物等沉淀在火山口外，恰好做了催化剂。

已经有成功的实验支持上述推断。研究人员将上述矿物与氮、硝基及亚硝基化合物（NO_2^-，NO_3^-）一起混在水中然后加温，在500℃及500大气压下，$Fe_{1-x}S$可将90%的硝基在15分钟内转成氨。在350℃时转化率为70%。在这种状况下，即使海床中的玄铁矿也有催化作用。

上述实验对解决地球早期氨的形成问题很有帮助。由于当时太阳只有现在70%的光与热力，地球的表面多半在结冻状态，与目前的外行星如土星或其卫星很相似。大量的氨形成后，它产生的温室效应有助于提升地表的温度。

二、生命的要素：水与氧

地质上最古老矿物沉淀物可以追溯到38亿年前，这暗示当时有液态水存在。又因为石灰岩（主要化学成分碳酸钙）可以在各年龄层找到，这证明大气中也至少有二氧化碳的存在，二氧化碳或许是那个时期重要的氧化物。20多亿年前，原始生命（可能多半是藻类或单细胞生物）可能通过光合作用开始制造了氧（达到目前的1%）。氧气提供紫外线屏障，催化形成更高等的生命。这一种正反馈，也许是造成大量氧气的原因。当氧气不足时，水提供紫外线屏障，使原始生命能够产生。

水是怎么来的？也有人说地球的水是陨石带来的。但事实上，原始气体氨、甲烷、氢经氧化作用（这方面还有CO_2，N_2O等气体分子参与作用）可以产生水，过程见下列化学反应：

$$CO_2 + h\nu \longrightarrow CO + O^*$$

$$O^* + H_2 \longrightarrow OH + H$$

$$OH + OH \longrightarrow H_2O + H$$

$$H + H + M \longrightarrow H_2 + M$$

总反应式：$$CO_2 + H_2 + h\nu \longrightarrow H_2O + CO$$

式中，O^*是一激发态。若没有紫外线，以上反应则不会发生。

其实大气中氧的成分并非一直不变。有证据显示，氧气在三亿年前曾高达40%，然后又降下来（根据森林煤炭化石记录O_2相对于常量的N_2的变化是10%～40%）。下图是

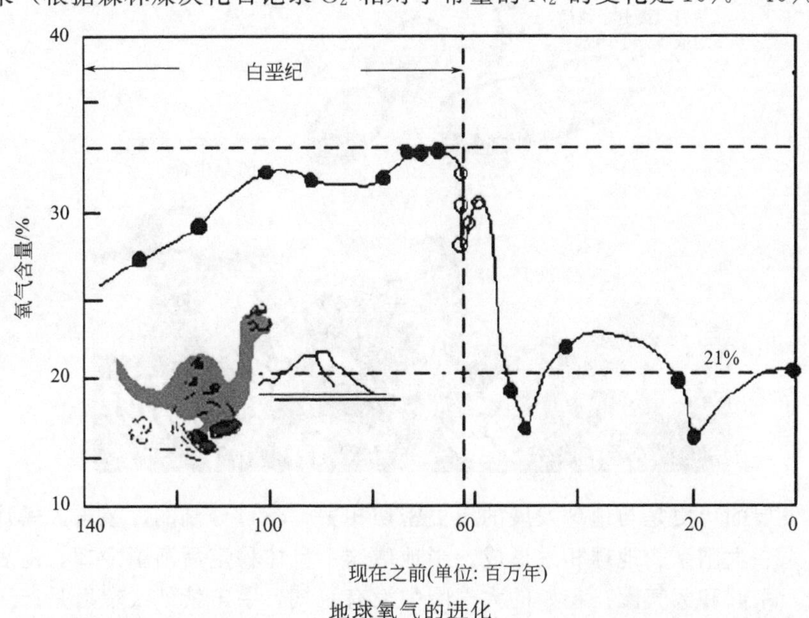

地球氧气的进化

科学家获得的大气中氧的进化结果。氧（O_2）的产生与生命存在有密切关系，在恐龙活动的年代（2亿年前）氧气可能都比现在多。生命的发生与进展大大地改变了大地的面貌。

在5亿年前左右陆上植物才开始出现。此时氧已达到目前的10^{-1}，光合作用是使氧气在短期内大量增加的主要原因；这时生命的另一要素——臭氧也开始产生而且渐已达到现在的水平（目前臭氧层在25千米处峰值是大气的10^{-6}左右），因此它可以提供紫外线屏障。有了这些，陆地上的动物开始出现。距今3亿多年前，哺乳类动物出现了。在大约6500万年前最高约35%，然后突然降下来。这个时期恰好是恐龙突然灭绝的年代。

生命的发生不仅制造了氧也规范了二氧化碳（CO_2），它是一种温室气体。研究表明，金星（90大气压，CO_2占96%）及火星（0.7%地球大气，CO_2占95%）上二氧化碳单向增加成为主要成分，因此这些星球上都没有生命存在。

日月变化、沧海桑田，造就了目前一个具有大量氧气与平均温度15℃的地球。这个条件少一点（例如温度降了10℃）都不会适合人类生存。这一切也许都是偶发的，可能几十亿年前一次闪电触成原生物的发生，又可能某些小行星带来一些重要的物质……

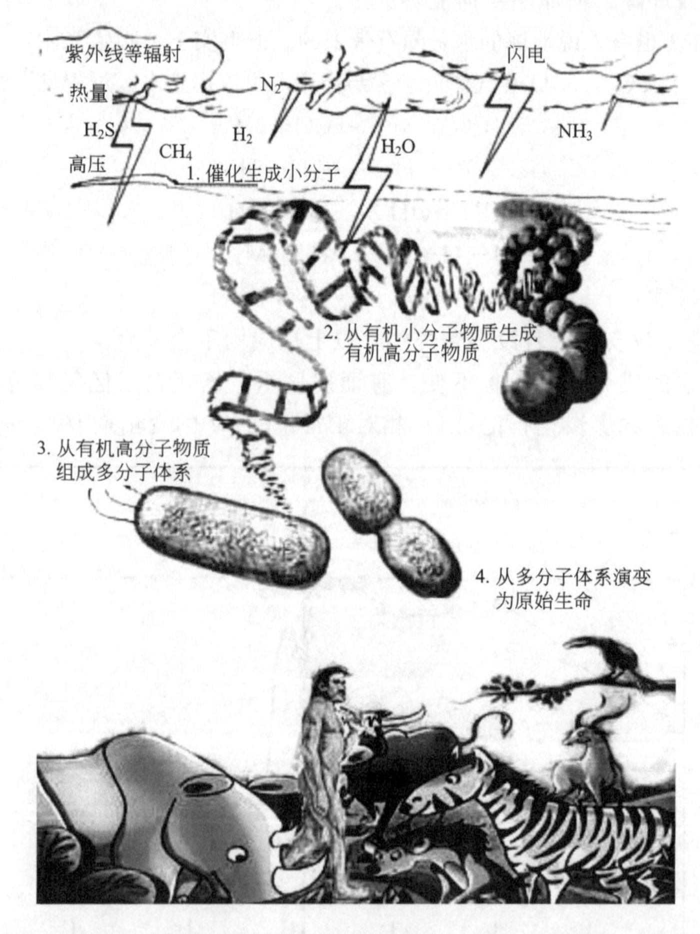

生物界发展的历史是与地球发展的历史密切相关、不可分割的。宇宙大爆炸产生了宇宙后，银河系、太阳系、地球相继形成。当地球这个星体稳定后渐渐冷却，地表开始划分出了岩石圈、水圈和大气圈。初始的大气圈中没有氧气，宇宙紫外线辐射是产生化学作用的主要能源，化学反应就在这样的条件下不断地进行着。由于缺氧，合成的有机分子不会遭受氧化的破坏，得以进化出具有生命现象的物质，最终产生了生命。因此，地球上生命的产生过程概括起来分为四个历史阶段。

1. 第一阶段：从无机小分子物质生成有机小分子物质

原始海洋中的氮、氢、氨、一氧化碳、二氧化碳、硫化氢、氯化氢、甲烷和水等无机物，在紫外线、电离辐射、高温、高压等一定条件影响和作用下，形成了氨基酸、核苷酸及单糖等有机小分子化合物。一系列模拟实验表明，无机物在合适条件下能够变成有机物。这些小分子物质在雨水的作用下，汇集于原始海洋中。

2. 第二阶段：从有机小分子物质生成有机高分子物质

氨基酸、核苷酸等有机物在原始海洋中经过长期积累及相互作用，在适当的条件下，通过缩合、聚合的方式生成复杂的有机物，如原始蛋白质及原始核酸等，这些被称为“生物大分子”。

3. 第三阶段：从有机高分子物质组成多分子体系

原始蛋白质、原始核酸经过聚集、浓缩而分离出来后相互作用共同凝聚成小滴，形成原始的界膜，与外界进行原始的物质交换，共同形成多分子体系。它既能从周围环境中吸取营养，又能将废物排出体系之外，这就构成原始的物质交换活动。

4. 第四阶段：从多分子体系演变为原始生命

在多分子体系的界膜内，蛋白质与核酸的长期作用，终于将物质交换活动演变成新陈代谢作用并能够进行自身繁殖，这是生命起源中最复杂的最有决定意义的阶段。技术改造构成的生命体，被称为“原生体”。

这种“原生体”的出现使地球上产生了生命，把地球的历史从化学进化阶段推向了生物进化阶段，对于生物界来说更是开天辟地的第一件大事，没有这件大事，就不可能有生物界。

第二节 生命分子的化学结构奥秘

早在几千年前，人类就知道利用和制造加工许多有机物质，如酿造、制醋、造纸、使用中草药医治疾病等。这些物质都是人类在自然生活劳动中不断从动植物体内获取的。随着工业生产的发展和科学技术的进步，人类从动植物中能取得一系列较纯的有机物质。例如，1769 年从葡萄汁中取得纯的酒石酸；1773 年从尿中取得尿素；1780 年从酸奶中取得乳酸；1805 年从鸦片中取得吗啡等。在化学发展早期，人们认为这些物质是来自生命机体内的物质，因此称其为“有机物”，有时也称为“生命分子”。随着人们不断对自然界和生物体了解和探索过程，发现生命分子远远不只是这些有机物质，而是这些物质组成的种类繁多、结构复杂等系列的生物大分子。这些分子不但有生物功能，而且分子量较大，结构也比较复杂。在生物大分子中除主要的蛋白质与核酸外，另外还有糖、脂类和它们相互结合的产物，如糖蛋白、脂蛋白、核蛋白等。它们的分子量往往比一般的无机盐类大百倍或千倍以上。其中蛋白质的相对分子质量在 1 万至数万左右，核酸的分子量有的竟达上百万。这些生物大分子的复杂结构决定了它们的特殊性质，它们在体内的运动和变化维持着重要的生命功能，例如，进行新陈代谢、供给维持生命需要的能量与物质、传递遗传信息、控制胚胎分化、促进生长发育、产生免疫功能等。

下面重点介绍两大明星生命分子——蛋白质和核酸的结构和功能。

一、生命的物质基础：蛋白质

人类最早将食物分为动物和植物两大类。在人类不断进化的过程中，祖先们发现以动物性食物为主的游牧民族要比以植物性食物为主的民族强壮；同时发现，动物性食物特别容易腐败变质，散发出阵阵恶臭，而植物性食物会发酵、产气、变酸。1742 年 Beccari 将面粉团不断用水洗去淀粉，分离出面筋——谷蛋白。1772 年英国的两位科学家在食物中发现了化学元素——氮，但他们并不知道氮在食物中的重要性。直至 1838 年荷兰化学家葛哈德·穆德勒（G. J. M Mulder）发现动植物食物中含有共同的一组复合有机化合物，它们是食物中独特的成分，由于认为它对人类生命很重要，便以希腊字 proteios（意为头等重要）命名为“蛋白质”。

生命是以物质为基础构成的一种特殊形式。自从 1839 年荷兰化学家 Mulder 研究乳和蛋中的清蛋白开始，至今已充分显示，几乎全部生命过程及所有细胞活动都离不开蛋白质。蛋白质是一切生命活动的主要物质基础。蛋白质所具有的复杂功能，是以蛋白质的复杂化学结构为基础的。

丰富的蛋白质来源

（一）蛋白质是构成生物体的基本成分

蛋白质在生物界的存在具有普遍性，无论是简单的低等生物，还是复杂的高等生物，如病毒、细菌、植物和动物等，都毫无例外地含有蛋白质。蛋白质不仅是构成一切细胞和组织的重要组成成分，而且也是生物体细胞中含量最丰富的高分子有机化合物，是生物体内重要的生物大分子。不同的物种，其蛋白质的种类和含量有很大的差别，并且具有种类多、分布广的特点，几乎生物体内的所有组织、器官、细胞中都含有与功能相对应的特征蛋白质。人体内蛋白质含量约占人体总固体量的 45%，肌肉、内脏和血液等都以蛋白质为主要成分；微生物中蛋白质含量亦高，细菌中一般含 50%～80%，啤酒酵母中蛋白质含量也在 45%左右，一些用于生物单细胞蛋白饲料的酵母细胞中蛋白质含量在 50%以上。病毒中除含少量核酸外，其余几乎都由蛋白质组成，甚至朊病毒就只含蛋白质而不含核酸；高等植物细胞原生质和种子中也含有较多的蛋白质，如黄豆几乎达 40%。

人体部分组织器官中蛋白质含量

单位：克蛋白质·（100 克干组织）$^{-1}$

器官或组织	蛋白质含量	器官或组织	蛋白质含量	器官或组织	蛋白质含量
体液组织	85	皮肤	63	胰	47
神经组织	45	骨骼	28	肾	72
脂肪组织	14	心	60	脾	84
消化道	63	肝	57	肺	82

没有蛋白质就没有生命。许多重要的生命现象和生理活动都是通过蛋白质来实现的，可以说一切生命现象都是蛋白质的功能，生物的多样性体现了蛋白质生物学功能的多样性。自然界蛋白质的种类繁多，能达到 $10^{10}\sim10^{12}$ 数量级。据估计：最简单的单细胞生物如大肠杆菌含有 3000 余种不同的蛋白质；比细菌复杂得多的人体则含有更多种类的蛋白质，在人体内约有 10 万种以上不同类型的蛋白质。这些不同的蛋白质，各具有不同的生物学功能，它们决定不同生物体的代谢类型及各种生物学特性。

生物体最主要的特征是生命活动，而蛋白质是生命活动的体现者。蛋白质的重要性不仅在于它广泛、大量存在于生物界，更在于它在生命活动过程中起着重要的作用。

(1) 生物催化作用　生命的基本特征是物质代谢，而物质代谢的全部反应几乎都需要酶作为生物催化剂，而大多数酶的化学本质是蛋白质。例如，人体内 4000 种以上的酶都具有蛋白质成分（被称为酶蛋白），体内有条不紊的代谢实质上是体内各种不同的酶、酶系共同协调作用的结果，从而使代谢能有序进行。正是这些酶类决定了生物的代谢类型，从而才有可能表现出不同生物的各种生命现象。

(2) 代谢调节作用　生物体存在精细有效的调节系统以维持正常的生命活动。参与代谢调节的许多激素是由蛋白质及其衍生物构成的。激素用于调节身体各项机能，如胰岛素，其可调节血糖的水平，若分泌不足可导致糖尿病。其他还如生长素、肾上腺激素、性激素、胸腺激素及各种促激素等。

(3) 免疫保护作用　机体的免疫功能与抗体有关，而抗体是一类特异的球蛋白。它能识别进入人体内的异体物质，如细菌、病毒和异体蛋白等，并与其结合而失活，使机体具有抵抗外界病原侵袭的能力。免疫球蛋白也可用于许多疾病的预防和治疗。

(4) 转运和储存的作用　蛋白质是体内重要营养与活性物质的运载工具。例如，运送脂肪酸要有脂蛋白参加；运载维生素要用其专一的运载蛋白来完成；运载某些微量元素，如体内的铁离子，需要借助运铁蛋白来实现对其的输送；氧和二氧化碳运输依靠血红蛋白；许多药物吸收后也常与血浆蛋白结合而转运。

(5) 运动与支持的作用　负责运动的肌肉收缩系统也是蛋白质，如肌动蛋白、肌球蛋白、原肌球蛋白和肌原蛋白等。这是躯体运动、血液循环、呼吸与消化等功能活动的基础。皮肤、骨骼和肌腱的胶原纤维主要含胶原蛋白，它有强烈的韧性，1 毫米粗的胶原纤维可耐受 10～40 千克的张力，这些结构蛋白（胶原蛋白、弹性蛋白、角蛋白等）的作用是维持器官、细胞的正常形态，抵御外界伤害的保护功能，保证机体的正常生理活动。

(6) 控制生长和分化的作用　生物体可以自我复制，在遗传信息的复制、转录及翻译过程中，除了作为遗传基因的脱氧核糖核酸起了非常重要的作用外，离开了蛋白质分子的参与也是无法进行的，它在其中充当着至关重要的角色。生物体的生长、繁殖、遗传和变异等都与核蛋白有关，而核蛋白是由核酸与蛋白质组成的结合蛋白质。另外，遗传信息多以蛋白质的形式表达出来。有一些蛋白质分子（如组蛋白、阻遏蛋白等）对基因表达有调节作用，通过控制、调节某种蛋白基因的表达（表达时间和表达量）来控制和保证机体生长、发育和分化的正常进行。

(7) 接受和传递信息的作用　完成这种功能的蛋白质为受体蛋白，其中一类为跨膜蛋白，另一类为胞内蛋白。如细胞膜上蛋白质类激素受体、细胞内甾体激素受体以及一些药物受体。受体首先和配基结合，接受信息，通过自身的构象变化，或激活某些酶，或结合某种蛋白质，将信息放大、传递，起着调节作用。

(8) 生物膜的功能　生物膜的基本成分是蛋白质和脂类，它和生物体内物质的转运有密切关系，也是能量转换的重要场所。生物膜的主要功能是将细胞区域化，使众多的酶系处在不同的分隔区内，保证细胞正常的代谢。

总之，如下表所示，蛋白质的生物学功能极其广泛。近来分子生物学研究表明，在高等动物的记忆和识别功能方面，蛋白质也起着十分重要的作用。此外，有些蛋白对人体是有害的，称为毒蛋白，如细菌毒素、蛇毒蛋白、蓖麻子的蓖麻蛋白等，它们侵入人体后可引起各种毒性反应，甚至可危及生命。

蛋白质的类型及生物学功能

蛋白质类型	生物学功能	蛋白质类型	生物学功能
酶类		结构蛋白	
己糖激酶	使葡萄糖磷酸化	胶原	结缔组织(纤维性)
糖原合成酶	参与糖原合成	弹性蛋白	结缔组织(弹性)
酯酰基脱氢酶	脂肪酸的氧化	转运蛋白	
转氨酶	氨基酸的转氨作用	血红蛋白	O_2 和 CO_2 的运输
DNA 聚合酶	DNA 的复制与修复	血清蛋白	维持血浆渗透压
激素蛋白		脂蛋白	脂类的运输
胰岛素	降血糖作用	运动蛋白	
促肾上腺皮质激素(ACTH)	调节肾上腺皮质激素合成	肌球蛋白、肌动蛋白	参与肌肉的收缩运动
防御蛋白		核蛋白	遗传功能
抗体	免疫保护作用	视蛋白	视觉功能
纤维蛋白原	参与血液凝固	受体蛋白	接受和传递调节信息

以上这些例子表明，生命活动是不可能离开蛋白质而存在的。因此，有人称核酸为“遗传大分子”，而把蛋白质称作“功能大分子”。

（二）蛋白质的化学组成

蛋白质在生命活动中体现的重要功能是有赖于它的化学组成、结构和性质的。

1. 蛋白质的组成元素

组成蛋白质分子的元素主要有碳（50%～55%）、氢（6%～7%）、氧（19%～24%）、氮（13%～19%）。除此四种元素之外，大部分蛋白质还含有硫（<4%），有的还含有少量的磷或铁、锰、锌、铜、钴等元素。不同来源的各种蛋白质的含氮量很接近，蛋白质在元素组成方面的一个重要特征是氮含量一般都在13%～19%，平均为16%。这也是凯氏（KJedehl）定氮法的理论基础。通过凯氏定氮法测得样品中N元素的百分含量，由换算系数100/16=6.25，便可计算出样品中蛋白质含量。即：

100克样品中的蛋白质含量 = 每克样品中含氮量(克)×6.25×100

因此，测定生物样品中的蛋白质含量时，可以用测定生物样品中氮元素含量的方法间接求得蛋白质的大致含量，如肉类、蛋类的换算系数即为6.25，而植物性食物中换算系数偏低。如果已知某种生物材料蛋白质已通过实验测定其换算系数，则应该使用具体的换算系数。如小麦与大麦为5.83、小麦粉为5.70、花生为5.46、动物胶为5.30、大豆为5.71、乳为6.30等。

知识·链接

三聚氰胺事件

前几年三鹿奶粉掺杂三聚氰胺致国内数百名婴儿肾结石、肾功能不全，甚至死亡的事件。那为什么要向奶粉中加三聚氰胺呢？

三聚氰胺是一种重要的化工原料，白色结晶粉末，英文名是melamine，所以又叫蜜胺（半音译半意译），它的分子式是$C_3H_6N_6$。从三聚氰胺的分子式可以容易地算出该物质的含氮量高达66.7%，这是什么概念呢？原来，蛋白质是由不同氨基酸组成的，根据组成的不同，其含氮量一般在15%～17.6%之间变化。而农业用氮肥中包括碳酸铵、硝酸铵以及尿素，含氮量依次增加，以尿素最高，理论值也不过46.7%，这样比较就知道三聚氰胺的氮含量有多高了（实际上三聚氰胺就是由尿素在高温高压下脱二氧化碳和氨制备的），所以加入少许三聚氰胺能显著提高奶粉等食品中的氮含量，从而换算出合适的蛋白含量（国家规定之水平），使伪劣产品得以堂而皇之地通过正规渠道流入市场。

NH_2 N N H_2N N NH_2

三聚氰胺

2. 蛋白质的基本单元 —— 氨基酸

蛋白质是大分子有机化合物，结构复杂，功能和种类繁多，但其水解的最终产物都是氨基酸，因此氨基酸称为蛋白质结构的基本单位。尽管在各种生物体内已发现了200多种氨基酸（amino acid），但参与组成蛋白质的氨基酸只有20种，称为蛋白质氨基酸。这些氨基酸在自然界中存在，因此也统称为天然氨基酸。大多数天然氨基酸具有相似的理化性质，如：天然氨基酸都是无色结晶；大多溶于水（除脯氨酸和羟脯氨酸外），均难溶于乙醇和乙醚等有机溶剂；多数氨基酸呈现不同程度的酸性或碱性，同时又具有酸碱两性的特点。

组成蛋白质的20种蛋白质氨基酸结构骨架特征相似，都称为α-氨基酸，其化学结构式可用下列通式表示：

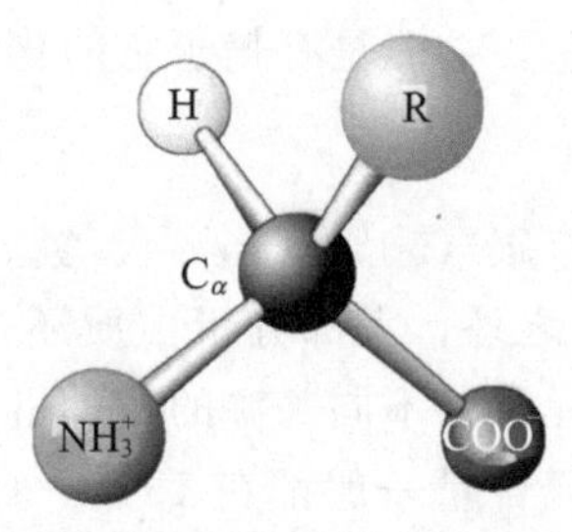

R基团发生变化则产生不同结构的氨基酸，从而衍生成不同的蛋白质。

(1) 蛋白氨基酸在生物体内具有重要的功能，主要表现为以下几点：

① 在生物新陈代谢过程中作为合成蛋白质的原料。蛋白质在机体内的消化和吸收是通过氨基酸来完成的。作为机体内第一营养要素的蛋白质，它在食物营养中的作用是显而易见的，但它在人体内并不能直接被利用，而是通过代谢变成氨基酸小分子后被利用的。

② 转变成糖和脂肪。氨基酸分解代谢所产生的α-酮酸，遵循糖或脂的代谢途径进行代谢。α-酮酸可再合成新的氨基酸，或转变为糖或脂肪。

③ 起氮平衡作用。当每日膳食中蛋白质的质和量适宜时，摄入的氮量与粪、尿和皮肤排出的氮量相等，称之为氮的总平衡。实际上，蛋白质和氨基酸总处于不断合成与分解的平衡中。正常人每日摄入的蛋白质应保持在一定范围内，突然增减食入量时，机体尚能调节蛋白质的代谢量维持氮平衡。食入过量蛋白质，超出机体调节能力，平衡机制就会被破坏；完全不吃蛋白质，体内组织蛋白参与分解，持续出现负氮平衡，如不及时采取措施纠正，最后将导致机体死亡。

④ 产生能量。氨基酸脱氨后生成的α-酮酸除了可以转变成糖外，还可以进入分解代谢途径彻底氧化分解成CO_2和H_2O，并释放出可供机体利用的能量。

⑤ 参与构成酶、激素、部分维生素。酶的化学本质是蛋白质，如淀粉酶、胃蛋白酶、胆碱脂酶、碳酸酐酶、转氨酶等。含氮激素的成分是蛋白质或其衍生物，如生长激素、促甲状腺激素、肾上腺素、胰岛素、促肠液激素等。有的维生素是由氨基酸转变或与蛋白质结合存在。酶、激素、维生素在调节生理机能、催化代谢过程中起着十分重要的作用。

⑥ 氨基酸在诸如体液的组成，物质的储存、转运及解毒等许多方面起着十分重要的作用。如谷氨酰胺是动物和人体内氮储存、运输和解氨毒的重要形式。

(2) 在生命体内的氨基酸具有某些独特的功效。

① 延年益寿。老年人如果体内缺乏蛋白质，分解较多而合成减慢。因此一般来说，老年人比青壮年需要蛋白质数量多，而且对蛋氨酸、赖氨酸的需求量也高于青壮年。60岁以上老人每天应摄入70克左右的蛋白质，而且要求蛋白质所含必需氨基酸种类齐全且配比适当，这样利于延年益寿。

② 氨基酸在医药上可用来制备复方氨基酸输液，也用作治疗药物和用于合成多肽药物。目前，用作药物的氨基酸有一百几十种，其中包括构成蛋白质的氨基酸20种和构成非蛋白质的氨基酸100多种。由多种氨基酸组成的复方制剂在现代静脉营养输液以及“要素饮食”疗法中占有非常重要的地位，对维持危重病人的营养，抢救患者生命起积极作用，成为现代医疗中不可缺少的医药品种之一。谷氨酸、精氨酸、天门冬氨酸、胱氨酸、L-多巴等氨基酸单独作用可用于治疗一些疾病，如治疗肝病、消化道疾病、脑病、心血管

病、呼吸道疾病以及用于提高肌肉活力、儿科营养和解毒等。研究表明，氨基酸衍生物在癌症治疗上也可能具有疗效。

（三）蛋白质的分子结构与功能

为什么构成蛋白质的氨基酸仅有20种，而形成的蛋白质却能体现出很多不同的功能？原来，蛋白质是由氨基酸通过肽键连接而成的多肽链，它能在链内、链间形成氢键、二硫键，借助这些化学键，多肽链再进一步折叠、盘旋、装配形成更复杂的三维空间结构并呈现其生物学功能。在自然界中发现的各种各样的蛋白质中，由于氨基酸组成和氨基酸排列顺序的不同，线型聚合物之间是有差异的，因此它们通过盘旋、折叠成的三维结构也不相同。从动态观点出发，在蛋白质空间结构中，由于主链的盘旋和折叠、氨基酸残基侧链空间位置的变化造成蛋白质分子可能有多种空间拓扑结构。不同的拓扑结构称为构象。在不同的构象中蛋白质分子的稳定性是不同的。蛋白质正是利用其多态的空间结构表达出不同的特性。

蛋白质的功能取决于它的三维构象，而蛋白质的三维构象主要是由它的氨基酸序列与主链的盘旋和折叠及外部环境因素确定的。下面具体分析蛋白质的分子结构。

1. 氨基酸在蛋白质中的连接方式

在蛋白质分子中，氨基酸是通过肽键相互连接的。肽键是由一个氨基酸的羧基(—COOH)与另一个氨基酸的氨基(—NH_2)缩合脱去一分子水所形成的酰胺键(—CO—NH—)。

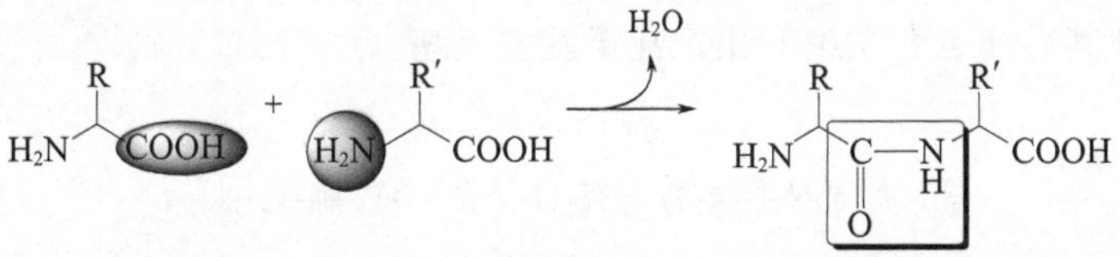

$$H_2N-CH(R)-COOH + H_2N-CH(R')-COOH \xrightarrow{-H_2O} H_2N-CH(R)-C(=O)-NH-CH(R')-COOH$$

氨基酸之间通过肽键连接而形成的化合物称为肽。由两个氨基酸形成的肽称二肽，由三个氨基酸形成的肽称三肽，以此类推。蛋白质就是由数十个到数百个氨基酸分别通过肽键相连而形成的多肽链。有些蛋白质分子只由一条多肽链组成，有些蛋白质分子则由两条或多条多肽链构成。

2. 蛋白质的一级结构与功能

蛋白质的一级结构是指氨基酸在蛋白质多肽链中的排列顺序。氨基酸排列顺序是由遗传信息决定的，氨基酸的排列顺序是决定蛋白质空间结构的基础，而蛋白质的空间结构则是实现其生物学功能的基础。一级结构是蛋白质空间结构的基础，但它不是决定蛋白质空间结构的唯一因素。维持蛋白质一级结构的作用力是肽键（主键），有些含有二硫键。二硫键（—S—S—）是由两个半胱氨酸残基上的巯基（—SH）脱氢氧化生成的。胰岛素是第一个被确定一级结构的蛋白质，胰岛素由两条多肽链组成。其中，A链有21个氨基酸残基，B链有30个氨基酸残基，且两条多肽链通过两个二硫键相连，A链本身第6及第11位两个半胱氨酸形成一个链内二硫键，如胰岛素的一级结构图所示。

蛋白质的一级结构是蛋白质结构和功能的基础，其构成与功能活性密切相关。研究表明，蛋白质分子结构的细微改变都会影响蛋白质的功能活性。

大量的实验结果证明：①相似结构表现相似的功能。即一级结构相似的多肽或蛋白质，其空间结构以及功能也相似。例如，神经垂体释放的催产素和抗利尿激素都是九肽，两者只有两个氨基酸不同，而其余氨基酸是相同的。因此，催产素和抗利尿激素的生理功

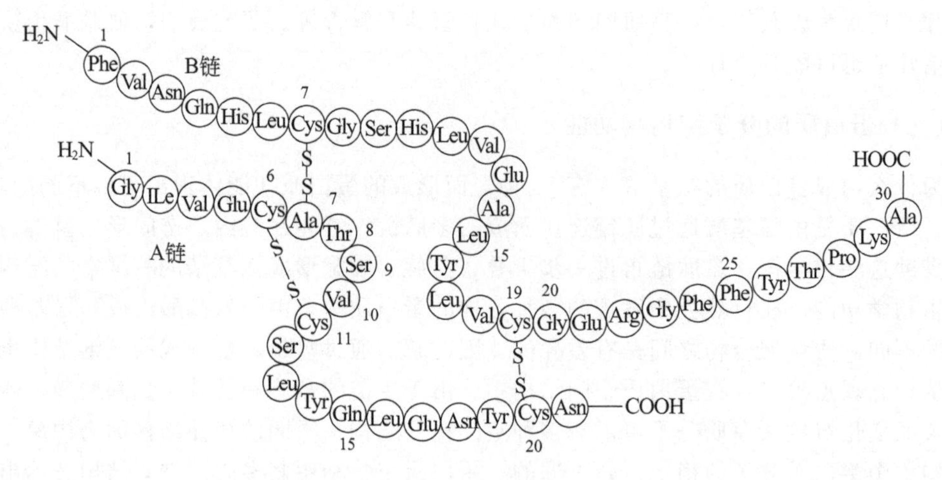

胰岛素的一级结构

（图中 Gly，Tyr 等是不同氨基酸的英文缩写）

能有相似之处，即催产素兼有抗利尿激素类作用，而抗利尿激素也兼有催产素类作用。②不同结构具有不同的功能。尽管抗利尿激素和催产素具有相似的功能，但毕竟其结构不完全相同，因此其生物学活性又有很大差别。催产素对子宫平滑肌和乳腺导管的收缩作用远比抗利尿激素强，但催产素对血管平滑肌的收缩效应（加压）和利尿作用仅为抗利尿激素的1%左右。这充分体现了蛋白质一级结构与功能的关系。所以，如果蛋白质一级结构发生了改变，则其功能也会发生变化，甚至发生疾病。

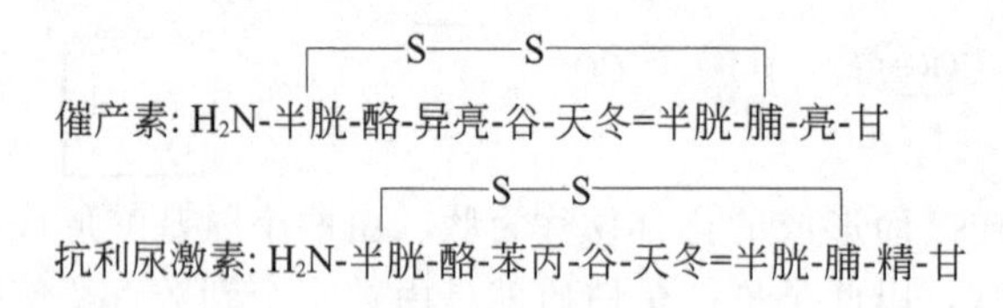

目前，科学家们已经能够通过基因工程改变蛋白质中的一级结构，生产出相应的基因工程药物，用来解决某些疾病特效药的匮乏。人胰岛素就是第一个基因工程的产物，之后许多疫苗、干扰素都是基因工程对人类的贡献。

知识·链接

基因工程和基因工程药物

基因工程（genetic engineering）是生物工程的一个重要分支，它和细胞工程、酶工程、蛋白质工程和微生物工程共同组成了生物工程。基因工程是在分子水平上对基因进行操作的复杂技术，具体来说，是将外源基因通过体外重组后导入受体细胞内，使这个基因能在受体细胞内复制、转录、翻译表达的操作。基因工程是用人为的方法将所需要的某一供体生物的遗传物质——DNA 大分子提取出来，在离体条件下用适当的工具酶进行切割后，把它与作为载体的 DNA 分子连接起来，然后与载体一起导入某一更易生长、繁殖的受体细胞中，以让外源物质在其中“安家落户”，进行正常的复制和表达，从而获得新物种的一种崭新技术。它克服了远缘杂交的不亲和障碍。

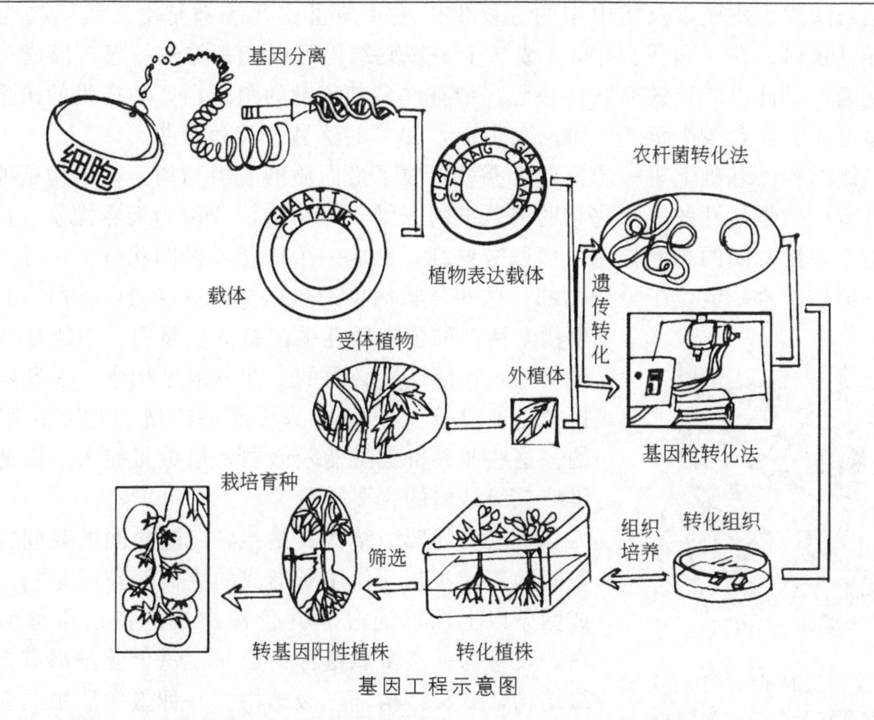

基因工程示意图

基因工程药物，是先确定对某种疾病有预防和治疗作用的蛋白质，然后将控制该蛋白质合成过程的基因取出来，经过一系列基因操作，最后将该基因放入可以大量生产的受体细胞中去，这些受体细胞包括细菌、酵母菌、动物或动物细胞、植物或植物细胞，在受体细胞不断繁殖过程中，大规模生产具有预防和治疗这些疾病的蛋白质，即基因疫苗或药物。基因工程药物在医学和兽医学中的应用正逐步推广。以乙型病毒性肝炎（以下简称乙肝）疫苗为例，像其他蛋白质一样，乙肝表面抗原（HBSAg）的产生也受 DNA 调控。利用基因剪切技术，用一种“基因剪刀”将调控 HBSAg 的那段 DNA 剪裁下来，装到一个表达载体中（所谓表达载体，是因为它可以把这段 DNA 的功能发挥出来）；再把这种表达载体转移到受体细胞内，如大肠杆菌或酵母菌等；最后再通过这些大肠杆菌或酵母菌的快速繁殖，生产出大量满足人们需要的 HBSAg（乙肝疫苗）。随着基因工程技术的进展，基因工程药物正在不断增加，创造了可以长期获取更大利润的商机。

3. 蛋白质的空间结构

蛋白质是生物大分子，结构比较复杂，蛋白质的多肽链并不是线性伸展的，而是按一定方式折叠盘绕成特有的空间结构。蛋白质的三维构象，也称为空间结构或高级结构，是指蛋白质分子中原子和基团在三维空间上的排列、分布及肽链的走向。高级结构是蛋白质表现其生物功能或活性所必需的，包括二级结构、三级结构和四级结构。

蛋白质为什么要折叠起来呢？一般认为，驱使蛋白质折叠的主要动力来自使暴露溶剂中的疏水基团降低至最低程度的需要。为满足这个需要，多肽链将发生折叠使多数疏水基团躲开与溶剂水接触。为维持系统的能量平衡，要求在折叠状态的多肽主链的基团之间形成氢键相互作用。这一要求使得蛋白质折叠成一个由氢键维系的规则的重复构象。因为主链肽键上的羰基和酰胺基使沿多肽主链有规则排列，因此在最适状态时将在多肽链内或多肽链之间出现周期性排列的氢键相互作用，从而形成蛋白质的二级结构。

羊毛、头发、皮肤以及指甲中的主要蛋白质α-角蛋白几乎都是由二级结构为α-螺旋组成的纤维蛋白。在α-角蛋白中，3或7个α-螺旋结构可以互相拧在一起，形成三股或七股的螺旋索，彼此以二硫键交联在一起。带有许多二硫键的角蛋白，如指甲的角蛋白就很硬且不易弯曲；而含较少量二硫键的角蛋白，如羊毛就易伸长和弯曲。

在二级结构的基础上进一步盘曲折叠就形成了蛋白质的三级结构，该结构是处于充分折叠、具有生物学活性的一个完整的多肽链的三维空间结构，或称为天然构象。在三级结构中，由于侧链基团的相互作用，多肽链缠绕，形成一个球状或椭圆状分子，球表面主要有亲水侧链，疏水侧链位于分子内部。这些球状构象的蛋白俗称球状蛋白。所有具有高度生物学活性的蛋白质几乎都是球状蛋白。三级结构是蛋白质发挥生物活性所必需的。在三级结构中，多肽链的盘曲折叠是通过分子中各氨基酸残基侧链的相互作用来维持的。这些非共价键虽然较微弱，但数目庞大，因此仍然是维持三级结构的主要力量。

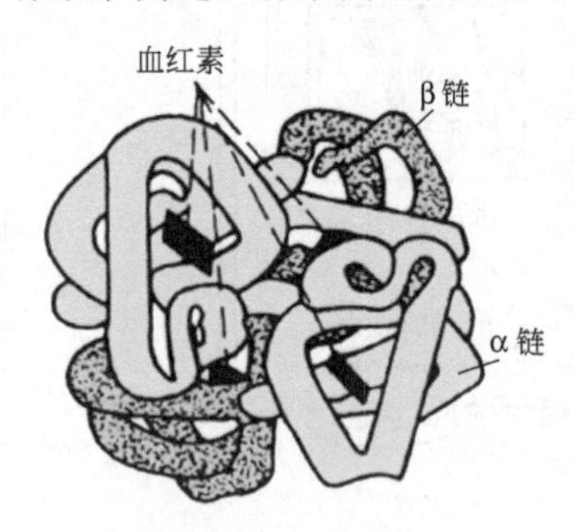

蛋白质的四级结构
(以血红蛋白结构为例)

蛋白质的四级结构，是指各亚基之间的空间排布及亚基间的连接和相互作用所形成的更高级空间结构。由两条或两条以上肽链通过非共价键构成的蛋白质称为寡聚蛋白。其中每一条多肽链称为亚基，每个亚基都有自己的一级结构、二级结构、三级结构。一种蛋白质中的亚基可以是相同的，也可以是不相同的，单独一个亚基通常无生物活性，只有相互聚合成特定构象时才具有完整的生物活性。四级结构的概念只适用于寡聚蛋白，所以四级结构指的是亚基的组织。维持蛋白质四级结构的作用力是各亚基之间所形成的非共价键如氢键、盐键、疏水键、范德华引力等。

4. 蛋白质空间结构与功能的关系

蛋白质的功能与其空间结构（构象）密切相关。蛋白质的空间结构是其生物活性的基础，空间结构发生改变，其功能活性也随之改变。例如，核糖核酸酶是由124个氨基酸残基组成的单链蛋白质，分子中有4个二硫键及许多氢键维系其空间结构。如果往核糖核酸酶溶液中加入尿素和巯基乙醇，尿素可破坏氢键，巯基乙醇可将二硫键还原为巯基，使该酶的正常构象（二级、三级结构）发生改变，但其一级结构未被破坏，此时该酶活性逐渐消失。但若通过透析方法除去尿素和巯基乙醇，并经氧化(使多肽链上的巯基重新形成二硫键)，则酶分子的三级结构可逐渐恢复，同时其活性也得到恢复，如右图所示。以上充分证明了核糖核酸酶的空间结构与功能之间的密切关系。

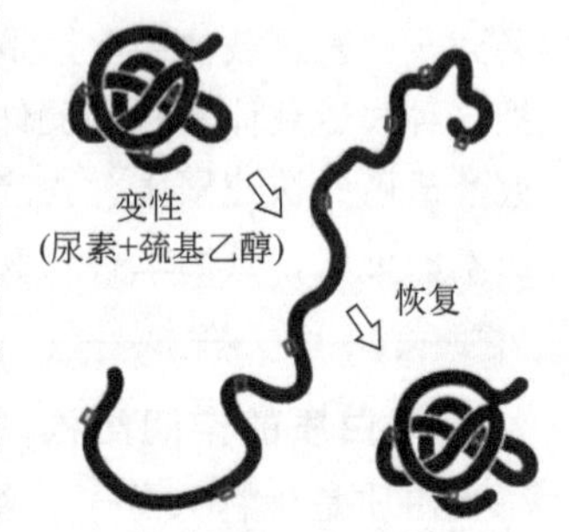

核糖核酸酶的变性和
恢复过程示意图

近年来有研究发现，蛋白质一级结构不变而仅仅是它的构象发生改变也可能导致疾病发生，这类疾病统称为“构象病”。例如，肌萎缩性脊髓侧索硬化症，患者体内的超氧化物歧化酶（SOD）在合成过程中，发生蛋白质错折叠而使其构象改变，尽管此酶的一级结构没变，但其功能仍改变而导致发病。

（四）蛋白质与人体健康

人体的大部分是由蛋白质组成的，皮肤、肌肉、内脏、头发、指甲、大脑甚至是骨骼等。只有蛋白质充足时，才能维持人体正常的新陈代谢。由于人体组织中肌肉的蛋白质含量最高。因此，人们很容易自我判断所摄取的蛋白质是否充足。

当人们的饮食中蛋白质的摄取量足够充足时，便可以增加抵抗力。人体有各种抵抗疾病的机能，其中抗体及白细胞与蛋白质的摄取密切相关。在正常情况下，肝脏会制造抗体和球蛋白，它们能吞噬各种细菌、细菌性毒素及病毒，使其变成无害。

近年来，临床上从健康人的血浆中抽取免疫性球蛋白，再注射到营养不良的人身上。这种治疗方式已经被用于感冒预防。营养充足时，身体可以自行制造所需的抗体。研究显示，如果改善饮食，摄取丰富的蛋白质，在一个星期内，人体所产生的抗体数量就可以明显上升。

人体另一种自我保护机能就是产生吞噬细菌的白细胞。白细胞在血液及淋巴液中流动，有些则固定在血管壁及肺泡或人体的其他组织中，发挥保护的功能。当细菌侵入体内时，白细胞会自动包围细菌，将其吞噬和消化。这种抗体就是由蛋白质组成的，而丰富的蛋白质则由食物中摄取而得。

充足的蛋白质有助于消化机能的正常运作。因为分解食物的酶，也是由蛋白质所组成，可以将食物分解为微小的粒子，使其溶解于水中，再进入血液之中。饮食中的蛋白质充足时，消化器官就能不断地分泌足够的酶，加上消化器官的正常蠕动，使食物与消化液及酶混合，食物被分解后，养分被消化器官所吸收，再进入血液之中。

蛋白质能中和酸性或碱性的物质，它也是大部分激素的基本组成物质，并且有助于血液的凝结。

如果长时间缺乏蛋白质，将使体内积存水分。有些蛋白质本来就缺乏的人如果节食减肥就会形成恶性循环，傍晚时脚肿得特别厉害，早晨脸部及双手则明显地浮肿，眼睑也会松弛。

在药物方面，经过科技发展，人们不断发现多种蛋白质以及氨基酸类药物。氨基酸是生命机体的重要物质基础。每一个细胞的重要组成部分都要有氨基酸的参与，没有氨基酸就没有生命。正因为如此，增强人体抵抗力的各类氨基酸营养液和用于治疗疾病的各种氨基酸药物层出不穷。常见的氨基酸药物剂型有氨基酸片、复合氨基酸、氨基酸注射液等。例如：谷氨酰胺、组氨酸，可用于治疗消化道溃疡；天冬氨酸可治疗心律失调；亮氨酸可作为高血糖、头晕的治疗药物等。

蛋白质是大分子，实际应用药物是利用其部分小分子化合物，即多肽药物，常见的有激肽、液肽、胸腺肽、丝胶肽、神经肽、肠肽、谷胱甘肽、胰腺肽和多肽生长因子等。多肽因组成结构的不同而对人体具有不同的功能，概括起来为抑制、激活、修复和促进。抑制细胞病变，增强人体免疫力；激活细胞活性，清除对人体有害的自由基；修复人体已经病变的细胞，改善新陈代谢；促进人体蛋白质、酶和酵素的合成与调控多肽产品的应用，已从单纯的治疗领域延伸到保健领域，剂型也从注射剂发展到口服剂。

有专家指出，在医学领域，21 世纪将是肽和蛋白质的世纪。肽和蛋白质将成为今后最有希望的临床治疗与保健药物。2003 年发生非典疫情时，白蛋白、丙种球蛋白、胸腺肽和干扰素等产品的供不应求就是明证。

二、制造生命体的“基础”：核酸

在核酸没有发现之前，人们一直认为蛋白质是生命最重要的物质。伴随着“鸡生蛋还是蛋生鸡”多个世纪的争论，在基因科学面前终于水落石出，指挥制造蛋白质的核酸（DNA）才是生命的真正幕后操纵者。

人体大约有60万亿个细胞，每个细胞平均以120～200天的周期进行新陈代谢。细胞不断地分裂、增殖、吸收营养成分，不断地死亡、再生，维持人类的健康和生命。而主宰这些新陈代谢的就是核酸。核酸已经在人类身体里“工作”了数十万年，直到近150年前，“核酸”才真正被发现。

1868年，瑞士科学家米歇尔在德国杜宾大学的细胞实验室里，从人体脓细胞中分离提取出一种特别的物质，因为这种物质存在于细胞核中，取名为核素。后来，人们发现这种物质呈酸性，改称为“核酸”。核酸广泛分布在所有动物细胞内。生物体内核酸与蛋白质结合成核蛋白。不同的核酸，其化学成分核苷酸排列顺序不同。核酸可分为核糖核酸RNA、脱氧核糖核酸DNA。DNA分子中含有生物物种的所有遗传信息，为双链分子。其中大多数是链状结构大分子，也有少部分呈环状结构，分子量一般都很大。RNA主要是负责DNA遗传信息的翻译和表达，分子量要比DNA小得多。

（一）核酸的概念

什么是核酸呢？要弄清楚，先要从细胞说起。生物学者说，所有的生物体都是由“细胞”构成的。人体的细胞以一定周期不断更新，即一个细胞一分为二，制造出与自己完全相同的细胞来。旧的细胞死亡，而剩下的细胞会再产生新的细胞，然后死亡。这就是我们经常说的“新陈代谢”，而担当这一责任的就是“核酸”。

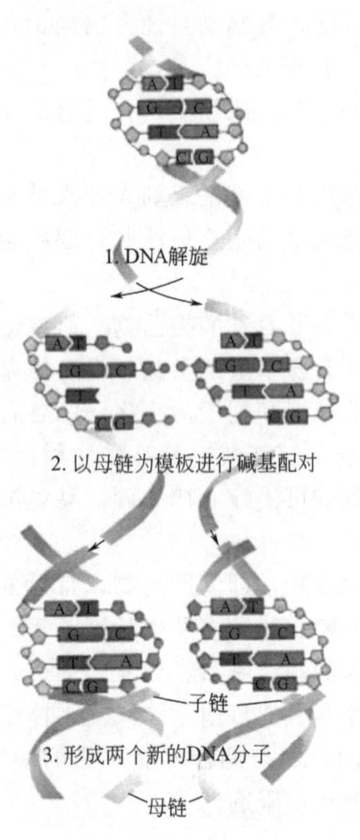

DNA分子的复制示意

细胞分裂时，制造出与自己完全相同的细胞，比如脸皮肤制造出脸的皮肤，头发制造出头发，肝脏制造出肝脏的细胞。所以一个人原先柔软的头发不可能突然变成硬发。因为细胞分裂完全是承袭其父母的“遗传基因”，并在这个基础上进行的，即所谓先天的，不可变异的。

核酸是在蛋白质的复制和合成中通过储存和传递遗传信息的作用而实现生物体的“遗传效果”。核酸大分子分为两类：脱氧核糖核酸（DNA）和核糖核酸（RNA）。其中DNA是储存、复制和传递遗传信息的主要物质基础，DNA带有承袭父母的遗传信息，指示蛋白质的合成。而RNA则接受DNA的信息，实际进行蛋白质的合成，在蛋白质合成过程中起着重要作用。简单地说，DNA是制造蛋白质的设计师，RNA则是按照设计师的设计来制造蛋白质。所以核酸是基本的遗传物质，同时在蛋白质的生物合成上也占重要位置，因而在生长、遗传、变异等一系列重大生命现象中起决定性的作用。一切生物都含有核酸，即使比细菌还小的病毒也含有核酸，所以凡是有生命的地方就有核酸存在，因此DNA、RNA常被称为制造生命体的“基础”。

（二）核酸的化学组成

核酸是生物大分子，通过水解方法可以了解其化学组成。核酸经水解后得到的化学成分有戊糖、碱基和磷酸 3 种化合物。

DNA 和 RNA 的结构差异在于其中所含的戊糖不同，DNA 含脱氧核糖结构，RNA 则是含核糖结构，两类核酸中的戊糖只有一个原子之差，但它们的结构与功能有本质的差别。

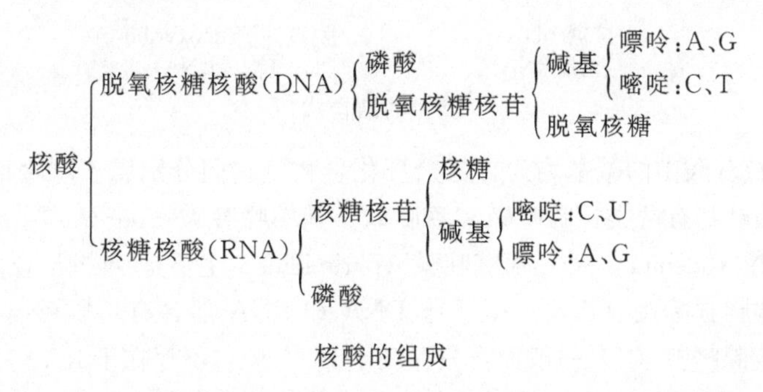

核酸的组成

1. 核酸的元素组成

组成核酸（DNA 和 RNA）分子的主要元素有碳、氢、氧、氮、磷等。其中磷在各种核酸中的含量比较接近和恒定，DNA 的平均含磷量为 9.9%，RNA 的平均含磷量为 9.4%。因此，只要测出生物样品中核酸的含磷量，就可以计算出该样品的核酸含量，这是定磷法的理论基础。

2. 核酸的基本结构单位——核苷酸

核酸是由核苷酸组成的多核苷酸，属生物大分子化合物。将核酸用核酸水解酶水解可分离出四类核苷酸，将核苷酸进一步水解生成核苷和磷酸，核苷再进一步水解则生成戊糖和含氮碱基两类化学物质。其中戊糖有两种：一种是核糖，为 RNA 的降解产物；另一种是脱氧核糖，为 DNA 的降解产物。含氮碱基包括嘌呤碱基和嘧啶碱基两类。核酸水解过程及其水解产物可用下图表示。

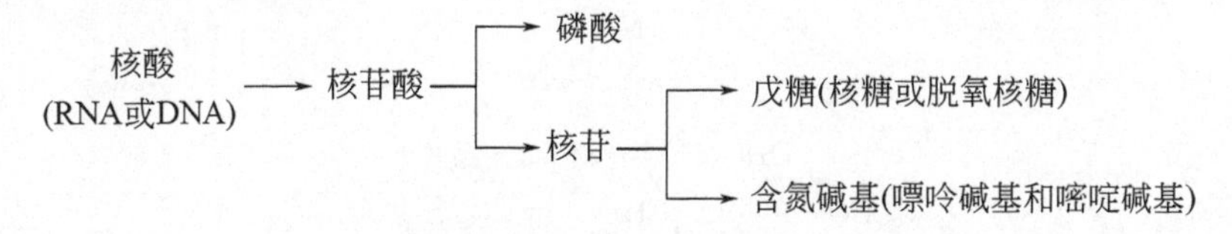

核酸水解过程及其水解产物

所以，核酸由核苷酸组成，而核苷酸又由碱基、戊糖与磷酸组成。核糖核苷酸是 RNA 的结构单位，脱氧核糖核苷酸是 DNA 的结构单位。根据核酸的降解（水解）产物，人们可以了解 DNA 和 RNA 的化学组成特征。DNA 和 RNA 主要组成成分归纳见下表。

DNA 和 RNA 主要组成成分

组成成分		RNA	DNA	组成成分	RNA	DNA
碱基	嘌呤	腺嘌呤(A)	腺嘌呤(A)	磷酸	磷酸	磷酸
		鸟嘌呤(G)	鸟嘌呤(G)			
	嘧啶	胞嘧啶(C)	胞嘧啶(C)	戊糖	D-核糖(R)	D-2-脱氧核糖(dR)
		尿嘧啶(U)	胸腺嘧啶(T)			

(1) 戊糖　核酸分子中的戊糖有两种：一种是存在 RNA 中的核糖，为 D-核糖（D-ribose，R）；另一种是 DNA 中的核糖，为 D-2-脱氧核糖（D-2-deoxyribose，dR）。

核糖(ribose)
(构成RNA)

脱氧核糖(deoxyribose)
(构成DNA)

戊糖的结构式

（2） 碱基　核苷酸中的碱基均为含氮杂环化合物，它们分别属于嘌呤衍生物和嘧啶衍生物。核酸分子中的碱基有两类：嘌呤碱和嘧啶碱。其中嘌呤碱（purine）主要是鸟嘌呤（guanine，G）和腺嘌呤（adenine，A），而嘧啶碱（pyrimidine）主要是胞嘧啶（cytosine，C）、尿嘧啶（uracil，U）和胸腺嘧啶（thymine，T）。DNA 和 RNA 都含有鸟嘌呤（G）、腺嘌呤（A）和胞嘧啶（C）；胸腺嘧啶（T）一般而言只存在于 DNA 中，不存在于 RNA 中；而尿嘧啶（U）只存在于 RNA 中，不存在于 DNA 中。它们的化学结构请参见图示。

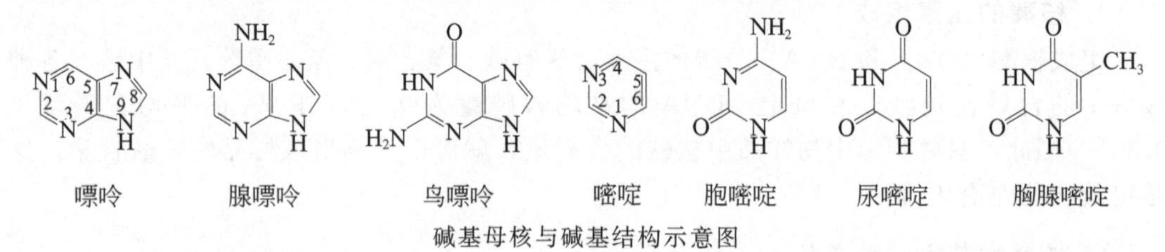

碱基母核与碱基结构示意图

（3） 核苷与核苷酸　戊糖上的羟基（—OH）和碱基上的氢脱水缩合后所形成的化合物称为核苷，核苷中戊糖的羟基与磷酸以磷酸酯键连接而成为核苷酸。核苷酸进一步磷酸化能生成二磷酸核苷甚至三磷酸核苷。以核糖腺苷酸为例，就有二磷酸腺苷（ADP）和三磷酸腺苷（ATP）两种形式。核苷酸的二磷酸酯和三磷酸酯多为核苷酸有关代谢的中间产物或者酶活性和代谢的调节物质，同时也是作为生理储能和供能的重要形式。

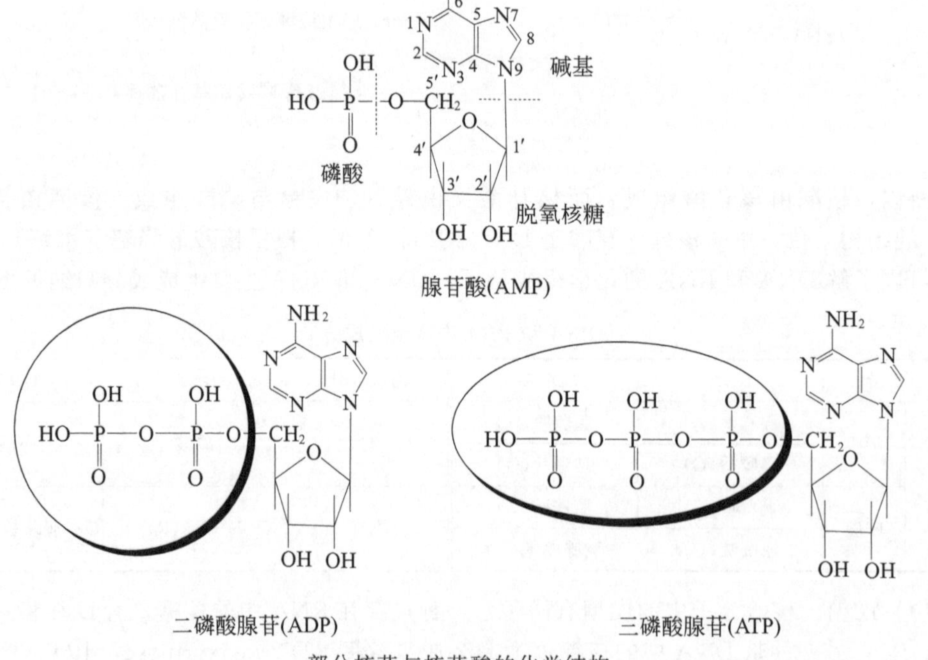

部分核苷与核苷酸的化学结构

核苷酸还有环化的形式，核苷中戊糖中的两个羟基同时与磷酸相连接。环化核苷酸在细胞内代谢的调节和跨细胞膜信号中起着十分重要的作用。

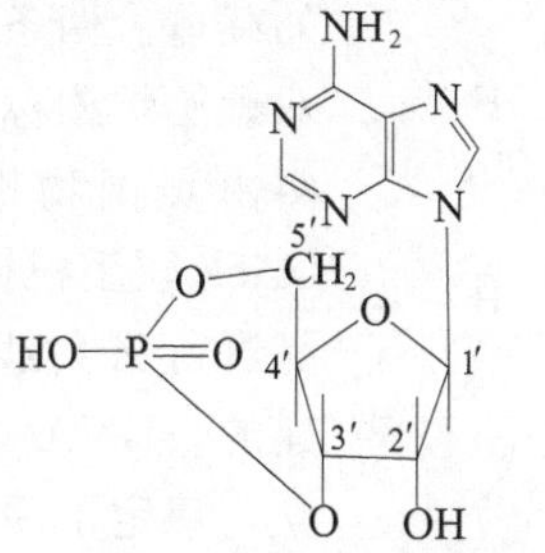

3′,5′-环化腺苷酸(cAMP)

环状核苷酸的化学结构

核酸中常见的主要碱基、核苷、核苷酸及其缩写

核酸	碱基	核苷	核苷酸
RNA	A	腺苷(adenosine)	腺苷酸(AMP)
	G	鸟苷(guanosine)	鸟苷酸(GMP)
	C	胞苷(cytidine)	胞苷酸(CMP)
	G	尿苷(uridine)	尿苷酸(UMP)
DNA	A	脱氧腺苷(deoxyadenosine)	脱氧腺苷酸(dAMP)
	G	脱氧鸟苷(deoxyguanosine)	脱氧鸟苷酸(dGMP)
	C	脱氧胞苷(deoxycytidine)	脱氧胞苷酸(dCMP)
	T	脱氧胸苷(deoxythymidine)	脱氧胸苷酸(dTMP)

（三）核酸的分子结构与功能

核酸是一类组成简单，但结构复杂的生物大分子。DNA 的分子一般比蛋白质大得多，要提取、分离得到完整的 DNA 分子十分困难，至今只能分离到 DNA 分子的部分片段。

1. DNA 的分子结构

DNA 由 4 种碱基组成，即腺嘌呤（A）、鸟嘌呤（G）、胞嘌呤（C）和胸腺嘧啶（T），并分别构成 dAMP、dGMP、dCMP、dTMP4 种脱氧核苷酸（dNMP），它们是组成 DNA 的基本结构单位。

DNA 基本结构是脱氧多核苷酸链，即 4 种基本的脱氧单核苷酸通过磷酸二酯键连接成脱氧多核苷酸链。一个核苷酸分子的羟基和另一个核苷酸分子的磷酸脱水缩合，形成磷酸二酯键，连接可形成脱氧多核苷酸长链。多个脱氧核苷酸（dNMP）借助于磷酸二酯键相连形成的化合物称为脱氧多核苷酸。

在脱氧多核苷酸链中，脱氧核糖核苷酸的排列顺序称为 DNA 的一级结构。

在脱氧核苷酸链中，DNA 中磷酸戊糖部分在脱氧核苷酸链中变成了主链，碱基作为相对独立的侧链，排列在主链一侧。Chargaff 等在 20 世纪 50 年代对 DNA 分子中的碱基组成分析研究后发现：①在同一生物体内，所有 DNA 分子中腺嘌呤与胸腺嘧啶的分子数相等（即 A=T），鸟嘌呤与胞嘧啶的分子数相等（即 G=C）；②DNA 的碱基组成具有种属特异性，即不同生物种属的 DNA 具有各自特异的碱基组成；③DNA 的碱基组成无组织或器官特异性，即同一生物体的各种不同器官或组织 DNA 的碱基组成相似；④每种生物的 DNA 具有各自特异的碱基组成，与生物遗传特性有关，一般不受年龄、生长状况和环境等条件的影响。因此脱氧多核苷酸链中碱基的种类及排列顺序具有重要的生物学意义。

DNA是由两条脱氧多核苷酸链组成的具有复杂三维结构的大分子化合物，是遗传基因的载体。两条脱氧多核苷酸链相互盘绕而成的双螺旋结构称为DNA的二级结构。它是1953年由美国物理学家Watson和英国生物学家Crick联手根据对一种天然构象的线状DNA结晶进行X射线衍射图谱及其他化学分析结果创建的。DNA二级结构的双螺旋结构模型的建立，奠定了现代分子生物学的理论基础，是科学界一项划时代的创举。

DNA的一级结构

DNA分子是由两条互相平行、但走向相反的脱氧多核苷酸链组成的，两条链都以右手螺旋方式围绕同一个假想的中心轴盘旋成双螺旋结构，如图所示。

由脱氧核糖和磷酸构成双螺旋的骨架，碱基分布于双螺旋的内侧。两条脱氧多核苷酸链之间同一水平上的碱基通过相互氢键相连形成碱基对，并且碱基配对按互补规律进行，即A与T配对（A-T），G与C配对（G-C）。由于DNA双链同一水平上的碱基对都是互补的，所以两条链也是互补的，称为互补链，只要知道一条链的碱基排列顺序，就能确定另一条链的碱基排列顺序。DNA双螺旋结构十分稳定，分子中碱基的堆积可以使碱基之间缔合，这是维持DNA双螺旋结构空间稳定的主要作用力。DNA的复制、转录、反转录以及蛋白质的生物合成都是通过碱基互补原则实现的，因此碱基互补规律有着重要的生物学意义。

在DNA的空间结构中，双螺旋结构还可进一步扭曲或再一次螺旋成线状、麻状、环状，再形成DNA超螺旋的高级结构——三级结构。许多病毒DNA、细菌质粒DNA和真核生物的线粒体DNA以及叶绿体DNA，多是由双螺旋结构的首尾两端接成环状（开环型）。双螺旋可进一步发生扭曲形成超螺旋结构（双股闭链环状），超螺旋是DNA三级结构中的一种常见形式。如图所示。

（a）松弛型环状DNA

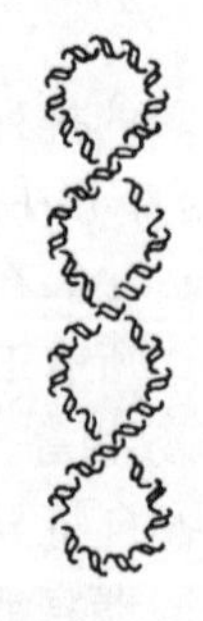

（b）负超螺旋DNA

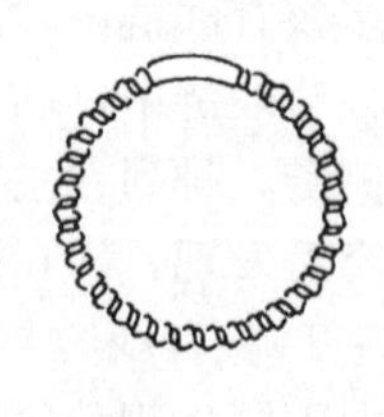

（c）负超螺旋引起链的分离

DNA的超螺旋结构

2. RNA 的分子结构

RNA 化学组成主要是 D-核糖、磷酸和 4 种基本碱基——腺膘呤（A）、鸟膘呤（G）、胞嘧啶（C）和尿嘧啶（U）。当然还有些 RNA 含有其他类稀有碱基。核苷酸（NMP）则是主要组成 RNA 的基本单位，因碱基不同分为 AMP、GMP、CMP 和 UMP。

多核苷酸链中核苷酸的种类和排列顺序构成 RNA 的一级结构。如同 DNA 的一级结构，RNA 中相邻的两个核苷酸也同样依靠磷酸二酯键相互连接，分子中的核苷酸残基数目在数十至数千，其相对分子质量不如 DNA 那样巨大，一般在数百至数百万之间。有别于 DNA 的双螺旋结构，RNA 分子是单链结构，不存在互补链。无论何种来源的 RNA，其分子中 4 种碱基的物质的量都不相等，所以 RNA 的碱基组成不及 DNA 分子中碱基组成那样有规律。

RNA 的多核苷酸链可以在某些部分发生自身弯曲折叠，形成局部双链区，再进而形成链内局部性螺旋结构，此即为 RNA 的二级结构，也称“发夹”结构。几乎所有的 RNA 都具备这种“发夹”形的二级结构。

RNA 大多数由多个核苷酸构成单链分子，但少数病毒的 RNA 具有类似于 DNA 的双螺旋结构。不能配对的区域形成环状结构，突出于双螺旋结构之外。不同的 RNA 分子，双螺旋区所占的比例也不同，如下图所示。

不同的 RNA 的二级结构在空间伸展，形成不同的三维空间立体结构，也就形成 RNA 的三级结构（下图为倒 L 形的 RNA 三级结构）。

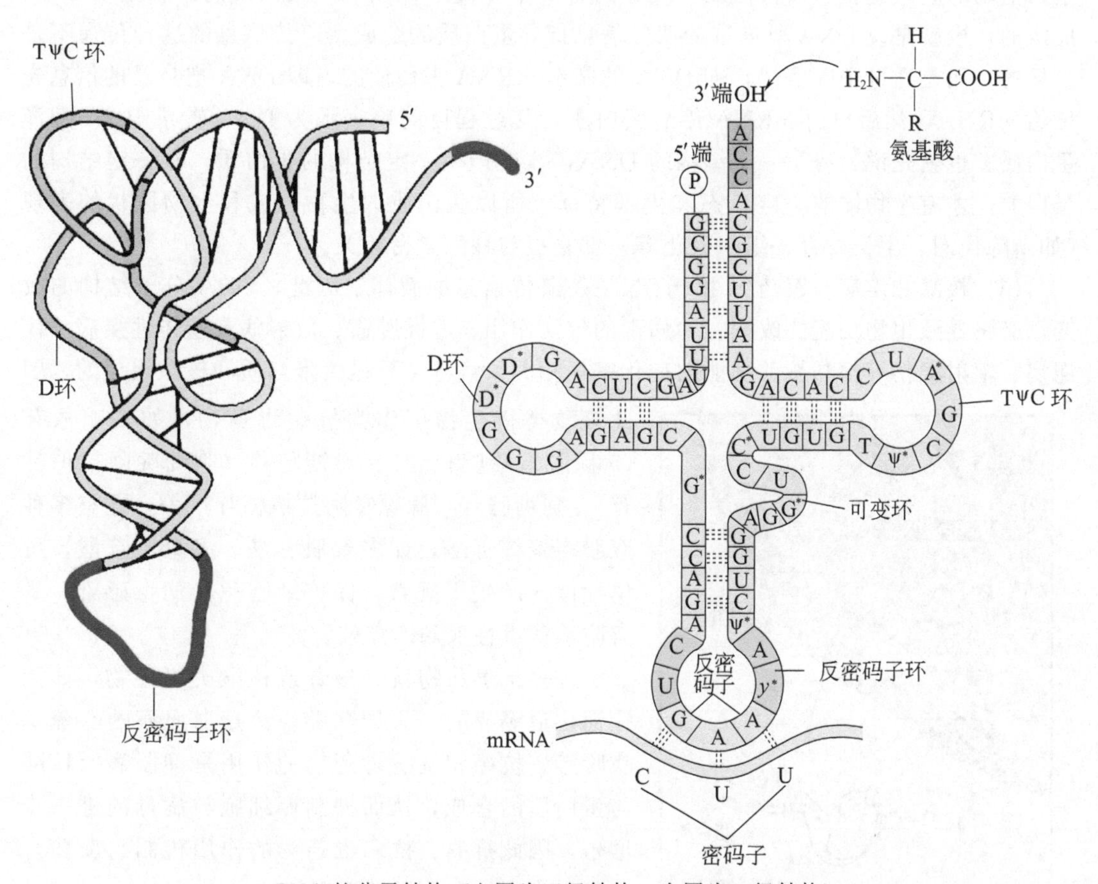

tRNA 的分子结构（左图为三级结构，右图为二级结构）

3. 核酸的生物功能

核酸所具有的特殊化学结构和空间结构造就了其“遗传信息的携带者”的功能。

(1) 核酸是遗传变异的物质基础 遗传是生命的特征之一，而DNA则是生物遗传信息的携带者和传递者，即某种生物的形态结构和生理特征都是通过亲代DNA传给子代的。DNA分子中的四种特定核苷酸种类、数目和排列顺序决定着不同物种的基因特征。所谓的一个基因（gene）是指含有合成一个功能性生物分子（蛋白质或RNA）所需信息的一个特定DNA片段，所以核酸就被称为遗传变异的物质基础。遗传与变异是最重要、最本质的生命现象。遗传是相对的，有了遗传的特征才能保持物种的相对稳定性；变异是绝对的，有变异才有物种的进化和生物发展的可能。生物遗传特征的延续与生物进化都是由基因所决定的。在新生命形成时的细胞分裂过程中，DNA按照自己的结构精确复制，将遗传信息（核苷酸的特定排列顺序）一代一代传下去，延绵着生物体的遗传特征。当前，科学家利用DNA分子的特点和生物功能发展DNA人工重组技术，通过该技术可以使一种生物的DNA或片段（基因）引入另一种生物体内，而后者则能表现出前者的生物性状，从而实现超越生物物种间的基因转移，并表现出被转移基因的生物学功能。

(2) 核酸与生物遗传信息的传递 生物遗传信息储存在DNA分子上，但生物性状并不由DNA直接表现，而是通过各种蛋白质的生物功能才表现出来。同时蛋白质是构成人体的重要结构物质，又是酶的基本组成部分，是生命的基础物质，因此蛋白质的合成则是生命活动的基本过程。而蛋白质在细胞的合成中却离不开核酸，蛋白质的结构是由DNA决定的，也就是说DNA所携带的遗传信息指导蛋白质的合成。遗传信息的这种传递不是直接的，而是通过中间信使，即DNA的副本mRNA来传递的，即DNA把自己的信息先传给mRNA，然后再由mRNA传给蛋白质，其过程可简单表示为DNA转录RNA翻译蛋白质。也就是说，有了一定结构的DNA，才能产生一定结构的蛋白质，有一定结构的蛋白质，才有生物体的一定形态和生理特征。所以蛋白质的生物合成和生物性状的表现（如新陈代谢、生长发育、组织分化等）都直接与核酸紧密相关。

(3) 核酸和疾病与医药 由于DNA是遗传信息的载体，因此，DNA分子结构的改变，必将导致生物功能的改变。如病毒的致病作用、恶性肿瘤、放射病及遗传性疾病、代谢病、辐射损伤等都与核酸功能的变化密切相关。病毒主要是由蛋白质和核酸组成的，因此核酸类衍生物可作为抗病毒药物，如5-碘尿苷（5-碘脱氧嘧啶核苷）、阿糖胞苷（胞嘧啶阿拉伯糖苷）、阿糖腺苷（腺嘌呤阿拉伯糖苷）等，还有多种双股多聚核苷酸，如多聚肌苷酸、多聚胞苷酸，可诱导体内产生干扰素，保护细胞免受病毒感染，具有防治病毒性疾病的疗效。

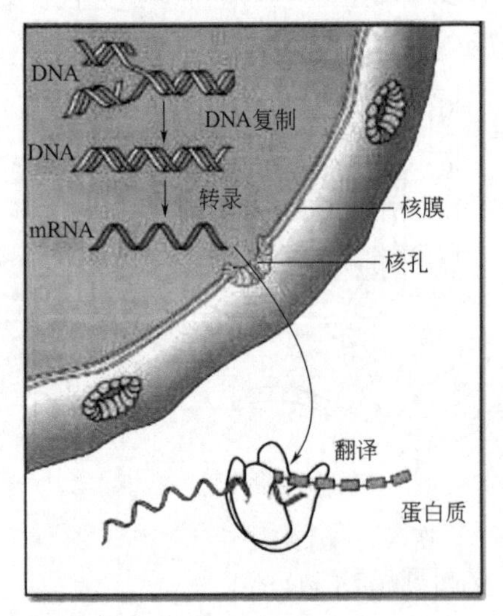

许多抗癌药物就是核苷或核酸类衍生物，如治疗消化道癌症的5-氟尿嘧啶，治疗白血病的6-巯基嘌呤等。抗癌和抗病毒药物的作用是抑制病原核酸与蛋白质的合成，从而抑制癌细胞与病毒的进一步增殖，因此抗癌、抗病毒药物的作用机制与新药合成研究都与核酸化学关系密切。

核酸是遗传变异的物质基础，其在临床实践应用方面有极重要的作用。现已发现近2000种遗传性疾病都和核酸结构有关。如人类镰刀形红血细胞贫血症是由于患者的血红蛋白分子中一个氨基酸的遗传密码发生了改变，白化病患者则是DNA分子上缺乏产生促黑色素生成的酪氨酸酶的基因所致。肿瘤的发生、病毒的感染、射线对机体的作用等都与核酸有关。20世纪70年代以来兴起的遗传工程，使人们可用人工方法改组DNA，从而有可能创造出新型的生物品种。如应用遗传工程方法已能使大肠杆菌产生胰岛素、干扰素等珍贵的生化药物。

第三节 生命中的化学反应网络

生命体是由多种多样的化学物质组成的，这些物质相互发生的反应构成了丰富多彩的生命活动。地球上最重要的化学反应“光合作用”是生物与环境进行物质与能量交换中的一个非常基本的过程，也是CO_2被还原成糖，光能转变为化学能最直接的反应。生物体内的新陈代谢则由最常见的合成反应和分解反应构成，这些也产生和影响了形式多样的生命体运动以及能量产生等过程。生命中的能量的产生，物质的氧化，糖、脂类、蛋白质和核酸的合成与分解代谢及其相互转变等众多生命活动构成了一个生命中无形的化学反应网络。从这张网络中可以了解生命规律，从而去改善人们的生活质量。

下面选取了几个与日常生活密切相关的例子，力图从化学反应网络角度去理解与解析。

一、“甲醛门”事件（氨基酸）

2011年2月11日，湖南省工商局公布了从长沙、湘西自治州、邵阳、怀化四市30家经销单位抽样家具调查结果：30组产品的合格率仅为37%，所有不合格产品存在的主要问题均是甲醛释放量超标。不合格的产品中，不乏国内的一些知名家具品牌。这一事件被一些媒体称为“甲醛门”，一时间引起舆论广泛关注。

超标释放的甲醛，对人体的影响非常大，世界卫生组织早在2004年就已经指出：甲醛致癌。近年的研究表明，甲醛能够导致人患上的癌症达十余种。

那么甲醛是怎样影响人的健康呢？

甲醛是无色、具有强烈气味的刺激性气体，其35%～40%的水溶液通称为福尔马林。甲醛能与氨基酸结合，一分子氨基酸与一分子甲醛发生反应生成一分子羟甲基衍生物，其再与一分子甲醛继续反应，可生成二羟甲基衍生物。蛋白质是由氨基酸组成的，甲醛与氨基酸发生反应导致蛋白质变性，进而影响人体的健康。吸入高浓度甲醛后，会导致呼吸道刺激和水肿、眼刺痛、头痛，也可能发生支气管哮喘。皮肤直接接触甲醛，可引起皮炎、色斑、坏死。经常吸入少量甲醛，能引起慢性中毒，出现黏膜充血、皮肤刺激症、过敏性皮炎角化等，严重的可导致白血病、气胸、植物神经紊乱等。孕妇长期吸入可能导致新生婴儿畸形，甚至死亡。

$$\underset{\text{氨基酸}}{R-\overset{\overset{\displaystyle NH_2}{|}}{\underset{\underset{\displaystyle H}{|}}{C}}-COOH} \xrightarrow[\text{甲醛}]{H-\overset{\overset{\displaystyle O}{\|}}{C}-H} R-\overset{\overset{\displaystyle NHCH_2OH}{|}}{\underset{\underset{\displaystyle H}{|}}{C}}-COOH \xrightarrow[\text{与人体内氨基酸作用，从而导致蛋白质变性}]{H-\overset{\overset{\displaystyle O}{\|}}{C}-H\ \text{甲醛}} R-\overset{\overset{\displaystyle N(CH_2OH)_2}{|}}{\underset{\underset{\displaystyle H}{|}}{C}}-COOH$$

氨基酸和甲醛的反应

甲醛的人体危害如此巨大，那生活中的甲醛来源有哪些呢？

各种人造板材（刨花板、密度板、纤维板、胶合板等）中由于使用了脲醛树脂黏合剂，因而可含有甲醛。新式家具的制作，墙面、地面的装饰铺设，都要使用黏合剂。凡是大量使用黏合剂的地方，总会有甲醛释放。此外，某些化纤地毯、油漆也含有一定量的甲醛。甲醛还可来自化妆品、清洁剂、杀虫剂、消毒剂、防腐剂、印刷油墨、纸张、纺织纤维等多种化工轻工产品。

如果发生了甲醛中毒，该如何处理呢？

首先应该进行简单的紧急处理。若吸入甲醛，应迅速脱离现场至新鲜空气处，保持呼吸道通畅，避免发生更多的蛋白质变性；如呼吸困难，输氧；如呼吸停止，立即进行人工呼吸，就医。若误食甲醛，应用1%碘化钾60毫升灌胃，常规洗胃，就医。若皮肤接触甲醛，应立即脱去被污染衣着，用大量流动清水冲洗，至少15分钟，就医。若眼睛接触甲醛，应提起眼睑，用大量流动清水或生理盐水彻底冲洗至少15分钟，就医。

二、糖代谢

俗话说“民以食为天”，人为什么一定要吃饭呢？食物是怎么提供能量的？减肥的时候为什么一定要有氧运动呢？什么是糖尿病？……回答这些问题，都要到糖代谢的过程中找答案。

糖是一类化学本质为多羟醛或多羟酮及其衍生物的有机化合物。在人体内糖的主要形

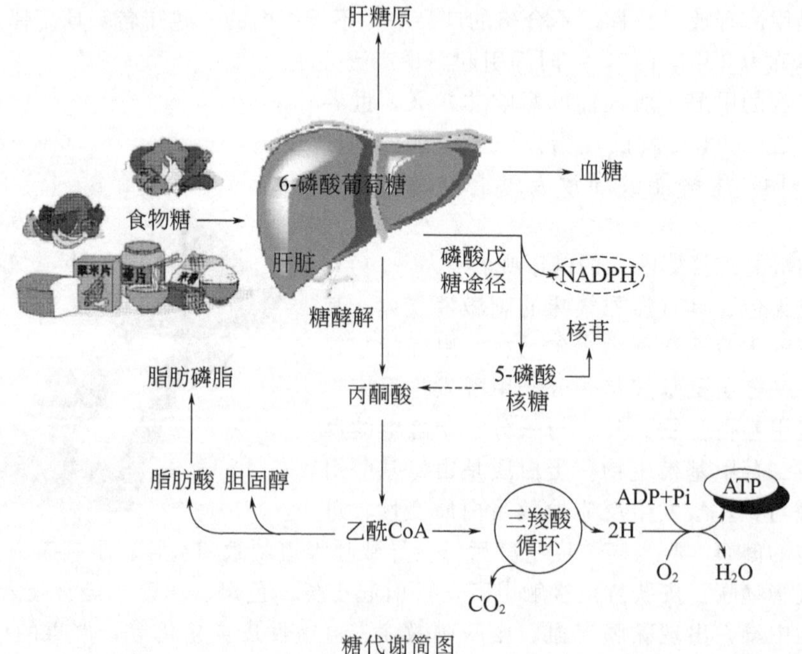

糖代谢简图

式是葡萄糖及糖原。葡萄糖是糖在血液中的运输形式，在机体糖代谢中占据主要地位；糖原是葡萄糖的多聚体，包括肝糖原、肌糖原和肾糖原等，是糖在体内的储存形式。葡萄糖与糖原都能在体内氧化提供能量。食物中的糖是机体中糖的主要来源，被人体摄入经消化成单糖吸收后，经血液运输到各组织细胞进行合成代谢和分解代谢。机体内糖的代谢途径主要有葡萄糖的无氧酵解、有氧氧化、磷酸戊糖途径、糖异生等。

（一）糖的无氧酵解

当机体处于相对缺氧情况（如剧烈运动）时，葡萄糖或糖原分解生成乳酸，并产生能量的过程称之为糖的无氧酵解。这个代谢过程常见于运动时的骨骼肌，因与酵母的生醇发酵非常相似，故又称为糖酵解。参与糖酵解反应的一系列酶存在细胞质中，因此糖酵解的全部反应过程均在细胞质中进行。1 分子葡萄糖在缺氧的条件下转变为 2 分子乳酸，同时伴随着能量的产生，净产生 2 分子 ATP。糖酵解可以在缺氧时迅速提供能量并且因为糖酵解是糖有氧氧化的前段过程，其中一些中间代谢物（如丙酮酸等）是脂类、氨基酸等合成的前体。

（二）糖的有氧氧化

葡萄糖在有氧条件下，进一步氧化生成乙酰辅酶 A（乙酰 CoA），经三羧酸循环彻底氧化成水、二氧化碳及能量的过程就是糖的有氧氧化，这是糖氧化的主要方式，是机体获得能量的主要途径。体内 1 分子葡萄糖彻底有氧氧化生成 38（或 36）分子 ATP。

当肌肉组织供氧充分的情况下，有氧氧化抑制糖无氧酵解，产生大量能量供肌肉组织活动所需。缺氧时，则以糖无氧酵解为主。所以，减肥过程中，一定要做有氧运动，这样才可以消耗糖类，使糖类有氧氧化，达到减肥的目的；要是做的是无氧运动或者是剧烈运动，虽然也可以达到消耗糖类的目的，但是在这个过程中会产生乳酸和一些中间代谢物（如丙酮酸等），乳酸会使人产生肌肉酸痛的感觉，而无法长时间地坚持运动，而且在这个过程中产生的丙酮酸等中间代谢产物是脂类合成的前体，这样反而使减肥事倍功半。

（三）磷酸戊糖途径

这是葡萄糖氧化分解的另一条重要途径，它的功能不是产生 ATP，而是产生细胞所需的具有重要生理作用的特殊物质，如还原型烟酰胺腺嘌呤二核苷酸磷酸（NADPH）和 5-磷酸核糖。这条途径存在于肝脏、脂肪组织、甲状腺、肾上腺皮质、性腺、红细胞等组织中，代谢相关的酶存在于细胞质中，参与生物合成（如脂肪酸、类固醇激素等）反应。还可以维护红细胞的完整性，为核苷酸、核酸的合成提供原料。

（四）糖异生作用

糖异生作用是指非糖物质如生糖氨基酸、乳酸、丙酮酸及甘油等转变为葡萄糖或糖原的过程。糖异生的最主要器官是肝脏。意义是在空腹或饥饿情况下维持血糖浓度的相对恒定，促进肾脏排酸、缓解酸中毒和乳酸再利用（乳酸由肌肉和红细胞中糖酵解生成，经血液运输到肝脏或肾脏，经糖异生再形成葡萄糖）。糖异生与糖酵解是两条相同但方向相反的代谢途径，因此它们必须是互为调节的，两条代谢途径中关键酶的激活或抑制要互相配合。当糖供应充分时，糖酵解有关的酶活性增高，糖异生有关的酶活性减低；当糖供应不足时，糖酵解有关的酶活性减低，糖异生有关的酶活性增高。体内通过改变酶的合成速度而来调控这两条途径中关键酶的活性，以达到最佳生理效应。

知识·链接

剧烈运动后，肌肉为什么有酸痛感？

人在剧烈运动后感到肌肉酸痛，原因是肌肉在暂时缺氧下生成多量的乳酸。适当休息后，血中的乳酸经过肝脏生成丙酮酸，再经糖的异生作用又转变成葡萄糖，这种循环使葡萄糖从分解到回收又重新积累，储存了糖原，是对人体能量的充分利用。

（五）血糖

血液中的葡萄糖，称为血糖。体内血糖浓度是反映机体内糖代谢状况的一项重要指标。正常人空腹血浆葡萄糖浓度为 3.9～6.1 毫摩尔·升$^{-1}$（葡萄糖氧化酶法）。空腹血浆葡萄糖浓度高于 7.2～7.6 毫摩尔·升$^{-1}$称为高血糖，低于 3.3～3.9 毫摩尔·升$^{-1}$称为低血糖。

血糖主要在各组织中氧化分解提供能量，在肝脏、肌肉等组织进行糖原合成，转变为其他糖及其衍生物，如核糖、氨基糖和糖醛酸等，转变为非糖物质，如脂肪、非必需氨基酸等；血糖浓度过高时，由尿液排出。血糖浓度大于 8.88～9.99 毫摩尔·升$^{-1}$，超过肾小管重吸收能力，出现糖尿，出现糖尿时的血糖浓度称为肾糖阈。糖尿在病理情况下出现，常见于糖尿病患者。

正常人体血糖浓度维持在一个相对恒定的水平，这对保证人体各组织器官的利用非常重要，特别是脑组织，几乎完全依靠葡萄糖供能进行神经活动，血糖供应不足会使神经功能受损，因此血糖浓度维持在相对稳定的正常水平是极为重要的。正常人体内存在着精细的调节血糖来源和去路动态平衡的机制，保持血糖浓度的相对恒定是神经系统、激素及组织器官共同调节的结果。

神经系统对血糖浓度的调节主要通过下丘脑和自主神经系统调节相关激素的分泌。激素对血糖浓度的调节，主要是通过胰岛素、胰高血糖素、肾上腺素、糖皮质激素、生长激素及甲状腺激素之间相互协同、相互拮抗以维持血糖浓度的恒定。糖尿病是一种与遗传相关的内分泌代谢疾病，主要是由于人体中胰岛素的激素绝对缺乏或相对不足而引起的糖代谢紊乱所致的血糖升高，出现糖尿，进而引起脂肪和蛋白质代谢紊乱。控制糖量的摄取、增加运动、口服降糖药和胰岛素来改善糖代谢，是目前医学临床进行糖尿病治疗的主要方法。

三、探索水在大脑记忆功能中的作用

世界脑力锦标赛是国际上比较权威的检测记忆力的比赛，每年举行一届，通过记忆大量的信息来比较人的记忆力高低，包括快速数字、快速扑克牌、随机词语、人名头像、（1 小时）马拉松数字、（1 小时）马拉松扑克牌、抽象（随机）图像记忆、二进制数字、历史事件、听记数字十个大项。到 2012 年已经举办了二十一届，2011 年和 2010 年都是在我国广州举行的，截至 2012 年已经诞生了 100 余位世界记忆大师，我国是产世界记忆大师的“大户”，已经产生了像王峰、袁文魁、刘苏、周强等 38 位世界记忆大师。为什么人的记忆力有好有坏？是什么物质在记忆中起了关键作用？这其实也可以从化学角度上进行解释。

人的大脑按质量计，水占80%以上。这是人的生物进化以及人的成长过程中，为了储藏记忆信息的需要，大量地吸收水分子参与的结果。大脑储存的信息量非常非常多，水在大脑存储记忆信息中起着重要的作用。

水的结构和水的性质密切相关。气态时，单个水分子的结构已准确测定。O—H 键长为95.72皮米，H—O—H 的键角为104.52度。在冰水或水合物晶体中，H_2O 分子的价电子对按四面体方向分布。水分子的两个 H 原子指向四面体的两个顶点，显示正电性，而 O 原子上的两对孤电子指向四面体的另外两个顶点，显示负电性。水是极性分子，正电性的一端常和负电性一端结合。通常水是通过氢键或其他次级键和其他分子中的极性基团结合起来。

氢键体系的形成对于信息的传递有重要作用。在电化学实验测定离子淌度时，H^+（或 H_3O^+）和 OH^- 两种离子的淌度要比其他离子的淌度大得多。物理化学家常用氢键体系内原子的接力模型来理解。

大量存在于大脑的水，除起简单的作为溶剂的功能外，还将参与组成大脑记忆功能的神经器官。

大脑中有几千亿个神经元，每个神经元中有许多突触，突触中含有大量的极性基团，如—NH_2、—COOH、—OH 等。水和神经元中的极性基团通过 N—H⋯O、O—H⋯N 和 O—H⋯O 等氢键以及其他次级键组成较稳定的结构单元，它既能保护神经元免受其他化学物种的干扰，又具有特殊的功能传递信息、保存信息、将信息通过微小的化学变化稳定地储存起来，实现大脑的记忆功能。

纯水中最稳定的一种超分子结构形式是水分子通过氢键构成的多面体，其中由20个水分子组成的五角十二面体最稳定。因为它的五边形面中两条边的夹角为108度，和水分子中所形成的四面体结构（夹角为104.52度）很符合。神经元中的极性基团，可与水分子共同组成多面体，如下图所示是神经元中的—NH_2 或者—NH_3^+ 基团代替水分子组成的多面体。氢键体系的形成对于信息的传递有重要作用。

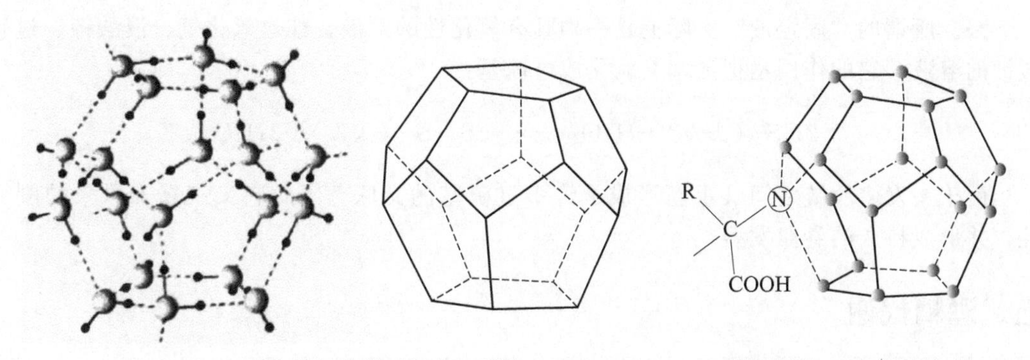

由20个 H_2O 分子组成的五角十二面体　　　　极性基团—NH_3^+ 替换水

两种特殊的被取代的五角结构对于氢键接力传递 H^+ 的能力会有不同，而且由于这种结构的稳定性也是人脑记忆的一种结构方式，神经元中的—NH_2 基团代替水分子组成的多面体结构具有向神经元传递信息的功能。当受到从左边来的 H^+ 的信息，传递到氢键 O(2)—H⋯N 时，H 脱离 O(2)，靠近 N 原子，形成O(2)⋯H—N 氢键，即这个过程使

—NH_2基团变成—NH_3^+，进一步使—COOH 变为—COO^-和 H^+，神经元中的—NH_3^+基团替代水分子组成多媒体。当形成这种结构以后，由于—NH_3^+已不能再接受 H^+的信息，即不能再具有从左向右传递 H^+的功能。当右边的神经元得到 H^+的信息，H^+和—COO^-结合，—NH_3^+基团和 O(2) …H—N 氢键又可以逆向传递方式形成O(2)—H…N 氢键，这两种状态就像电脑芯片的一个元件，由“0”和“1”表示的两种状态。电脑依靠元件的组装形成芯片，再进一步经过多种功能的微电子技术构成。人脑中传递 H^+的氢键体系原集体积更小，O—H…N 的键长通常只有 0.27 纳米，通过奇妙的组织，形成性能极高的大脑，进行人体的生理活动。

未来的化学将和生物学以及信息工程学等融合在一起探索大脑具有记忆和指挥各种生理活动功能的奥秘。

四、烫发 (蛋白质)

烫发是一种美发方法，分为物理烫发和化学烫发，现在用得最多的是化学烫发。烫发的目的其实有 2 个：使头发更丰富（有卷曲的效果）；改变头发的形状、走向。烫发可以通过头发的两步化学反应过程实现，第一步是通过化学反应将头发中的硫化键和氢键打破；第二步是发芯结构重组并使之稳定。

头发是由氨基酸相互缩合成多肽链，再由多肽链之间通过二硫（—S—S—）交联而成。大约在 1930 年，洛克菲勒（Rockefeller）研究所的研究人员发现，这些过硫基可被硫化物或含巯基（—SH）的分子在微碱性溶液中打断。该发现为当今流行的“冷烫”（也称“化学烫”）提供了方法。

在冷烫时，先把头发用含有巯基乙酸根离子（$HSCH_2COO^-$）溶液浸湿，由于它的还原性，可把头发中的过硫基打断成两个巯基：

$$2HSCH_2COO^- + —S—S—(头发) \longrightarrow (SCH_2COO^-)_2 + 2HS^- \quad (头发)$$

失去交联作用的头发变得非常柔软。利用卷发工具把头发卷曲起来，在机械外力作用下，诱发的多肽链与多肽链之间发生了移位。这时加入“固定液”，把已经弯曲的头发固定下来。所谓的“固定液”实际上是一种具有氧化性的溶液，如过氧化氢、溴酸钾、过硫酸钾的溶液，它的作用是把巯基又氧化成过硫基：

$$2HS^-(头发) + H_2O_2 \longrightarrow —S—S—(头发) + 2H_2O$$

由于头发多肽链之间又重新形成了许多过硫基的交联，因此它又恢复了原来的刚韧性，并形成持久的卷曲发型。

五、酒精代谢

为什么有的人喝酒之后脸会很红，而有的人却没有变化？为什么有的人一喝就醉，而有的人却是海量？是什么原因造成喝酒会有不同结果呢？想要了解这些首先就要弄清酒精在人体的代谢过程。

酒精即乙醇，化学式 C_2H_5OH，为亲神经物质。在乙醇的代谢过程中，乙醇脱氢酶（alcohol dehydrogenase，ADH）起着至关重要的作用，它主要分布在肝脏，在胃肠道及其他组织中也有少量分布。乙醇通过血液流到肝脏后，首先第一步被 ADH 氧化为乙醛，

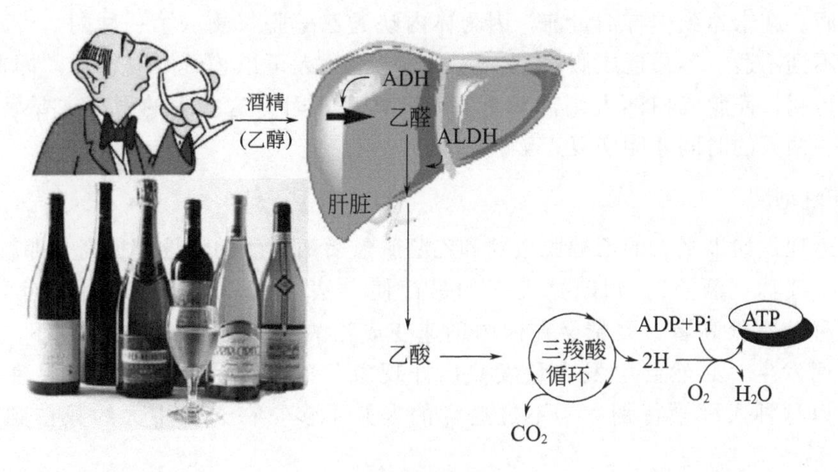

酒精代谢简图

而第二步乙醛脱氢酶（acetaldehyde dehydrogenase，ALDH）则能把乙醛氧化为乙酸。第三步乙酸经过三羧酸循环分解为二氧化碳和水。第三步的三羧酸循环是所有产能营养素（碳水化合物、脂肪和蛋白质）的共同代谢途径，第一步和第二步的两种酶促反应才是酒精代谢的关键步骤。当然，如果某人体内这两种酶都缺乏，或者一次饮酒过量，酒精来不及代谢，还有最后一个途径，就是经血液进入肝脏，依赖肝脏的其他酶系来帮助代谢了，当然也就慢得多了。喝酒后不同反应类型的人，就是因为以上所提到的两种酶（乙醇脱氢酶和乙醛脱氢酶）活性差异造成的。人体内若是具备这两种酶，就能较快地分解酒精，中枢神经就较少受到酒精的作用，因而即使喝了一定量的酒后，也行若无事。在人体中，都存在乙醇脱氢酶，而且大部分人数量基本是相等的。但缺少乙醛脱氢酶的人就比较多。这种乙醛脱氢酶的缺少，使酒精不能被完全分解为水和二氧化碳，而是以乙醛继续留在体内。乙醇代谢的速率主要取决于体内酶的含量，其具有较大的个体差异，并与遗传有关。

1. 脸红型

很多人以为喝酒脸红是酒精所致，非也，实乃乙醛所引起的。喝酒脸红的人，意味着前一个酶（乙醇脱氢酶）的活性较高，而后一个酶（乙醛脱氢酶）活性较低或缺失。饮酒后，酒精由第一步产生的乙醛具有扩张毛细血管的功能，使脸部毛细血管扩张，会引起脸色泛红甚至身上皮肤潮红等现象，也就是平时人们常说的“上脸”。他们有较高活性的乙醇脱氢酶，乙醇迅速地转化成乙醛。但体内迅速累积的乙醛因第二种酶活性低而迟迟难以继续代谢，因此会长时间保持脸红，一般1～2个小时后红色才会渐渐消退。这类人体内的乙醛代谢困难，只有靠肝脏里的一种氧化酶P450慢慢将其转化成乙酸，然后进入三羧酸循环而被代谢。

2. 脸白型

某些人则越喝酒脸越白，到一定阶段突然不行了，烂醉如泥。这类人乙醇脱氢酶和乙醛脱氢酶两种酶均缺乏，或活性很低，主要靠肝脏里的P450氧化酶来慢慢氧化。P450是特异性比较低的一族氧化酶，包括许多药物等外来异物，都要靠它来帮助代谢。喝酒脸白者常给人以很能喝酒的假象，其实他们是靠体液来稀释酒精，延缓酒精进入中枢神经而推迟醉酒的。正常情况下，当体内酒精浓度积累超过0.1%就会昏迷，造成急性酒精中毒，也就是醉酒。在未达到中毒剂量前，因为体内缺乏乙醇脱氢酶（第一种酶），乙醛浓度很低，感觉不到不适，容易造成假象。一般喝酒红脸的人可以连续几餐饮酒，即便喝吐了，下顿也可再喝；而脸发白的人则需要更多时间休息，因为这些人的酒精主要靠在肝脏代谢，需要一两天的时间才能恢复正常。

3. 海量型

同样道理，如果某人的乙醇脱氢酶和乙醛脱氢酶两种酶的活性都很高，那就是俗称的“酒篓子”，或称“酒漏”。判断这类人的最简便方法，就是看他喝酒时是否大量出汗。因为这两种酶都很高者，酒精会在体内迅速变成乙酸进入第三步 TCA 循环，此时大量的能量代谢发生，必然会引发大量发热出汗现象。正因为代谢快，不容易在体内积蓄中毒，所以这种人酒量特别大。不过这样的人并不多，在人群中大约只占到十万分之一左右。

值得一提的是，酒精性肝损害多发生于喝酒脸白型。这类人体内因缺乏酶代谢，酒精只能在肝脏代谢，容易导致肝脏损害。喝酒脸红的人，因脸红反而会少喝，酒后易发困，睡上 15～30 分钟后即可恢复精神，反而不易伤肝。而喝酒脸白者往往不知深浅，在高度兴奋中饮酒过量，直到烂醉，经常如此只好肝脏来代罪了。

人们早已观察到，人类对酒精耐受性有种族的和个体的差异。酒精敏感者，当摄入人体重量每千克 0.3～0.5 毫升乙醇时，即可表现面赤、皮湿升高、脉率加快等酒精中毒症状。黄种人中 80%为敏感者，白种人中仅 5%敏感者。酒精在体内的代谢过程主要是由肝中的乙醇脱氢酶和乙醛脱氢酶所制约。ADH（乙醇脱氢酶）是二聚体，由 3 种亚单位 α、β、γ 组成，α、β、γ 分别由 ADH1、ADH2、ADH3 基因编码。成人主要是 β 链二聚体。ADH2 具有多态性，大多数白种人为 ADH21，由 β1β1 组成；而 90%黄种人为 ADH22，由 β1 的变异肽链 β2 组成（β2β2）。β2β2 的酶活性约为 β1β1 的 100 倍，故大多数白种人在饮酒后产生乙醛较慢，而黄种人积蓄乙醛速度较快。ALDH（乙醛脱氢酶）亦有 2 种同工酶：ALDH1 和 ALDH2。黄种人中有 3 种表型：①普通型，ALDH1 与 ALDH2 均有；②常见的“非经典型”，仅有 ALDH1 无 ALDH2，占 50%；③罕见“非经典型”，仅有 ALDH2 无 ALDH1，只在个别日本人中发现。几乎所有的白种人都为普通型。ALDH2 活性较 ALDH1 活性高。黄种人多数具有 ADH22，能使乙醇很快转变为乙醛，而又有一半的黄种人只有 ALDH1，使得乙醛氧化过程缓慢；白种人 ADH21 酶本身产生乙醛较慢，同时又有活性较高的 ALDH2 能很快氧化掉乙醛。这就是黄种人较白种人易产生酒精中毒的原因。综上所述，黄种人较白种人易产生酒精中毒的原因是遗传因素决定的。大多数黄种人在饮酒后产生乙醛速度快，而氧化为乙酸的速度慢，故易产生乙醛蓄积中毒。

急性酒精中毒是指当过量酒精进入体内，超过了肝脏的氧化代谢能力，而在体内蓄积，并进入大脑。此时机体处于应激状态下，下丘脑释放因子促使腺垂体释放内源性阿片样物质，其中作用最强的是 β-内啡肽。另外乙醇代谢产物乙醛在体内与多巴胺缩合成阿片样物质，直接或间接作用于脑内阿片受体，使患者先处于兴奋状态，渐转入抑制状态，继之皮层下中枢、小脑、延髓血管运动中枢和呼吸中枢相继受抑制，严重急性中毒可发生呼吸、循环衰竭。

慢性酒精中毒指由于长期过量饮酒导致的中枢神经系统严重中毒。进入人体的乙醇由于不能被消化吸收，会随着血液进入大脑，破坏神经元细胞膜，削弱中枢神经系统，并通过激活抑制性神经原和抑制激活性神经原造成大脑活动迟缓，一旦过量便会造成大量神经细胞死亡。饮酒过量同时可导致酒精中毒性昏迷。因此酗酒是一种百害而无一利的陋习，应避免养成和及时戒除。

趣味实验 3-1　自制昆虫琥珀标本

【实验目的】

通过自制昆虫琥珀标本了解高分子聚合物的性质及化石标本形成原理。

【实验原理】

远古时期，一只美丽的小瓢虫自由自在地在松树林里飞来飞去。突然，一滴松脂滴下去，牢牢地粘住它，它再也飞不起来了。滴在它身上的松脂越来越多，越积越厚，最后把它完全包裹起来。再后来，由于自然界地壳运动，小瓢虫和松脂一起被深埋地下。经过许多年以后，松脂在地下发生了一系列的变化，最后变成了透明的琥珀，小瓢虫在里面清晰可见，犹如当年一样美丽。利用高分子聚合物（松香、有机玻璃）固体和液体与溶液的转变实现标本制作。

1. 以松香为材料

【实验用品】

酒精灯、三角架、烧杯、食用油、石棉网、玻璃棒、松香、酒精、卡纸、小昆虫标本。

【实验步骤】

做一个小模具（可以用体积为 5cm×3cm×3cm 的纸盒）。

在模具内壁用刷子涂一层薄薄的食用油，把先前准备好的小昆虫安在模具的正中央。

取一个干净的烧杯，加入少量的松香和适量的酒精（10份松香加 1 份酒精）。烧杯放在酒精灯上加热，同时用玻璃棒不断搅拌，直到松香全部熔化。待烧杯中酒精蒸发完后，取下烧杯稍稍冷却。

把松香慢慢地倒入装有小昆虫的模具内（避免在里面产生气泡），使熔化的松香刚好能淹没小昆虫为宜。浇制最好一次性完成，以免产生层次交界的痕迹。

待松香凝固后，轻轻地移去外层模具，用小刀把标本周围多余的松香除去。这样，一个简易的小昆虫琥珀标本就初步成形了。

为了更漂亮，最后用一块柔软的手帕蘸少量酒精，把琥珀四周擦拭透明。这样，一个既美观又时尚的琥珀便制作成功了。

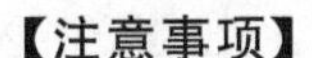

【注意事项】

用酒精灯加热松香时，烧杯下面要垫石棉网，不能直接用烧杯进行加热，以免温度过高导致松香颜色变深，这样做出来的琥珀标本就不够美观了。

松香熔化后必须停止加热，如果松香液温度过高会把标本煎焦。

昆虫标本用刚制成的新鲜标本效果最好。

2. 以有机玻璃为材料

【实验用品】

废弃的有机玻璃碎片、氯仿（三氯甲烷，能溶解有机玻璃）、昆虫标本、烧杯等。

【实验步骤】

先将有机玻璃碎片洗净后晾干，并砸成米粒大的小块或磨成粉末，装入玻璃瓶中，然后加入氯仿，盖紧瓶塞，放置几天让其溶解。有机玻璃与氯仿二者配比要由溶液的稀稠而定，以调成鸡蛋清样的稠度为宜。

做一个小模具，模具可用硬纸折成，糊成各种需要的形状，复杂模具也可以用雕刻刀在木板上刻成。

先向模具空腔内加一些上述溶液，在通风地方晾干后成固体后，然后将小昆虫轻轻放入再加配制好的溶液，直到把虫体全部覆盖。

将模具放在清洁干燥处，待自然干燥后即可得到一块精致的水晶般的人造化石。

【注意事项】

氯仿的加入量要根据所溶解的有机玻璃碎屑量和溶解物的稀稠而定，一般调成鸡蛋清那样的稠度为宜，稠了加进适量的氯仿，稀了加进适量的碎屑，但必须让其彻底溶解。

操作过程中烧杯要随时加盖，以免氯仿挥发，最好能在暗箱中进行操作。

最后浇制过程中可以适当多加一些透明体，避免氯仿蒸发后有机玻璃收缩。

【实验结果】

见图示。

趣味实验 3-2　从牛奶中提取酪蛋白

【实验目的】

对蛋白质胶体溶液进行认识，了解蛋白质在不同 pH 值下的性质。

【实验原理】

蛋白质是由氨基酸构成的高分子化合物。蛋白质同氨基酸一样是两性电解质，调节蛋白质溶液的 pH 值可使蛋白质分子所带的正负电荷数目相等，即溶液中的蛋白质以兼性离子形式存在，在外加电场中既不向阴极也不向阳极移动。这时溶液的 pH 值称为该蛋白质的等电点。在等电点条件下，蛋白质溶解度最小，因此就会有沉淀析出。

【实验用品】

离心机、酸度计、磁力搅拌器、玻璃棒、烧杯、容量瓶、移液管、抽滤装置、电炉、温度计；鲜牛奶、0.5mol·L^{-1} HCl、0.5mol·L^{-1} NaOH、95%乙醇、无水乙醚、0.2mol·L^{-1} pH 4.7 醋酸-醋酸钠缓冲液。

【实验步骤】

1. 方法一

取牛奶 50mL，离心（3000r·min^{-1}）15min，除去脂层。然后向脱脂奶中加入 50mL

水后，用 0.5mol·L^{-1} HCl 调整 pH 到 4.63，离心（2000r·min^{-1}）5～10min。

取沉淀加入 100mL 水并用 0.5mol·L^{-1} NaOH 调整 pH 到 7.0，再用 0.5mol·L^{-1} HCl 调整 pH 到 4.6，离心（2000r·min^{-1}）3min。

重复上述操作一次。

取沉淀用 1mol·L^{-1} NaOH 调整 pH 至 7.5，溶解后装入透析袋中透析 48h，即得酪蛋白粗品。

2. 方法二

先配制 A 液与 B 液。A 液为 0.2mol·L^{-1}醋酸钠溶液，称 NaAc·$3H_2O$ 54.44g，定容至 2000mL。B 液为 0.2mol·L^{-1}醋酸溶液，称取优级纯醋酸（含量大于 99.8%）12mL 定容至 1000mL。取 A 液 1770mL、B 液 1230mL 混合即得 pH 4.7 的醋酸-醋酸钠缓冲液 3000mL。

将 50mL 牛奶加热到 40℃，在搅拌下慢慢加入 50mL 预热到 40℃的 pH 4.7 的醋酸缓冲液。用精密 pH 试纸或酸度计调 pH 至 4.7。将上述悬浊液冷至室温，离心 15min（2000r·min^{-1}），弃去清液，得酪蛋白粗制品。

用水洗沉淀 3 次，离心 10min（3000r·min^{-1}），弃去上清液。

在沉淀中加入 30mL 乙醇，搅拌片刻，将全部悬浊液转移至布氏漏斗中抽滤。用乙醇-乙醚混合液（体积 1∶1）洗沉淀两次。最后用乙醚洗沉淀两次，抽干。

将沉淀摊开在表面皿上，风干得酪蛋白纯品。

【实验结果】

准确称重，计算含量和得率。

含量＝酪蛋白(g)/100mL 牛乳

得率＝测定的含量/理论含量 ×100%

（理论含量为 3.5g·100mL^{-1}牛乳）

趣味实验 3-3　氨基酸和蛋白质的颜色信息

【实验目的】

对氨基酸性质进行认识，了解氨基酸结构对其性质的影响。

【实验原理】

氨基酸是组成蛋白质的基本单位，蛋白质是由氨基酸以酰胺键形成的复杂的高分子化合物，是生物体的基本组成物质，在有机体中承担着各种各样的生理功能。在酸、碱和酶的作用下，蛋白质可被水解成多肽最后形成氨基酸的混合物。

α-氨基酸或含有游离氨基的蛋白质及其水解产物与茚三酮水溶液一起加热，能生成蓝紫色的有色物质，这是 α-氨基酸特有的反应，常用于 α-氨基酸的定性或定量测定。

多肽和蛋白质分子中有类似于缩二脲的结构单元，可与硫酸铜作用形成蓝、紫或红色的铜盐配合物。氨基酸因不含肽键，故除组氨酸外都不发生此反应。

【实验用品】

试管、滴管、0.5%甘氨酸溶液，0.5%酪蛋白溶液、鸡蛋清、蒸馏水、0.1%茚三酮-

乙醇溶液、10%氢氧化钠溶液、5%硫酸铜溶液等。

【实验步骤】

取25mL鸡蛋清于小烧杯中，加入100～120mL蒸馏水，搅拌均匀后，用清洁的绸布或经水浸湿的纱布或脱脂棉过滤，即得蛋白质溶液。

1. 茚三酮反应

取3支试管，编号后分别加4滴0.5%甘氨酸溶液、0.5%酪蛋白溶液、蛋白质溶液。再加2滴0.1%茚三酮-乙醇溶液，混合均匀后，放在沸水浴中加热1～2min。观察并比较3支试管里显色的先后次序。

2. 缩二脲反应

取2支试管，编号后分别加10滴0.5%甘氨酸溶液和蛋白质溶液，每个试管中再加入15～20滴10%氢氧化钠溶液，混合均匀后，再都加入3～5滴5%硫酸铜溶液，边加边摇动，观察对比有何现象产生。

【实验结果】

氨基酸与蛋白质结构具有异同点，具有氨基结构特点的都能与茚三酮水溶液一起加热生成蓝紫色的有色物质。茚三酮反应实验中可以看到甘氨酸的试管首先变成蓝紫色。而酪蛋白溶液、蛋白质溶液也都有氨基结构，但里面多数氨基与羧基成肽链了，所以颜色变化没有氨基酸快。

而多肽和蛋白质分子中有类似于缩二脲的结构单元，因此它们在缩二脲反应中能有紫色反应，而氨基酸却不行。

趣味实验3-4 指纹鉴定

【实验目的】

学会用实验的方法识别指纹。

【实验原理】

碘受热时会升华变成碘蒸气。碘蒸气能溶解在手指上的油脂等分泌物中，并形成棕色指纹印迹。每个人的手指上总含有油脂、矿物油和水。用手指在纸面上按的时候，指纹上的油、矿物油和汗水就会留在纸面上，只不过人的眼睛看不出来。当把这隐藏有指印的纸放在盛有碘的试管口并加热时，碘就开始升华——变成紫红色的蒸气（注意，碘蒸气有毒，不可吸入）。由于纸上指印中的油脂、矿物油都是有机溶剂，因此碘蒸气上升到试管口以后就会溶解在这些油类物质中，于是指纹也就显示出来了。

【实验用品】

试管、橡胶塞、药匙、酒精灯、剪刀、白纸、碘。

【实验步骤】

（1）取一张干净、光滑的白纸，剪成长约4cm、宽不超过试管直径的纸条，用手指在纸条上用力摁几个手印。

（2）用药匙取芝麻粒大的一粒碘，放入试管中。把纸条悬于试管中（注意摁有手印的一面不要贴在管壁上），塞上橡胶塞。

（3）把装有碘的试管在酒精灯火焰上方微热一下，待产生碘蒸气后立即停止加热，观察纸条上的指纹印迹。

知识·链接

指纹鉴定

指纹鉴定的科学基础在于，指纹人各不同，终身不变；而且只要物体表面有足够的光滑度，人手接触物体，必然留下指纹。人类很早就认识到指纹“因人而异”的特性，并将它用于个人识别，如文书契约、断案等方面。我国民间又有“一斗穷，二斗富”之类的说法，可见指纹是分成不同类型的。用肉眼观察，指纹就可分 1000 多类。指纹的不同形状是由纹线（乳突线）组成，纹线分叉或中断的地方叫细节点（特征点），有 100 个左右；细节大致又分 4 种：分叉、结合、起点、终点，它们都因人而异。仅仅机械地计算这一差异，就有 4^{100} 个，这是一个天文数字，加上点与点之间的不同关系，说“人各不同”是毫无问题的。在现代社会中，指纹鉴定已被保安部门作为鉴定人物身份的有力武器，在需要高度戒备或保密的地方也被作为一个人进出的身份证和通行证。

我们通常会认为鉴定指纹是专家才能做的事情，其实我们也可以成为这样的专家。

（胡昱，戴延凤）

第四章 医药与化学

世界卫生组织统计数据显示，20世纪初世界人口的平均寿命只有45岁左右，随着生活质量的提高和医疗条件的改善，人类的平均寿命正在稳步提高，有望达到每十年，平均寿命增加1.1岁。2008年世界上平均寿命最高的国家是日本，已经达到了84岁；2010年我国男性人口平均预期寿命为72.38岁，女性为77.37岁，种种数据表明“人生七十古来稀”的表达已经跟不上时代了！大家喜闻乐见的祝寿语“长命百岁”，不再是遥不可及的美好愿望，相信总有一天可以实现。

人类想要延年益寿，拥有高质量的生活，离不了医药的发达，离不开疗效确切、价廉物美的药物。药物，无论是天然药物、合成药物还是基因工程药物，就其化学本质而言都是一些由C、H、O、N、S等化学元素组成的化学品。但是，药物不是一般的化学品，是用来预防、治疗、诊断疾病，或是调节人体机能、提高生活质量、保持身体健康的特殊化学品。医药的发展绕不开化学学科的进步，具体表现有：化学家合成的各种化学药物，有效控制了危害人类健康的常见病和多发病；化学研究给人类提供了预防、治疗和诊断各种疾病的有效方法和技术；化学家们合成的杀虫剂有效减少了虫源性疾病的发生。凡此种种，化学为治疗疾病、服务人类健康生活做出了巨大的贡献。

第一节 人类、医药与化学

一、人类与医药的关系

自从地球上有人类开始，人类与各种疾病的斗争就开始了，寻找治病药物和医病良方的漫漫长路就此拉开了序幕。

医药的历史可追溯到五六千年以前。民间关于神农、药王的传说传颂着我们的祖先研究医药的艰辛和可贵精神。“神农尝百草，一日而遇七十毒”，神农的奉献精神为人敬仰。古代药物的发现，往往是人类本身的生活经验或反复尝试验证不断积累得来，很多时候是偶然得到的。例如，古人类在被尖石或荆棘刺伤后意外发现身体内某些疾病竟然得到了缓解或痊愈，身体局部被火烘烤或接触到烧热的石块等能使某些病痛得到治疗作用，久而久之就形成了“针灸法”；人类在原始生活中，吃的是各种野生植物的果实、种子和根茎，有时采食的某些植物会使人产生呕吐、腹泻、昏迷甚至死亡，有时又恰巧使身体的某些不适得到减轻甚至消除，经过无数次的尝试和经验教训，人类逐渐积累了一些植物的治疗、保健功能或是毒性的认识，例如，距今已经有2000多年的《神农本草经》，就记载了300多种动植物和矿物的药品；被民间供奉的药王孙思邈（581—682）活了101岁，经历隋、唐两朝六个皇帝，他踏遍名山广收民间秘方，先后写成了《千金要方》和《千金攫方》，其中记录的用赤小豆和谷皮防治脚气病的药方比欧洲人用维生素 B_1 防治脚气病早了近千年；李时珍（1518—1593）花费了近30年的心血对中医药学进行考证和系统整理所著的《本草纲目》闻名世界，其中对1892种药物分类并全面介绍了药效，这一药学巨著至今光彩依旧，广泛地在全世界流传。

纵观世界，在古代文明发达的国家如希腊、埃及、罗马、波斯、印度等的医药发展史上也流传着不少神话和传说。阿拉伯人阿维森纳（Avicenna，980—1037）被奉为世界医学史上的医圣之一，他所著的《医典》在几百年里被西方的医学界奉为经典著作。

世界各国的医药发展历程基本相似，都是由生活经验和反复的尝试验证不断积累的过程。医药发展的历史就是人类勇敢对抗疾病的历史，只有医药不断发展进步，人类才能延年益寿、生生不息。

二、药物与化学的关系

起初，人们应用的药物都来源于天然物特别是植物，我国就有几千年的应用中医药的历史。从19世纪开始，随着有机化学和实验医学的发展，药物的研究和发展进入了一个新阶段。人类不满足仅仅应用天然植物来治疗疾病，而是希望从中发现具有治疗作用的活性成分。1803年德国药师Serturner从鸦片中分离提取得到吗啡；1819年人们从咖啡中分离出咖啡因；1823年从金鸡纳树皮中分离得到奎宁，1833年从颠茄及洋金花中提取得到阿托品……。这些活性成分的分离和确定，说明了天然药物中所含的化学物质是产生治疗作用的物质基础。于是，化学方法分离、提纯天然活性成分技术为临床应用提供了准确适用的药品，也为药物化学的发展创立了良好的开端。

19世纪中期以后，化学工业，特别是燃料、化工、煤化工等的发展，为人们提供了更多的化学物质和原料，利用有机合成技术合成药物及改造天然有效成分的分子结构成为新药物的来源。19世纪末实现了苯佐卡因、阿司匹林等一些化学药物的合成，意味着药物研究开始由天然产物的研究转入人工合成的研究，药物化学真正形成了一门重要的独立的学科。

药物是人类战胜疾病的重要武器。现代化学的发展为药物的研发提供了一个极为宽广的后方基地，依靠化学可以研究药物的组成、结构，从本质上认识药物，进而在实验室内合成并进行大规模生产。第二次世界大战前唯一有效的抗细菌感染药物——磺胺类药物的问世标志着医学在化学疗法方面的一大突破。第二次世界大战后，磺胺药逐渐让位于治疗效果更好的抗生素类药，如青霉素、四环素、红霉素、氯霉素、头孢菌素等，这是科学发展的必然结果。据不完全统计，20世纪化学家通过合成、半合成或从动植物、微生物中提取得到的临床有效化学药物超过2万种，常用的就有1000余种。目前，新药研究已从随机筛选发展到以构效关系为基础，化学和生物医学研究相融合的合理药物设计。科学家们已经在分子层次上对生物大分子的结构与功能有了深入的研究，于是，新药研究转向针对明确的药物靶分子。毫不夸张地说，没有化学，就没有现代药物，更不会有现代医学。

第二节 化学与临床诊断技术

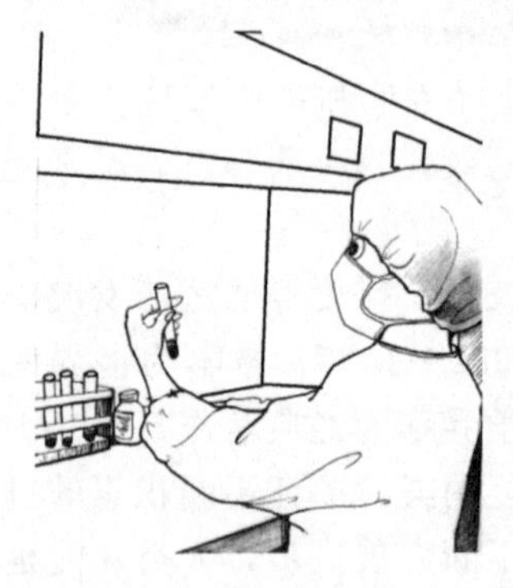

有效治疗疾病的第一步，就是正确地诊断疾病。化学在诊断疾病方面起着核心的作用。例如，血液和尿液的化验是体检中不可缺少的常规项目；用中子活化法检测头发中的微量元素，可以帮助诊断某些疾病；利用核磁共振成像技术可得到人脑断层成像，帮助医生找到病变部位，指导医生的手术；近年来开发的光纤化学传感器，可用来测量生物体的活体成分，有效地提高了医疗诊断的准确性。可以预见，光纤化学传感器将取代许多传统的检测方法，为医疗诊断技术的发展提供一个全新的视角。

知识·链接

四环素荧光法查胃病

检查胃病的传统方法是做钡餐和胃镜。做钡餐要求病人吞服大量难吃的硫酸钡，然后用X射线拍片；胃镜则要把窥视镜通过食道插入胃部，让病人感到很痛苦。目前，临床上有一种四环素荧光法查胃病，病人只需空腹服下几片四环素，过一会儿在病人耳朵或其他部位抽一滴血，就可以判断胃的情况。

原来，四环素是一种能发荧光的有机物，虽然血液中四环素含量极微，但经紫外线照射，荧光计上会显示谱线，根据谱线强弱可知四环素含量，四环素分子结构中有4个环，能与铜离子形成配合物，这种配合物不为人体吸收，不能进入血液，患萎缩性胃炎和胃癌的人胃液中铜离子比正常人多，所以血液中四环素含量明显低于正常人，这就是四环素荧光法诊断胃病的原理。

分析化学不仅在揭示生命起源、疾病及遗传奥秘等方面具有重要意义，而且在生物分析、临床诊断中也发挥了极其重要的作用，常见应用如下。

一、电化学分析在临床诊断中的应用

电化学分析是分析化学与电化学的结合，是揭示生命奥秘最有力的工具之一，它可以研究电子、离子、分子在生物体系中的含量、分布及其传输、转换、转化过程及规律。

临床上使用的伏安分析法，可用于检测生物大分子。具体应用有：采用亚硝化反应吸附溶出伏安法测定衍生化后的雌二醇、雌三醇、黄体酮等激素，灵敏度可达 10^{-10} 摩尔·升$^{-1}$；单扫描示波极谱法与免疫反应结合可测定乙型肝炎表面抗原，灵敏度为 0.5 微克·升$^{-1}$；利用胆红素、卟啉等与金属离子配合物的极谱波可测定胆红素、卟啉等物质；利用线性扫描伏安法可同时测定次黄嘌呤、黄嘌呤、尿酸等；利用循环伏安法可快速测定肾上腺素、去甲肾上腺素等；利用差示脉冲伏安法可快速测定细胞色素 C；对于没有电活性的氨基酸，还可先将它与醛反应产生电活性物后再进行测定。

二、荧光分析在临床诊断中的应用

荧光分析是光化学分析中的一种，具有很高的灵敏度和选择性，激光荧光分析可以接近或达到检测灵敏度的极限——单原子或单分子测定。

利用荧光探针可测定 RNA 和 DNA，还可以区分不同构象的核酸。荧光分析还是研究 DNA 碱基损伤修复以及与有关药物的化学反应活性部位的理想工具。采用时间分辨荧光免疫法可鉴定微量血痕种属，灵敏度高，适用于法医常规检测；激光诱导荧光光谱在活细胞、活体体液、DNA 碱基序列和细菌病原体的鉴定中发挥了重要作用，在恶性肿瘤的早期诊断和治疗中已取得可喜的进展。利用激光诱导荧光光谱法设计的细胞定量分析仪器——流式细胞计，可提供生物细胞的基本信息，在肝细胞倍体、混合细胞群中各亚群细胞的 DNA 含量的测定、癌细胞动力学研究和化疗癌症患者治疗的监测等方面已获得了广泛应用。

三、色谱分析在临床诊断中的应用

高效液相色谱（HPLC）借助于新型取样技术——微透析，可直接测定病人血清中肌肝含量，利用微型柱 HPLC 可测定肾上腺素、去甲肾上腺素，利用非多孔填料的 HPLC 可对各种蛋白质进行分离。

色谱分析中的毛细管区带电泳（CZE）技术可分离人体血清蛋白，可分析人体血红蛋白、分析重组人胰岛素原，可分离血红蛋白变异株，CZE 与免疫消去法结合还可分析免疫球蛋白。

四、质谱分析在临床诊断中的应用

质谱分析具有灵敏度高、超微量、测定迅速的特点，与色谱联用是解决生命科学分析问题的重要手段。质谱法用亚微克级试样就能准确地给出分子量、分子式及其他结构信息，既可定性又可定量。研究热点有：①发展新的软离子技术，以便分析强极性、不稳定、难挥发的生物大分子（如蛋白质、核酸、聚糖）；②与液相色谱联用，分析复杂生物体系中的痕量成分。

五、核磁共振成像在临床诊断中的应用

核磁共振成像（NMRI），是利用核磁共振原理，依据所释放的能量在物质内部不同结构环境中不同的衰减，通过外加梯度磁场检测所发射出的电磁波，测得构成这一物体原子核的位置和种类，据此绘制出物体内部的结构图像。NMRI 是一种强有力的临床医学诊断工具。

NMRI 是利用磁场与射频脉冲使人体组织内进动的氢原子核（即 H^+）发生振动产生射频信号，经计算机处理而成像的。原子核在运动中，吸收与原子核运动频率相同的射频脉冲，发生共振吸收，去掉射频脉冲之后，原子核磁矩又把所吸收的能量中的一部分以电磁波的形式发射出来，称为共振发射。共振吸收和共振发射的过程叫做“核磁共振”。用适当的电磁波照射磁场中的物体，就会产生核磁共振，分析它释放的电磁波，可以得知构成这一物体的原子核的位置和种类，据此可以绘制物体内部的精确立体图像。

临床医学中的 NMRI 的“核”指的是氢原子核，因为人体中约 70%是由水组成的，因此 NMRI 可以利用水中氢原子产生核磁共振。例如，通过一个磁共振成像扫描人类大脑获得的一个连续切片的动画，可以观察整个大脑的组织结构。

以上种种都是化学科学在临床诊断技术上的具体应用，有了现代临床诊断技术的进步，医生对患者的临床诊断更科学、可靠，正确的诊断之后，就要有正确的治疗方案，这涉及很多方面，其中，临床给药非常重要。接下来，介绍常用药物的基本知识。

第三节 中药简介

我国幅员辽阔，中草药资源十分丰富。在长期与自然和疾病斗争的过程中，我们的祖先积累了用中草药防治疾病的丰富经验。

中药治疗的优势在于，善于用宏观知识来认识人体、药物及两者的关系，考虑人体健康状况，可以宏观到将人体、药物及两者关系放到宇宙大环境来考虑平衡，其中包括自然因素、社会和心理因素，因此涉及的可变因素更多，更符合整体宏观情况。所以，在防治疾病中，呈现着整体的准确性。例如，用中药防治疾病时，药物较少呈现出对人体的伤害，即毒副作用小。

中药属于天然药物，绝大多数取自植物。在已知的五千多种中药中，有机药物占98%以上，无机药物大约占 2%。中药一般都包括草药，习惯称为“中草药”。中草药的发展离不开化学技术，20 世纪研究的主流是从植物中分离出单一活性成分作为先导化合物，再经过结构改造成新的合成药物；20 世纪后期，开始了用现代化学方法研究中药复方的高潮。

每一种中药中都含有多种化学成分，但并不是每一种化学成分都具有药效。通常把中药中没有生物活性、不具药效的成分称为无效成分；而把中药中一些比较特殊的、具有一定生物活性的化学成分，如生物碱、苷类、萜类等具有治疗疾病作用的有机化合物称为有效成分。按各种中药中所含的主要有机化合物的结构来分，中药大致可分为八大类。

一、生物碱类中药

生物碱是一大类来源于生物（主要是植物），一般具有强烈的生物活性、多呈碱性的有机化合物，其中许多为含氮有机化合物（尤以氮杂环为多），它是中药中非常重要的化学成分之一，主要存在于双子叶植物中。例如，抗癌的三尖杉碱主要含在三尖杉的叶子和种子中；麻黄碱以麻黄的髓部含量最高；黄檗碱集中在黄柏树皮中。因此，中药主要选取这些植物中生物碱最集中的部分入药。

这类中药常见的有板蓝根、马钱子、麻黄、益母草、川贝、茯苓等。板蓝根具有清热解毒、消炎镇痛功能；马钱子是中枢神经兴奋剂、剧毒性中药；麻黄主治风寒感冒、发热无汗和咳喘、水肿等症。

二、挥发油和萜类中药

挥发油是存在于植物体中、具有强烈香味的油状有机化合物的总称，广泛分布于植物界，在植物中的叶、花、茎、皮、根、种子等各部分都可能存在。挥发油中所含的化学成分多较复杂，其主要成分多为萜类化合物，因此常把挥发油和萜类中药归为一类。

挥发油和萜类中药数量相当多，常见的如香附、小茴香、肉桂、陈皮、当归、白术、薄荷、樟脑、姜、穿心莲、大蒜等。挥发油和萜类中药多具有止咳平喘、祛痰发汗、祛风解表、消炎镇痛、抗菌杀虫等临床功效。

三、苷类中药

苷是一大类又称为缩醛（或甙）的有机化合物，它通常是由糖或糖醛酸与另一非糖物质通过环状半缩醛羟基缩合而成的化合物。其中相互连接的键称为苷键，非糖部分称为苷元。几乎各种类型的天然成分都可与糖结合成苷，而构成苷的糖常见的是葡萄糖、半乳糖、鼠李糖和阿拉伯糖等。

苷类在自然界分布极为广泛。在植物中分布情况各不相同，多以果实（种子）、皮和根等部分中的含量较为集中，花和叶子中虽也含有苷，但含量往往相对较少。多见两种或多种苷同存在于一种植物体中。常见的有人参、柴胡、甘草、桔梗、沙参、三七、山楂、杏仁、桃仁等。这类中药的强心苷类剂量适当可使心肌收缩作用加强，可用于治疗充血性心力衰竭及节律障碍等心脏病和某些肿瘤。

四、环酮类中药

环酮类中药特指主要化学成分中具有环酮结构的中药。

这类中药在自然界广泛存在，其中许多还是常见的中药，如麝香、大黄、何首乌、丹参、茵陈、蛇床子、金银花、白果、陈皮等。这类中药大多具泻下通便、行瘀因、破积滞、清火解毒、抗菌消肿等功效。

五、甾族化合物类中药

凡是主要成分的分子含有甾环母体结构的各种中药都属于甾族化合物类中药。

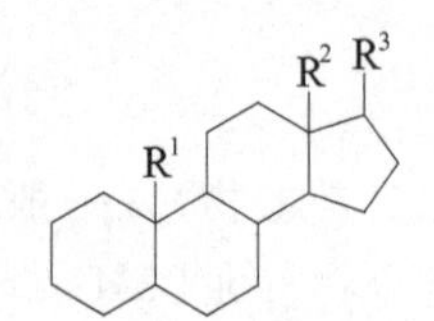

甾族化合物基本骨架

甾族化合物普遍存在于动植物体内，有动物药和植物药之分。

(1) 来自动物的甾族类中药。①胆汁酸类，典型的如牛黄、熊胆，是一类疗效非常显著的清热解毒、明目、镇痉、镇痛良药；②蟾蜍甾二烯类中药。典型代表是从蟾蜍身上刮下的蟾酥。蟾酥具有升压、强心、兴奋呼吸中枢的作用，用于治疗呼吸循环衰竭和失血性低血压休克，同时还具有消炎、解毒等多种功效。

(2) 来自植物的甾族类中药。包括人参、茯苓、三七、半夏、附子、黄檗等。

(3) 动植物体内都有的甾族类中药。如昆虫变态激素类药牛膝、川牛膝、土牛膝、怀牛膝等，具活血化瘀、泻火解毒、通经脉、祛风湿等功效。

六、氨基酸、蛋白质类中药

凡利用氨基酸、蛋白质为治疗有效成分的中药均属氨基酸、蛋白质类中药。阿胶是这类中药的典型代表，具有滋阴润燥、补血止血的功效。

七、糖类中药

凡利用其中糖类（主要是多糖）有效成分治疗疾病的均属糖类中药。例如，香菇中的香菇多糖具抗肿瘤作用，黄芪中的黄芪多糖具有明显的体液免疫促进作用。

八、有机酸类中药

有机酸广泛存在于植物界中，多以盐或酯的形式存在，但在未成熟的果实中以游离态存在。

许多有机酸具有生物活性，所以中药中应用较多。如升麻含有咖啡酸，具有止血、镇咳、祛痰、解毒、透疹等功效。五倍子含食子酸，具止血、收敛作用，并可治疗烧伤。

知识·链接

煎中药的学问

最好用有盖的陶瓷砂锅煎药，因为陶瓷砂锅价廉且稳定，不会发生化学变化或起催化作用。煎药用水以水质纯净为原则。

煎药的火候也有讲究，一般情况下先用冷水浸透，而后用武火（急火），煎沸后用文火（慢火)。《本草纲目》记载“先武后文，如法服之，未有不效者”。其原因在于用冷水浸透后再煎煮，有效成分易于煎出。煮沸后改用文火，以免药液溢出、药液过于熬干。煎药时不宜频频打开锅盖，以尽量防止或减少气味走失，减少挥发性成分(如挥发油）跑逸。

如果药物不小心煎煳了，千万不能加水再煎服。因为在煎煳后高温下，中药中各成分可能发生剧烈的化学反应而变质；如果处方注明特殊的煎法（如某些成分先煎或后下或包煎或另炖等)，必须按处方要求进行煎制。

中药不仅能用于治疗疾病，许多用作补品及药膳的中药都有预防病和保健的作用，消费者越来越青睐用中草药生产的药物牙膏、美容化妆品、食品、食用色素及杀虫用品，中药显示出了强大的生命力，正大步走上国际舞台。

第四节 化学药物简介

化学药物，俗称“西药”，是指具有治疗、缓解、预防和诊断疾病以及调节肌体功能的化合物，这些化合物除了具有防病、治病的功能和有明确的化学结构，还必须通过国家的药物、卫生管理部门按有关法规审查批准后才能作为药物上市。

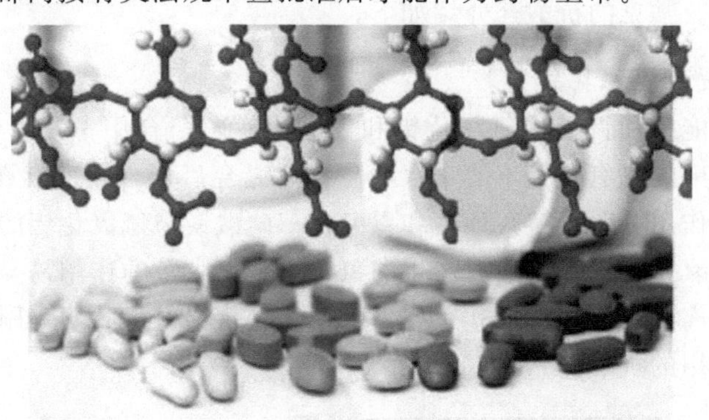

化学药物起源于天然药物，人类在长期的生活实践中，发现了许多具有不同疗效和毒性的植物和动物。20世纪以来，药物化学家从研究天然药物的化学结构着手，通过模仿天然物质或是对天然药物的化学结构进行改造获得了价值更高、疗效更好的化学药物。

化学药物的发现始于200多年前。1799年，戴维首先发现一氧化二氮（笑气，N_2O）具有麻醉镇痛作用；1899年，第一个人工合成的化学药物阿司匹林上市，标志着人类已经能用化学合成的方法改造天然化合物的结构，研制出更理想的药物。目前，全世界已经研制成功了数以万计的药物，这些药物在控制危害人类生命和健康的常见病、多发病中功勋卓著。

知识·链接

第一种麻醉药“笑气”的发现

1799 年英国化学家戴维（H. Davy）首先发现了笑气（N_2O），并发表了 N_2O 具有使人欣快、昏迷作用的论文。由于论文没有突出描述 N_2O 抑制痛觉的功能，致使 N_2O 没有很快应用于外科手术。

1844 年，美国一位牙医在观看笑气使人发笑的舞台表演时，发现一名用了笑气的演员在舞台上受了伤，颈上划了一道很深的口子却并不感到疼痛，他立刻想到笑气可用作牙科手术的麻醉药，经过验证，他获得了成功。笑气很快就成为第一种临床上使用的麻醉药。

化学药物种类繁多，分类方法多种多样。下面按治疗疾病功能不同，分类介绍几种临床常用药物：抗酸药、解热镇痛药、抗菌药、抗癌药和镇静催眠药的相关知识。

一、抗酸药

抗酸药，是用来治疗胃酸分泌过多的药物。人体中胃在排空时 pH 值约在 7.0～7.2 间，当食团进入胃中时，pH 值可降至 2～3 之间。正常情况下，胃酸有助于消化；但胃酸过量，超过了胃自身对胃酸的防护能力时，就会侵蚀胃黏膜壁，造成胃黏膜充血水肿、糜烂、溃疡甚至出现穿孔。胃酸分泌过多可能的原因有：①先天性胃酸分泌过多；②刺激性的食物、精神过度紧张或某些疾病等，长期刺激胃壁细胞使胃酸分泌增多；③急慢性胃炎、胃或十二指肠溃疡等都有胃酸过多的现象。如果胃酸过多，须服用抗酸药来调节胃酸，抗酸药分两类，一类药物是通过中和反应，减少胃酸过多；另一类药物通过抑制胃酸分泌达到调节目的。常见的抗酸药介绍如下。

1. 胃舒平（复方氢氧化铝片）

胃舒平，是由能中和胃酸的氢氧化铝和三硅酸镁两药合用，并组合解痉止痛药“颠茄”浸膏而成。其中的氢氧化铝不溶于水，与胃液混合后形成凝胶状覆盖在胃黏膜表面，起到保护胃黏膜的作用并缓慢持久地中和胃酸；三硅酸镁与氢氧化铝的作用机理类似。这组配伍药物中，氢氧化铝中和胃酸时产生的氯化铝具有收敛的作用易导致便秘，而三硅酸镁中不被吸收的镁离子有轻泻作用，正好去除了氢氧化铝产生的便秘副作用，所以两药配伍相得益彰，是常用的抗酸药。

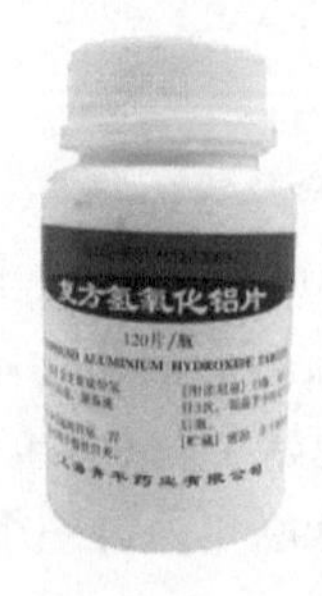

此外，碱式硝酸铋、碳酸氢钠、碳酸镁、海藻酸钠、氢氧化铝复方制剂、三硅酸镁复方制剂等也是通过中和胃酸起到抗酸作用的。

2. 西咪替丁

西咪替丁，别名西米替丁、甲氰咪胍，商品名为泰胃美，能明显抑制由食物、组胺或五肽胃泌素等刺激引起的胃酸分泌，使酸度降低；对因化学刺激引起的腐蚀性胃炎有预防和保护作用，并对应激性溃疡和上消化道出血有明显疗效。

西咪替丁

3. 奥美拉唑

奥美拉唑，商品名为洛赛克，它本身是一个无活性的、脂溶性的弱碱性前体药物，口服后，经由食道吸收进入血液，在胃黏膜壁细胞的分泌小管中的酸性环境下转化为亚磺酰胺的活性形式，可有效地阻断胃酸分泌的最后步骤，对各种原因引起的胃酸分泌具有强而持久的抑制作用。主要适用于治疗十二指肠溃疡和卓-艾综合征，也可用于胃溃疡和反流性食管炎。

奥美拉唑

知识·链接

前药原理

经结构修饰把具有生物活性的原药转变为无活性的化合物，在体内经过作用释放出原药而使其药效得到更好的发挥。这种无活性的化合物称为前药（prodrug），采用这种方法来改善药物活性的理论称为前药原理。

二、解热镇痛药

解热镇痛药是一类具有退热和减轻外周慢性钝痛的药物，同时还有抗炎、抗风湿作用。解热镇痛药主要是通过抑制下丘脑前部神经元中前列腺素（PG）的生物合成和释放达到解热、镇痛作用。临床应用时间较长的有三大类型：水杨酸类、乙酰苯胺类及吡唑酮类，其中，水杨酸类药物因毒性低而被广泛使用。

（一）水杨酸类

乙酰水杨酸（阿司匹林）是最古老的解热镇痛药，它由来已久。早在古埃及时代，白柳的叶子（最古老的阿司匹林配方）就被用来抑制疼痛，后来，人们又用白柳叶子的汁液来镇痛和退热。1829 年，法国人第一次从柳树皮中提取出一种可以治病的活性物质——水杨酸，用来治疗发热、风湿和其他一些炎症均十分有效。但是水杨酸酸性较强，对胃肠道刺激性较大，会使胃部产生明显的灼热感，因而限制了它的使用。1898 年，德国化学家霍夫曼合成了酸性较弱的乙酰水杨酸，并用它治疗父亲的风湿性关节炎，取得了非常好的疗效。第二年，德国拜耳公司正式为乙酰水杨酸注册了商标“阿司匹林”。

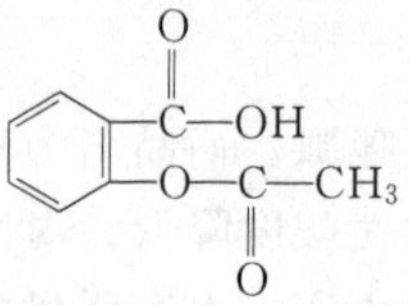

乙酰水杨酸（阿司匹林）

单从阿司匹林的结构看，存在游离羧基，有一定的酸性，会对胃肠道造成一定的刺激作用。对阿司匹林进行结构修饰可以降低副作用。例如：将阿司匹林与氢氧化铝成盐形成阿司匹林铝，阿司匹林铝在胃中几乎不分解，直到进入小肠后才分解成两分子的乙酰水杨酸，所以对胃刺激性小。

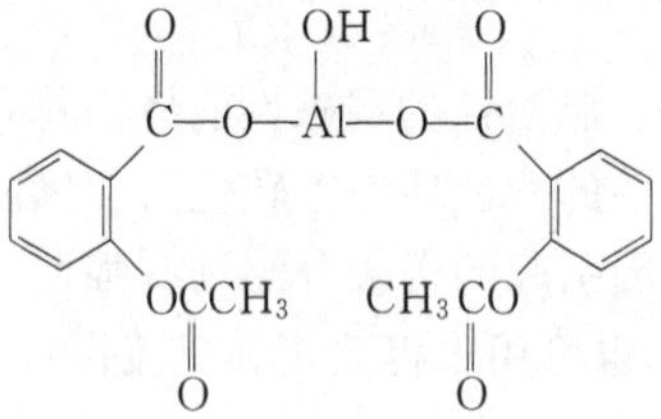

阿司匹林铝 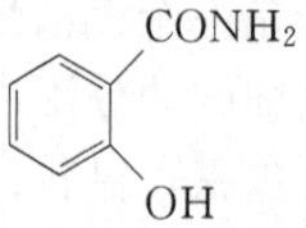　　水杨酰胺 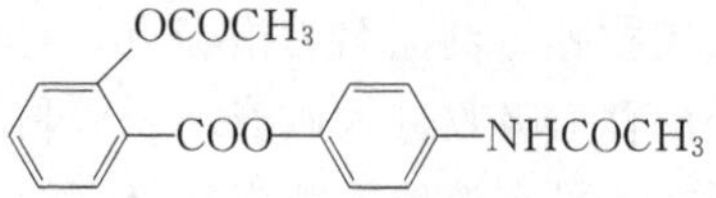　　贝诺酯

另外，将阿司匹林制成酰胺能增强药理活性，减少副作用。例如，水杨酰胺对胃几乎没有刺激性，镇痛作用是阿司匹林的 7 倍。贝诺酯（扑炎痛、苯乐来）是采用前药原理、拼合原理将阿司匹林和对乙酰氨基酚反应合成而来，它对胃肠道刺激性较小，普遍用于风湿性关节炎及其他发热所引起的疼痛，特别适合于儿童。

近年来临床实验发现，阿司匹林这个百年老药有了重要的新用途——具有扩张血管的作用，可用来预防和治疗心脑血管疾病。众所周知，现代社会心脑血管疾病已成为人类健康的第一杀手，治疗心脑血管疾病的药物需求量很大，阿司匹林的销售量也因此大大增加。

阿司匹林在它诞生一个世纪之后的今天，仍然是一种生命力不减的药物，为人类健康做出了重要贡献，因此被赞为“世纪神药”。

（二）乙酰苯胺类

苯胺，有一定的解热镇痛作用，但毒性太大，不能药用。1886 年发现乙酰苯胺（退热冰）有较强的解热镇痛作用，但是它在体内容易水解生成苯胺，所以毒性仍很大，临床上已不再使用。

通过研究苯胺、乙酰苯胺在体内的代谢，结果发现它们都被氧化生成毒性较低的对氨基酚。对氨基酚有解热镇痛作用，但毒性仍较大。为了克服毒性大这个致命缺点，化学家们对氨基酚的结构进行了优化改良。

(1) 将对氨基酚的羟基醚化、氨基乙酰化，得到了非那西丁，不仅增强了解热镇痛作用，而且降低了毒性，曾广泛用于临床。近年来，临床发现非那西丁对肾和膀胱有致癌作用，对血红蛋白和视网膜也有毒性，目前已遭各国先后淘汰，但复方制剂仍在使用（非那西丁、阿司匹林和咖啡因制成的复方制剂为 APC 片）。

(2) 将对氨基酚的氨基乙酰化得到对乙酰氨基酚（扑热息痛），该药自 1893 年上市，解热镇痛作用良好，毒性和副作用较低，目前仍是临床上常用的解热镇痛药，但是该药没有抗炎作用。

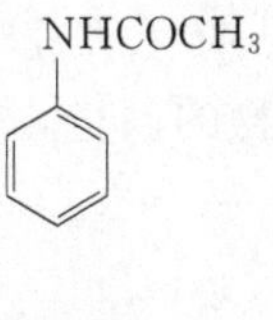

乙酰苯胺（退热冰） 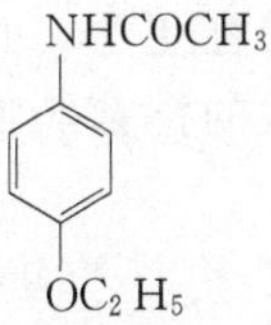　　　　非那西丁 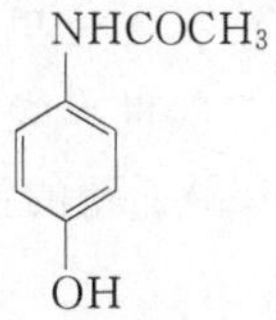　　　　扑热息痛

（三）吡唑酮类

吡唑酮类解热镇痛药物有5-吡唑酮类及3,5-吡唑二酮类两种结构类型。下面主要介绍5-吡唑酮类药物。

5-吡唑酮类药物具有较明显的解热、镇痛和一定的抗炎作用，一般用于高热和镇痛。1884年，安替比林用于临床，但因毒性较大被淘汰。通过对安替比林结构改造后得到的安乃近（罗瓦尔精）解热、镇痛作用迅速而强大，且水溶性大，可制成注射液使用。安乃近适用于儿童退热，但会引起粒细胞缺乏症等，所以也应慎用。

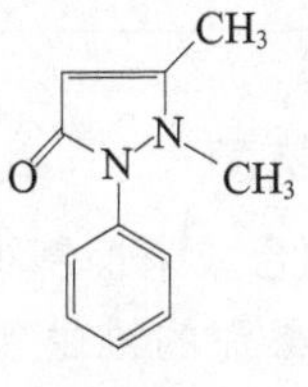

安替比林 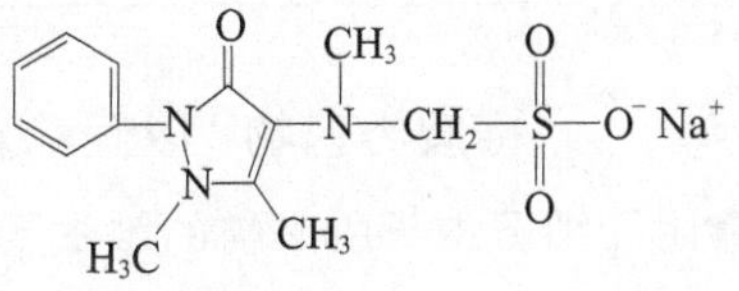　　　　安乃近

三、抗菌药

抗菌药，是一大类对细菌有抑制或杀灭作用的药物，包括人工合成的抗菌药，比如磺胺类、喹诺酮类等，还包括来自于自然界某种微生物的抗生素，此外一部分来源于微生物的抗肿瘤药物也属于抗菌药。下面主要介绍常用人工合成抗菌药和抗生素的知识。

（一）人工合成抗菌药

1. 磺胺类药物

磺胺类药物是从偶氮染料发展而来的。20世纪30年代之前，人们对细菌性传染病束手无策，可怕的瘟疫常常造成人畜的大量死亡。1904年德国化学家Ehrlich发现，用来给细菌染色以方便做显微镜检查的某些染料能够杀死细菌，但他并没有进一步地研究。直到1932年，德国的病理学家Domagk从许多染料中筛选出偶氮染料“百浪多息”有一定的杀菌能力。有一次，Domagk的小女儿因为被针刺而受到链球菌的感染，多方治疗无效后，Domagk大胆地给女儿注射了大剂量的百浪多息，结果Domagk的女儿奇迹般地恢复了健康。从此，百浪多息闻名于世。

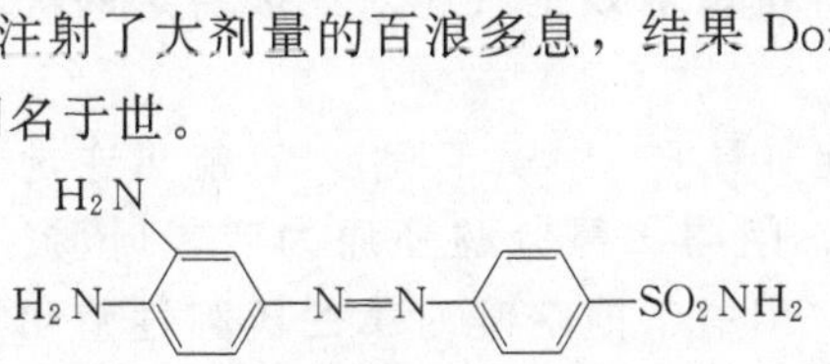

百浪多息

对百浪多息的药理与结构进一步研究的结果很意外：百浪多息在试管中没有杀菌作

用，只有在体内才可杀菌。原来，百浪多息是在体内降解释放出对氨基苯磺酰胺（SN，磺胺）后发挥了杀菌效果，而且 SN 毒性更小。1935 年法国巴斯特研究所人工合成了 SN，它也成为二次世界大战前唯一有效的抗菌药物。磺胺类药物的问世，标志着人类在化学疗法方面取得了新的突破。

H_2N—⟨苯环⟩—SO_2NHR

SN: R=H

SD: R=嘧啶基

SMZ: R=5-甲基异噁唑-3-基

磺胺类药物的基本结构

从 1946 年起，药物化学家对磺胺类药物基本结构中的 R 基团进行各种化学修饰，合成的衍生物已达数千种，统称磺胺类药物。目前，在临床应用的主要有磺胺嘧啶（SD）、磺胺甲噁唑（新诺明，SMZ）、磺胺甲基嘧啶（SM_1）等，其中 SD 至今还在预防和治疗流行脑炎中发挥重要作用。SMZ 于 1962 年首次合成，抑菌效果优良。

知识·链接

磺胺类药物“以假乱真”来抗菌

磺胺类药物靠阻滞细菌生长所必需的维生素叶酸的合成来抑制细菌，抗菌作用可谓是“以假乱真”。磺胺的分子大小形状与细菌生长所必需的维生素叶酸合成的关键成分对氨基苯甲酸极其相似，细菌对两者缺乏选择性，磺胺药“偷偷”混入叶酸合成的酶反应链中，切断了叶酸的生物合成，造成细菌机体因缺乏维生素而死亡。

在人和高等动物体内，对氨基苯甲酸并不是叶酸合成所必需的物质，因此，磺胺类药物对人和高等动物没有影响。

磺胺类药物的最大优点是都可以用化学方法合成，容易生产、价格低廉。临床上用于治疗流行性脑脊髓炎、上呼吸道感染（如咽喉炎、扁桃体炎等）、泌尿道感染、肠道感染（如细菌性痢疾、肠炎）、鼠疫、眼部感染、疟疾等疾病。磺胺类药物的发明，曾使死亡率居高不下的肺炎、脑膜炎等得到有效控制，为人类健康作出了突出的贡献。

知识·链接

抗菌增效剂

抗菌增效剂是一类与某类抗菌药物配伍使用时，以特定的机制增强该类抗菌药物活性的药物。目前，临床上使用的抗菌增效剂不多，增效原理各不相同，一般一种抗菌增效剂只能对某类特定的抗菌药物增效。

甲氧苄啶

例如，甲氧苄氨嘧啶（TMP，甲氧苄啶），它能可逆性地抑制二氢叶酸还原酶，阻碍二氢叶酸还原为四氢叶酸，从而影响辅酶 F 的形成。甲氧苄氨嘧啶对革兰氏阳性菌和阴性菌具有广泛的抑制作用，是磺胺增效剂，与四环素合用时也可增强抗菌作用。

2. 喹诺酮类药物

喹诺酮类药是一类较新的合成抗菌药。自从 1962 年发现抗菌药萘啶酸以来，已合成并进行药理筛选的喹诺酮类化合物已达 10 多万个，最常用的药物十几种，喹诺酮类药物已成为仅次于头孢菌素的抗菌药物，有些品种的抗菌作用和疗效可与优良的头孢菌素相媲美。

目前，喹诺酮类药的研发已经进入第四代。临床常用的第三代（1978 年以后）代表药物包括一系列氟代喹诺酮药物，如诺氟沙星、环丙沙星、氧氟沙星等，特点是抗菌谱广，抗菌作用强，口服吸收好，体内分布广，血药浓度高，耐药性低，毒副作用小，是目前最常用的全合成抗菌药。

诺氟沙星　　环丙沙星

氧氟沙星

（二）抗生素

抗生素（又称抗菌素），多指微生物及其他有生命的体系所产生的、具有抑制或杀伤其他微生物（包括细菌、霉菌、病毒等）的化合物。具体地说，抗生素不但可以预防和治疗由细菌引起的疾病，还可以预防和治疗由支原体、立克次氏体、原虫、真菌和霉菌等许多微生物引起的疾病。抗生素种类繁多，在临床上应用广泛。下面列举几类常见的抗生素。

1. *β*-内酰胺类抗生素

(1) 青霉素类　青霉素类药物是一类重要的 β-内酰胺抗生素，主要通过抑制细菌因细胞壁黏肽的合成，导致细菌因细胞壁缺损而破裂死亡。因为哺乳动物的细胞没有细胞壁，所以青霉素类药物对人体细胞的毒性很小，有效抗菌浓度的青霉素对人体细胞几乎没有影响。但是临床应用可能出现过敏反应，使用前应进行皮试。

知识·链接

青霉素过敏

临床应用青霉素可出现过敏反应，表现为皮疹、药物热、血管神经性水肿、血清病型反应、过敏性休克等，其中以过敏性休克最为严重。过敏性休克多在注射后数分钟内发生，症状为呼吸困难、紫绀、血压下降、昏迷、肢体强直，最后惊厥，可在短时间内死亡。各种给药途径或应用各种制剂都能引起过敏性休克，但以注射用药的发生率最高。过敏反应的发生与药物剂量的大小无关，对本类药高度过敏者，即使用极微量也能引起休克。对有青霉素过敏史的病人禁用。

青霉素类药物在干燥状态下稳定，如果放置时间加长，药效会逐渐消失并产生致敏物质。所以，青霉素类药物，要临用前溶解配制使用，以保证疗效和减少不良反应发生；另外，青霉素类药物在 pH 为 6～7 的溶液中较为稳定，酸性或碱性增强，均可使之加快分解，特别在碱性溶液中分解极快，因此，严禁将碱性药液（碳酸氢钠、氨茶碱等）与青霉素类药物配伍。

青霉素类药物杀菌疗效主要取决于血药浓度的高低，若采取滴注给药，最好将一次剂量的药物溶解于约 100 毫升输液中，并在 0.5～1 小时内滴完，这样可以在较短的时间内达到较高的血药浓度，也可以减少药物降解和致敏物质的产生。

青霉素类药物的基本母体结构如图所示。

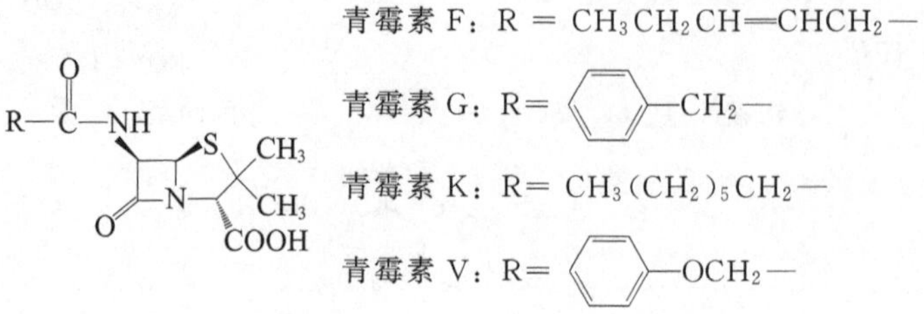

青霉素 F：R = $CH_3CH_2CH{=}CHCH_2-$

青霉素 G：R= $C_6H_5-CH_2-$

青霉素 K：R= $CH_3(CH_2)_5CH_2-$

青霉素 V：R= $C_6H_5-OCH_2-$

青霉素家族的结构式

① 青霉素 G　常说的青霉素其实是青霉素 G（俗名盘尼西林，别名苄青霉素），是第一个应用于临床的抗生素。青霉素对难杀死的病原菌（如葡萄球菌、肺炎双球菌、脑膜炎双球菌）都很有效，对破伤风杆菌和白喉杆菌等也有作用。青霉素的大量生产和广泛应用，使众多恶性疾病不再猖獗，无数濒临死亡的患者得到了医治，第二次世界大战期间更是挽救了成千上万的伤病员。青霉素和原子弹、雷达一起并称为第二次世界大战中的三大发明。

因为胃酸的酸性很强，会导致青霉素 G 失活，因此青霉素 G 不能口服，需肌肉注射。自 20 世纪 50 年代开始，药物化学家对青霉素进行结构修饰，合成出数以万计的半合成青霉素衍生物，找到了一些临床效果较好的可口服、耐酶、广谱的半合成青霉素，解决了青霉素 G 不能口服的难题。

② 青霉素 V　青霉素 V 是耐酸的半合成青霉素，虽然抗菌活性不如青霉素 G，但具有耐酸性质，不易被胃酸破坏，可以口服。

③ 氨苄青霉素（别名氨苄西林）和羟氨苄青霉素（别名阿莫西林）　两者都是广谱的半合成青霉素。其中，阿莫西林的口服吸收良好，常用于敏感菌所致的呼吸道、尿路和胆道感染以及伤寒等疾病的治疗。

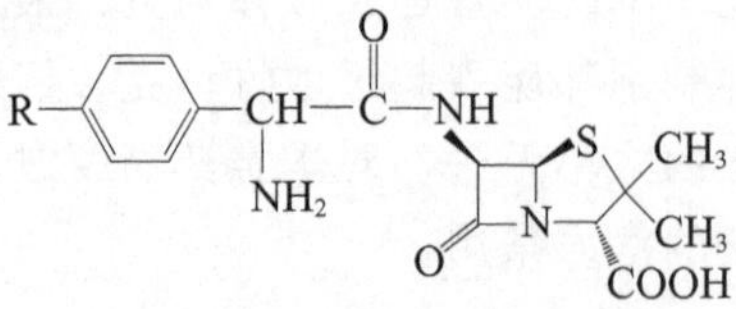

氨苄青霉素：R =H

羟氨苄青霉素：R=OH

知识·链接

青霉素的发现“纯属偶然”

1929 年的一天，英国细菌学家亚历山大-弗莱明（Alexander-Fleming）在他的一间简陋的实验室里研究导致人体发热的葡萄球菌。由于盖子没有盖好，他发觉培养细菌用的琼脂上吸附了一层青霉菌，这是从楼上的一位研究青霉菌的学者的窗口飘落进来的。

使弗莱明感到惊讶的是，在青霉菌的近旁，葡萄球菌忽然不见了。这个偶然的发现深深吸引了他，他设法培养这种霉菌并进行多次实验，证明青霉菌可以在几小时内将葡萄球菌全部杀死。弗莱明据此发明了葡萄球菌的克星——青霉素。因一个偶然的事件发现了青霉素，亚历山大·弗莱明因此获得了 1945 年的诺贝尔生理学与医学奖。

(2) 头孢菌素类　头孢菌素类药物，是一系列半合成抗生素，与青霉素类药物类似，也是通过抑制细菌细胞壁的形成而达到杀菌的目的，但引起的过敏反应比青霉素类低。

头孢菌素类是发展最快的一类抗生素，从 20 世纪 60 年代首次用于临床以来，头孢菌素已由第一代发展到第四代。

第一代头孢菌素一般只能抑制革兰氏阳性菌和葡萄球菌，且口服吸收差，后来发展的头孢氨苄（俗称先锋Ⅳ）才改善了口服效果。

第二代头孢菌素对革兰氏阳性菌的抗菌效能与第一代相近或较低，而对革兰氏阴性菌的作用较为优异。主要品种有头孢西丁、头孢呋辛、头孢克洛等。

第三代头孢菌素对革兰氏阳性菌的抗菌效能普遍低于第一代（个别品种相近），对革兰氏阴性菌的作用较第二代头孢菌素更为优越。临床使用药物有头孢噻肟、头孢哌酮、头孢曲松等。

第四代头孢菌素保持了第三代头孢菌素的特点，扩大了抗菌谱，增强了对耐药菌株的作用能力。目前应用的品种还不多，有头孢匹罗、头孢克定等。

R—HC(NH₂)—C(=O)—HN—（头孢母核，S，N，O，CH_3，COOH）

头孢氨苄：R= 苯基

头孢拉定：R= 环己二烯基

① 头孢氨苄　别名苯苷孢霉素、先锋霉素Ⅳ，是半合成的第一代口服头孢菌素，对金黄色葡萄球菌（包括耐青霉素 G 菌株）、溶血性链球菌、肺炎球菌、大肠埃希菌、克雷伯杆菌（肺炎杆菌）、流感嗜血杆菌等有抗菌作用。口服吸收良好。

② 头孢拉定　别名头孢环己烯、先锋霉素Ⅵ。是第一代头孢菌素。抗菌作用类似于头孢氨苄。主要用于呼吸道、泌尿道、皮肤和软组织等部位的敏感菌感染，注射剂也用于败血症和骨感染。

2. 大环内酯类抗生素

大环内酯类抗生素是由链霉菌产生的一类弱碱性抗生素，分子中都含有一个大环内酯结构。按内酯环大小，可分为 14 元环和 16 元环两个系列，14 元环以红霉素及其衍生物为主，16 元环主要有麦迪霉素、螺旋霉素及其半合成衍生物。

这类抗生素对β-内酰胺类抗生素无效的支原体、衣原体等有特效！并且与临床常用的其他抗生素之间没有交叉耐药性，毒性较低，无严重不良反应。

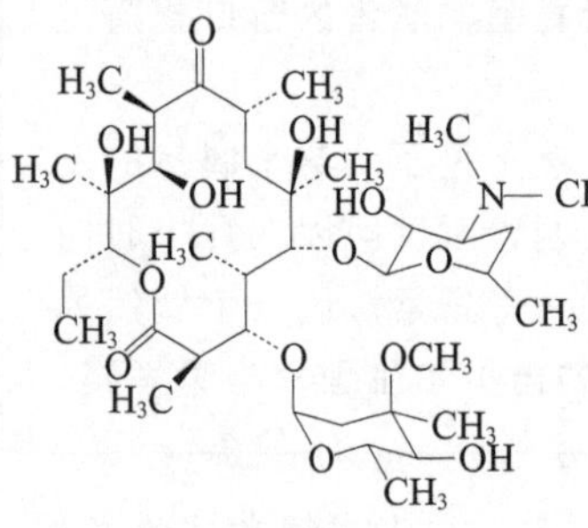

红霉素 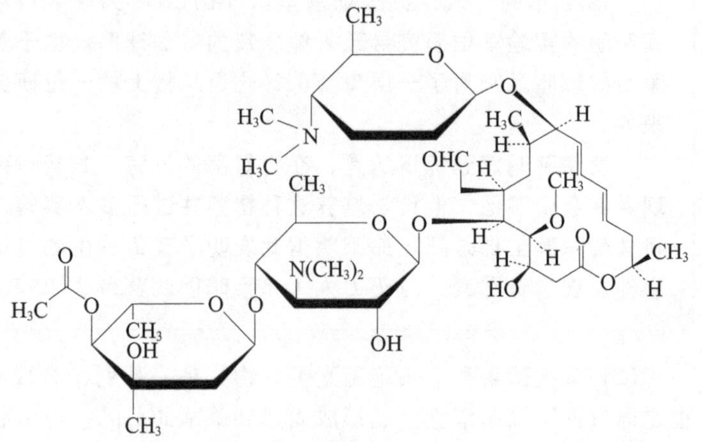　　　　　　螺旋霉素

(1) **红霉素**　红霉素是由红色链丝菌产生的抗生素，包括红霉素 A、B、C，红霉素 A 是抗菌的主要成分。红霉素对各种革兰阳性菌有很强的抗菌作用，对革兰阴性百日咳杆菌、流感杆菌、淋球菌、脑膜炎球菌等亦有效，是耐青霉素的金黄色葡萄球菌和溶血性链环菌引起感染的首选药物。水溶性较小，只能口服，但在酸中不稳定，易被胃酸破坏。为了增加其在水中的溶解性，用红霉素碱与乳糖醛酸成盐，得到乳糖酸红霉素，可供注射使用。

(2) 螺旋霉素和乙酰螺旋霉素　螺旋霉素是由螺旋杆菌新种 *Streptomyces spiramyceticus* sp. 产生的抗生素，含有螺旋霉素Ⅰ、Ⅱ、Ⅲ三种成分，以Ⅱ和Ⅲ成分为主。口服吸收不好，进入人体内后，容易水解失活。经结构改造为乙酰螺旋霉素后，虽然体外抗菌活性比螺旋霉素弱，但对酸稳定，口服吸收好，在胃肠道吸收后脱去乙酰基变为螺旋霉素发挥作用。

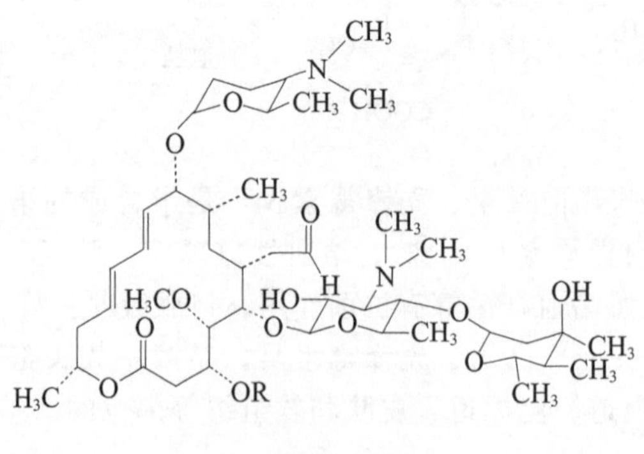

Ⅰ型 R=H

Ⅱ型 $R=COCH_3$

Ⅲ型 $R=COCH_2CH_3$

乙酰螺旋霉素

螺旋霉素和乙酰螺旋霉素抗菌谱相同，对革兰氏阳性菌和奈瑟氏菌有良好抗菌作用，主要用于治疗呼吸道感染、皮肤、软组织感染、肺炎、丹毒等。

3. 氯霉素类抗生素

氯霉素起初是从委内瑞拉链霉菌培养滤液中得到的，是世界上第一个能完全由化学方法全合成并大量生产的广谱抗生素，对很多不同种类的微生物均有显著作用。氯霉素对革兰氏阳性和阴性的细菌，以及衣原体等微生物有抑制作用，在临床上主要用于抑制伤寒、副伤寒等症，是治疗沙眼、细菌性结膜炎、角膜炎的常用药物。

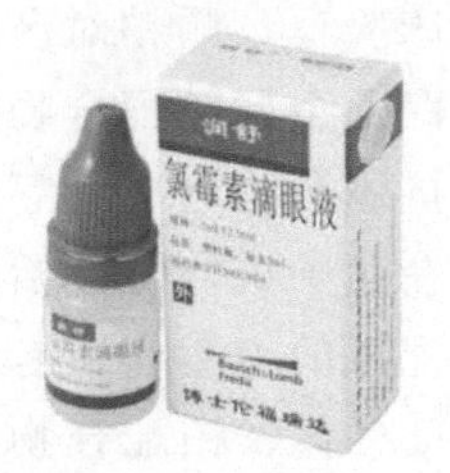

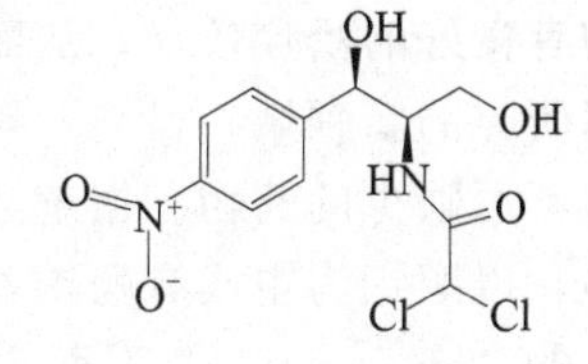

氯霉素的结构

因价钱低廉，氯霉素现时仍在一些低收入国家应用广泛，但是由于它有严重的毒性反应——抑制骨髓造血功能和致命的再生障碍性贫血的副作用，很多西方国家中已不再使用。

我国是抗生素生产大国，也是抗生素使用大国，人均年消费量 138 克左右（美国仅 13 克）。据 1995～2007 年疾病分类调查，中国感染性疾病占全部疾病总发病数的 49%，其中细菌感染性占全部疾病的 18%～21%，也就是说 80%以上属于滥用抗生素。

知识·链接

消炎药和抗菌药是一回事吗?

消炎药和抗菌药是两类不同的药物。消炎药一般多用于非感染性的炎症，抑制机体炎症反应如“红、肿、热、痛”，缓解、抑制这些炎症症状，但是并不能根除引起炎症的病因。抗菌药多用于感染性炎症，不是直接针对炎症来发挥作用的，而是针对引起炎症的各类细菌，有的可以抑制病原菌的生长繁殖，有的则能杀灭病原菌。

四、抗癌药

癌症也叫恶性肿瘤，是机体在各种致病因素下，局部组织的细胞异常增生而形成的局部肿块。恶性肿瘤可以破坏组织、器官的结构及功能，引起坏死出血合并感染，患者最终由于器官功能衰竭而死。当前，生活环境和方式的变化及生存压力的增大等客观因素产生的影响，导致我国恶性肿瘤的发病率不断上升，成为第一位致死疾病。

医学上治疗癌症的手段主要是外科手术治疗、放射治疗、化学治疗和免疫治疗等，其中药物治疗是一个很重要的环节，有效的抗癌药物的使用，可以帮助患者获得更长的生存时间，拥有活下来的希望。

治疗癌症的药物有人工合成药和天然抗癌药两大类。第一种人工合成的抗癌药是氮芥气，它可使 DNA 烷基化，减少细胞分裂。后来相继出现了环磷酰胺、亚硝基脲衍生物、含铂配合物、氟尿嘧啶、巯基嘌呤、光辉霉素、橄榄霉素、博莱霉素等抗癌药物。常用的天然抗癌药物有乌贼黏多糖、喜树碱、紫杉酚等。全球各国已批准上市的抗癌药物有 130～150 种。用这些药物配制成的各种抗癌药物制剂有 1300～1500 种。此外全球正在研究但尚未获得批准上市的抗癌新药约有 800 多种，其中属于小分子的化学抗癌药物约 400 种。这些抗癌新药将是人类未来 20～50 年内与癌症抗争的新型武器。

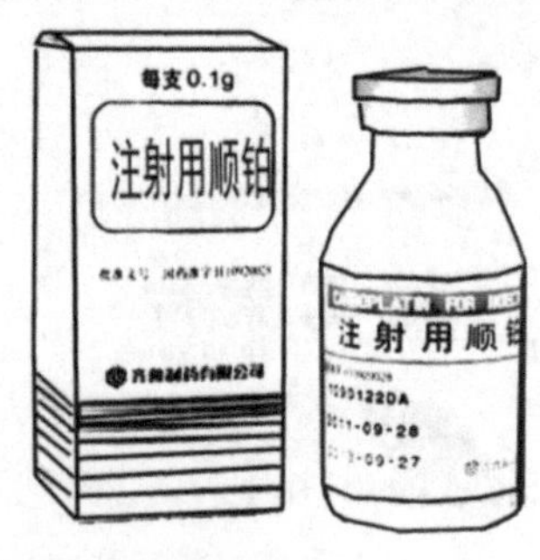

在 20 世纪 60 年代，美国密执安州立大学教授 Rosenberg 在研究直流电场对大肠杆菌生长的影响时发现顺铂有抗癌活性，通过大量的临床验证，顺铂对多种肿瘤均有良好的治疗效果，从而开辟了金属铂配合物抗癌作用研究的新领域。目前，铂类抗癌药物已成为癌症化疗中不可缺少的药物。据统计，在我国抗癌化疗治疗方案中，以顺铂为主或有顺铂参加配伍的方案占所有化疗方案的 70% ～80%。下面主要介绍金属铂配合物在抗癌治疗中的作用。

1. 第 1 代铂类抗癌药—— 顺铂

顺铂［DDP 或 CDDP（Ⅱ）］于 1979 年首次在美国上市，成为第一个上市的铂类抗癌药，分子结构如图所示。

与顺铂虽然有同样的分子组成，但反铂没有任何抗癌活性。顺铂在水溶液中可以逐渐转化成反式铂并水解，因此，在水溶液当中顺铂的抗癌的作用会渐渐丧失，使用时必须引起注意。

Cl　NH_3 / Pt / Cl　NH_3
顺铂
高抗癌活性

Cl　NH_3 / Pt / NH_3　Cl
反铂
无抗癌活性

顺铂进入癌细胞时不被癌细胞识别，于是迅速进入到细胞核中与癌细胞的 DNA 结合，能干扰 DNA 的复制，抑制癌细胞的有丝分裂，从而杀死癌细胞。广泛应用于治疗头颈鳞癌、卵巢癌、胚胎癌、精原性细胞癌、肺癌、甲状腺癌、淋巴肉瘤和网状肉瘤等。

顺铂的特点是：① 抗癌作用强，抗癌活性高；②毒性谱与其他药物有所不同，易与其他抗癌药配伍；③ 与其他抗癌药物少有交叉耐药性，有利于临床的联合用药；④具有较广的抗癌谱。但是顺铂的使用在癌症的治疗过程中有一定毒副作用，主要表现在肾毒性、骨髓抑制、恶心呕吐、听神经损伤等方面，直观的表现就是造成脱发等现象。将顺铂改良成卡铂后可以一定程度减少顺铂的副作用。

2. 第 2 代铂类抗癌药物——卡铂

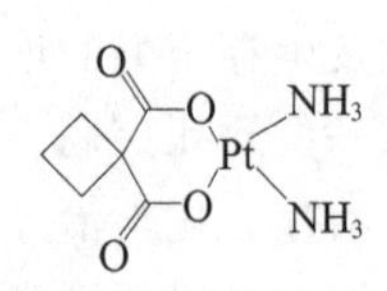

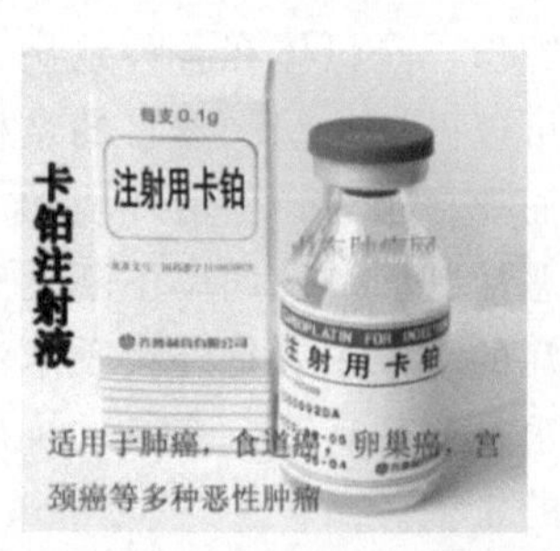

卡铂（CBP）分子中有环状结构存在，顺式结构容易得到，反式结构很难制成。

卡铂的主要特点有：①化学稳定性好，水中溶解度比顺铂高；②毒副作用低于顺铂，特别是对消化道的副作用低，对肾功能正常的患者很少引起肾损伤；③作用机制与顺铂相同，可以替代顺铂用于一些癌症的治疗；④与铂类抗癌药物无交叉耐药性，可以与多种抗癌药物联合使用。总之，卡铂除具有比顺铂更高的药效外，其毒副作用也较低，因此适应范围更广，能溶于水，更便于用药，所以在西方国家卡铂更易被患者所接受。

知识·链接

氩氦刀治肿瘤

氩氦刀是兼具超低温冷冻和介入热疗双重效能的超导技术系统，通过氩气的冷冻和氦气的加温，数分钟内，“刀尖”既可冷至－142℃（利用氩气快速降温），也可热至40℃以上（利用氦气快速升温）。正是通过这种急冷急热的方式，使肿瘤先变成“冰球”致癌细胞组织坏死，然后，用氦气升温解冻，使“冰球”暴热，最终摧毁癌细胞。

我国于1999年从美国引进氩氦刀，氩氦刀属微创治疗，可以有效地治疗肺癌、肝癌、脑肿癌、乳腺等实体肿瘤，特别是与化疗、放疗、生物治疗及中医药结合治疗，临床效果比较理想。

3. 第3代铂类抗癌药物——奥沙利铂

顺铂和卡铂在临床上对治疗多种肿瘤起了很大的作用，但是一些肿瘤如结肠直肠癌和非小细胞肺癌对顺铂有天生的耐药性，卵巢癌或小细胞肺癌在初期治疗后也对顺铂产生后天耐药性，因此两者的使用具有一定的局限性。第3代铂类抗癌药物具有以下优点：①与顺铂无交叉耐药性；②口服吸收活性较好；③与顺铂不同的剂量限制性和毒性谱。

代表药物奥沙利铂商品名为“奥铂”。奥沙利铂作为一种稳定的、水溶性的铂类烷化剂，是第一个明显对结肠癌有效，并且在体内外均有广谱抗肿瘤活性的铂类抗肿瘤药物，它对耐顺铂的肿瘤细胞亦有明显作用。

五、镇静催眠药

失眠是临床常见病症，发病率非常高。据报道，美国在过去20年中，失眠症患病率为30％～35％，其中10％～15％患者达重症程度；调查表明，我国目前有入睡困难、多梦易醒、醒后难以再入睡、清晨早醒等失眠症状的成年患者约3亿。失眠严重地影响着人们的生活、工作及身心健康。治疗失眠虽然也有不使用药物的方法，但对许多失眠患者并不奏效，他们必须依靠镇静催眠药治疗。

国内临床上用于治疗失眠症的药物主要包括：巴比妥类药物、苯二氮䓬受体激动剂、非苯二氮䓬受体激动剂及具有镇静催眠作用的天然药物，下面主要介绍苯二氮䓬类药物和巴比妥类药物。

1. 苯二氮䓬类药物

苯二氮䓬类（BZS）药物是从20世纪60年代发展起来的一类镇静、催眠、抗焦虑药，由于其作用优良，毒副作用较小，是镇静、催眠、抗焦虑的首选药物。

该类药物结构中都有由一个苯环和一个七元亚胺内酰胺环拼合而成的苯二氮䓬母核。从1960年第一个BZS药物氯氮䓬上市以来，BZS药物发展迅速，目前主要有地西泮、氟西泮、夸西泮、艾司唑仑、替马西泮、三唑仑、咪达唑仑等十余种药物。

氯氮䓬（又名利眠宁）是第一个用于临床的该类药物，副作用小。经构效关系研究，得到了地西泮（又名安定）及一系列同型药物。

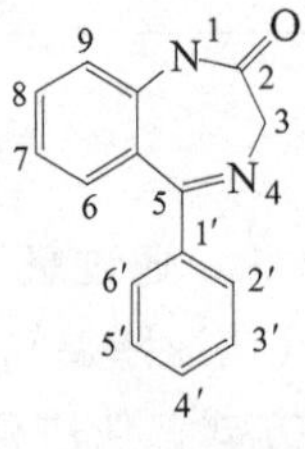

苯二氮䓬母核 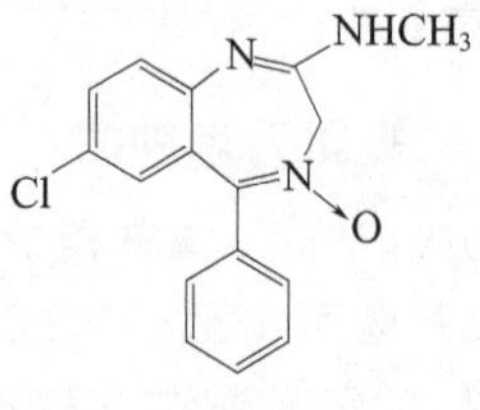　　　　利眠宁 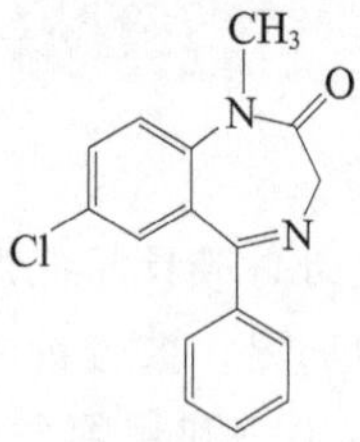　　　　安定

地西泮又名安定、苯甲二氮䓬，白色或类白色的结晶性粉末，在水中几乎不溶。地西泮通过与中枢苯二氮䓬受体结合而发挥安定、镇静、催眠、肌肉松弛和抗惊厥作用。主要用于治疗焦虑症和一般性失眠，还可用于抗癫痫和抗惊厥；口服也可用作麻醉前给药，静注可用于诱导全麻。

临床研究证实，苯二氮䓬类药物的催眠作用在首次应用时较显著，连续使用2周会因药物耐受而无法维持相同的疗效。更突出的问题是，无论高剂量还是治疗量，连续应用均会产生依赖性。

20世纪80年代，佐匹克隆、右佐匹克隆、唑吡坦和扎来普隆等安全性更好的非苯二氮䓬类药物相继问世，它们有与苯二氮䓬类药物相似的镇静催眠作用，但依赖性和戒断症状较轻，逐渐成为苯二氮䓬类药物合适的替代品。

2. 巴比妥类药物

巴比妥类药物是历史较悠久的镇静催眠药，都是巴比妥酸（丙二酰脲）的衍生物，又称环状丙二酸酰脲。巴比妥类药物具有以下结构：

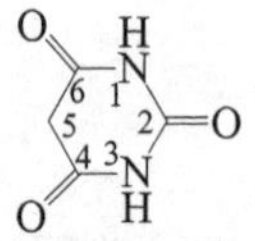

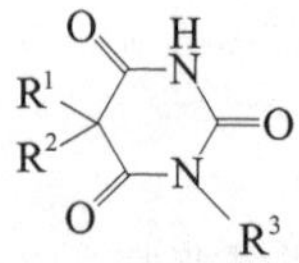

巴比妥酸本身无生理活性，只有当5位上的两个氢原子被烃基取代后才呈现活性。有意思的是，当5位取代基的碳原子数之和为4时出现镇静催眠作用；碳原子数之和为7～8时，作用最强；碳原子数之和超过10时会产生惊厥作用。此类药物实际应用的有二十多种，常用的有十多种，如阿洛巴比妥、异戊巴比妥等。

巴比妥类药物主要作用于网状兴奋系统的突触传递过程，通过抑制上行激活系统的功能，而使大脑皮层细胞兴奋性下降，从而产生镇静催眠及抗惊厥作用。本类药物长期用药可成瘾，突然停药时还可产生戒断症状，必须严格控制使用时间。

巴比妥类药物应用范围可以从轻度镇静到完全麻醉，还可以用作抗焦虑药、安眠药、抗痉挛药。由于巴比妥类药物易产生依赖性和戒断症状等严重不良反应，巴比妥类药物目前在临床上已很大程度上被苯二氮䓬类药物和非苯二氮䓬类药物所替代，后者过量服用后产生的副作用远小于前者。不过，在全身麻醉或癫痫的治疗中仍会使用巴比妥类药物。

第五节 新药创制简介

新药一般是指第一次用作药物的新的化学实体，这些药物或以单方或以复方制成各种制剂供临床使用。创造、发明一种新药物可不是一件简单的工作。资料显示，每发明一种新药，需要筛选 6000～10000 种化合物，耗时 8～12 年，耗资 3 亿多美元。随着生活水平的提高，人们对新药物的有效性和安全性的要求随之提高，使得新药物的创造难度越来越大。如何才能设计出更具有安全性、有效性和可控性的新药物呢?

安全、有效和可控是药物的基本属性，这些属性是由药物的化学结构所决定的，因此，药物化学家在新药的创制过程中的工作无可替代，他们担负着药物分子设计的重任，特别是在先导化合物的发现和先导化合物的优化过程中功劳最大。

所谓先导化合物，又称原型物，是通过各种途径和方法得到的具有某种生物或药理活性的化合物，但有许多其他缺点，如药效不太强，特异性不高，毒副作用较大，溶解度不理想或药代动力学性质不合理等。这些先导化合物一般不能直接作为药物使用，但可作为新的结构类型和活性物质，利用药物化学的一些基本原理（如前药、软药等）对其进一步进行结构修饰和改造（即先导化合物的优化），使其生物学性质臻于完善，达到安全、有效和可控的药用目的。

先导化合物的发现有很多种途径，例如，从天然活性物质中筛选和发现先导化合物，以药物合成的中间体作为先导物，通过组合化学的方法得到先导化合物；用普筛方法发现先导化合物；以生物化学或药理学为基础发现先导化合物，从药物的代谢产物中发现先导化合物，从药物的临床副作用的观察中发现先导化合物等。下面列举了六种途径，说明新药开发的常用思路。

一、从天然活性物质中筛选和发现先导化合物

天然产物是药物最原始的来源。千百年来，物种进化、生存竞争和自然选择，使得微生物、动物和植物产生了大量的具有强烈生理活性的物质，这些物质有的被直接作为药用，有的作为先导化合物被改造成明星药物。

【例一】 1969～1972 年间，我国药学家屠呦呦带领的 523 课题组从民间抗疟疾草药黄花蒿中发现并提取了抗疟新药青蒿素，临床应用表明该药对恶性疟疾疗效显著。屠呦呦也因此荣获 2011 年拉斯克奖临床医学奖。

青蒿素分子中含有的过氧键被证明是必要的药效团，但是青蒿素的生物利用度较低，而且复发率较高，为了提高药效，化学家通过结构修饰方法合成的蒿甲醚的生物利用度有所提高，抗疟效果更好，临床已用于治疗各种疟疾。该药于 1994 年开发上市，1995 年被 WHO（世界卫生组织）列入国际药典，这是我国第一个被国际公认的创新药物。

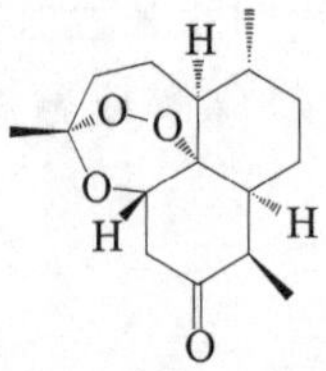

青蒿素 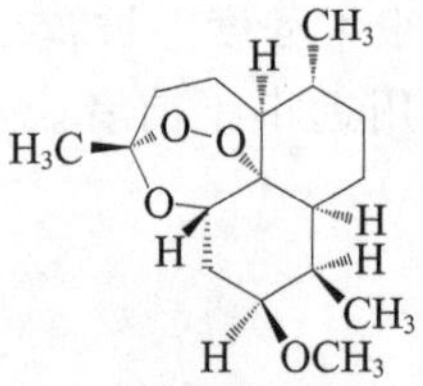　　蒿甲醚

【例二】 20世纪70年代，科学家从太平洋红豆杉属植物树皮中分离得到结构比较复杂的天然抗癌药物——紫杉醇，现已广泛用于治疗卵巢癌和乳腺癌。但是，紫杉醇的天然来源极为有限，没办法满足人们的需要。化学家已经成功地进行了紫杉醇的全合成，但目前的方法成本太高，还是没有办法代替天然来源。

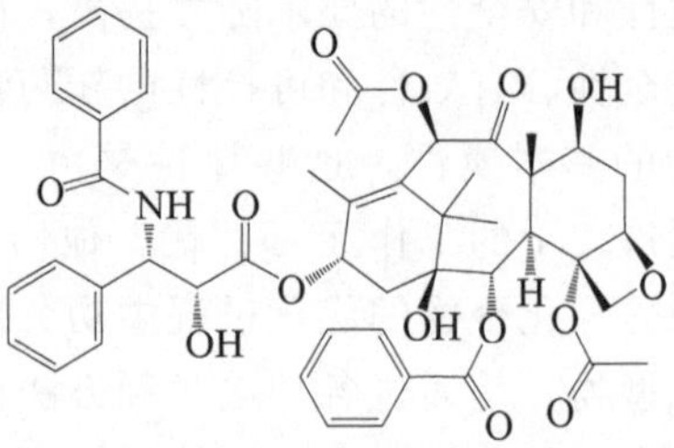

紫杉醇

如何利用植物组织培养制备出紫杉醇结构类似的成分，然后经过简单的半合成转化为紫杉醇，进一步降低成本，化学家们还在不断地努力。

迄今为止，我国化学家已对300多种中草药的化学成分进行了系统的研究，发现了上千种具有药理活性的成分，为新药物的开发奠定了良好的基础。

二、用普筛方法发现先导化合物

用普遍泛筛的方法或用“一药多筛”的方法对各种来源的化学实体进行筛选，还是当前先导化合物发现的重要途径之一。普筛的化合物可以是有机化工产品及其中间体，也可以是特有或稀有植物、海洋生物、微生物代谢产物以及低等动植物中分离得到的活性成分。普筛的方法虽然具有相当大的盲目性，需要合成大量的化合物，耗用大量的实验动物，耗资巨大，但却可以得到新结构类型或新作用特点的先导物。

例如，第二次世界大战期间，17个大学及商业实验室参加了寻找代替奎宁的抗疟药的研究工作。他们用小鸡作为动物模型，每个化合物平均需用50～120只小鸡，总共对15000多个化合物进行了筛选，终于得到了两个优秀的抗疟药氯喹和伯胺喹。

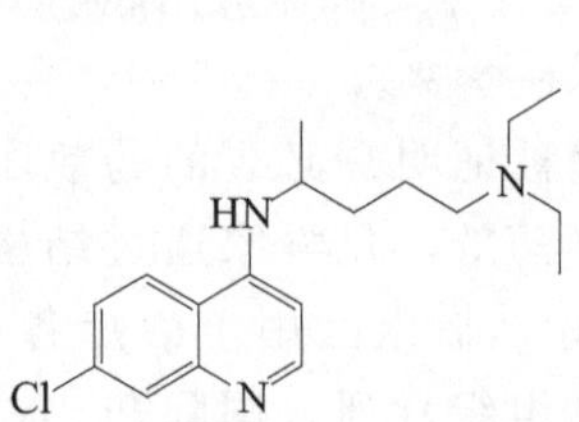

氯喹

三、以酶作为药物作用靶发现先导化合物

生物化学、分子生物学和药理学的发展，为寻找具有生物活性的先导化合物开辟了广阔的领域，为药物分子设计提供了新的靶点和先导物。如酶、受体、离子通道等的发现为新药的设计提供了基础。

起初，化学合成与药理筛选是相互分离的。化学家更多地专注于以构效关系为基础的药物设计。尽管这种药物设计产生了一些新药，但是化学和生物学研究没能融合。当在分子层次上对生物大分子结构与功能的研究有了大发展之后，化学家开始致力于针对明确的靶分子（如蛋白质、核酸等）的合理药物设计。

例如，降压药伊那普利等就是以血管紧张素转化酶（ACE）为靶酶的。根据ACE能促进血管紧张素Ⅰ转化为引起血管收缩的血管紧张素Ⅱ，使血压升高这一机理，化学家设计出的ACE抑制剂——巯甲丙脯酸，成为一类新的降压药物。

四、从药物的代谢产物中发现先导化合物

对于生物体而言，进入体内的药物是一种外来异物，为自身保护和防御的需要，总是力图将进入体内的药物进行代谢，通过生物转化反应，生成水溶性较高的化合物，更好地排出体外。经过生物转化后，有些药物的代谢产物可能使活性升高（代谢活化）。代谢活化得到的药物代谢产物，可直接作为药物使用，也可作为先导化合物，以便进一步的结构修饰和优化。

例如，磺胺类药物的发现。最初人们发现百浪多息可以用于治疗由葡萄球菌引起的败血症，但是该药物在体外没有效果，只有在进入生物体后，才显示出抗菌活性。经过研究，在服用百浪多息的病人和动物的尿中找到了代谢产物磺胺，而磺胺在体内、体外试验时都有抗菌作用，于是，磺胺不仅作为抗菌药物在临床上直接使用，还以磺胺为先导物设计合成了一大类磺胺类抗菌药物（结构见本章第四节）。

五、以药物合成的中间体作为先导化合物

药物或天然活性物质在合成的过程中，往往产生许多中间体，这些中间体的化学结构和目标合成药物或天然活性物质具有相似或相关性，因而有可能产生相似、相同或更优良的活性。

例如：抗肿瘤药物阿糖胞苷在合成过程中得到了中间体环胞苷，在药物筛选的过程中发现该化合物也具有抗肿瘤活性，而且体内代谢比阿糖胞苷慢，抗肿瘤作用时间长，副作用较轻，于是，环胞苷被开发成为治疗白血病的药物。

六、基于构效关系发现先导化合物

药物的化学结构与生物活性之间关系非常密切。药物分子中一个取代基团或一种立体构型的改变常常可以导致药理活性部分或完全丧失。

例如，如*S*-(＋)-氯胺酮有麻醉作用，被用作静脉麻醉药，而其*R*-(－)-氯胺酮异构体则产生兴奋和精神紊乱作用。

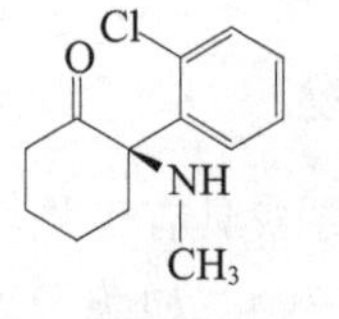

R-(－)-氯胺酮

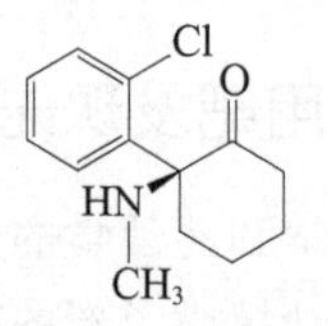

S-(＋)-氯胺酮

从 20 世纪 60 年代开始，化学家把已知药物分子的某些结构参数与其生物活性数据相关联，建立起了定量的构效关系数学模型，并由模型来推测未知的、最优化的药物分子结构，然后再通过化学合成得到这个最优化结构。定量构效关系的计算机辅助药物设计在新药的创制过程中大显身手，大大提高了新药研究的效率。

新药的创制在我国还处于亟待发展的阶段，因为，目前我国生产的绝大多数药品为仿制国外的品种，自己创制的新药数量极少。我国虽然特有中草药，但因为还没有建立完善的现代药物的质量检测标准，所以依然难以进入国际市场。因此，在 21 世纪开发出更多具有自主知识产权的新药是我国化学家一项艰巨而又光荣的任务。

新药经过大量的临床验证为安全、有效和可控药物之后可能成为常用药物为人类服务，至今为止，临床常用药已经多达 1000 余种，用对药、用好药是人类追求健康的保证。可做到合理用药可不是容易的事。

第六节　合理用药

根据疾病种类、患者状况和药理学理论选择最佳的药物及其制剂，制定或调整给药方案，以达到最有效、安全、经济地防治和治病的措施就是合理用药。

不合理用药，其后果不仅可能导致临床治疗延误、治疗失败、发生不良反应或药源性疾病，甚至导致死亡；还会导致严重的社会后果，如医疗机构和医生信誉受损、病人投诉增加和纠纷不断、医疗费用无意义增加、误导医药产业发展等。

合理用药，就要对症下药，这里的“症”不但包括了症状，还包括要消除病因。消除疾病的症状就是常说的“治标”，而消除病根才是“治本”。一般而言，治本比治标更重要，只有消除病根，症状自然消失后才不会复发。但是，当症状严重危及生命时，治标就比治本更迫切。比如，细菌感染造成的腹泻用抗生素治疗不仅有效而且必要；但是如果是消化不良，肠功能紊乱，内分泌障碍，肝、胆、胰功能低下造成的腹泻即使用抗生素治疗也无效，应改用调整脏腑功能的相关药物。

知识·链接

非处方药与处方药

处方药是必须凭执业医师或执业助理医师处方才可调配、购买和使用的药品；非处方药（OTC）是不需要凭医师处方即可自行判断、购买和使用的药品，在国外又称之为“可在柜台上买到的药物”。

处方药和非处方药不是药品本质的属性，而是管理上的界定。无论是处方药，还是非处方药都是经过国家药品监督管理部门批准的，其安全性和有效性是有保障的。其中非处方药主要是用于治疗各种消费者容易自我诊断、自我治疗的常见轻微疾病。

一、临床用药四大原则

临床用药虽然千变万化，但还是有共同的原则可以遵循，北京军区临床药物研究所总结出临床用药四大原则。

1. 确定诊断，明确用药目的

诊断正确是合理用药的前提，只有认清病人疾病的性质和病情严重的程度，才能确定用药要解决的问题，从而选择有针对性的药物和合适的剂量，制定适当的用药方案。

2. 制定详细的用药方案

要根据初步选定药物的药效学和药动力学知识，全面考虑可能影响该药作用的一切因素。扬长避短，仔细制定包括用药剂量、给药途径、投药时间、疗程长短以及是否联合用药等内容的用药方案，并认真执行。

3. 及时完善用药方案

用药过程中既要认真执行已定的用药方案，又要随时仔细观察必要的指标和实验数据。以求判定药物的疗效和不良反应，并及时修订和完善原定的用药方案，在必要时采取新的措施。

4. 少而精和个体化

任何药物的作用都有两面性，药物间的相互作用颇为复杂，既可能提高疗效，也可能增加药物的不良反应；而且，不同病人可因其病情不同对药物作用的敏感性也不同。因此，用药方案要强调个体化。除去必要的联合用药外，原则上应持“可用可不用的药物尽量不用”的态度，争取能用最少的药物达到预期的目的。

二、合理选药

合理用药还包括合理选药。当前可供选择的药物种类、剂型很多，使用时必须充分了解各种药物的适应证、不良反应和用药禁忌，选用安全、有效、经济的药物。

形形色色的药物剂型

生病服药时，你会将胶囊剂倒出来？将糖衣片压碎或将针剂改为口服吗？这些做法都是错误的，因为，药物剂型配制各有意义，随意改变服药方法，不但使药物疗效大打折扣，还容易产生种种不良反应。一起来认识一下，常见的药物剂型及其特点吧！

(1) 片剂　有利于保护药物，减少阳光、空气、水分对药物的破坏，同时成本较低，服用、运输、保存方便，但不利于儿童与高龄老人吞服。

(2) 冲剂　将药物加工成颗粒状，加开水冲服即可，使用、保存方便，对小儿尤为适宜。

(3) 汤剂　配方灵活，可根据病情加减，增强疗效，减少副作用，急慢性病均适宜采用。缺点是味苦，不能长时间保存。

(4) 胶囊剂　硬胶囊是将固体或半固体药物填充于大小不同的囊壳中，如速效伤风胶囊等；软胶囊是将油类或液体类药物封闭于软胶囊中，成为一种圆形或椭圆形内服胶丸剂，如鱼肝油胶丸。胶囊剂容易吞服，可掩盖药物的不良气味，服用后可迅速释放崩解，发挥药效。

(5) 注射剂　用于输液与肌肉注射。常用水针（如葡萄糖注射液）与粉针（如青霉素）两大类。它起效迅速，不受消化液和食物的影响，用于急救与口服药物困难者。缺点是价格较高，使用不方便，注射时疼痛，容易出现输液反应等。

(6) 气雾剂　将药物与液化气体或压缩空气一起装入带有阀门的封闭耐压的直筒内，使用时药物成气雾状喷出，常用于呼吸道（如喘息定气雾剂）与皮肤（如云南白药喷雾剂），使用方便而起效快，但价格较贵。

(7) 膏滋剂　将药物煎煮浓缩加蜂蜜、蔗糖收膏而成。它味美适口，主要用于滋补，如枇杷膏、秋梨膏等。

(8) 软膏　将药物与凡士林等混合制成的一种半固体剂型，涂于皮肤或黏膜，起到润滑、保护与治疗作用。

(9) 膏药　硬膏药俗称黑膏药，是将药物用油熬炼后下丹制成的，外用起到扩张血管、促进血液循环、消肿拔毒、去腐生肌等作用，多用于风湿疼痛、跌打损伤等症；现代的橡皮膏药，是将药物与橡胶、松香与油脂性物质混合制成，使用、携带更方便，且不污染衣服，但药效维持时间较短，如伤湿止痛膏等。

(1) 选用的药物应具有针对性，针对性越强，那么治疗效果就越好，而且尽快治疗产生的直接好处就是降低用量、减少毒副作用。

(2) 选用的药物毒副作用要小。对于孕妇，除遵守一般的用药规则之外，应避免使用有致畸作用和对孕妇有影响的药物。例如，孕期接受氨基糖苷类药物的治疗可能造成胎儿神经系统损坏，导致先天性耳聋；又如，对于婴幼儿要根据体重、年龄的不同具体对待，要慎用或不用退热药，以免引起因出汗而导致水电解质平衡紊乱。

(3) 药物和药物之间存在协同和拮抗的作用（可看作配伍禁忌）。协同作用可以提高疗效，减少副作用。例如水杨酸类解热镇痛药对胃有刺激作用，服用时可与碱性药物配伍，以减轻对胃的刺激；而中和胃酸的碱性药物则不宜与丹参片同服，否则碱性药物中的钙、镁离子可与丹参有效成分丹参酮形成螯合物，降低丹参的生物利用度而影响疗效；另外，含钙、镁、铝及铁离子的中药如白虎汤、牛黄解毒丸、上清丸等则不宜与四环素类抗生素同服，原因是易形成不溶解的螯合物。

知识·链接

服药期间不宜饮用咖啡

咖啡具有兴奋中枢神经、醒脑提神的作用，咖啡中的某些成分会干扰药物的代谢、拮抗药物的某些有效成分，产生一些副作用。例如，咖啡中的咖啡碱能和许多药物互为影响，服用新喹诺酮等抗生素类药物时饮用咖啡，68%的人出现头晕，70%的人出现心悸、失眠现象。专家解释，咖啡碱能干扰或抑制其他药物的代谢，能与抗坏血酸、水杨酸等多种药物中的酸性成分起反应，使药物的药效降低甚至失效。所以，必须注意，服药期间不宜饮用咖啡。

三、用药剂量

为保证用药安全、有效，通常采用最小有效量与达到最大治疗作用但尚未引起毒性反应的剂量之间的那一部分剂量作为常用量。因为，同样的药物在不同的剂量下可能出现不同的效果。例如，砒霜（As_2O_3）是最古老的“毒药”之一，很少的剂量可使人中毒甚至死亡；但是如果用量控制得当，砒霜可以用来治病。用砒霜、蛇毒等毒药治病在中医中不少见，近年来，一定剂量的砒霜被成功用于治疗白血病，淋巴癌、前列腺癌和子宫癌等癌症。

另外，物质浓度不同作用可能不同。要考虑药品浓度的影响，特别是在消毒、注射和输液等方面。比如，临床上常用75%的酒精（CH_3CH_2OH）做皮肤消毒剂，而纯的酒精不仅没有杀菌作用，反而对细菌有保护作用。因为75%的酒精可以渗透到细菌内部使细菌的蛋白质变性、凝固而死；纯的酒精遇到细菌则把细菌表面的蛋白迅速凝固形成一层坚固的保护膜，细菌没死，但人体肌肉等部位却因严重失水造成伤害。

临床所规定的常用量一般是指成人（18～60岁）的平均剂量，但对药物的反应因人而异。年龄、性别、营养状况、遗传因素等对用药剂量都有影响。小儿所需剂量较小，一般可根据年龄、体重、体表面积按成人剂量折算。老人的药物可按成人剂量酌减。另外，对于体弱、营养差、肝肾功能不全者用药量也应相应减少。正常情况下可按下表快速折算出用药剂量。

老、幼用药剂量快速折算表

年龄	0～1	1～2	2～4	4～6	6～8	8～12	12～15	15～18	≥60
用药量(成人量)	1/12～1/24	1/8	1/6	1/4	1/3	1/2	3/5	3/4	3/4～4/5

为什么有些药物要包衣?

有些药物被制成片剂或丸剂后，还会在外面裹上一层糖衣或肠衣，原因是：第一，由于主药的理化性质不稳定，遇到空气、光线和水分时易分解、变质，所以裹上包衣避免药效降低或丧失；第二，有的药物有不良气味，如苦味的黄连素片、腥味的胎盘片等，裹上包衣方便口服；第三，有些药物遇胃酸容易被破坏，如红霉素、胰酶等，包上肠溶衣避免药物在胃中失效。很多药物用的是添加了食用色素的颜色衣，药物变成了五颜六色的，既方便识别，还可防止误服。

四、给药途径

不同给药途径会影响药物在体内的有效浓度，与疗效关系密切。例如，硫酸镁注射给药可以产生镇静作用，而口服给药则导泻。临床上，主要根据病人情况和药物特点来选择。原则上是，能吃药的不必打针，能打针的不必输液；但是，该输液的，要及时输液。

(1) 口服，适用于大多数药物和病人。主要缺点是吸收缓慢而不规则，药物可刺激胃肠道，在到达全身循环之前又可在肝内部分破坏，也不适用于昏迷、呕吐病人及婴幼儿、精神病等病人。

(2) 直肠给药。主要适用于易受胃肠液破坏或口服易引起恶心、呕吐等少数药物，如水合氯醛，缺点是使用不便，吸收受限，不常用。

(3) 舌下给药。只适合于少数用量较小的药物，如硝酸甘油片剂舌下给药治疗心绞痛，可避免胃肠道酸、碱、酶的破坏，吸收迅速，奏效快。

(4) 注射给药。具有吸收迅速而完全、疗效确实可靠等优点。皮下注射吸收均匀缓慢，药效持久，但注射药液量少（1～2 毫升），并能引起局部疼痛及刺激，故使用受限；肌肉注射吸收较皮下为快，药物的水溶液、混悬液或油制剂均可采用，刺激性药物亦宜选用肌注；静脉注射可使药物迅速、直接、全部入血浆生效，特别适用于危重病人，但静脉注射只能使用药物的水溶液，要求较高，较易发生不良反应，有一定的危险性，故需慎用。

(5) 吸入法给药。适用于挥发性或气体药物，如吸入性全身麻醉药。

(6) 局部表面给药。如擦涂、滴眼、喷雾、湿敷等，主要目的是在局部发挥作用。

知识·链接

忌用茶水服药

口服药物时注意不能用茶水送服。因为很多药物的有效成分都可以和茶水中的鞣质（单宁）发生反应。常用药中，有很多属于生物碱，如元胡、黄连、曼陀罗等，这些药物的煎液与茶水同服容易发生沉淀；服用重金属盐类药物如硫酸低铁、富血铁等，用茶水送服，也易形成沉淀影响吸收。

五、化学药物中毒

1. 砒霜中毒

砒霜的化学名称为三氧化二砷，白色粉末，外观与面粉、淀粉和小苏打很相似，也没有特殊气味，很容易误食中毒。砒霜的毒性很大，当它进入人体后会破坏某些细胞呼吸酶，使组织细胞不能获得氧气而死亡；还会强烈刺激胃肠黏膜，使黏膜溃烂、出血；还可以破坏血管导致出血，破坏肝脏引起中毒性肝炎。严重时导致呼吸及循环衰竭而亡。

发现砒霜中毒患者，尽快催吐、洗胃排出毒物。中医常用甘草绿豆汤给患者解毒，西医的特效解毒剂是二巯基丙醇（BAL）。

2. 敌鼠钠盐中毒

敌鼠钠盐又名双苯杀鼠酮钠盐，淡黄色粉末，无臭、无味，易溶于酒精和丙酮，是一种高效抗凝血杀鼠剂，杀鼠作用强。人体误食后，会发生咳血、血尿、便血、黏膜及皮下广泛出血。急救时除催吐、洗胃外，可注射特效拮抗剂维生素 K_1 或服用中药三七粉。

3. 镇静、催眠药中毒

如果大量使用或误服镇静、催眠药会引起急性中毒。中毒的原因是中枢神经系统受到抑制。例如，服用巴比妥类药物中毒的表现是患者昏睡、呼吸浅表、瞳孔缩小，随着中毒加深，陷入深度昏迷，各种反射迟钝甚至消失，瞳孔对光反应消失，脉搏加快而微弱，呼吸不规律，最后会因呼吸中枢麻痹而亡。发现中毒后，立即就医，洗胃、催吐并使用中枢兴奋药等；注意在患者昏迷时，防止口腔分泌物进入气管而窒息。

据 WHO 资料统计，世界上有 1/7 的人不是死于自然衰老和疾病，而是死于不合理用药；在患者中有将近 1/3 是死于不合理用药而并非疾病本身。特别是在发展中国家，因缺医少药、有限资源滥用、各种疾病误诊率高造成了患者的死亡率高。

药品说明书大多印有“慎用”、“忌用”和“禁用”的事项。“慎用”提醒服药的人服用该药时要小心谨慎。服用之后，要细心地观察有无不良反应出现，如有就必须立即停止服用；标明“忌用”的药，说明其不良反应比较明确，发生不良后果的可能性很大，已达到不适宜使用或应避免使用的程度。用“忌用”一词以示警告。例如，患有白细胞减少症的人要忌用苯唑西林钠，因为该药会减少白细胞；“禁用”是对用药的最严厉警告，禁用就是禁止使用。例如，对青霉素过敏的人，绝不能使用青霉素类药物；青光眼患者都不能使用阿托品。

让每一名患者都受益于现代医药的进步！最大限度发挥药物服务人类、治病救人、营养保健的功效，让人类远离疾病、延年益寿，过上高质量的生活。

第七节　珍惜生命，远离毒品

大家都知道，健康是每一个人最宝贵的财富，没有健康的身体，就拥有不了幸福的生活。然而，毒品就像恶魔一样抓住某些人不放，它给人带来短暂兴奋的同时，悄悄地夺走了他们的健康甚至是宝贵的生命。

大多数“毒品”进入人类生活之初，并不是“恶魔”而是“天使”，它们是用于治疗疾病的药品，被人们滥用结果就成了毒品。毒品的定义为非医疗、非科研、非教学需要而滥用的有依赖性的药品，或指被国家管制的、对人有依赖性的麻醉药品。

根据联合国公约规定，国际上管制的麻醉品和精神药品有200多种，包括杜冷丁、K粉、美沙酮、大麻、鸦片、摇头丸、吗啡、海洛因、可卡因、咖啡因等，目前国际国内严厉禁止的毒品主要是可卡因、大麻、海洛因、鸦片和吗啡等。这些毒品有些是吸入式的，有些是注射式的；有些是植物性天然毒品，有些是人工合成的化学毒品。

一、毒品的分类

（一）植物性天然毒品

1. 鸦片（opium）

又名阿片、大烟、阿芙蓉等，是用未成熟的罂粟果上划破后渗出的乳汁干燥而成的，即生鸦片。呈褐色至黑色膏状块，有苦味、有毒并有特殊臭味。加工成鸦片后为褐色膏状，软硬如橡皮泥。鸦片是一种麻醉镇痛药，内含吗啡、可卡因、蒂巴因等，其中吗啡的含量约为10%，有镇痛、消炎、止泻等功效，但有成瘾性。

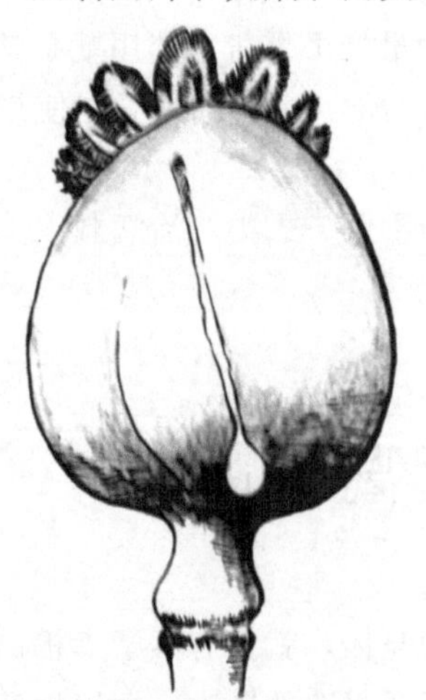
罂粟果实割破处流出的汁液

吸食鸦片，可造成吸食者在心理和生理上对鸦片产生强烈的依赖性，久而久之，会引起人体各器官功能消退、免疫力丧失，尤其是胃功能、肝功能和生育功能被破坏，超量吸食会致人死亡。

吗啡（morphine）是鸦片的主要生物碱，纯品为白色。能起到安定和镇痛的作用，最早作为医药上的止痛镇静药，当然用量很小，标准剂量是0.006克，因为过多的话，可以使人成瘾，大量长期使用会引起精神失常，出现谵妄的幻觉，过量使用可导致呼吸衰竭而死亡。常见毒品可待因是吗啡的单甲醚衍生物；海洛因是吗啡的二乙酰衍生物。

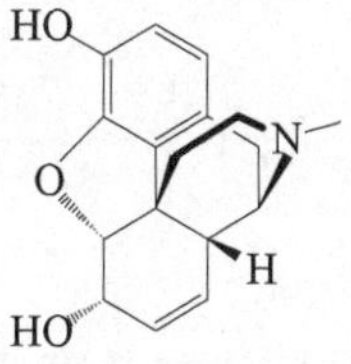

吗啡 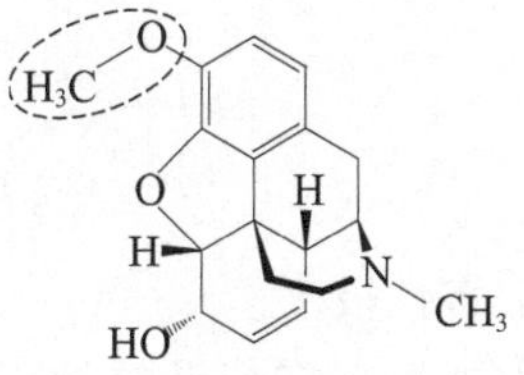　　可待因 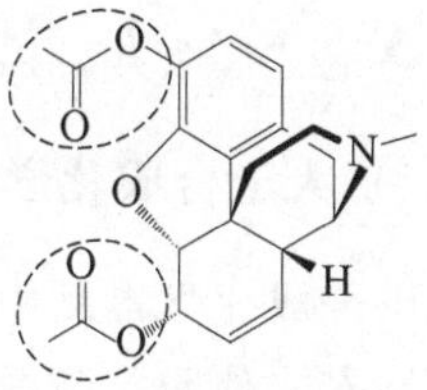　　海洛因

可待因（codeine）是一种存在于鸦片中的生物碱，含量占0.7%～2.5%。它可从鸦片中提取，也可用化学方法合成。药理作用与吗啡相似，有镇痛、镇咳作用，其镇痛作用相当于吗啡的1/7～1/10，镇咳作用为吗啡的1/4。大剂量能明显抑制呼吸中枢，也可引起烦躁不安等中枢神经兴奋症状。长期使用可形成依赖性，停药时可引起戒断综合征。

海洛因（heroin），俗称“白粉”、“白面儿”，味苦，纯品为白色柱状结晶或结晶性粉末，可由吗啡为原料合成制得，毒性相当于吗啡的2～3倍，是毒性之王。

海洛因对人体没有任何医疗作用，吸食后极易上瘾。吸食后人好像进入了宁静、温暖、快慰和平安的状态，并能持续几个小时；长期服用引起心律失常、肾功能衰竭、皮肤感染、肺活量降低、全身性化脓性并发症，使人身形消瘦、心理变态、性欲亢奋、智力减退，重者死亡。

2. 可卡因（cocaine）

又名古柯碱，化学名称为苯甲基芽子碱，无臭，味苦而麻，是一种细微、雪白的结晶状粉末状生物碱，有局部麻醉作用，在临床上可作为局部麻醉药，但滥用时就会成瘾成为毒品。

可卡因最早是从古柯属的小灌木树的叶子中提取出来的，人们发现通过嚼食这种叶子可以起到消除疲劳、提高情绪的作用。可卡因能够打乱人体机能和肾上腺素分泌对人体的调节作用，使中枢神经和交感神经系统产生强烈的兴奋源。可卡因对中枢神经系统有高度的毒性，可刺激大脑皮层，产生欣快、狂妄、幻觉，使用者很快成瘾，逐渐发生偏执型精神病，大剂量服用刺激脊髓，可引起惊厥乃至呼吸衰竭而死亡。

3. 大麻（cannabis）

又称玛丽华纳、印度大麻，我国俗称“火麻”、“大麻叶”，主要成分是大麻油、大麻草和大麻酯，最起作用的成分是四氢大麻酚。世界上最大的大麻产地是哥伦比亚，哥伦比亚的毒枭也因此世界闻名。大麻是一年生植物中提取的，种植和加工比较方便，价格也便宜，有“穷人的毒品”之称。毒性仅次于鸦片。

吸服大麻后，可产生一种欣快感，有的人会出现幻视、焦虑、妄想等症状。大麻有生理依赖性，会使人上瘾。吸服大麻对身体有害无益，长期服用会使人失眠、食欲减退、性情急躁容易发怒、产生呕吐、幻觉，使人理解力、判断力和记忆力下降，还可诱发气管炎、哮喘、肺气肿、肺癌、低血糖等疾病。

4. 摇头丸（ecstasy）

主要成分是MDMA（亚甲二氧甲基苯丙胺），最早于1914年在美国出现，初期的医疗用途为抑制食欲，随后发现有严重副作用如上瘾、引发流血不止、高血压、心脏病及肌肉坏死等，于是医学界不再使用。摇头丸主要作用于神经系统，食用后引起颈部神经兴奋，即兴随音乐剧烈地摆动头部而不觉痛苦，因此得名。摇头丸对中枢神经的破坏相当严重，请谨记“摇头丸，摇断头”。

（二）人工合成化学毒品

人工合成化学毒品中以下几种危害性极大。

(1) 安非他明（苯丙胺）是一种中枢兴奋药及抗抑郁症药。因静脉注射具有成瘾性，而被列为毒品。

(2) 甲基安非他明（甲基苯丙胺），即冰毒，又叫去氧麻黄素，因其原料外观为纯白结晶体，晶莹剔透，被称为“冰”(ice)，它毒性剧烈，人们便称之为“冰毒”。该药小剂量时有短暂的兴奋抗疲劳作用，其丸剂有“大力丸”之称；冰毒能兴奋中枢神经，具有欣快、警觉及抑制食欲等作用，重复使用会成瘾。

(3) 麦角酸二乙基酰胺是一种致幻剂，是已知的药力最强的迷幻剂，很易被人体所吸收，滥用后会造成精神和行为的改变。其有效剂量很小，为微克水平，肉眼难以察觉，常混合其他物质赋型为各种片剂、胶囊或将其水溶后滴于一片吸水纸上。服用者心境、意识、视觉、行为发生明显变化，情绪变化起伏无常，注意力不集中，常会出现突发的、危险的、荒谬的强迫行为，出现逼真幻觉、时空扭曲、产生联想、严重精神错乱。

合成毒品属兴奋剂或致幻剂，较大一部分吸毒人群利用合成毒品来提神，以从事通宵赌博、飙车等不法行为。另外，合成毒品戒断症状不明显，具有较大的欺骗性。

同植物性天然毒品一样，人工合成化学毒品也严重危害人类的生命和健康，给社会造成动荡不安和经济损失。

知识·链接

吸毒后为何一再复吸？

毒品复吸原因多种多样，总结起来，有心理因素、生理因素和社会因素。

主要心理因素有：心瘾强烈、想打发无聊时光、解除心烦、就吸最后一次等心理；戒毒后，躯体脱毒后遗留的稽延性戒断综合征，使戒毒者感到身体不适如失眠、疲劳等是导致复吸的生理因素；受吸毒环境、毒友引诱、劝导等诱惑是引起复吸的主要社会因素。

毒品中，海洛因依赖者的复吸率很高，各种心理治疗干预的方法效果很有限。因此，应根据依赖者的临床特征，采取不同的干预策略，才可能提高干预工作的成效。

二、毒品的危害

毒品的危害，可以概括为“毁灭自己，祸及家庭，危害社会”十二个字。据联合国世界卫生组织统计，目前世界上吸食各种毒品的人数已超过2亿，毒品已日益严重地威胁着人类的健康，破坏世界经济的正常运行秩序，吸毒贩毒已成为全球性公害。

(1) 吸毒严重危害个人身心健康。

(2) 毒品都有使人很快成瘾的特点，人吸食毒品后，就会对毒品产生顽固的精神依赖和生理依赖，使人不断地、反复地、大量地获取和吸食毒品。吸毒者在毒瘾发作时，轻则头晕、耳鸣、呕吐、涕泪交加、大小便失禁、浑身打战，重则有如万蚁啃骨、万针刺心、求生不得、欲死不能，直至神经系统抑制，引起呼吸衰竭而死亡。另外，静脉注射毒品也是传染肝炎、艾滋病等疾病的途径，危害个人身心健康。

(3) 摧残意志，荒废学业。吸毒后，人往往注意力不集中，反应迟钝，记忆力衰退，失眠易怒，性情暴躁，极不利于学习生活。有的甚至发生人格变态，道德沦丧，形成严重的病态心理，与吸毒前相比判若两人。某校 8 名学生吸毒成瘾后，经常缺课、旷课，无法继续学习，只好中途辍学。

(4) 诱发多种犯罪，严重危害社会安定。吸毒不但全面危害身体健康，严重地摧残人的精神和意志，而且是诱发犯罪的一个重要因素。由于吸毒耗资巨大，一般人的正常收入根本承受不了吸毒的开支，所以，很多吸毒者为毒瘾所驱使，不惜采取不法手段攫取钱财，走上盗窃、抢劫、诈骗、贪污、杀人等违法犯罪道路。如某校一毕业生毕业后分到外资企业，正当可施展才华之际，因吸毒需要大量钱物，便利用管理资金之便贪污公款 22 万元，全部用于吸毒，走上了犯罪道路，被判无期徒刑。

知识·链接

毒品是吸食一次就会成瘾的吗?

从身体上来说，吸毒一次并不一定会上瘾，但从愿意去以身试毒的态度来说，心理上是会一次就上瘾的。很多吸毒上瘾的人都是从第一次开始的，最后到很糟糕的地步。一朝吸毒，十年戒毒，终身想毒，所以年轻人绝对不要轻信什么试一次不会上瘾的诱说，切记一次都不能尝试!

趣味实验 4-1 阿司匹林的制备

【实验目的】

了解和熟悉合成阿司匹林（乙酰水杨酸）的基本方法；巩固抽滤的操作技术。

【实验原理】

$$\text{(邻羟基苯甲酸: 苯环-OH, -COOH)} + (CH_3CO)_2O \xrightarrow[\triangle]{\text{浓硫酸}} \text{(苯环-COOH)}-O-\overset{O}{\overset{\|}{C}}-CH_3 + CH_3COOH$$

这样得到阿司匹林粗品，含有水杨酸聚合物等杂质，可经精制处理得到阿司匹林纯品。

【实验用品】

锥形瓶、水浴加热装置、减压过滤装置等；水杨酸 3g（0.021mol）、乙酸酐 8.1g（7.5mL，0.075mol）、饱和碳酸钠水溶液、1%三氯化铁溶液、乙酸乙酯、浓硫酸、浓盐酸。

【实验步骤】

取小锥形瓶一个，加入 3g 水杨酸和 7.5mL 乙酸酐，再加 8 滴浓硫酸，盖上滤纸片，置于 80～90℃水浴中[1]，轻轻摇动小锥形瓶使水杨酸溶解。在此温度下继续加热 10min，并时加振摇。取出小锥形瓶，放冷至室温，慢慢加入 5mL 冰水，搅拌 2～3min，再加 30mL 冰水，搅拌至结晶完全析出（必要时用玻璃棒摩擦锥形瓶壁，使结晶析出），减压过滤[2]。用少量冷水洗涤结晶 1～2 次，抽干，即得阿司匹林粗品。将粗品转入小烧杯中，缓慢加 37.5mL 饱和碳酸氢钠溶液。搅拌，至无气泡产生。抽滤，副产物聚合物被滤除。用 5mL 水洗涤一次，合并滤液，放置烧杯中，加 1∶1 盐酸 7.5mL（$pH<3$ 即可），即有阿司匹林的白色沉淀析出。把烧杯置冰浴中继续冷却，使结晶完全。减压过滤，用 5mL 冷水洗涤 2 次，抽干。结晶转入表面皿上，80℃干燥 10min，称重，计算产率。

【注释】

[1] 反应温度不宜过高，否则将有副反应发生。例如生成水杨酰水杨酸。

[2] 减压过滤又叫抽气过滤（简称抽滤），抽滤瓶的侧管用耐压的橡皮管和水泵相连（最好接安全瓶）。布氏漏斗中铺的圆形滤纸比漏斗内径略小，使其紧贴于漏斗的底壁。在抽滤前先用少量溶剂把滤纸润湿，然后打开水泵将滤纸吸紧，防止固体在抽滤时自滤纸边沿吸入瓶中。关闭水泵前，必须先将抽滤瓶与水泵间连接的橡皮管拆开，或将安全瓶上的活塞打开接通大气，以免水倒吸入抽滤瓶内。

【思考题】

1. 反应容器为什么要干燥无水？如有水存在，对本反应有什么影响？

2. 减压过滤时应注意些什么？

趣味实验 4-2　检验尿糖

【实验目的】

学会用费林试剂检验尿糖的含量。

【实验原理】

糖尿病患者尿液中含有葡萄糖，含糖量多，则病情重。检验尿液中的含糖量，可以用费林试剂（硫酸铜＋酒石酸钾钠与氢氧化钠溶液配制而成）来检验。葡萄糖分子中有醛基，在热碱性溶液中可使 Cu^{2+} 还原为 Cu^{+}，并生成砖红色的 Cu_2O 沉淀。反应方程式为：

$$CH_2OH(CHOH)_4CHO+2Cu(OH)_2 \xrightarrow{\triangle} CH_2OH(CHOH)_4COO^- + Cu_2O\downarrow + H_2O$$

【实验用品】

量筒、试剂瓶、吸量管、胶头滴管、试管、酒精灯、硫酸铜晶体、酒石酸钾钠、氢氧化钠、蒸馏水、送检尿液。

【实验步骤】

(1) 配制费林试剂　取100mL蒸馏水，加入3.5g硫酸铜晶体（$CuSO_4 \cdot 5H_2O$）制成溶液Ⅰ；另取100mL蒸馏水，加入17.3g酒石酸钾钠（$NaKC_4H_4O_6 \cdot 4H_2O$）和6g氢氧化钠制成溶液Ⅱ。将溶液Ⅰ与溶液Ⅱ分装在两只洁净的带密封塞的试剂瓶中，使用时等体积混合即成费林试剂。

(2) 检验　用吸量管吸取少量尿液（1～2mL）注入一支洁净的试管中，再用一支胶头滴管向试管中加入3～4滴费林试剂，在酒精灯火焰上加热至沸腾，加热后：若溶液仍为蓝色，表明尿液中不含糖，用“－”表示；若溶液变为绿色，表明尿液中含少量糖，用“＋”表示；若溶液呈黄绿色，表明尿糖稍多，用“＋＋”表示；若溶液呈土黄色，表明尿糖较多，用“＋＋＋”表示；若溶液呈砖红色浑浊，说明尿糖很多，用“＋＋＋＋”表示。见下表：

葡萄糖含量对照表

颜色	符号	约含葡萄糖量
蓝色	(－)	无
绿色	(＋)	约27.8$mmol \cdot L^{-1}$以下(微量)
黄绿色	(＋＋)	27.8～55.6$mmol \cdot L^{-1}$(少量)
土黄色	(＋＋＋)	55.6～111.2$mmol \cdot L^{-1}$(中等量)
砖红色	(＋＋＋＋)	111.2～166.8$mmol \cdot L^{-1}$(大量)

趣味实验4-3　葡萄糖酸锌的制备

【实验目的】

学习沉淀溶解平衡的应用，掌握基本操作技术。

【实验原理】

人体缺锌会造成生长停滞、自发性味觉减退和创伤愈合不良，从而引发各种疾病。葡萄糖酸锌作为一种补锌添加剂，吸收率高，副作用小，使用方便，特别适合作为儿童食品和糖果的添加剂。

葡萄酸糖锌为白色或接近白色的晶体，溶于水，易溶于热水，不溶于乙醇、氯仿和乙醚。用葡萄糖酸钙和硫酸锌为原料可以直接合成葡萄糖酸锌：

$$Ca(C_6H_{11}O_7)_2 + ZnSO_4 = Zn(C_6H_{11}O_7)_2 + CaSO_4$$

得到的粗品葡萄糖酸锌经重结晶可进一步纯化。

【实验用品】

台秤、蒸发皿、布氏漏斗、抽滤瓶、电子天平、烧杯；葡萄糖酸钙、$ZnSO_4 \cdot 7H_2O$、95%乙醇、活性炭。

【实验步骤】

(1) 在50mL烧杯中加入葡萄糖酸钙4.5g，加入12mL去离子水，搅拌使之全部溶解。在另一烧杯中加入 3.0g $ZnSO_4 \cdot 7H_2O$ 和 12mL 去离子水，也搅拌使之溶解。不断搅拌下，将 $ZnSO_4$ 溶液逐滴加入到葡萄糖酸钙的溶液中，然后在 90℃水浴中放置 20min 以上并时加搅拌。

(2) 反应完成后，减压过滤除去 $CaSO_4$ 沉淀，滤液转入烧杯，加入少量活性炭除色，加热煮沸 3～5min，趁热减压过滤。滤液冷至室温后，加入 10mL95%乙醇，不断搅拌，至胶状葡萄糖酸锌析出，充分搅拌后，倾去乙醇溶液，得葡萄糖酸锌粗品。

(3) 用适量水溶解葡萄糖酸锌粗品，加热（约 90℃）至溶解，趁热减压过滤，滤液冷至室温，加入 10mL95%乙醇，充分搅拌，待结晶析出后减压过滤，用少量 95%乙醇洗涤，抽干即得葡萄糖酸锌纯品，于 50℃烘干，称重，计算产率。

【思考题】

两次加 95%乙醇的目的分别是什么？

（吕小兰，刘艳珠）

第五章 食品与化学

民以食为天，2012 年央视热播节目“舌尖上的中国”尽显“烹饪王国”之饮食美，众多富有地方特色、地方风味的食品和菜肴，不仅触动了人们的味蕾，也诱惑了不少人做出“此生游遍祖国山水，吃遍八方美食”的规划。当你尽享美食时，你可想过可口的食品的颜色、味道是怎样产生的？为什么有的食品可以存放很长时间？馒头和面包为什么特别松软？这些问题都可以用化学知识来解答。另外，日常生活中的柴、米、油、盐、酱、醋、茶也无不和化学有着密切的联系。了解其中的化学知识，不仅能指导人们的健康饮食，减少疾病的发生，还能从色、香、味等各方面改变食物的品质，让人们的生活变得更美好。

众所周知，植物可以通过光合作用将空气中的 CO_2 转化成营养物质，同时，大多数植物扎根泥土，可以从泥土中吸收生长所必需的水分和矿物质；人类则是通过摄入食物，吸收人体正常生长发育和生存活动需要的营养物质。因此，营养是维持人体生命的先决条件，是保证身体健康的物质基础。

食品，不仅能为人体提供必要的营养素，满足人体营养的需要，而且食品中的某些成分还具有调节人体新陈代谢、增强防御疾病、促进身体康复等作用。食品中含有人体所需的各类营养素，但不同食品含有的营养素的数量和种类有很大差别，所以必须根据人体需要进行膳食的营养物质平衡。要想保持健康、延年益寿，人们应该懂得一些营养学的知识，坚持科学饮食，以满足身体对各种营养物质的需求。

第一节 营养化学

一、营养化学

营养素，是保证人体生长、发育、繁衍和维持健康生活的物质。营养素来源于食品，更准确地说，是来自食品中的化学物质。食品中目前已知有 40～45 种人体必需的营养素，这些不同的化学成分有的是天然成分，有的是非天然成分，具体分类如下：

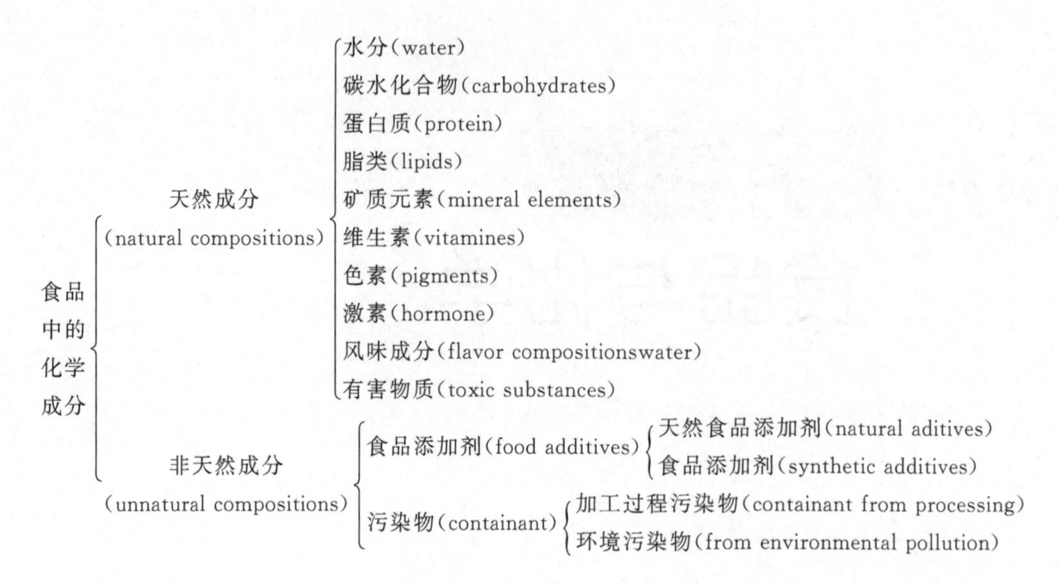

天然营养成分因为食品的种类不同，所以含量和作用不尽相同，其中，水、脂肪、蛋白质、碳水化合物（糖类）、矿物质和维生素，是人类生存的“六大生命要素”。

食物在体内消化后，营养素就被吸收进入血液循环，供组织细胞进一步利用。在组织细胞中，糖、脂肪、蛋白质、矿物质、维生素和水会发生多种不同的化学反应，转变为能量或组织材料，这些反应总称为代谢。

消化过程主要是由一系列消化酶完成的。食物经过消化，将大分子物质逐一变成小分子物质，如多糖→单糖、蛋白质→氨基酸、脂肪→脂肪酸和甘油；维生素和无机盐则在消化过程中从食物的细胞中释放出来，通过消化道管壁进入到血液循环中，这些过程称为吸收。具体的吸收方式取决于营养素的化学性质。食物进入胃之前没有吸收，胃只能吸收少量的水分和酒精等，大肠主要吸收没有被小肠完全吸收的水分和电解质，而营养物质的吸收主要在小肠进行。

“六大生命要素”对生命的意义每一样都无可替代，下面进行简要介绍。

（一）水分及其作用

水是人体中不可缺少的物质，也是构成人体组织的重要组成部分。成年人体内水占体重65%左右，儿童可达75%。人体所有器官都含水，如血液占80%、肌肉占70%、骨骼占3%。人的身体里到处都是“水”，水是生命的源泉！

研究表明，一个正常人每天最低要补充水量1500毫升。人不吃饭可以活上几星期，而如果不喝水，当失水量占体重的2%，就会感到口渴、尿量减少；当失水量达到6%，就会令人全身无力、无尿；失水量达到20%～22%时直接导致狂躁、虚脱、昏迷甚至死亡。这就是为什么疲劳至极、患病、负伤的人总会喊着“水、水、水……”，由此可见，干渴给人的威胁更甚于饥饿。

食品的含水量除谷物和豆类等种子（12%～16%）外，一般都比较高（60%～90%）。如蔬菜（85%～97%）、水果（80%～90%）、乳类（87%～89%）、鱼类（67%～81%）、蛋类（73%～75%）、猪肉（43%～59%）。

知识·链接

饮水的误区

人体每天会通过出汗、小便等方式损失 2～3 升水；

人体每天通过消化固体食物吸收 1.5 升水；

健康的人每天还需有意识补充 2 升水；

如果气温超过 32 摄氏度，每天至少得补充 3 升水。

常见的饮水误区：

⊗ 渴的时候才喝水

特别想喝水的时候，身体已经非常缺水了。应在想喝水前很长时间就开始补充水分。

建议：把水放在最显眼的地方，不时地喝上一两口。

⊗ 喝了汤就不用喝水了

只有不加糖的茶、果蔬汁能代替水。

建议：多喝水或者不加糖的茶、果蔬汁（喝果汁的时候兑些水，稀释糖分）。

⊗ 喝矿泉水比喝普通水好

长期喝矿泉水会造成盐分在体内沉积等不良后果。

建议：略微矿化的水危险性较小。

⊗ 咖啡或汽水可以代替普通水

咖啡因会使皮肤干燥，汽水会使体内的钙流失。

建议：多喝普通的水。

水在人体中的作用至关重要，具体表现为以下几点。

(1) 水可以调节体温 人是恒温动物，体内各种生理反应需在一定的温度下进行，保持恒定的体温，水起着重要作用。人体内无时无刻不在进行化学反应，每昼夜能产生 10032～11286 千焦的热量，这些热量能煮沸 20 千克凉水。人体通过呼吸、出汗和排泄等方式散热，水的比热大，蒸发 1 克水可带走 0.5 卡热量，水将热量不断运送到体表，在剧烈运动和高强度体力劳动时，排汗散热尤为重要。当炎炎夏季，环境温度高于体温时，人就通过出汗，使水分蒸发带走一部分热量来降低体温，使人免于中暑；而在天寒地冻之时，由于水储备热量的潜力很大，人体不致因外界温度低而使体温发生明显的波动。

(2) 水是体内物质运输的载体 水的流动性决定了水的运输能力，组织和细胞的代谢产物以及所需要的养分在体内的运转都要水来帮助，没有水作为载体，生命就会停顿。

(3) 水是体内生物化学反应的溶剂 水是一种良好的溶剂，机体所需的多种营养物质和各种代谢产物能溶解于水中，即使不溶于水的物质，在人体环境条件下也能分散于水中成为乳浊液或胶体溶液而顺利发生生化反应。水对体内许多生化反应都有促进作用，有些反应水还直接参与，比如体内的一些水解、氧化还原反应等。

水还是人体内的减震器、润滑剂。脑由液体（大部分是水）包围着，可免受震荡；水还是体内的润滑剂，体内一些关节囊液、浆膜液可使器官之间免于摩擦受损，且能灵活转动，对人体的骨骼、关节、器官和神经有润滑作用；水能滋润皮肤。当皮肤缺水，就会变得干燥失去弹性，显得面容苍老。

（二）脂肪及其作用

常说的“脂肪”其实只是脂类中的一种，除了脂肪，脂类还包括“类脂”。“脂肪”又称真脂或甘油三酯，是由一分子的甘油和三分子脂肪酸缩合而成，主要由碳、氢、氧三种元素组成，部分脂肪中还含有磷和氮等元素；“类脂”包括胆固醇、脑磷脂、卵磷脂等重要组分。脂类都不溶于水而溶于大部分有机溶剂。

含不饱和脂肪酸较多、在常温下呈液态，称“油”，如花生油、菜籽油、茶油、豆油、芝麻油等植物油；含饱和脂肪酸较多、常温下呈现固态，称“脂”，如猪油、牛油、羊油等动物脂肪。所有天然食物都含有脂类。植物的种子或果仁里都含丰富的脂肪，例如，含脂肪量，核桃仁约68%，向日葵籽约54%，生花生约39%，豆类约18%，五谷杂粮只含脂肪1%～2%。

人类脂肪中有三种不饱和脂肪酸——亚麻酸、亚油酸和花生四烯酸，由于人体不能合成、必须从食物中摄入，所以称它们为必需脂肪酸，它们有促进发育、减少血小板黏性、保护皮肤和溶解脂溶性维生素等功用。人体中脂肪的作用主要有以下几方面。

(1) 供给和储存热能　脂肪是含热量最高的营养物质，是体内储存和供应能量的“仓库”。研究表明，体内每克脂肪可以产生大约39.7千焦的热量，比每克蛋白质或每克碳水化合物产生的能量高一倍多。体内营养过多时，过剩的糖、蛋白质等都转化为脂肪储存起来，一旦营养缺乏，脂肪又可以转化为糖提供生命的能量。所以，一般来说，胖人比瘦人更耐饥饿。

(2) 构成自身组织　脂肪是构成机体细胞的主要成分，类脂中的磷脂、糖脂、胆固醇等是构成生物膜的重要物质，脂类为神经和大脑的重要组成部分，胆固醇是合成激素的原料。

(3) 维持体温和保护器官　脂肪是热的不良导体，分布在皮下的脂肪具有防止热量散发的作用，对维持体温、御寒起重要作用。分布在器官、关节、神经组织等周围的脂肪，起着隔离层的作用，可以防止机械损伤。

(4) 促进维生素的吸收　脂肪能帮助脂溶性维生素（A、D、E、K）等的消化吸收。摄入适量的脂肪可以耐饥饿，能延长食物在体内的消化过程。

(5) 供给脂肪酸起调节生理功能的作用　脂类化合物是许多活性物质（前列腺素、性激素、肾上腺素等）的合成前体，并提供必需的脂肪酸。

脂肪摄入过少，皮肤会缺少脂肪的充盈和滋润，显得干涩无光泽；脂肪摄入过多，易使皮下脂肪堆积，引起肥胖，还会造成皮肤脱屑、脂溢性皮炎、痤疮等皮肤病，影响皮肤的健康和美感。

（三）蛋白质及其作用

早在100多年前，恩格斯就指出，“生命是蛋白质存在的方式，这种存在方式本质上就在于这些蛋白体的化学组成部分地不断地自我更新”。现代生物学研究表明，蛋白质是构成生物体的基本物质，无论是简单的低等生物还是复杂的高等生物，其复杂的生命活动，都是由组成生物体的蛋白质分子活动来体现的。

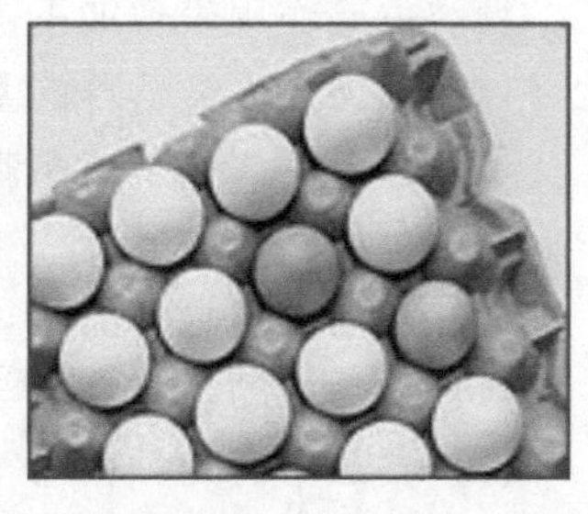

人体中的蛋白质分子高达10万种，占人体细胞干重的80%。蛋白质是化学结构非常复杂的有机高分子化合物（详见第三章），分子中含有C、N、O、H等元素，大多数含有S、P，相对分子质量范围在1.2万至100万之间。氨基酸是组成蛋白质的基本结构单位。人体中主要蛋白质大约由20种氨基酸组成，分为必需氨基酸和非必需氨基酸。必需氨基酸是指人体本身不能合成、必须由食物供给的8种氨基酸，分别是赖氨酸、色氨酸、苯丙氨酸、蛋氨酸、苏氨酸、亮氨酸、异亮氨酸和缬氨酸，对儿童来说，组氨酸和精氨酸也需要从食物中摄入，因此也是必需的。

人体肌肉、肝脏、酶直到毛发，无一不是蛋白质。蛋白质的生理作用可简单归纳如下。

(1) 参与生理活动和劳动做工 心脏跳动、呼吸运动、胃肠蠕动和日常生活中的各种劳动做工都离不开肌肉收缩，肌肉收缩离不开具有肌肉收缩功能的蛋白质，可以这么说，在生命活动过程中，蛋白质无处不在！有一种疾病叫“重症肌无力”，患者的肌肉失去了正常的收缩功能，从而发生进行性萎缩，影响正常的走路，严重时不能自主翻身、因呼吸肌无力收缩而死亡。

(2) 参与氧及二氧化碳的运输 生命活动中，供氧和将新陈代谢产生的二氧化碳排出体外的都是血红蛋白，血红蛋白是红细胞的主要成分，是红细胞行使特异功能的物质基础。

(3) 参与维持人体的渗透压 血浆中存在多种蛋白质，它们对维持血液的渗透压、维持细胞内外压力保持平衡起重要作用。如果血浆蛋白质减少，就可能导致水肿。

(4) 发挥防御功能 血浆中含有一些抗体，主要有丙种球蛋白，如果人体缺少它，就会受到细菌或病毒侵袭而生病。

(5) 参与调节体内物质代谢 蛋白质是维持人体生长和修补更新的主要材料。在物质代谢中，酶的催化和调节不可缺少，酶的本质就是蛋白质，在物质代谢中，蛋白质以酶或激素的形式发挥了生命活动中的“指挥员”职能。

此外，蛋白质还是人体热量来源之一。每克蛋白质在体内氧化后能产生16.7千焦热量。生理学家的研究数据表明，成人每天体内蛋白质的更新达3%，每公斤体重每日需补充约1克的蛋白质以维持氮平衡，所以，一个体重为60千克的成年人按劳动程度不同，每日约需摄入蛋白质70～105克才能保证组织更新和修补平衡，否则会引起营养缺乏症，如体重减轻、乏力、浮肿等症状。

(四) 糖类及其作用

糖类是人体的主要供能物质，在正常的生理情况下，人体60%～70%的能量由糖类供给，所以糖类在生命活动中起着非常重要的作用。广义的糖就是常说的碳水化合物，主要由碳、氢和氧三种元素组成，许多糖类可以用通式$C_x(H_2O)_y$表示。糖类存在于所有的谷物、蔬菜、水果以及其他人类能食用的动植物及微生物中。根据组成其单糖的数量，糖可分为单糖、寡糖和多糖。糖是食品中的主要组成成分，与食品的营养、色泽、口感、质构及其功能等都有密切关系。糖类被摄入后在体内水解成葡

萄糖，被吸收和利用。每克葡萄糖氧化后能产生 16.7 千焦热量。当糖类进入体内时，一部分被氧化而供身体热能消耗，另一部分以糖原形式储藏在肝和其他部分，供紧急时用。

糖类主要作用表现如下：

(1) 糖类是人类营养的基本物质之一，人体中所需能量的约 70%由糖提供；

(2) 具有游离醛基或酮基的还原糖，在热作用下可与食品中其他成分如氨基酸化合物形成一定色泽；

(3) 游离糖本身有甜味，对食品的口感具有十分重要的作用；

(4) 食品中的黏弹性也与其中的糖的种类有很大关系，如果胶、卡拉胶等；

(5) 食品中有几种糖——纤维素、果胶不易被人体吸收，但能促进肠道蠕动，使粪便通过肠道的时间缩短，减少细菌及其毒素对肠壁的刺激，降低某些疾病的发生；

(6) 某些多糖和寡糖具有特定的生理功能，如香菇多糖、茶叶多糖等，这些功能性多糖是常见保健食品的主要活性成分。

我国人的膳食成分仍然以粮食为主，粮食中最常见的糖是淀粉和纤维素等多糖，这些多糖在人体内各种酶作用下，经过水解转化为葡萄糖被人体吸收利用。淀粉和水在一起加热到 55℃以上则膨胀，体积比原来大 5～6 倍，形成一种黏液，此种变化称为糊化，淀粉糊化后才能消化。所以，食物烹调要经过蒸煮、加热等过程，就是要使其糊化。

(五) 维生素及其作用

维生素（又称维他命）大多数为有机化合物，属于营养素之一，是维持人体健康，防止疾病和辅助生长的具有特殊复杂结构的微量有机化合物。目前，已经发现了 20 多种维生素。虽然维生素在人体内储量很少，但如果缺乏就会生病。维生素虽不能提供能量，但对维持人体正常生长及调节生理机能有很大的作用。维生素不能在人体中合成，只能从食物中摄取。运用化学方法合成的维生素和天然的维生素在结构和功能上相差无几，少数功能有所下降，也有部分提升了维生素本身的功能作用，所以，合成维生素基本上可以代替天然的维生素满足人类的需求。

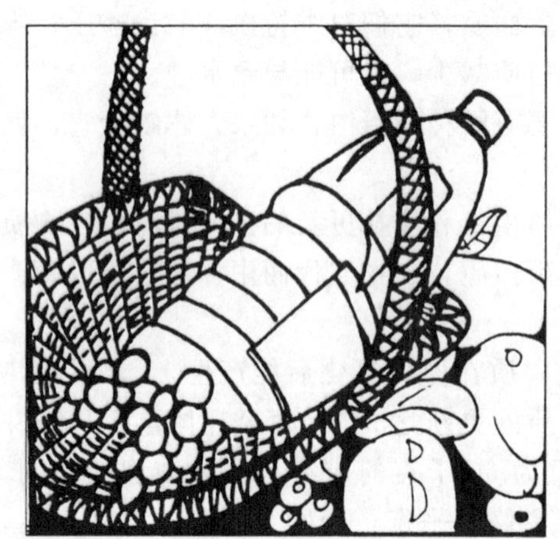

人体需要的维生素大约有 13 种，分为脂溶性维生素和水溶性维生素。脂溶性维生素有维生素 A、维生素 D、维生素 E、维生素 K 等。水溶性维生素有维生素 B、维生素 C、维生素 H、维生素 M、维生素 P 等。

1. 维生素 A (vitamin A)

是最早被发现的维生素。有维生素 A_1 和 A_2 两种形式，维生素 A_1 是视黄醇，维生素 A_2 是脱氢视黄醇。它们的基本结构中包括很多不饱和键，维生素 A_2 中有部分不饱和键加氢饱和了，因此生理活性会有所下降，据测定，维生素 A_2 的生理活性只有 A_1 的 40%。

CH_3 CH_3 CH_3 OH CH_3 CH_3

维生素 A 的基本结构

动物肝脏含丰富的维生素 A。维生素 A 是视觉细胞中感受弱光的视紫红质的原料，也是皮肤组织必需的材料。适量摄入维生素 A，可以促进人体的生长发育，延长寿命，保护视觉与上皮细胞。当维生素 A 缺乏时，儿童生长停滞、发育不良；缺乏维生素 A 还会发生夜盲症、干眼病等疾病。

维生素 A 很容易被氧化，特别是在光的作用下很容易被破坏，在无氧的条件下热稳定性良好，保存时必须避免和空气接触及光照。

2. 维生素 B（vitamin B）

包括维生素 B_1、维生素 B_2、维生素 B_6、维生素 B_{12}、烟酸、泛酸、叶酸等。维生素 B_1 即硫胺素或抗神经炎素，基本结构为：

维生素 B_1 是白色结晶或结晶性的粉末，味道比较苦，暴露在空气中易吸收水分，在碱性溶液中容易分解变质。酵母菌中维生素 B_1 含量极丰富，米糠和麸皮中含量很丰富，瘦肉、白菜和芹菜中含量也较丰富。在人体内，维生素 B_1 作为辅酶参与糖的分解代谢，有保护神经系统的作用，还可以促进肠胃蠕动、增加食欲。

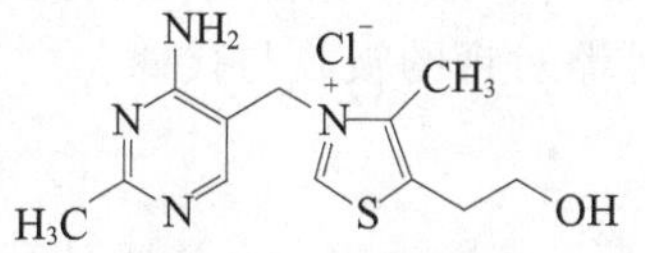

维生素 B_1

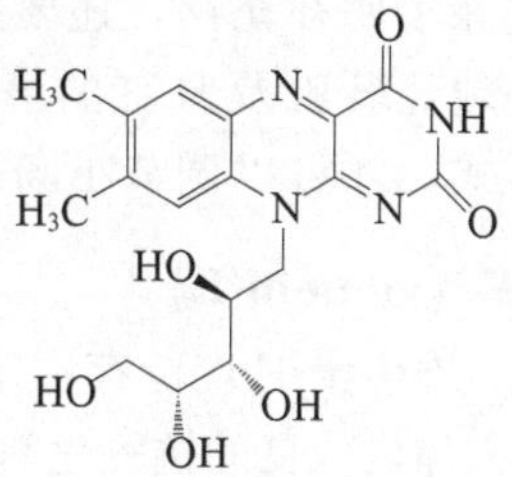

维生素 B_2

维生素 B_2 又称核黄素，主要存在于细胞核内，来自牛奶、鸡蛋、肝、酵母、谷类、根茎类和阔叶蔬菜、水果中。基本结构如下：

维生素 B_2 是纯黄色的固体，微溶于水，对热比较稳定，但遇到碱或光容易受到破坏。人体中，维生素 B_2 在生物氧化中起传递氢作用，形成电子传递链的辅酶及促进能量代谢的作用。

维生素 B_2 的缺失会引起机体代谢障碍，出现一些口角炎、唇炎、舌炎、结膜炎以及阴囊炎、脂溢性皮炎等炎症。

3. 维生素 C（vitamin C）

又名抗坏血酸，是己糖的衍生物，结构如下所示：

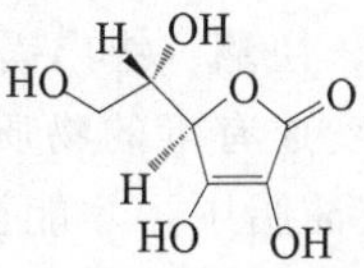

新鲜蔬菜和水果中富含维生素 C。维生素 C 的主要功能是帮助人体完成氧化还原反应，提高人体灭菌能力和解毒能力。长期缺少维生素 C 会得坏血病，症状是皮肤出现红色斑点，海绵状的牙龈及黏膜下出血等，严重的坏血病会出现开放性的溃烂伤口，以及掉齿，最终导致死亡。成人每天需摄入 50～100 毫克，多吃水果、蔬菜能满足人体对维生素 C 的需要。

4. 维生素 D（vitamin D）

又称抗佝偻病维生素，属类固醇化合物，蕴藏在含脂肪较多的海鱼、鱼卵、肝等之中。维生素 D 有五种化合物，与健康关系较密切的是维生素 D_2（又叫麦角钙化醇）和维生素 D_3（胆钙化醇），均属于甾醇型的药物。维生素 D_2 的结构如下：

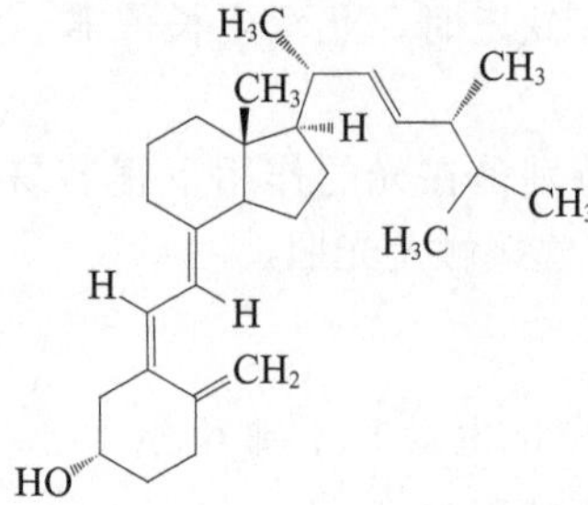

维生素 D_2

维生素 D_2 的功能主要是促进钙和磷在小肠中的吸收，使血钙浓度增加，骨骼钙化，是造骨的必需原料。当维生素 D 缺乏时，儿童可患与缺钙同样的佝偻病，出现枕秃、方颅、鸡胸、“O”形或“X”形腿。成人则表现为软骨病，导致骨质增生、骨质疏松等症。

钙质的吸收除了要补充钙，还要摄入合适的维生素，多晒太阳可获取维生素 D，但它的活性不高，必须经肝脏及肾脏的酵素反应，最终生成骨化三醇（1,25-二羟胆钙化醇）即活性最高的形式，才可以调节小肠、肾脏和骨骼对钙的吸收与代谢。

5. 维生素 E（vitamin E）

又称生育酚，维生素 E 广泛存在于肉类、蔬菜、植物油中，通常情况下，人是不会缺少的。维生素 E 是人体内优良的抗氧化剂，具有抗氧化性，因为主链都是饱和键，如下所示：

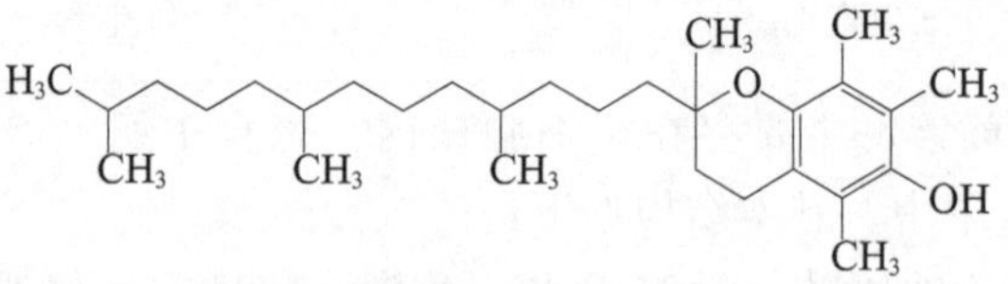

人体缺少它，男女都不能生育，严重者会患肌肉萎缩症、神经麻木症等。研究发现，维生素 E 有防老、抗癌作用，还可以降低血液中胆固醇及减轻各种毒物对人体器官的损害等。

6. 维生素 K（vitamin K）

也称凝血维生素，是 2-甲基-1,4-萘醌及其衍生物的总称，在猪肝、鸡蛋、绿色蔬菜中含量较丰富，因此，一般人不会缺乏。维生素 K 在人体内能促使血液凝固。人体缺少它，凝血时间延长，严重者会流血不止，甚至死亡。

特别需要注意的是，各种维生素都怕热、怕氧气，烹调时间过长，温度过高，容易被破坏。因此，烹饪时，煎炒多用急火，快翻、快出锅。例如，煎炒鱼肉时，切忌将鱼肉烧焦，否则，蛋白质中的色氨酸就会转变成有毒的物质，损害人体健康。另外，维生素 A、胡萝卜素和维生素 D 等，只有溶解在油脂中，才能被小肠膜吸收，因此，炒胡萝卜要多加些油，最好和肉一起炖。

（六）矿物质及其作用

矿物质即无机盐，人体中的元素除碳、氢、氧、氮主要以有机化合物的形式存在外，其余各种元素均称为矿物质，其中，在体内含量较多的有钙、磷、钠、钾、硫、氯、镁 7 种元素，含量在 0.1 克·千克$^{-1}$以上，称为常量元素，占人体总灰分的 60%～80%；其他一些元素在体内含量极少，有的甚至只有痕量，一般将体内含量低于 0.1 克·千克$^{-1}$的称为微量元素。目前已知人体必需的微量元素有铁、锌、碘、铜、硒、氟、钼、钴、铬、锰、镍、锡、钒和硅等14种。

1. 钙（Ca）——人体中最多的常量元素

钙约占成人体重的2%，其中99%以上的钙存在于骨骼和牙齿中，其余1%存在于体液及柔软组织中。钙具有维持组织，尤其是肌肉和神经正常反应的功能；钙在血液凝固过程中起着微妙的作用，是血液凝结的刺激剂；血液和体液中的钙量是一定的，多了会使肌肉和神经迟钝，少了则过度敏感。血清钙质必须维持在一个狭小范围内（成人2.03～2.54毫摩尔·升$^{-1}$，儿童2.25～2.67毫摩尔·升$^{-1}$），一旦少于最低值，就必须由骨骼中的钙来补充，而高于最高值时，则存储于骨骼之中或排泄出去。如果血浆中钙离子浓度明显降低，可能会引起手足抽搐和惊厥；而高浓度的钙离子也会引起心脏和呼吸衰竭，导致昏迷。

成人每日钙的需要量为600～800毫克，孕妇及发育期儿童每日的摄入量为1500～2000毫克。人体中的钙主要来自食物，虾米、小鱼等海产品和乳制品中含量较多。钙在肠道被吸收，但很不完全，一般情况下约有70%～80%随粪便排掉了，主要原因是，钙离子与食物和肠道中的草酸、脂肪酸等形成不溶性钙盐妨碍了吸收；植物中的钙质也常常因植物本身含有的草酸、腐殖酸等有机酸的干扰，不易被人体吸收而品质下降。当然，也有一些因素有利于钙的吸收，如维生素D、乳糖、蛋白质和酸性介质等可促进钙的吸收。例如，食品制作时加上适量醋，可使钙较多地溶解出来，有利于人体吸收；常常晒太阳、多运动增加血液循环，牵引刺激骨骼，可促进钙的代谢，也可以提高钙的吸收率。

知识·链接

为什么钙不容易被人体吸收？

许多食物都含有丰富的钙，但即使吃了这些富含钙的食物，其中的钙大部分都不被人体吸收，成年人最多只能吸收其中的20%，大部分的钙只是在人体内打个转就被排泄出去了。钙的吸收率非常低是导致人体缺钙的重要原因。那么，为什么钙不容易被人体吸收呢？

其一，因为维生素D的缺乏。原来，维生素D能促使小肠吸收磷和钙。当维生素D缺乏时，钙的吸收率就会降低。

其二，人体缺钙一般不是食入太少，而是流失太多。食物中的一些组分会影响钙的吸收，饮食不注意容易造成钙的流失，例如，喝一杯咖啡，可能造成2～3毫克的钙质流失，一块牛排更可能造成250毫克的钙质流失，因牛排是酸性食物，在体内产生的酸与钙反应而使钙流失。

其三，不同的年龄对钙的吸收能力有差异。婴儿可吸收食物中50%以上的钙，儿童也有40%左右，成年人大约只有20%，而且随着年龄的增长，人体对钙的吸收率逐渐下降，所以，老年人最容易骨质疏松。

当然，人的身体状况不同，钙的吸收也有差异。当人体严重缺钙时，钙的吸收率也会相应地有所提高，而当人腹泻时由于食物快速通过消化系统，则钙的吸收也大大降低。

2. 磷（P）——来自大多数食物

磷约占成年人体重的1%，是人体中除了钙以外最多的矿物元素。磷和钙一起构成骨骼和牙齿，占身体总磷量的80%，其余10%在肌肉中，10%存在于脑、神经、内脏中。

磷是细胞内液中含量最多的阴离子，是核酸的基本成分。人体内的磷参与许多重要的生理功能。磷在神经细胞中含量丰富，脑磷脂可供给大脑活动所需的巨大能量，所以，有人说“磷是思维的元素”；磷脂还可使血液变稀、易流动，使胆固醇不容易在血管壁上沉积，有效地降低血中胆固醇，防止动脉粥样硬化；磷还对能量的转移和体内的酸碱平衡的维持意义重大；如果骨骼失去了磷，人的身体就会缩成一团，变成一个肉球。如果肌肉失去了磷，人就会失去活动的能力。

磷和钙在血液中有一定的比例，钙盐需要转变为磷酸盐而被肠吸收。因而如果要补充这两种元素时，应注意保持食物中的钙磷平衡。缺磷和摄入过量的磷都会影响钙的吸收，当然，如果缺钙，磷的吸收也会有影响。含磷较多的食物有虾米、豆类、花生、肉类、蛋黄、核桃、葵花籽等，食品的钙磷比例以 1∶1.5 最合适，有利于骨骼的发育。成人每天需要吸收 0.7 克的磷，正处在生长发育的幼儿稍多，每天需要量不少于 1 克。由于食物种类很广，人体的磷一般不会缺乏。

3. 钠（Na）——来自食盐

成人体内含有约 75 克钠，在细胞外液中以氯化钠、磷酸氢二钠、碳酸钠、碳酸氢钠等形式存在。

钠的主要作用是调节细胞内外渗透压，使细胞膜对体液保持通透性。它们还是酶的激活剂，能增进酶的催化能力。人体缺钠会感到头晕、乏力，长期缺钠易患心脏病，并可导致低钠综合征。人不吃盐，食欲就会减退，甚至四肢无力，这就因为氯离子有提高淀粉酶催化的能力。

人体每天排尿和排汗中含氯化钠约 4.5 克，所以一般正常的成年人每天应补充 4～10 克食盐。高温工作者，应在其饮品中加入适量的食盐。腹泻病人也需要静脉注射生理盐水以补充钠的流失。但是，如果过量摄入钠会导致钾的不足，容易引起高血压和心脏病。市场上的低钠盐适合糖尿病、高血压和骨质疏松患者食用。

知识·链接

生理盐水的浓度为什么是 0.9%？

如果你有上医院输液的经验，你会发现输液用的生理盐水浓度是 0.9%。

人的血液是由血细胞和液体血浆组成，血细胞有红细胞、白细胞和血小板三种，其中红细胞占绝大多数。人体的血液中都含有 NaCl。

在正常情况下，细胞内的溶液跟细胞外的血浆，必须维持一定浓度。0.9% 的氯化钠水溶液的渗透压值和正常人的血浆、组织液基本一致，用作补充液时，既不会降低也不会增加正常人体内钠离子浓度。如果把生理盐水的浓度配稀了，输液后血浆的浓度会被稀释。结果，血浆里的水分就会往浓度大的血细胞里渗透，引起血细胞膨胀，甚至是破裂，发生溶血现象；如果输进的生理盐水过浓，那么，输液后血浆的浓度将增大，血细胞里的水分又会向外渗透，造成细胞脱水。因此，输液用的生理盐水应有严格的浓度要求。

必须说明的是，假如遇到特殊情况，如病人因失钠过多引起血浆浓度下降时，可用浓度大于 0.9% 的盐水输液，以提高血浆的浓度；如病人因大面积烧伤引起血浆严重脱水时，则要用浓度小于 0.9% 的盐水输液，以补充血浆里水分的不足。

4. 钾（K）——心肌的保护神

成人身体中约含有170克钾，它在细胞内液中以氯化钾、磷酸二氢钾、碳酸钾、碳酸氢钾等形式存在，与钠离子一起调节体内组织液的酸碱平衡及细胞的渗透压。钾是细胞内液中的主要阳离子，同时也是血液中的重要组成。钾能加强肌肉的兴奋性，维持心跳规律。植物性食品中含量高，如黄豆、榨菜、紫菜。

5. 碘（I）——预防甲状腺肿的能手

成年人体内含碘约50毫克，其中50%存在于肌肉组织中，10%在皮肤中，20%集中在甲状腺内。碘在整个消化道都可以被吸收，然后由血液送到各组织，其中甲状腺含碘比其他任何组织都多十倍以上。在甲状腺中，碘和氨基酸结合成甲状腺素，再分泌进入血液，送到全身，刺激组织细胞，维持正常活动。

碘是第一个被发现的人体不可缺少的微量元素，有“智慧元素”之称。碘在人体的生长发育过程中起着重要作用。缺碘最严重的危害是影响儿童的智力，而且这种影响是终生的，难以改善。若人体长期缺碘，会产生甲状腺肿大，俗称“大脖子”病，当碘的摄入量过多时也会得甲状腺病，叫高碘甲状腺病，多发生于沿海地区。

成人每天需要供给0.1～0.2毫克碘，含碘最丰富的食物是海带、紫菜、海盐、发菜等，食用加碘食盐（氯化钠中加碘酸钾，加入量为0.01%）是一种经济有效的补碘方法。

6. 氟——龋齿的克星

氟是形成牙齿釉质和硬骨的成分。正常牙齿的氟含量为每百克牙齿含11毫克，而龋齿仅含6毫克。

氟的摄取不足，氟转变为牙齿釉质的过程就会发生障碍，促进龋齿腐蚀。长期饮用含氟量高的水会产生氟中毒。

含氟较多的食物有黑麦面粉、小麦面粉等，在菜花、西红柿、马铃薯中也较多，蟹肉、鲤鱼、牛肉、蛋黄中含量也很丰富。

知识·链接

“氟中毒”

氟主要集中在人体的骨骼、牙齿、指甲和毛发中，特别在牙釉质中含量最多。氟的生理需要量为每天0.5～1毫克，氟对人体的安全需求量与导致氟中毒的量之间相差不多。无论是用加氟牙膏，还是自来水中加氟，或是直接服用氟化钠，都必须适量！如果氟摄入过多，容易导致“氟中毒”。主要表现是，牙齿表面失去光泽，长出灰色、褐色斑点，即出现“斑牙症”，严重的话，牙齿变黑，牙被腐蚀而破碎。过多的氟对骨骼和肾脏也有损害。

7. 铁（Fe）——血液中的运输兵

铁在人体中的含量极少，妇女每公斤体重约含35毫克，男子约含50毫克。

铁是构成血红蛋白、肌红蛋白、细胞色素和其他酶系统的主要成分。人体内70%的铁集中在血红蛋白中——铁与血红素结合成血红蛋白，血红蛋白能与氧气结合并将氧气输送到身体各个部位，并将组织内的二氧化碳带回到肺中。铁帮助氧气运输，维持生命活动正常进行。没有铁，人一分钟都难活；缺少铁，会使血液中血红蛋白量减少，易患贫血症，全身组织器官缺氧，严重的导致全身多脏器衰竭，不治而亡。人体中的铁以离子形式存在，铁是一种变价元素，有二价和三价铁离子两种。给贫血患者补铁应补充二价铁盐（如硫酸亚铁），因为二价铁离子较易吸收。另外，服用维生素 C 促使食物中的三价铁离子还原成二价铁离子，也是一个不错的促进铁吸收的办法。

食品中含铁较多的有动物肝、肾、蛋黄、黄豆、芹菜、油菜等。

注意，人体中的铁不是多多益善，过量的铁蛋白可能破坏健康的机体组织而损害心脏。成年人每天只需要补充 10～15 毫克的铁就可以，这些铁一旦被人体吸收，每天随尿、粪和汗排出体外的很少，当肝脏处理衰老的红细胞时，碳、氢、氧、氮等元素通过肾脏排出去了，铁保留下来，被包在铁蛋白质分子中重新送到造血系统发挥它的作用。

8. 锌（Zn）——生命火花

锌被誉为“生命火花”。人体内含锌的生物大分子参与生物体内大多数的新陈代谢过程，其中包括碳水化合物、脂类、蛋白质及核酸的合成和降解过程。锌可以在分泌、活性以及与组织的结合等方面影响激素。锌是参与免疫功能的一种重要元素。无论人还是动物，体内含锌量的减少都会引起细胞免疫功能低下，对疾病的易感性增加。例如肠病性肢端皮炎、低丙球蛋白白血病等都伴随有严重的免疫功能低下症状，如果及时补充适量的锌，免疫功能将得到提高。

缺锌会影响人体生长发育，“侏儒症”患者长不高，是因为一生下来就缺锌；锌还能使伤口很快愈合，一般大手术后人体皮肤、骨骼中的锌会发生短缺，需要及时补锌；人体内的胰岛素是靠锌来稳定其分子结构以便发挥作用的。一般来说，一个人每天的饮食里如果含有 20 毫克锌，只有一半能被吸收。治疗缺锌症可适当补充硫酸锌或葡萄糖酸锌。

人体所需要的各种微量元素，主要从每天摄入的食物中获得。对食谱广、饮食量正常的人来说，一般不会缺乏。然而，婴儿、老年人以及有挑食习惯的人，往往不能从食物中获得足够的微量元素，从而导致微量元素缺乏症，对这类人群必须人为地补充一些微量元素。

二、健康饮食

不合理的饮食会导致营养不足或营养过剩，从而影响身体健康。现代人 50%以上的疾病与营养过剩有关，60%以上的癌症与饮食过量有关。研究表明，患心脑血管病的人群大多缺少水果、蔬菜、粗粮的摄入，而高脂肪、高胆固醇动物食品摄入太多易患上高血压、高血脂、高血糖等疾病。癌症病人也大多与摄入动物食品过多有关。甚至有专家明确指出：解决健康问题的关键不在医院，而在餐桌。医院只能治疗病症，饮食则可以治疗病根。

怎样才是健康的饮食呢？简单地说，就是饮食要平衡，即做到以下四个平衡。

（一）营养平衡

人体必需的营养物质间的比例适当，才有益于健康。

（1）要保持蛋白质、脂肪和糖类营养平衡。众所周知，蛋白质、油脂和糖类在人体中都具有重要作用，可是摄入过多或过少都会使营养失衡。不同人群有不同的营养平衡模式，就成人而言，糖类的摄入要达到 55%～65%，脂肪 20%～30%（其中饱和脂肪应少于10%），蛋白质11%～15%。

（2）矿物质钙、磷等物质的比例要恰当，各种必需维生素和微量元素的比例也要保持平衡，否则，会引起各种疾病的发生。

（3）注意各种氨基酸同时摄取，才能达到最高利用率，即使仅相隔1～2小时，利用率也会受到影响，八种必需氨基酸应当按一定比例同时存在于血液和组织中，这样人体才能最有效地利用它们组成组织蛋白质。一般认为，各种营养素在所需标准供给量10%的范围内波动，即可称为营养平衡。

知识·链接

食品的合理搭配

以下是几种家庭菜品的合理搭配。

1. 鱼＋豆腐

作用：味鲜，补钙，可预防多种骨病，如儿童佝偻病、骨质疏松症等。

原理：豆腐含大量钙质，若单吃，其吸收率较低，但与富含维生素D的鱼肉一起吃，对钙的吸收与利用更佳。

2. 猪肝＋菠菜

作用：防治贫血。

原理：猪肝富含叶酸、维生素B_{12}，以及铁等造血原料；菠菜也含有较多的叶酸和铁，两种食物搭配，一荤一素，相辅相成。

3. 羊肉＋生姜

作用：冬令补虚佳品，可治腰背冷痛、四肢风湿疼痛等。

原理：羊肉可补气血和温肾阳，生姜有止痛祛风湿等作用。同食，生姜既能去腥膻等气味，又有助于羊肉温阳祛寒效果的发挥。

4. 鸡肉＋栗子

作用：补血养身，适合贫血的人。

原理：鸡肉为造血疗虚之品，栗子重在健脾。栗子烧鸡不仅味道鲜美，造血功能也强，尤以老母鸡烧栗子效果更佳。

5. 鸭肉＋山药

作用：补阴养肺，适合体质虚弱的人。

原理：鸭肉补阴，并可消热止咳。山药的补阴作用更强，与鸭肉伴食，可消除油腻，同时可以很好地补肺。

6. 瘦肉＋大蒜

作用：促进血液循环，消除身体疲劳，增强体质。

原理：瘦肉中含有维生素B_1，与大蒜的蒜素结合，不仅可以使维生素B_1的析出量增加，延长维生素B_1在人体内的停留时间，还能促进血液循环和加速消除身体疲劳，增强体质。

7. 鸡蛋＋百合

作用：滋阴润燥，清心安神。

原理：百合能清痰火，补虚损，而蛋黄能除烦热，补阴血，同食可以更好地清心补阴。

8. 芝麻＋海带

作用：美容，防衰老。

原理：芝麻能改善血液循环，促进新陈代谢，降低胆固醇。海带则含有丰富的碘和钙，能净化血液，促进甲状腺素的合成。同食则使美容、抗衰老效果更佳。

9. 豆腐＋萝卜

作用：有利消化。

原理：豆腐富含植物蛋白，脾胃功能差的人多食会引起消化不良。萝卜有很强的助消化能力，同煮可使豆腐营养被大量吸收。

10. 红葡萄酒＋花生

作用：有益心脏。

原理：红葡萄酒中含有阿司匹林的成分，花生米中含有益的化合物白梨醇，二者同吃能预防血栓形成，保证心血管通畅。

（二）能量平衡

能量的补充主要来源于食物，摄取食物的目的之一是补充能量，摄入多少主要取决于人体的基本生命活动和运动消耗。如果长期能量摄入不足，身体正常发育就受影响，反过来，若长期的摄入量大于消耗量，则会导致肥胖，严重的会影响呼吸和循环系统的功能。有数据显示，2000 年全球死于营养过剩的人首次超过死于营养不良的人。中国膳食指南中规定了每天 6700～11700 千焦的摄入水平。体重是最直观的衡量能量摄入与消耗是否平衡的直接指标。

（三）饮食种类平衡

饮食多种多样、五大类食物搭配合理，才能保持营养素平衡、能量平衡。五大类食物分别是：①谷类，包括米、面和杂粮，是能量和膳食纤维、B 族维生素的主要来源；②动物性食物，包括肉、禽、鱼、奶、蛋等；③豆类及其制品，富含优质蛋白、必需脂肪酸、B 族维生素和膳食纤维，是与谷类蛋白互补的理想食品；④菜果类，富含维生素、矿物质和膳食纤维，可以保持肠道功能正常；⑤油脂类，主要提供能量，改善食物口味，促进食欲，促进脂溶性维生素的消化吸收。此外，必须注意膳食纤维（食物中不能被消化吸收的纤维成分）的摄入，它能软化肠内物质，刺激胃壁蠕动，辅助排便，并降低血液中胆固醇及葡萄糖的吸收。研究表明，食物多样、谷类为主的膳食模式有利于健康。

（四）酸碱平衡

体液的酸碱性对人体健康影响很大。有专家指出，体液 pH 为 7.35～7.45 是正常体质，pH 为 7.0 是癌症体质，pH 为 6.8 是死亡体质。可见，体液偏酸不利于健康。这是什么原因呢？原来，体液偏酸，不仅会使血液黏稠度增高，血液循环减慢，脂质类物质易沉积在血管壁上，导致动脉硬化、血栓、肾结石、脑血管疾病、关节炎和痛风等；还会导致骨质疏松、骨质增生，使人的免疫力降低。

食物是引起体液酸碱性变化的物质基础，要注意饮食的酸碱平衡，尽量多食碱性食

物。食物的酸碱性不是按照溶液的酸碱性或食物的味道来分类的，它取决于食物中所含元素的种类和数量。不同的食物经过消化、吸收后代谢成的最终产物是酸性还是碱性物质，决定该种食物的酸碱性。例如，动物的内脏、肌肉、脂肪、蛋白质、糖类、五谷类，因含硫、磷、氯元素较多，在人体内代谢后能产生硫酸、盐酸、磷酸，另外，蛋白质氧化分解出尿酸，脂肪分解出乙酸，糖类分解出丙酮酸、乳酸等酸性物质，这些物质应当避免摄入太多，避免累积导致体液变酸；而大多数蔬菜水果、海带、豆类、乳制品等含钙、钠等元素较多，在体内代谢后可生成碱性物质，可多食用此类食品。

第二节 茶与化学

人体需要的水分，除通过饮水补充外，还可以从饮品、食物、水果、蔬菜中获得。作为饮料，茶与咖啡、可可并称世界上三大无酒精饮料，全世界有五十多个国家和地区产茶。茶叶为茶科植物茶的叶，味苦甘，性凉。研究表明，喝茶有明目、减肥降脂、利尿排毒、除脂解腻、促进消化、消除疲劳、消炎抑菌、预防龋齿、抗癌、抗辐射、抗衰老、防止高血压等功效。

茶，为什么号称为“国饮”呢？我国是世界上最早采制和饮用茶叶的国家，制茶、饮茶已有几千年的历史，是名副其实的茶的故乡。瑞典科学家林奈（Carlvon Linne）在

1753年出版的《植物种志》中，就将茶树最初学名定为 *Thea sinensis* Lo，后改为 *Camellia sinensis* Lo，“sinensis”是拉丁文中国的意思。自神农氏发现了茶叶以后，历经唐宋的发扬、明清的改革，到今天，“茶”已在我国历史上吟咏了三千年以上。茶有健身、治疾的药物疗效，又富有欣赏情趣，可陶冶情操。品茶待客是我国人高雅的娱乐和社交活动，坐茶馆、茶话会是中国人大众性的茶艺活动。茶文化是博大精深的中华文化的重要组成部分，国人的生活离不开“茶”。

一、茶的分类

茶的分类，按各种不同标准，可有不同的区分法。最一般也最常用的分类方法，是依发酵度与制法，将茶分为六大类：红、绿、青（乌龙）、黄、黑、白茶等。

1. 绿茶

制作时不经过任何发酵过程，采摘后直接杀青、揉捻、干燥而成的茶。滋味清新鲜醇，清爽宜人。因工法不同，又可分为以锅炒而成的炒青绿茶，如龙井、碧螺春；以高温蒸汽蒸煮的蒸青绿茶，如日本的煎茶、玉露，前者香气浓，后者有新鲜新绿感。

2. 黄茶

制作方式近似绿茶，但过程中经过闷黄，使茶叶与茶汤呈黄色的微发酵的茶，发酵度10%～20%，滋味清香甘甜，如君山银针、蒙顶黄牙等都是知名的茶款。

3. 白茶

把叶片采摘下来后只经过轻微的、约10%～30%程度的发酵，不经过任何炒青或揉捻动作，便直接晒干或烘干的轻发酵茶。带有细致的茸毛，滋味清淡爽滑，非常独特。特产于我国福建一带，知名的有白毫银针、寿眉牡丹。

4. 青茶

又称乌龙茶。发酵度为20%～60%，是介于绿茶与红茶之间的半发酵茶类。滋味变化多端，兼容绿茶的清绿新爽与红茶的醇厚甘美，常带有如花香、果香、谷香等多元丰富的香气，是台湾最知名的茶类。基本加工工艺流程是“晒青-晾青-摇青-杀青-揉捻-干燥”。青茶综合了绿茶和红茶的制法，其品质介于绿茶和红茶之间，既有红茶浓鲜味，又有绿茶清香并有“绿叶红镶边”的美誉。品尝后齿颊留香，回味甘鲜。根据产区不同有闽北乌龙、闽南乌龙、广东乌龙、台湾乌龙等。

5. 红茶

发酵度达80%～90%的全发酵茶。制作过程不经杀青，而是直接萎雕、揉切，然后进行完整发酵，使茶叶中所含的茶多酚氧化成为茶红素，因而形成红茶所特有的暗红色茶叶、红色茶汤。

6. 黑茶

属后发酵茶。制作上是在杀青、揉捻、晒干后，再经过堆积存放的过程，使之产生再次发酵，故而茶叶与茶汤颜色更深、滋味也更浓郁厚实。如普洱茶、“湖南黑茶”等品种。

从世界上来看，在以上各类茶中，以红茶的数量最大，其次是绿茶，最少的是白茶。

二、茶叶的有效成分及功效

茶叶的化学成分有500种之多，其中有机化合物达450种（占93%～96.5%）以上，无机化合物约有30种（占3.5%～7.0%）。红茶和绿茶中所含化学成分基本相同，含量有所不同。下表列出了茶叶中主要成分及其含量。茶叶中的无机元素约有27种，包括磷、钾、硫、镁、锰、氟、铝、钙、钠、铁、铜、锌、硒等，能补充人体正常需要的微量和常量元素。

茶叶化学成分的分类

<table>
<tr><th colspan="3" rowspan="2">成分</th><th colspan="2">含量</th></tr>
<tr><th>占干物重</th><th>占鲜叶重</th></tr>
<tr><td colspan="3">水</td><td></td><td>75%～78%</td></tr>
<tr><td rowspan="14">干物质</td><td rowspan="2">无机化合物</td><td>水溶性部分</td><td>2%～4%</td><td rowspan="14">22%～25%</td></tr>
<tr><td>不溶解部分</td><td>1.5%～3.0%</td></tr>
<tr><td rowspan="12">有机化合物</td><td>蛋白质</td><td>20%～30%</td></tr>
<tr><td>氨基酸</td><td>1%～4%</td></tr>
<tr><td>生物碱</td><td>3%～5%</td></tr>
<tr><td>茶多酚</td><td>20%～35%</td></tr>
<tr><td>糖类</td><td>20%～25%</td></tr>
<tr><td>有机酸</td><td>3%左右</td></tr>
<tr><td>类脂类</td><td>8%左右</td></tr>
<tr><td>色素</td><td>1%左右</td></tr>
<tr><td>芳香物质</td><td>0.005%～0.03%</td></tr>
<tr><td>维生素</td><td>0.6%～1.0%</td></tr>
</table>

1. 多酚类

是茶叶中最重要的化学成分和活性成分，同时还是茶味和茶色的主要成分，是决定茶叶品质的关键，占干茶的1/3左右。茶多酚（茶单宁）是茶叶中30多种酚类及其衍生物的总称，按化学结构不同可分为四类：①儿茶素；②黄酮及黄酮醇类；③花白素及花青素；④酚酸类及缩酚酸类。茶多酚中儿茶素占60%～80%，含量最高。绿茶中的儿茶素主要有：表没食子儿茶素没食子酸酯（EGCG），没食子酸儿茶素（EGC），表儿茶素没食子酸酯（ECG）及表儿茶素（EC）。其中EGCG含量最高，占儿茶素的50%左右，这是茶叶药效的主要活性组分。已证明，它们具有防止血管硬化、防止动脉粥样硬化、降血脂、消炎抑菌、防辐射、抗癌、抗突变等多种功效。

2. 生物碱

是茶叶中的主要化学成分，占茶叶干重的3%～5%。茶叶含有生物碱十余种，以咖啡碱的含量最高，分子式是$C_8H_{10}N_4O_2 \cdot H_2O$。咖啡碱是一种中枢神经的兴奋剂，具有提神作用，茶叶中的咖啡碱常和茶多酚成配合状态存在，与一般游离态的咖啡碱在生理机能上有所不同。咖啡因与茶碱既能增加心肌收缩力扩张冠状动脉，又不会降低心率，并可松弛支气管平滑肌、利尿，能从整体上提高新陈代谢水平，排泄代谢产物，促进脂肪消耗。

3. 氨基酸

茶叶中含氨基酸30种，总含量为3%～5%，包括人体必需的各种氨基酸。茶叶中的赖氨酸、苏氨酸和组氨酸对促进人体生长发育和智力具有重要作用，还可以增强人体对钙和铁的吸收。

4. 维生素

茶叶含有多种人体所需的维生素类，其中包括B族维生素、维生素C、维生素E等。在B族维生素中以烟酸的含量为最高，约占B族的50%，茶叶中维生素B_1含量比蔬菜高，核黄素（维生素B_2）的含量约每100克干茶10～20毫克，叶酸（维生素B_{11}）含量很高，每千克茶叶干重为0.5～0.7毫克，高级绿茶中维生素C的含量可高达0.5%，茶叶中维生素E（生育酚）的含量约为每千克茶叶干重300～800毫克，茶叶中维生素K的含量约每克成茶300～500国际单位。

5. 矿物质和微量元素

茶叶中含有丰富的矿物质和微量元素，如N、P、K、Ca、Mg、S、Fe、Na、Cl、Zn、I、F、Mn、Cu等近30种，这些物质是人体细胞组织和骨骼生长发育所必需的，通过饮茶摄取有关微量元素，可以防治许多疾病。

除了上述这些主要组分外，茶叶中还含有一些次要的活性组分，虽然含量不高，但却具有独特的药效。例如，茶叶中的脂多糖具有防辐射和增加白细胞数量的功效；茶叶中几种多糖的复合物和茶叶脂质组分中的二苯胺，具有降血糖的功效等。

研究表明，茶能振奋精神，增强思维和记忆能力；茶能兴奋中枢神经，增强运动能力；茶能消除疲劳，促进新陈代谢，并可维持心脏、血管、胃肠等的正常机能；茶中含有不少对人体有益的微量元素；饮茶对预防龋齿有好处；茶叶有抑制恶性肿瘤作用，饮茶能明显地抑制癌细胞的突变；饮茶能抑制细胞衰老，使人延年益寿；饮茶有良好的减肥和美容效果。由此可见，饮茶真是益处多多。

三、饮茶有讲究

喝茶对人身体是十分有好处的，但是不恰当的饮茶方式也会人体造成伤害，以下列出饮茶需要禁忌的坏习惯。

(1) 忌空腹饮茶：空腹饮茶，茶性入肺腑，会冷脾胃，我国自古就有“不饮空心茶”之说。

(2) 忌饮烫茶：太烫的茶对人的咽喉、食道和胃刺激较强。如果长期喝烫茶，可能引起某些器官病变。国外研究显示，经常饮温度超过62℃的茶，胃壁较容易受损，导致胃病；饮茶的温度宜在56℃以下。

(3) 忌饮冷茶：温茶、热茶能使人神思爽畅、耳聪目明；冷茶对身体则有滞寒、聚痰的副作用。

(4) 忌浓茶：浓茶含咖啡因、茶碱多，刺激强，易引起头痛、失眠。

(5) 忌冲泡次数过多：一般茶叶在冲泡三四次后就没有什么儿茶素了，几乎没有保健作用。据有关试验测定，头泡茶汤可含水浸出物总量的50%，二泡茶汤为30%，三泡茶汤为10%，四泡只有1%～3%。

(6) 忌饭前饮茶：饭前饮茶会冲淡唾液，使饮食无味，还能暂时使消化器官吸收蛋白质的功能下降。

(7) 忌饭后马上饮茶：茶中含有鞣酸，能与食物中的蛋白质、铁质发生凝固作用，影响人体对蛋白质和铁质的消化吸收。

(8) 忌用茶水服药：茶叶中含有大量鞣质，可分解成鞣酸，与许多药物结合而产生沉淀，阻碍吸收，影响药效。

第三节 食品添加剂

评价一种食品非常诱人时，人们常常说“色、香、味俱全”。要达到“色香味”的标准，就要懂得一点食品添加剂的基本知识，如果你能巧妙运用食品添加剂，那么你就有可能成为家庭“主厨”。

什么是食品添加剂呢？简单地讲，为改善食品的品质和色、香、味，为了防腐和加工工艺的需要，往食品中加入的化学合成物质或天然物质，如防腐剂、抗氧化剂、调味剂和食用色素等都称为食品添加剂。

食品添加剂被誉为“现代食品工业的灵魂”。没有食品添加剂，就没有现代食品工业，就没有大家“有滋有味”的生活。

食品添加剂分为天然的和人工合成的两大类。天然食品添加剂是指以动植物或微生物的代谢产物为原料，经提取获得的天然物质；人工合成的食品添加剂是指通过化学合成方法获得的化学物质。一般来说，天然食品添加剂的价格较高，而人工合成的价格较低。所以，生活中使用最普遍的就是人工合成的食品添加剂。

食品添加剂的种类很多，各国使用的种类和用量都不尽相同。我国制定的《食品添加剂使用卫生标准和食品添加剂卫生管理办法》，允许使用的食品添加剂有200多种，分为21类：着色剂、防腐剂、漂白剂、抗氧化剂、乳化剂、膨松剂、调味剂、增稠剂、凝固剂、消泡剂、甜味剂、抗结剂、酸度调节剂、保湿剂、营养强化剂、护色剂、酶制剂、石粉处理剂、被膜剂、稳定剂和其他类。

食品添加剂不是以食用为目的，也不是食品的主要原料，不一定有营养价值，但是有了食品添加剂，食品工业才能蓬勃发展，主要原因如下。

第一，使用食品添加剂有利于提高食品的质量和档次。如果食品腐败变质，就失去了应有的食用价值，有的甚至还会变得有毒，这样就会给农业和食品工业带来很大损失。加入适当食品添加剂后可防止食品腐败变质，不仅提升食品的储藏性、延长保质期，还能改善食品的感官性状和保持、提高食品的营养价值。

第二，食品添加剂能增加食品的品种和方便性。众多方便食品的供应，满足了当今社会人们快节奏生活的需求。方便食品中往往含有多种食品添加剂，如防腐剂、抗氧化剂、食用香料和着色剂等。

第三，食品添加剂的使用有利于食品加工。例如，在制糖工业中添加乳化剂，可缩短糖膏煮炼时间，消除泡沫，使晶粒分散均匀，降低糖膏黏度。

第四，食品添加剂的使用能够满足不同人群的特殊营养需要。例如，用木糖醇(DHA)作为甜味剂生产的蛋糕、月饼可满足不能食用蔗糖的糖尿病患者的需要；DHA是组成脑细胞的重要物质，在奶粉中添加，可能有利于儿童的智力发育。

合理使用食品添加剂，能够满足食品生产加工和人体健康的需要，但必须指出，食品添加剂并不都是食品的天然成分，虽然在一定范围内使用一定剂量，对人体无害，但无限制地使用，就会造成危害。专家指出“剂量决定危害”，对各种食品添加剂能否使用、使用范围和最大使用量，各国都有严格规定。因此，为了自己和家人健康，大家要关注食品添加剂使用中的问题，谨慎选择食品。

以下就常用的食品添加剂及应用分类概述。

一、色素

色素作为食品添加剂古已有之，色素的使用就是为了让食品的品相更加吸引人。生活中常见的五彩缤纷的食品中大都添加了各种色素。艳丽、鲜亮的食品似乎更能刺激人们的味蕾，增强食欲。常用的色素有天然色素和人工合成色素两大类。

（一）天然色素

食品工业中常用的天然色素有叶绿素、β-胡萝卜素、姜黄素、虫胶色素、红曲色素、辣椒红素等。此类色素一般对人体无害，有的本身就是营养成分，使用安全，但色泽、稳定性不如合成色素，成本较高。

1. 叶绿素

叶绿素是植物进行光合作用的一类绿色色素，是绿叶、果实成熟前呈现的绿色及绿色蔬菜的颜色。自然界中所有的绿色植物都是由于其细胞中存在叶绿体，而叶绿体是细胞中的叶绿素和蛋白质结合的产物。在食品中使用的叶绿素主要是叶绿素铜钠盐，该物质在酸及弱碱条件下较为稳定，其水溶液具有良好的天然绿色，常用于蔬菜加工，糖果、罐头、饮料等的着色过程。近年来的研究指出，叶绿素还具有良好的医药价值，受到人们的广泛重视。

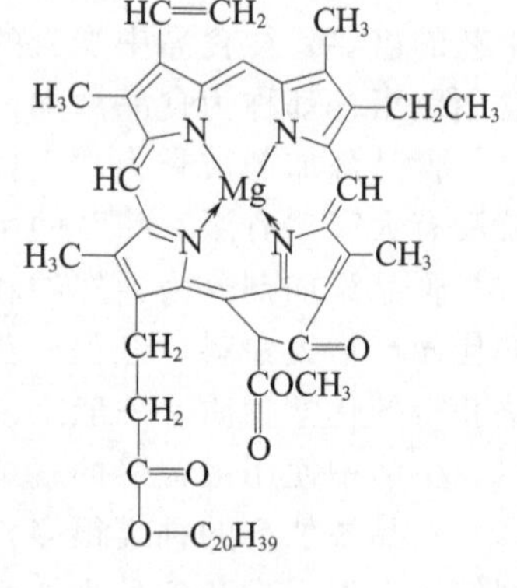

叶绿素的结构式

知识·链接

叶绿素的功效真奇妙

对叶绿素的研究表明，叶绿素不仅是植物光合作用不可缺少的催化剂，还有造血、提供维生素、解毒、抗病等多种用途，被称为“天然长寿药”。

叶绿素有非常强的清除感染的能力，对人体内、外感染的治疗作用显著，尤其对厌氧菌效果更好。叶绿素溶液既可内服，也可直接涂搽患处，喷涂于瘘管中进行治疗；感冒患者可将叶绿素溶液内服，涂口唇，口腔含漱，每日多次，1～2 天后症状明显减轻；每日三餐前服用一杯叶绿素溶液可显著减轻关节炎患者的疼痛，并对胃、十二指肠溃疡有治疗作用；用叶绿素溶液冲洗阴道可以中和毒性物质，保持阴道正常环境，治疗阴道炎、预防宫颈癌；叶绿素可以增强心脏功能，促进肠道机能，还能刺激红细胞的生成，对贫血有治疗作用；叶绿素还是良好的除臭剂，可使腋臭等体臭减轻，每日服用 3～4 次，数日成效显著。

凡此种种，叶绿素的治病功效已得到了广泛的认同。苜蓿是叶绿素最丰富的来源，收割后榨汁即可直接服用，营养和保健功能都很棒。

2. β-胡萝卜素

β-胡萝卜素是从胡萝卜素中提取的，广泛存在于胡萝卜、南瓜、辣椒等蔬菜中。β-胡萝卜素为橙红色结晶粉状，不溶于水而溶于乙醇及油脂中。β-胡萝卜素多用于肉类制品的着色，也用于糖果、冰淇淋、奶油等食品中。

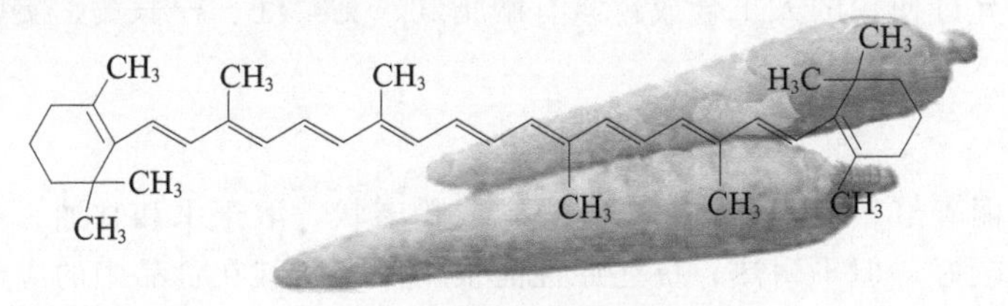

β-胡萝卜素的结构式

3. 姜黄素

姜黄素是草本植物姜黄茎中提取的一种黄色色素，呈黄色晶体粉末状，着色性强，抗还原性能力强，溶于乙醇、冰醋酸及碱液中。姜黄粉可直接用于咖喱粉及黄萝卜咸菜腌制中的着色，也可用于糖果、饮料、酒、冰淇淋、糕点等食品中。

姜黄素的结构式

4. 虫胶色素

虫胶色素是紫胶虫在豆科或梧桐科植物上分泌的原胶中的一种色素成分，易溶于水和乙醇，颜色与溶液 pH 有关，pH 在 4.5～5.5 显红色，pH 小于 4.5 显橙色，pH 大于 5.5 显紫红色。虫胶色素因在酸性条件对光和热稳定，因而常用于酸性食品，如饮料、糖果的着色。

5. 红曲色素

红曲色素是红曲霉菌分泌的色素，它是将红曲霉菌与经水泡、蒸熟的籼米或糯米发酵制得，米的外观呈红棕色或紫红色，可直接用于红香肠、腐乳、酱菜、糕点中，也可用乙醇抽提出色素制成液体红曲色素，用于饮料、糖果、汽水、酒类等食品中的着色。

红曲米素结构式

6. 辣椒红素

辣椒红素存在于辣椒中，呈红色粉末状，不溶于水而溶于乙醇和油脂中，常用于辣味食品，如鸡、肉罐头等。

辣椒红素

食用天然色素一般对人体无害，许多天然色素兼具一些营养性及药物作用。因此，对天然色素的研制和应用也越来越广泛。

（二）人工合成色素

食品工业中允许使用的人工合成色素有胭脂红、苋菜红、柠檬黄、靛蓝四种，用量有严格的限制。

1. 胭脂红

胭脂红又称丽春红，为红色或暗红色颗粒或粉末状，溶于水和甘油，不溶于油脂。对光、酸的稳定性较好，但不耐热，抗还原性能很弱。胭脂红在食品中的应用类同柠檬黄。

2. 苋菜红

苋菜红为红色粉末状。溶于水、甘油及丙醇，不溶于油脂，苋菜红对光、热、盐均有较好的稳定性，但抗氧化还原性能较差。苋菜红可用于果味饮料、果子露、汽水、糖果、配酒等。

3. 柠檬黄

柠檬黄又称酒石黄，为橙色或橙黄色颗粒或粉末状。能溶于水、甘油、丙二醇，不溶于油脂。对光、热、酸、盐的稳定性较好，但抗氧化、还原性较差。柠檬黄在食品用于果味饮料、汽水、制酒、糖果、浓缩果汁、糕点上色等。

4. 靛蓝

靛蓝为暗红或暗紫色颗粒或粉末状，溶于甘油和丙二醇中，不溶于水，也不溶于油脂中。靛蓝对食品有很好的着色力，是世界各国广泛使用的色素之一。在食品中的应用范围同柠檬黄。

人工合成色素一般对人体没有什么营养价值，有些对人体还有害。但因为人工合成色素有成本低、使用方便、性能稳定、着色力强、色彩艳丽等特点，常常被人们用于食品工艺中。我国对人工合成色素使用范围及用量都有严格规定，以确保食品安全。

（三）发色剂

发色剂指本身不是色素，使用后可以使食品呈现一定颜色的物质。

最常用的发色剂，是亚硝酸盐，起着色、防腐作用，广泛用于熟肉类、灌肠类和罐头等动物性食品。鉴于亚硝酸盐对肉类腌制具有多种有益的功能，现在世界各国仍允许用它来腌制肉类，但用量严加限制。

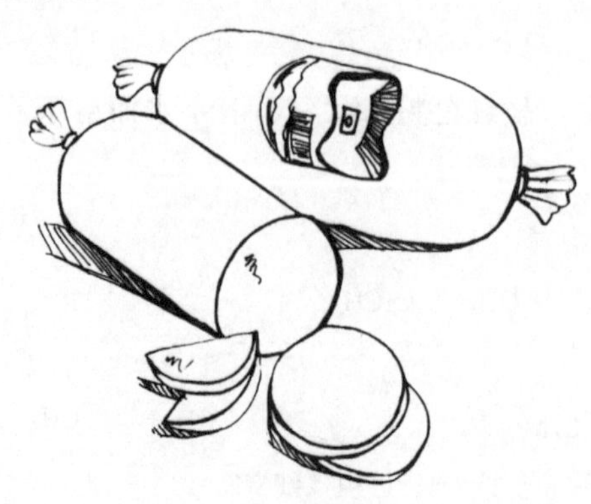

二、香料

（一）食品中的香气物质

食物中能产生香气的物质即香气物质。食物中挥发性香气物质的微粒悬浮在空气中经过鼻孔，刺激嗅觉神经，然后传递到中枢神经引起“嗅觉”。测定表明，从嗅到有气味的物质到发生嗅觉一般只需要 0.2～0.3 秒的时间。天然物质的气味有以下几种类型。

(1) 蔬菜的清香味　与醇类相关，而葱、蒜等刺激性较强的蔬菜以含多硫化物为主。

(2) 水果香　多为酯类，特别是内酯化合物，还有醛类、萜类化合物、醇类和挥发酸等。水果香是植物代谢过程中产生的，水果的香气随果实成熟逐渐增强。

(3) 鱼味　是由氧化三甲胺类化合物决定的。随着鱼新鲜度的下降，鱼身体内的氧化三甲胺被细菌还原成三甲胺，引起腥臭味。新鲜的鱼加热后产生的鱼香味主要是一些含氮的有机物、有机酸和含硫化合物及羰基化合物。

(4) 乳及乳制品香味　新鲜的牛乳具有鲜美可口的香味。香味主要来自低分子的脂肪酸和它们的衍生物。

(5) 肉香味　肉香味多为含硫、含氮的化合物。经测定，牛肉中的香气成分有 300 多种，牛肉香味是由 300 多种香气物质综合作用后产生的特有香味。

(6) 天然风味　另一类产品，需经过加工之后，方出现香味，如芝麻、花生、茶、咖啡经焙炒之后才出现香味。因这类物质含有香味化合物的前体，经过加工，前体物质转化成香味物质。一般也把它们当作天然风味物质。还有一类发酵产品的香气，如酒、酸奶、干酪等，是由于微生物的作用，使一些前体物质转化为香气物质。因为是生物性转化，通常也列为天然风味物质。

（二）食用香料

(1) 天然香料　八角、茴香、花椒、薄荷、丁香、桂花、玫瑰、肉豆蔻、桂皮等。

(2) 人造香料　单体香料（从天然香料中分离出来的单体香料化合物）和合成香料（从石油化工产品、煤焦油产品为原料经合成而得到的单体香料化合物）。

合成香料一般不单独使用，常按一定比例配制成混合香料，即香精。如具有各种水果香味的香精，主要是甲酸乙酯、乙酸乙酯、乙酸戊酯等按一定比例配制而成。天然香料一般对人安全无害，但个别的如黄樟素有致癌作用，合成香料是在模仿天然香料的基础上发展起来的，必须慎重使用。

三、调味剂

调味剂是能赋予食物酸、甜、苦、辣、鲜等特殊味觉的添加剂。所谓“味觉”，是由食品中的溶液或可溶性成分溶于唾液中，刺激舌头表面的味蕾，经味觉神经到大脑味觉中枢，经大脑分析从而产生了“味觉”。一般能感受到的天然物质的滋味一般分为以下七种。

1. 酸

由于氢离子刺激味蕾引起的，因此在溶液中凡能离解出 H^+ 的化合物都具有酸性。不同的酸味道不同，是因为不同的阴离子造成的。常用的酸味物质有无机酸和有机酸两大类。无机酸一般伴有苦、涩味，令人不愉快。有机酸因阴离子部分的基团结构不同，而有不同的风味，如柠檬酸、L-抗坏血酸、葡萄糖酸具有令人愉快的酸味；苹果酸伴有苦味；乳酸、酒石酸、延胡索酸伴有涩味；醋酸和丙酸伴有刺激性臭味；而琥珀酸、谷氨酸伴有鲜味。

在合成醋、辣酱油和酱菜的制作中，常加入乳酸作酸味剂。泡菜的酸感和脆嫩风味，主要因乳酸的作用而引起。

苹果酸常作为甜酸点心的酸味剂，在食品工业中用作果冻、饮料等的酸味剂。

柠檬酸的酸味柔和优雅，入口即有酸感，后味持续时间较短。在制作拔丝类菜肴及一些水果类甜菜时，都因为原料中含有一定量的柠檬酸，使菜肴的酸味爽快可口。

知识・链接

煮熟的西红柿比生西红柿酸?

西红柿里有果胶原，这种胶状物质中含有很多有机酸；还含有一种对酸性起缓冲作用的蛋白质。

烹调过程中，果胶原溶解于水时，有机酸也同时进入水中。另外，蛋白质在受热后会凝固，加盐后也会使蛋白质发生沉淀，就失去对酸的缓冲作用，而增加了西红柿的酸性。因此下盐过早也会更酸。

2. 甜

甜味物质与味蕾中的甜味接受部位形成氢键产生的。

食品中的甜味剂有天然和合成甜味剂两大类。天然甜味剂除常见的葡萄糖、蔗糖、果糖、麦芽糖及糖醇以外，还有一些非糖的甜味剂，常见的是甘草、甜叶菊和氨基酸衍生物等。合成甜味剂常见的是糖精。

知识・链接

糖精不宜大量食用

糖精，也叫糖精钠，化学名称为邻苯甲酰磺酰亚胺，分子式为：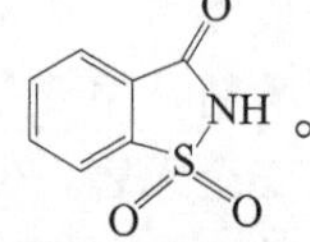

。

糖精是最古老的甜味剂。糖精于 1878 年被美国科学家发现，很快就被食品工业界热情追捧，因为糖精的甜度为蔗糖的 300～500 倍，被首选为食品甜味添加剂。但是，一方面，糖精是从煤焦油中提炼出来的化学产品，没有营养价值，风味差，有后苦，食用后不能被人体代谢吸收，大量食用有损人体健康；另外，糖精除主要成分糖精钠之外，还含有重金属、氨化合物及邻甲酰苯磺酰胺等杂质，20 世纪 70 年代就有关于大量的糖精可导致雄性大鼠膀胱癌的研究报道，因此，糖精在国际上应用普遍受到一定限制。我国政府也采取压减糖精政策，并规定不允许在婴儿食品中使用。

有意思的是，让你感觉到甜的物质并不一定都是糖，如糖精、醋酸铅（铅糖）也会让你有甜腻腻的感觉。曾作为医用麻醉剂使用的三氯甲烷（$CHCl_3$）的“甜味”比蔗糖甜40倍。

3. 苦

可能是由于苦味分子内存在着氢键而使整个分子疏水性增高引起的。胆酸、咖啡碱、可可碱、茶碱都有不同程度的苦感。存在于动物胆中的胆汁味极苦，其主要成分是胆酸、鹅胆酸及脱氧胆酸。

4. 辣

对口腔黏膜、鼻腔黏膜和皮肤的机械刺激。辣椒素、胡椒碱、姜酮、姜脑、芥子油等是常用的辣味调味剂。适当的辣味不仅可以增进人们的食欲，还具有刺激消化液的分泌和杀菌的功效。

5. 咸

咸味物质中解离出的阳离子被味蕾中蛋白质的羧基或磷酸吸附而成。食品调味用的咸味剂是食盐，主要含有氯化钠（NaCl，产生纯正的咸味），还含有微量 KCl、$MgCl_2$、$MgSO_4$ 等其他盐类。由于这些钾、镁离子也是人体所必需的营养元素，所以含有微量的这些元素的盐广泛被当作“咸”调料。

6. 鲜

不是一种独立的味觉，是一种味觉增效剂。食物中的肉类、鱼类、贝类、味精、鸡精、酱油等都具有各自特殊的鲜美滋味，这些都是“鲜”。表现出鲜味的调味品常见的有氨基酸及其盐、琥珀酸及其盐、核苷酸等。

常见的鲜味剂“味精”是L-谷氨酸一钠，其D型异构体无鲜味。

$$
\begin{array}{c}
\quad\quad CH_2CH_2COOH \\
| \\
H_2N—C—H \\
| \\
\quad COONa
\end{array}
$$

L-谷氨酸一钠

味精的用量要适当，一般浓度不超过千分之五，多了反而不鲜；味精遇碱会化合成谷氨酸二钠，会产生氨水臭味，使鲜味降低，甚至失去其鲜味。

味精一般使用温度为80～120℃，弱酸或中性条件下，食用之前添加效果更佳。

7. 涩

由于一些物质使口腔黏膜中的蛋白质凝固而引起的收敛，从而刺激触觉神经末梢引起的一种感觉，比如含多酚类化合物，草酸、醛类、重金属离子等都给人以涩感。

四、疏松剂

疏松剂是能使食品松软和酥脆的物质。常用的化学疏松剂有以下几种。

(1) 小苏打：最基本的一种化学疏松剂。小苏打也称苏打粉，化学名称为碳酸氢钠，白色粉末，分解温度为60～150℃，受热时分解产生 CO_2。

(2) 碳酸氢铵和碳酸铵：碳酸铵和碳酸氢铵在较低的温度（30～60℃）加热时，就可以完全分解，产生二氧化碳、水和氨气。

(3) 发酵粉：它是一种复合疏松剂（碳酸氢钠＋磷酸二氢钠），也称打泡粉、发泡粉。

五、防腐剂和抗氧化剂

(一) 防腐剂

防止食品腐败，抑制微生物生长或杀灭微生物而加入食品中的化学物质称防腐剂。食品中的防腐剂应当具有防腐效果好，对人体无毒无害、安全又不会破坏食品营养，且使用方便、价格低廉等特点。目前在我国食品行业中常使用的防腐剂主要有两类：苯甲酸及其钠盐、山梨酸及其钾盐。

1. 苯甲酸及其钠盐

苯甲酸又叫安息香酸，结构式为 C_6H_5—COOH 。

苯甲酸的水溶液显酸性，防腐效果较好，对各种微生物均有明显的抑制作用。由于苯甲酸在水中溶解度较小，使用时常将其转化为钠盐，即苯甲酸钠。苯甲酸钠呈白色结晶状，易溶于水和酒精中。苯甲酸及其钠盐均能抑制微生物细胞呼吸酶系统的活性，具有较强的杀菌作用。苯甲酸及其钠盐在酱油、食醋、果汁、酱菜等食品中应用。

2. 山梨酸及其钾盐

山梨酸又叫花楸酸，结构式为：CH_3—CH═CH—CH═CH—COOH，为无色结晶状，不溶于水而溶于酒精。山梨酸及其钾盐能与微生物酶系统中的巯基（—SH）结合，破坏其活性，抑制其生长繁殖，对霉菌、酵母菌、好氧菌都有一定的作用，它参与人体正常代谢最终产生 CO_2 和 H_2O，因此对人体几乎无毒性，是一种普遍认为安全的防腐剂。广泛用于酱油、食醋、果酱、果汁、葡萄酒等的生产加工中。

其他允许使用的防腐剂还有对羟基苯甲酸酯类、丙酸及其钠盐、脱氧乙酸、过氧化氢（或过碳酸钠）等。

在普通老百姓眼中，往食品中添加防腐剂是“有毒、有害、不健康”的，许多消费者在购买食物时，热衷选择那些标注了“不含防腐剂”的商品。事实上，在适宜的温度下，食品中微生物的活动很容易造成食品的变质、变味，失去原有营养价值的现象，因此，在食品加工、储存过程中，添加适量食品防腐剂可以有效地解决因微生物“侵袭”而变质的问题，使食品在一般的自然环境中具有一定的保质期，避免造成不必要的浪费。

(二) 抗氧化剂

抗氧化剂是防止或延缓食品氧化，提高食品稳定性和延长食品储藏期的一类食品添加剂。由于空气的氧化，食品容易褪色、变色，产生异味、异臭，特别是含油脂多的食品更容易“酸败”。日常生活中，肉类的变色，水果、蔬菜的褐变，啤酒的异臭和变色都与氧化有关。

为了防止食品氧化变质，一方面可以在食品的加工和储存环节中，采用低温、避光、隔绝空气以及充氮密封包装等物理的方法；另一方面必须配合添加一些安全性高、效果优良的食品抗氧化剂。

食品抗氧化剂有天然和合成两大类，因溶解性不同可分成两类。

1. 油溶性抗氧化剂

常用的有维生素 E、丁基羟基茴香醚（BHA）、二丁基羟基甲苯（BHT）和没食子酸丙酯（PG）等人工合成的油溶性抗氧化剂。混合生育酚浓缩物及愈创树脂等是天然的油溶性抗氧化剂。

2. 水溶性抗氧化剂

包括抗坏血酸及其钠盐、异抗坏血酸及其钠盐等人工合成品，从米糠、麸皮中提取的天然品植酸即肌醇六磷酸。

要注意的是，食品抗氧化剂常用于油脂和含油食品，如油炸方便面等油炸食品的抗氧化。抗氧化剂主要功能是阻止或延缓食品氧化变质的时间，但并不能改变已经氧化的结果，所以使用时必须在油脂氧化前添加。

第四节 食品污染与绿色食品

随着全球工业的发展，环境污染日趋严重，食品安全问题已成为威胁人类健康的主要因素。无论在国内还是在国外，消费者对食品的安全都忧心忡忡。据世界卫生组织估计，全世界每分钟有 10 名儿童死于腹泻病，再加上其他的食源性疾病，如霍乱、伤寒和寄生虫病、化学毒物等，在全世界范围内受到食源性疾病侵害的人数更令人震惊。

一、食品污染

食品污染，指食品受到有害物质的侵袭，致使食品的质量安全性、营养性或感官性状发生改变的过程。食品污染按其性质可分为两大类，即生物性污染和化学性污染。化学性污染，指食品在生产、加工、包装、储藏、烹饪各环境中受到有毒有害的化学物质的污染，以及在上述各环境中自身产生的有毒化学物质。

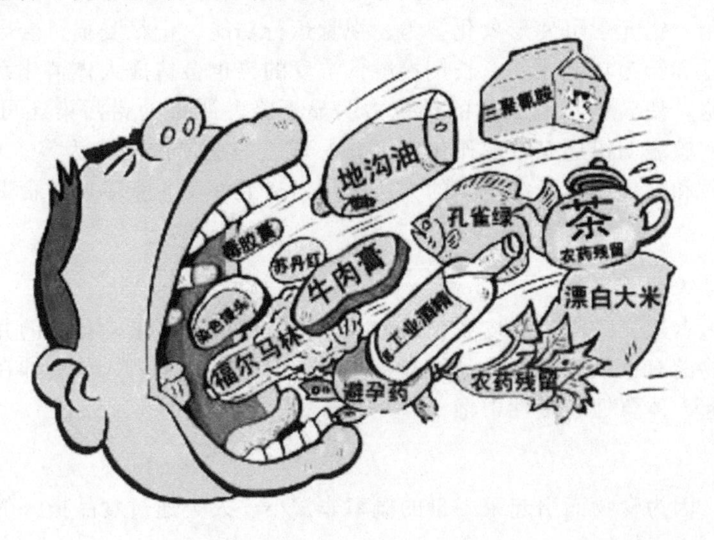

食品中的化学污染物品种众多、成分纷繁芜杂。概括起来，有以下几种。

（一）食品的重金属污染

重金属指密度大于5克·厘米$^{-3}$的金属，从食品卫生角度来说，其中的汞、镉、铅、砷对人体危害较大，原因可能是，重金属离子与蛋白质分子中的巯基、羧基、氨基、咪唑基等发生不可逆反应，生成的产物在体内难分解导致在体内慢慢富集，引发急性或慢性中毒。

农业上施用的农药、未经处理的工业废水及废渣的排放，是汞、镉、铅、砷对食品造成污染的主要渠道。另外，在食品加工中使用的机械、管道、容器或加入的某些食品添加剂中，存在的金属元素及其盐类，在一定条件下，也可污染食品。

1. 镉

镉污染在重金属污染中危害最为严重。因为它在食品中的分布广，生物富集率高，具有高毒性。有数据表明，被严重污染的大米含镉量可高达125毫克·千克$^{-1}$，有些鱼类的含镉量比海水浓度高几千倍。值得关注的是，具有带色图案的玻璃、搪瓷食具、冰箱镀镉的冰槽及塑料制餐具等也可能是镉摄入的渠道。

进入人体内的镉仅少量被吸收（如经食物摄入的镉约6%被吸收），其余部分随粪便排出。部分被吸收至血液中的镉与血浆蛋白结合，随血液循环主要储存于肾脏和肝脏，其次为脾、胰腺、甲状腺、肾上腺。镉在人体中的生物半衰期，一般认为其值（人体全身）为10～30年。镉的危害在于，它对磷有很强的亲和力，进入人体的镉能将骨质磷酸钙中的钙置换出来，而引起骨质疏松、软化，发生变形和骨折；镉还能置换某些组织中的锌，干扰那些需要锌的酶的功能，由此引发各种肾脏疾患（如糖尿病、尿蛋白、慢性肾炎等）。另外，镉还是一个很弱的致突变剂，能损伤DNA，影响DNA修复以及促进细胞增生，因此，镉能引起皮下注射部位、肝、肾和血液系统的癌变。

2. 铅

食品中的铅污染主要来自饮用水。铅及其化合物主要损害人体中枢神经系统，还会抑制细胞红色素的铁，降低红细胞的输氧能力。铅被摄入人体后，可直接被吸收，分布于血液，软组织（如肾、骨髓、肝脏、大脑）和矿化组织（骨骼和牙齿）中。铅对人体各种组织均有毒害作用，铅元素可使形象化智力、视觉运行功能、记忆受损；会导致语言和空间抽象能力、感觉和行为功能改变。长期接触低浓度的铅也会造成人体消化系统障碍，损害肺中的吞噬细胞，使人体对病原体的抵抗力明显下降，严重的铅污染还可降低儿童的智力。大量动物实验表明铅还有致癌作用，因此，理想的血铅浓度应为零。可采用补充锌、铁、钙等矿物质和微量元素及维生素的方法来防铅，另外，儿童不要常食爆米花，以避免铅的主动摄入。

3. 砷

砷可以通过食道、呼吸道和皮肤黏膜进入人体。用含较多量砷化物的井水擦脸、洗澡或接触含砷化物的有色纸张、化妆品等都会导致砷通过皮肤渗入人体。砷在体内有较强的蓄积性，能引起人体急性和慢性中毒。

4. 汞

一般而言，因为食物而引起汞中毒的概率非常小。人类通过食品摄入的汞主要来自鱼类食品，且吸收的大多数汞属于毒性较大的甲基汞。甲基汞对生物体具有致畸性和生育毒性，会引发神经性疾病。

（二）化肥、农药对食品的污染

1. 化肥残留

农业生产中，科学合理施用化肥既可以改良土壤结构，又可以增加农作物产量。然而，长期大量地乱施化肥不仅导致土壤的性状发生改变，造成环境的污染，而且会造成粮食、蔬菜中硝酸盐含量超过食用标准，人摄入蔬菜、粮食中残留的化肥后，有部分会在人体唾液酶作用下转化为亚硝酸盐，从而引发患胃癌或食道癌。

2. 农药残留

我国是世界上农药生产和使用的大国，化学合成农药在保证农业、林业、果蔬菜丰收方面有着巨大的功绩，据统计，每年因使用化学农药而挽回的粮食作物损失占当年产量的15%～30%。但是，农药在起杀虫杀菌的同时也对人类的健康产生日益严重的威胁。统计表明，在农村儿童白血病的40%～50%诱因为农药。

当前食品中最主要的农药残留物质之一是有机氯农药，主要有666（BHC）、DDT和环戊二烯衍生物。这类农药具有高度的物理、化学、生物学稳定性，半衰期长达数年，造成环境的持久性污染。人体长期摄入含有机氯的食物，易造成急、慢性中毒，侵害肝、肾及神经功能。

自1983年停止使用有机氯农药后，有机磷类农药已成为最主要的一类农药，尤其是在蔬菜、瓜果、茶叶等中用量较大。在蔬菜上使用较多的农药有乐果、敌敌畏、甲胺磷、马拉硫磷等，而使用过程中很难保证在时间上安全间隔以后再进入市场。目前食品中农药中毒事件主要是由有机磷农药引起的。有机磷农药为神经毒性剂，随食物摄入人体内后主要抑制胆碱脂酶的活性，使体内胆碱酯酶蓄积引起神经传导功能紊乱，严重者可发生呼吸衰竭而死亡。长期食用这样的蔬菜，可引起精神异常、慢性神经炎，有致癌、致畸、致突变等危害，并对视觉机能、生殖功能和免疫功能有不良影响。常见有机磷农药的检出标准见下表。

部分常见农药的检出限及最大残留限量　　单位：毫克·千克$^{-1}$

农药名称	检出限	残留限量
甲胺磷	1.7	不得检出
对硫磷	1.7	不得检出
水胺硫磷	3.1	不得检出
马拉硫磷	2.0	不得检出
久效磷	2.5	不得检出
乙酰甲胺磷	3.5	0.2
乐果	1.3	1.0

在农业生产中，要严格执行国家有关规定，合理使用及管理农药。严格禁止高残留农药用于茶叶、烟叶、蔬菜和瓜果等，并限制施药到收获的间隔期，以保证食品中农药残留

不会超过最大容许量，同时应加强农药的安全运输和保管工作。

（三）食品添加剂、饲料添加剂对食品的污染

1. 食品添加剂对食品的污染

食品添加剂中大多对人的肝、肾有亲和性，解毒反应要长时间才能完成，如果摄入过量会影响人体健康。如：过量地摄入防腐剂可能会使人患上癌症，虽然在短期内一般不会有很明显的病状产生，一旦致癌物进入食物链长期累积，对母婴健康都有危害；摄入过量的色素，则会造成人体内毒素沉积，对神经系统、消化系统等都会造成伤害。

通常情况，食品添加剂对人们造成的危害是黑心商人为了追逐利润人为造成的。近年来，我国食品安全事件层出不穷，苏丹红、三聚氰胺、染色馒头、毒花椒等，样样都刺激着国人的神经。

知识·链接

吊白块中毒

吊白块又称雕白粉，化学名称为二水合次硫酸氢钠甲醛或二水甲醛合次硫酸氢钠，为半透明白色结晶或小块，易溶于水。高温下具有极强的还原性，在工业上主要用作漂白剂，国家是严格禁止在食品中使用的。近年来被不法商人非法用于像玉米、面粉、粉丝、腐竹、面包等粮食制品的漂白而发生食物中毒事件。

吊白块的毒性主要和其应用时产生的甲醛有关，它还是一种基因毒性物质，能引起基因突变，抑制DNA损害的修复和损害染色体。吊白块中毒的潜伏期在几小时到十几个小时不等。临床表现为患者出现打喷嚏、咳嗽、胸痛、声音嘶哑、食欲缺乏、头晕、头痛、恶心、呕吐、疲乏无力、肝区疼痛，重症出现黄疸、出血倾向，周围血管水肿，有的出现畏寒、发热、少尿、血压下降等。中毒患者应立即送往医院治疗，洗胃、导泻、补液等。

亚硝酸盐作为食品添加剂中的一员，是一种有咸味，外观类似食盐的无色晶体，能抑制某些细菌的繁殖，减轻食品的腐败变质，延长保质期。另外，在制作火腿、腊肉和香肠等食品时，为保持食品的色泽，常添加亚硝酸盐作发色剂。

人如果过多食用含有亚硝酸盐的食物，亚硝酸盐进入血液，会使血液失去携带氧气的能力而造成组织缺血，出现口唇、皮肤发紫，头晕，呕吐等症状，严重时导致缺氧而死亡。亚硝酸盐本身没有致癌作用，但在酸性条件下可在胃肠内经微生物作用后合成亚硝酸胺，已经证实，亚硝酸胺有很强的致癌性。

目前由于还没有找到理想的亚硝酸盐代用品，所以在食品生产中允许限量使用亚硝酸盐。亚硝酸盐通常存在于不新鲜的蔬菜、腌渍蔬菜及熟肉制品中。蔬菜在腐烂时最容易形成亚硝酸盐；刚腌渍不久的蔬菜中含有大量亚硝酸盐，第7～8天达高峰，一般于腌后20天消失，尤其是加盐量少于12%、气温高于20℃的情况下，菜中亚硝酸盐含量就会增加。

在生活中，蔬菜一定要及时食用，菜肴中加醋，可使亚硝酸盐分解。隔夜的剩菜一定要蒸煮后再食用，少吃熟肉制品、腌渍蔬菜。亚硝酸盐遇紫外线会分解，粮食可在阳光下曝晒以除去亚硝酸盐。

知识·链接

苏丹红一号

众所周知，关乎国民身体健康的食品工业色素，特别是人工合成色素的使用种类、最大用量国家有明文规定，违规使用合成色素有可能对食用者造成极大的安全隐患。2005 年，在肯德基新奥尔良烤翅和新奥尔良烤鸡腿堡调料中发现了微量苏丹红（一号）成分，这就是轰动全球的“苏丹红”事件。有毒有害的色素添加剂登堂入室，引起国人恐慌。那么，色泽艳丽的苏丹红一号为什么不能作为食品色素添加剂呢？

“苏丹红一号”是一种红色的工业合成染色剂，用于为溶剂、油、蜡、汽油增色以及鞋、地板等的增光。全球多数国家都禁止将其用于食品生产。这种色素常用于工业方面，比如溶解剂、机油、蜡和鞋油等产品的染色。科学家通过实验发现，“苏丹红一号”会导致鼠类患癌，它在人类肝细胞研究中也显现出可能致癌的特性。

2. 饲料添加剂对食品的污染

在禽蛋农畜产品的生产中，为增加产量，喂养动物过程中部分商家会在饲料中添加一些生长激素类的化学物质，这些添加物如果过量使用，在禽畜体内是不能完全分解的，通过食物进入到人体内富集、浓缩，累积到一定量后可扰乱人体内分泌、生长发育、免疫系统、生殖系统、生物神经等方面的正常功能，在诱因的作用下会产生畸变，严重地危害人体的健康。

知识·链接

“瘦肉精”

“瘦肉精”学名为沙丁胺醇，是一种兴奋剂、生长剂，可使猪等畜禽生长速度、饲料转化率和瘦肉率提高。猪食用过含瘦肉精的饲料后，药物大量沉积于猪的肝、肺、肾中却不会中毒，药物最终能促进猪的骨骼肌（瘦肉）蛋白质合成和减少脂肪沉积，瘦肉率可明显增加。

“瘦肉精”化学结构

食用了添加“瘦肉精”的猪肉、猪肝后会出现头晕、恶心、手脚颤抖，甚至出现心跳骤然停止，导致昏迷死亡；特别对有心律失常、高血压、青光眼、糖尿病和甲状腺机能亢进等患者有极大危害。

通过实验室检测血、尿可检测到瘦肉精成分。中毒后，应及时送医院洗胃、导泻促使毒物排出等治疗。如果发现猪肉肉色较深、肉质鲜艳、后臀肌肉饱满突出、脂肪非常薄，这种猪肉则可能使用过“瘦肉精”，千万不要购买食用。

二、绿色食品

绿色食品，是指遵循可持续发展的原则，按照特定生成方式，经专门机构认定，许可使用绿色食品标志商标的无污染的安全、优质、营养类食品。国际上与我国绿色食品相类似的产品，有“有机食品”、“生态食品”、“自然食品”等不同的叫法。绿色食品与普通食品有明显的差别，普通食品指符合食品卫生要求，具有一定营养价值的一类食品。绿色食品除满足普通食品的要求外还要具备如下特征：①产品原料产地必须符合绿色食品的生态环境标准；②原料作物的栽培管理必须符合国家颁发的农药、化肥和植物生长调节剂的规定，灌溉水符合水质标准，家畜、家禽、水产养殖必须符合国家颁发的饲料标准；③产品的生产、加工、包装、储运和销售等必须符合国家食品卫生法的要求，最终产品经食品监测机构依据绿色食品有关标准检测合格。

绿色食品大多分为 AA 级绿色食品和 A 级绿色食品。AA 级绿色食品指在环境质量符合规定的标准的生产地，生成过程中不使用任何有毒的化学合成物质，按特定的操作规程加工，产品质量及包装经过检测、检查符合特定标准，并经专门机构认定，许可使用 AA 级绿色食品标志的产品；A 级绿色食品是指在环境质量、操作规程、生产加工、产品质量及包装经检测、检查符合特定标准，并经专门机构认定，许可使用 A 级绿色食品标志的产品。

绿色食品的标志由上方的太阳、中心的蓓蕾和下方的叶片组成。

杜绝食品污染，生产出更多健康的绿色食品，让生活变得更美好！

第五节 常见食品中的化学现象

一、皮蛋中的化学

松花皮蛋是我国人民的传统食品。由于它风味独特、口感极好、保质期长，很受人们喜爱。大家知道吗？其实，将鲜蛋加工成松花皮蛋的过程是一种比较复杂的化学过程。灰料中的强碱（氢氧化钠、氢氧化钾）从蛋壳外渗透到蛋黄和蛋清中，与其中的蛋白质作用，致使蛋白质分解、凝固并放出少量的硫化氢气体。同时，渗入的碱进一步与蛋白质分解出的氨基酸发生中和反应，生成的盐的晶体以漂亮的外形凝结在蛋清中，像一朵一朵的“松花”。而硫化氢气体则与蛋黄和蛋清中的矿物质作用生成各种硫化物，于是蛋黄、蛋清的颜色发生变化，蛋黄呈墨绿色，蛋清呈特殊的茶绿色。食盐可使皮蛋收缩离壳，增加口感和防腐等。加入的铅丹可催熟皮蛋，促使皮蛋收缩离壳。而茶叶中的单宁和芳香油，可使蛋白质凝固着色和增加皮蛋的风味。

皮蛋加工的过程及化学原理如下。

灰料成分：生石灰 CaO、纯碱 Na_2CO_3、草木灰 K_2CO_3。

经水调制发生反应：

$$CaO + H_2O = Ca(OH)_2$$

$$Ca(OH)_2 + Na_2CO_3 = CaCO_3 + 2NaOH$$

$$Ca(OH)_2 + K_2CO_3 = CaCO_3 + 2KOH$$

蛋白质 —碱/分解→ { 氨基酸 —碱→ 不溶于蛋白的金属盐 （松花）

硫化氢气体 —蛋中的矿物质→ 深色金属硫化物(不溶于水、不被吸收) 蛋白质变色 }

二、油条中的化学

首先是发面，即用鲜酵母或老面（酵面）与面粉一起加水糅合，使面团发酵到一定程度后，再加入适量纯碱、食盐和明矾进行糅合，然后切成厚 1 厘米、长 10 厘米左右的条状物，把每两条上下叠好，用窄木条在中间压一下，旋转后拉长放入热油锅里去炸，使膨胀成一根又松、又脆、又黄、又香的油条。在发酵过程中，由于酵母菌在面团里繁殖分泌酵素（主要是分泌糖化酶和酒化酶），使一小部分淀粉变成葡萄糖，又由葡萄糖变成乙醇，并产生二氧化碳气体，同时，还会产生一些有机酸类，这些有机酸与乙醇作用生成有香味的酯类。反应产生的二氧化碳气体使面团产生许多小孔并且膨胀起来。有机酸的存在，就会使面团有酸味，加入纯碱，就是要把多余的有机酸中和掉，并能产生二氧化碳气体，使面团进一步膨胀起来；同时，纯碱溶于水发生水解，后经热油锅一炸，由于有二氧化碳生成，使炸出的油条更加疏松。

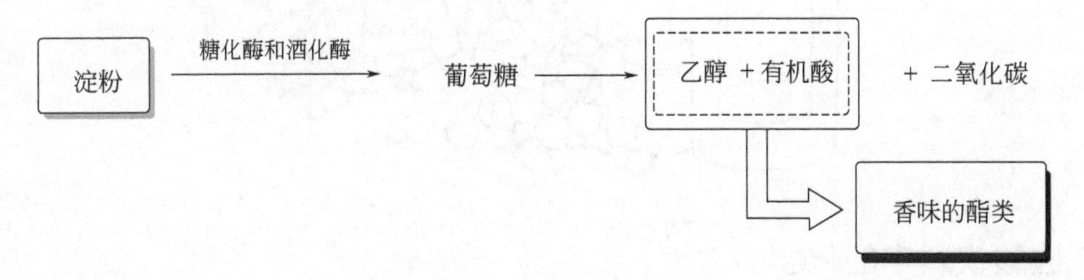

$$Al_2(SO_4)_3 \cdot K_2SO_4 \cdot 24H_2O + 6NaOH = 2Al(OH)_3 \downarrow + 3Na_2SO_4 + K_2SO_4 + 24H_2O$$

看了上面的反应式，你也许会担心，在油条中不是剩下了氢氧化钠吗？含有如此强碱的油条，吃起来怎能可口呢？然而其巧妙之处也就在这里。当面团里出现游离的氢氧化钠时，原料中的明矾就立即跟它发生了反应，使游离的氢氧化钠形成了氢氧化铝。氢氧化铝的凝胶液或干燥凝胶，在医疗上用作抗酸药，能中和胃酸、保护溃疡面，用于治疗胃酸过多症、胃溃疡和十二指肠溃疡等。常见的治胃病药“胃舒平”的主要成分就是氢氧化铝，因此，有的中医处方中谈到：油条对胃酸有抑制作用，并且对某些胃病有一定的疗效。

三、豆腐中的化学

豆腐，是中国人发明的一种美食，是用豆浆制作而成的。其过程为选豆、浸泡、磨碎、加水、过滤、加热煮沸等步骤。其制作过程是：待豆浆温度下降到 7～8℃时，再加入适量的盐卤或石膏，使大豆蛋白凝结沉下，排去水分即成。成品洁白细嫩，清香宜人。有益气和中、生津润燥、清热解毒、止咳消痰的功效。

豆腐制作流程

黄豆 $\xrightarrow{\text{浸泡}}\xrightarrow{\text{研磨}}\xrightarrow{\text{滤去豆渣}}\xrightarrow{\text{煮开}}$ 豆浆（蛋白质胶体溶液）$\xrightarrow[\text{盐卤或石膏}]{\text{点卤}}$ 豆腐脑

$\xrightarrow{\text{挤出水分}}$ 豆腐 $\xrightarrow{\text{压紧}}$ 豆腐干

四、葡萄酒中的化学

在葡萄酒的发酵过程里，有时葡萄汁的性质和成分需修正，此时亚硫酸又得现身提供帮助，只是所添加的量符合葡萄酒法规所定的范围。在发酵期间适量的二氧化硫既可杀菌又不伤及酵母，如果过量会致使酵母停止发酵，但只要除去过量的二氧化硫，酵母又会开始发酵，去除方式很简单，通风即可。还有许多的酿酒工序，都会采用二氧化硫来解决问题，乃至于葡萄酒装瓶都得靠二氧化硫来保鲜，才能保持稳定的酒质，营销到世界各地。

五、碳酸饮料中的化学

碳酸饮料因含有二氧化碳又叫汽水。在烈日炎炎的夏季，当你又热又渴时，喝上一瓶汽水，立马就会感觉凉爽多了。喝完汽水以后，你免不了打嗝。因为，在生产汽水时，通过降温和加压的办法，向汽水中充入了大量的二氧化碳气体。当你把汽水喝进体内时，事实上二氧化碳也被同时“喝”了进去。溶有二氧化碳的汽水在温度高的体内会从水中逸出，同时把体内的一部分热量带出来，所以你感觉到了凉爽。

汽水中加入二氧化碳的作用如下。

(1) 清凉作用：$H_2CO_3 \longrightarrow CO_2 + H_2O$，$CO_2$ 逸出把热量带出。

(2) 有舒服的刹口感，产生特殊风味。

(3) 突出香味，CO_2 逸出时能带出香味。

(4) 足量的二氧化碳在饮料中能起到杀菌、抑菌的作用，阻碍微生物生长，延长汽水的储存时间。

市场上碳酸饮料的95%是水，配料主要为白砂糖、香精、糖精、苯甲酸钠等。果汁型汽水，指含2.5%及2.5%以上天然果汁的碳酸饮料。果味型汽水是以食用香精为主要赋香剂的碳酸饮料（包括2.5%以下的天然果汁的饮料）。

碳酸饮料中的糖分会损伤牙齿的健康，对孩子的牙齿发育很不利；碳酸饮料中过多的糖分被人体吸收，就会产生大量热量，长期饮用容易引起肥胖；最重要的是，还会给肾脏带来很大的负担，也是引起糖尿病的隐患之一。碳酸饮料大部分都含有磷酸。大量磷酸的摄入会影响钙的吸收，引起钙、磷比例失调，导致钙缺失，缺钙无疑意味着骨骼发育缓慢、骨质疏松。有资料显示，长期、大量喝碳酸饮料的青少年发生骨折的危险是其他青少年的3倍。美国科学家的最新研究也显示多喝碳酸饮料的人患心脏病的风险更高，还更易腰围增大，血压、血糖以及血脂升高。

趣味实验 5-1 检验加碘食盐成分中的碘

【实验目的】

通过氧化反应、显色反应检验加碘食盐中的碘。

【实验原理】

加碘食盐中含有碘酸钾（KIO_3），此外，一般不含其他氧化性物质。加碘盐在酸性条件下 IO_3^- 能将 I^- 氧化成 I_2，I_2 遇淀粉试液变蓝；而不加碘的食盐则不能发生类似的反应。

【实验用品】

试管、胶头滴管；含碘食盐溶液、不加碘食盐溶液、KI溶液、稀硫酸、淀粉试液。

【实验步骤】

(1) 在第1、2支试管中分别加入少量含碘食盐溶液和不加碘食盐溶液，然后各滴入几滴稀硫酸，再滴入几滴淀粉试液。观察现象。

(2) 在第3支试管中加入适量KI溶液和几滴稀硫酸，然后再滴入几滴淀粉试液。观察现象。

(3) 将第3支试管中的液体分别倒入前2支试管里，混合均匀，观察现象。

【实验结果】

含有碘酸钾（KIO_3）加碘食盐遇淀粉-KI试液将有显色反应。

【注意事项】

用标签纸标示好试管的序号，以便进行观察、对比。

趣味实验 5-2 从红辣椒中提取辣椒红素

【实验目的】

了解色谱分离技术在天然化合物分离中的应用。熟悉薄层色谱、柱色谱的分离原理，掌握柱色谱分离技术。

【实验原理】

天然红辣椒中含有辣椒红色素（简称辣椒红）、辣椒素、辣椒油脂等。辣椒红素指辣椒红素、辣椒玉红素、β-胡萝卜素等色素的混合物，为深红色油状液体。辣椒红素是食品和化妆品中的天然色素添加剂，其化学组成呈深红色的色素主要是由辣椒红脂肪酸酯和辣椒玉红素脂肪酸酯所组成；呈黄色的色素则是β-胡萝卜素；呈淡红色的色素可能是由辣椒玉红素的脂肪酸酯组成。

【实验用品】

圆底烧瓶、烧杯、色谱缸、薄层色谱板、色谱柱、试管等；2g 红辣椒、二氯甲烷、乙醇、氯仿、硅胶 H（60～200目）。

【实验步骤】

(1) 在 50mL 圆底烧瓶中放入 2g 红辣椒和 2～3 粒沸石，加入 15mL 二氯甲烷，回流 30min，冷却至室温，然后过滤除去辣椒残渣，蒸发滤液得到色素的粗混合液。

(2) 把上述溶液样品用 5 滴氯仿溶解在一个小烧杯中，用毛细管点在准备好的硅胶 G 薄板上，用含有 1%～5%绝对乙醇的二氯甲烷作为展开剂，在色谱缸中进行分离，记录每一个斑点的颜色，并计算它们的比移值即 R_f。

(3) 采用湿法装好色谱柱。具体做法是：将约 8g 硅胶（60～200目）在适量二氯甲烷中搅匀，装填到配有玻璃活塞的色谱柱中(底部要添加适量脱脂棉)。柱填好后，将二氯甲烷洗脱剂液面降至被盖硅胶的石英砂的上表面。将色素的粗混合物溶解在少量二氯甲烷中（约 1mL），然后将溶液用滴管加入色谱柱中。待色素吸附于色谱柱上后（注意保持柱子的表面始终润湿），用约 50mL 二氯甲烷洗脱色素。收集不同颜色的洗脱组分于小锥形瓶或试管中，当第二组黄色素洗脱后，停止。

【实验结果】

硅胶 G 薄板上出现深红、黄色、淡红等若干斑点；经过色谱柱洗脱组分主要有红、黄两组。

【注意事项】

(1) 点样时，毛细点样管刚接触薄板即可，不然会拖尾，影响分离效果。

(2) 色谱柱填装时，底部的棉花不能塞得太紧，以免影响洗脱速度（太紧会流速太慢）！

趣味实验 5-3　维生素 C 的性质实验

【实验目的】

学会用实验的方法验证维生素 C 的强还原性。

【实验原理】

维生素 C 也称 L-抗坏血酸，它广泛存在于自然界，尤以新鲜蔬菜、水果中含量较多。通常，它是一种白色晶体，易溶于水，味酸，其 1%水溶液 pH 为 2.7。分子结构中的连二烯醇基具有很强的还原性，可被 O_2、$FeCl_3$、$KMnO_4$、Br_2、I_2、$AgNO_3$、$CuCl_2$ 等氧化。

【实验用品】

小试管、大试管、试管架；维生素 C 注射液、$KMnO_4$ 溶液、溴水、碘水、$AgNO_3$

溶液、30%H_2O_2 溶液、$CuCl_2$ 饱和溶液。

【实验步骤】

取规格为 0.5g、2mL 的维生素 C 注射液，用玻璃棒将药剂瓶上端敲破，将维生素溶液全部转移入一支大试管中，并在其中加入 8mL 蒸馏水，振荡，使混合均匀。将上述溶液平均分装入 A、B、C、D、E、F6 支小试管中，然后将小试管排在试管架上。在 A 试管中滴加紫色 $KMnO_4$ 溶液，溶液立即褪色。在 B 试管中滴加溴水，溴水颜色迅速消失。在 C 试管中滴加碘水，碘水很快褪色。在 D 试管中滴加 $AgNO_3$ 溶液，试管中立即出现大量黑色沉淀；再在试管中滴加 30%H_2O_2 溶液，试管中立即有大量气体产生；将带有余烬的木条置于试管口，木条立即复燃。在 E 试管中滴加 $CuCl_2$ 饱和溶液，$CuCl_2$ 溶液的绿色立即褪去，试管中出现大量白色沉淀。F 试管中溶液供对比用。

【实验说明】

$KMnO_4$ 溶液、溴水、碘水遇维生素 C 溶液均很快褪色，是由于它们分别被还原为 Mn^{2+}、Br^-、I^-；$AgNO_3$ 中的 Ag^+ 则被还原为单质银，单质银是 H_2O_2 分解的良好催化剂，因而滴入过氧化氢时，溶液中产生大量气泡，反应为：$2H_2O_2 \longrightarrow 2H_2O+O_2\uparrow$。$CuCl_2$ 溶液加入维生素 C 溶液中后，Cu^{2+} 被还原为 +1 价铜，并生成不溶于水的白色 CuCl 沉淀。

趣味实验 5-4　水果味添加剂——乙酸异戊酯的合成

【实验目的】

了解合成有机酸酯的反应原理，掌握萃取、洗涤、蒸馏及纯化液体有机物的实验技术。

【实验原理】

在催化剂浓硫酸作用下，冰醋酸和异戊醇分子间脱水形成具有香蕉气味的乙酸异戊酯。

$$CH_3COOH+HOCH_2CH_2CH(CH_3)_2 \xrightleftharpoons{H_2SO_4} CH_3COOCH_2CH_2CH(CH_3)_2$$

【实验用品】

100mL 圆底烧瓶、冷凝管、分液漏斗、蒸馏装置等；异戊醇 6.6g（8.1mL，0.075mol）、冰醋酸 10.2g（9.6mL，0.17mol）、5%碳酸氢钠水溶液、饱和氯化钠水溶液、无水硫酸镁、浓硫酸。

【实验步骤】

(1) 将 8.1mL 异戊醇和 9.6mL 冰醋酸加入到干燥的 100mL 圆底烧瓶中，摇动下慢慢加入 2mL 浓硫酸，充分混合均匀，加入 2~3 粒沸石，装上回流冷凝管，在石棉网上小火加热回流，保持沸腾状态 1h。反应完后，稍冷后拆除回流装置。

(2) 将烧瓶中的反应液倒入分液漏斗，用 20mL 冷水分几次淋洗烧瓶内壁，洗涤液并入分液漏斗。充分振摇，静置，待分层清晰后，分去下层水溶液。酯层用 10mL 5%碳酸氢钠水溶液洗涤，静置后分去下层水溶液。再用 10mL 5%碳酸氢钠水溶液洗涤一次，至水溶液对 pH 试纸呈碱性为止。然后酯层用 7mL 饱和氯化钠溶液洗涤一次，分出水层。酯层转入锥形瓶中。加入 0.5~1g 无水硫酸镁干燥。

(3) 过滤除去干燥剂，将滤液滤入干燥的圆底烧瓶中。搭好普通蒸馏装置，加入2～3粒沸石后加热蒸馏，用干燥的量筒收集138～142℃馏分，量取体积，计算产率。

【实验结果】

收集的138～142℃馏分为无色油状液体，产量为6～7g。

【注意事项】

(1) 冰醋酸有挥发性刺激，量取时应小心，最好在通风橱内操作。

(2) 浓硫酸有腐蚀性，只能滴加，不能倾倒！注意边加边摇，以防异戊醇被氧化或炭化。

(3) 分液漏斗使用前要涂凡士林，试漏，防止洗涤时漏液，造成产品损失。

(4) 碱洗时放出大量热并有二氧化碳产生，因此洗涤时要不断放气，防止分液漏斗内的液体冲出来。

(5) 用饱和食盐水洗涤可降低酯在水中的溶解度，减少酯损失，还可防止乳化。

趣味实验 5-5 实验室制备豆腐

【实验目的】

对生命体内蛋白质的盐析性质进行了解，并了解日常中食用豆腐的制备过程与原理。

【实验原理】

大豆蛋白质在凝固剂的作用下发生热变性，使豆浆由溶胶状态变成凝胶状态。豆浆中含有大豆蛋白质，加入石膏等电解质后，蛋白质会因电荷被中和掉，分子间缺乏排斥力，因此凝结成较大颗粒，经沉淀去水后即成为豆腐。

对于有些溶于水的有机物（如蛋白质水溶液），向其中加入一定浓度的无机盐溶液，可使其有机物（蛋白质）溶解度降低，因而有机物（蛋白质）便从溶液中析出。这种加盐使有机物（蛋白质）沉淀析出的现象称作盐析。日常食用的豆腐就是利用这种蛋白质的盐析作用制成的。豆腐的原料是大豆，大豆中含有黄豆球蛋白，而制作豆腐常用的盐析剂是硫酸钙或氯化镁。

【实验用品】

烧杯（500mL）、量筒、研钵、玻璃棒、布氏漏斗、吸滤瓶、酒精灯、石棉网和铁三角架；大豆、5% $CaSO_4$ 溶液。

【实验步骤】

(1) 浸泡：取大豆50g放入一只500mL烧杯内，加30mL水浸泡36h，使大豆膨胀变软。

(2) 研磨：将泡大豆的水倒掉，把每个大豆去皮，用剪刀剪碎大豆，把剪碎的大豆碎块全部盛入一只研钵中，再往研钵中加入50mL水研磨。此时，可见豆浆和豆渣（可用家用粉碎机或豆浆机）。

(3) 制浆：把研磨好的豆浆和豆渣再转入一只500mL烧杯内，再加水250mL用玻璃棒搅匀。此后，将放在有石棉网的铁三角架上，用酒精灯加热煮沸5min。熄灭酒精灯静置时准备好布氏漏斗连接吸滤瓶的过滤装置。布氏漏斗里放一块大于漏斗的双层用水湿过的纱布，将煮沸过的豆浆和豆渣液用此过滤装置进行减压过滤可得到豆浆。

(4) 凝固变性：将自制的浓豆浆倒入另一只烧杯里用酒精灯加热到70～90℃，往热豆浆中加入5%硫酸钙溶液。由于5%硫酸钙溶液是悬浊液，所以使用前要将它摇匀，边往豆浆中加入，边用玻璃棒搅拌，直至有白色絮状物产生。停止加热，静置片刻后，就会看到豆浆中有凝固的块状沉淀物析出。

(5) 成型：将上述有块状沉淀物的豆浆静置20min后，再利用上述的布氏漏斗过滤装置，并在漏斗里放上一块较大的双层水浸湿过的纱布，将有凝固块沉淀中的豆浆过滤。将纱布中凝块状的沉淀物用玻璃棒集中成一团，叠成长方形，放在洁净的桌面上，用一个盛有冷水的小烧杯压在包有豆腐团块的滤布上，大约30min后，移去小烧杯，打开纱布即可制成一小块豆腐。若用市售的浓豆浆为原料，制成的豆腐更为细嫩洁白。

【实验结果】

把刚刚做成的这小块豆腐放入盛有冷水的大烧杯中，就好像日常生活中豆腐放在水盆里一样。

(吴芳英，吕小兰)

第六章 环境保护与绿色化学

人口、资源、环境和发展问题（PRED），被公认为人类在21世纪必须面对的巨大挑战。认识环境问题的严重性、紧迫性和治理环境都离不开化学知识。人们通过化学分析的方法检测环境中的各种物质，从而给出对环境质量的评价，为保护环境、治理环境提供科学依据；化学在环境优化、污染控制与治理等方面发挥了重要作用。当前，在发展生产、创造财富的同时，只有大力发展绿色化学才能从源头防止污染、改善环境，让人类唯一的家园——地球，永远都有蓝天碧水。

第一节 环境概述

一、环境的概念

环境是指以人类为主体的外部世界，即人类赖以生存和发展的物质条件的整体。环境分为自然环境和社会环境两大类。自然环境在人类社会出现之前就客观存在，是指人类生活和生产所依赖的自然条件和自然资源的总称，包括大气环境、水环境、土壤环境、地质环境和生物环境等。通常讨论的环境保护是指对自然环境的保护。

二、自然环境生态圈中的物质循环

自然环境包括四个圈，分别是生物圈、大气圈、水圈及岩石圈，总称生态圈。人类和众多生物生存在大气圈、水圈和岩石圈的交汇处。每个圈之间都有着复杂的物质和能量交换，如下图所示。

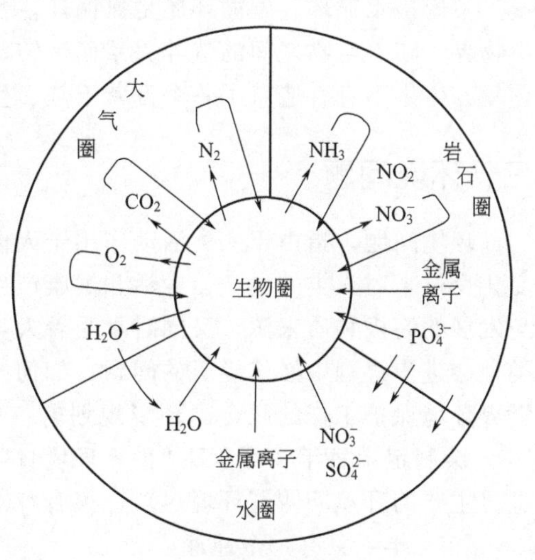

自然环境生态圈示意图

各个圈参与的物质和能量交换，基本上是通过碳、氢、氧、氮和磷几种元素或它们组成的化合物的循环来完成。其中水、碳和氮参与的三大循环在生命活动中起着非常重要的作用，下面是三大循环的基本规律。

1. 水（H_2O）循环

所有的生物体中都含有水。事实上，自然界中绝大多数生物、非生物的变化都在水中进行，没有水的参与，生命就不能维持。水的固、液、气三态是在太阳能和重力的驱动下进行的，在气流和海流的推动下，水参与到生物圈的循环之中。江、河、湖、海、地表水及植物体内水分蒸发或蒸腾后以气态进入大气中，当大气中的水遇冷后以雨、雪、冰雹等形式返还地表，一部分进入水域，一部分降落到陆地上，形成地表径流，又流入江、河、湖、海或渗入地下，供植物吸收。水在自然界中就是这样地循环往复，源源不绝。

水参与植物的光合作用，制造出维持生命的必需营养物质——碳水化合物（糖类），同时也为生命提供了必需的氧气：

$$6CO_2 + 6H_2O \longrightarrow C_6H_{12}O_6 + O_2$$

2. 碳（C）循环

碳在自然界中分有机碳和无机碳两种形式，自然界中最大的两个碳库是石化燃料和岩石圈。碳是构成生物体最基本的元素之一。

碳的循环主要通过 CO_2 发生：大气中的 CO_2 部分被海洋、生物圈和土壤等吸收，再通过生物（包括人类）活动或地质活动返回大气。具体来说，植物经光合作用将大气中的 CO_2 和 H_2O 合成糖类，动植物生命活动产生 CO_2 返回大气中被植物再度吸收利用；碳在地质层经过漫长的演变形成煤、石油等矿物，矿物燃烧释放出的 CO_2 返回大气中重新进入碳循环。

3. 氮（N）循环

氮主要存在于大气、生物体和矿物质中，是组成蛋白质的主要元素，所有生物体都含有蛋白质，毫不夸张地说，氮的循环涉及生物圈的全部领域。

氮在大气中约占 79%之多，但是并不能被多数生物体直接利用，必须通过固氮作用转化为无机态的氮化合物。例如，通过生物固氮（如豆科植物根部的根瘤菌可以将氮气转化为硝酸盐）或工业固氮等作用转变为无机态的硝酸盐；无机态的氮化合物被植物体吸收后，经过复杂的生物转化合成各种蛋白质、核酸等有机氮化合物；动物直接或间接以植物为食获得氮并转化为动物蛋白；动植物死亡后，微生物分解动植物尸体，有机氮化合物被分解，以硝酸根离子（NO_3^-）、铵离子（NH_4^+）和氨（NH_3）的形式重新回到土壤和水体中，一部分被植物所吸收，一部分通过反硝化细菌作用形成氮气返回空气中。

不论是水循环、碳循环还是氮循环，都是自然界的化学元素通过被植物吸收从而进入生物界，随着生物之间的营养关系而流转，通过排泄物或死尸的降级回归环境中去，循环往复，生生不息，造就了一个万紫千红、生机勃勃的大自然。

三、环境问题

环境问题，指由于人类活动作用于人们周围的环境所引起的环境质量变化，以及这种变化反过来对人类的生产、生活和健康产生影响的问题。以人为中心的环境既是人类生存与发展的终极物质来源，又同时承受着人类活动产生的废弃物的各种影响。环境问题是人类社会进步过程中必然经历的问题，如何解决环境问题是全世界面临的共同课题。统筹全世界环境保护工作的联合国环境规划署（United Nations Environment Programme，UNEP）会制定出每年6月5日“世界环境日”纪念活动的主题，每年的主题基本反映了当年世界主要的环境问题及环境热点，很有针对性。历年来世界环境日的主题如下：

1974年　只有一个地球
1975年　人类居住
1976年　水：生命的重要源泉
1977年　关注臭氧层破坏，水土流失
1978年　没有破坏的发展
1979年　为了儿童和未来——没有破坏的发展
1980年　新的十年，新的挑战——没有破坏的发展
1981年　保护地下水和人类的食物链，防治有毒化学品污染
1982年　斯德哥尔摩人类环境会议十周年（提高环境意识）
1983年　管理和处置有害废弃物，防治酸雨破坏和提高能源利用率
1984年　沙漠化
1985年　青年、人口、环境
1986年　环境与和平
1987年　环境与居住
1988年　保护环境、持续发展、公众参与
1989年　警惕全球变暖
1990年　儿童与环境
1991年　气候变化——需要全球合作
1992年　只有一个地球——一齐关心，共同分享
1993年　贫穷与环境——摆脱恶性循环
1994年　一个地球，一个家庭
1995年　各国人民联合起来，创造更加美好的未来
1996年　我们的地球、居住地、家园
1997年　为了地球上的生命

1998 年　为了地球上的生命——拯救我们的海洋
1999 年　拯救地球就是拯救未来
2000 年　2000 环境千年——行动起来吧！
2001 年　世间万物，生命之网
2002 年　使地球充满生机
2003 年　水，二十亿人生命之所系
2004 年　海洋存亡，匹夫有责
2005 年　营造绿色城市，呵护地球家园
2006 年　莫使旱地变荒漠
2007 年　冰川消融，是个热点话题吗？
2008 年　戒除嗜好！面向低碳经济
2009 年　地球需要你：团结起来应对气候变化
2010 年　多样的物种·唯一的星球·共同的未来
2011 年　森林：大自然为您效劳
2012 年　绿色经济，你参与了吗？
2013 年　思前·食后·厉行节约

从历年“世界环境日”的主题不难看出，世界环境热点问题早期集中在农药污染等问题上，然后关注人类活动对自然生态系统的破坏，后来转向地区性的环境污染和环境公害问题，近年来则集中在与人类生存密切相关的“全球气候变化”、“低碳经济”和“生物多样性”等全球性的环境问题。如何治理和保护环境，实现人与自然的和谐，成为人类共同的追求。

知识·链接

厄尔尼诺现象

厄尔尼诺现象，简单地说是指太平洋表层水温升高，造成鱼类大量死亡的现象。通常，热带太平洋西部的表层水较暖，而东部的水温很低。这种东西太平洋海面之间的水温梯度变化和东向的信风一起，构成了海洋-大气系统的准平衡状态。当准平衡状态被打破时，西太平洋的暖热气流伴随雷暴东移，就会使整个太平洋水域气温变暖，气候出现异常，时间可能持续一年甚至更长。

起初，厄尔尼诺一般每 3～7 年出现一次。进入 20 世纪 90 年代后，厄尔尼诺发生频率加快，几乎每年都发生。在厄尔尼诺直接侵害的地方，居民住房被水淹没，森林受到毁坏，农作物和渔业受到摧残。随着厄尔尼诺的涨落，由洪水泛滥造成的水资源污染、病菌传播会导致各种疾病接连发生。

至今为止，厄尔尼诺现象发生的原因还没有定论，科学家普遍认为这与全球温室效应有关，厄尔尼诺现象到底是由全球变暖引起的，还是自然界本身的现象？还有待继续研究论证。

当今社会的诸多环境问题，都直接或间接地与化学物质的污染有关，大气污染、水污染、土壤污染等的治理最终离不开化学科学。化学家们通过利用学科技术和方法研究环境中物质间的相互作用关系，比如，这些物质在环境（水体、大气、土壤和生物）中的存在

形式、化学特性及行为效应，从中找出控制污染的原理和方法；无数化学家还致力于应用化学原理从源头上消除污染，用“绿色化学”的理念生产出有利于环境保护、人类安全及环境友好的化学产品。例如可降解的塑料、能循环使用的橡胶、新型无污染的制冷剂、只控制病虫害而不危害人类及有益生物的农药、清除尾气污染的清洁剂等。这些产品能极大地改善环境，让每一个城市都变成宜居城市，人人都享受美好生活。

第二节 水环境

水是人类赖以生存的最基本的生态因子，也是社会经济发展的基础资源。地球表面70.8%被海洋覆盖，海洋中的水占地球总水量的97.3%，而淡水仅占总水量的2.7%，而且这些淡水资源的大部分被封闭在冰冠和冰川中，能够供人类直接使用的淡水资源大约只占地球总水量的0.64%。人类年用水量接近4万亿立方米，全球约60%的陆地上淡水供应不足，近20亿人饮用水短缺。早在1977年，联合国就向世界发出警告“水源不久将成为继石油危机之后的另一个更为严重的全球性危机”。为保护水资源不受污染、开发出新的水资源，化学家们在水污染化学、水的纯化、软化及海水淡化等领域的研发已经取得了丰硕的成果。

一、我国水资源现状

联合国规定，地区年人均水资源量小于1700立方米，称为资源型缺水。在数量上，我国水资源年平均径流量约为2.6万亿立方米，居世界第6位，是一个丰水国家，但我国人均淡水资源占有量仅为世界水平的28%左右，约2100立方米，在世界上列121位，被联合国列为13个人均水资源最贫乏的国家之一。目前，我国城市中约三分之二缺水，约四分之一严重缺水。所以，我国是一个资源型缺水的国家；另外，由于水源的水质达不到国家规定的饮用水水质标准，我国还是一个水质型缺水的国家。

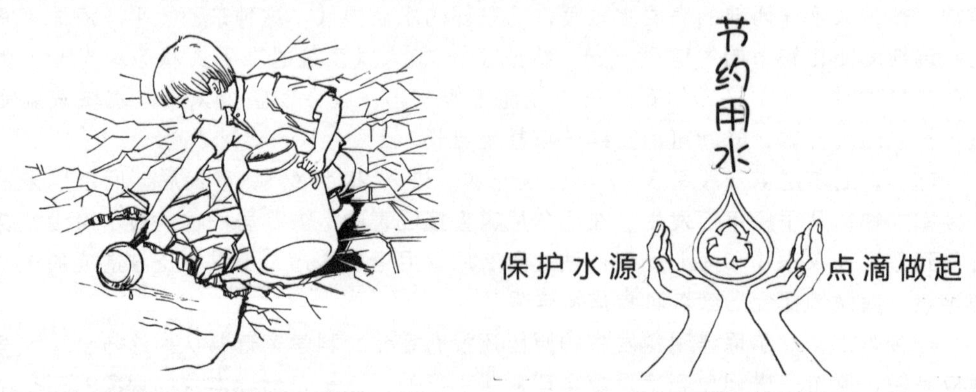

水体，是对河流、湖泊、沼泽、水库、地下水、冰川、海洋等储水体的总称。为便于衡量水质状况，方便评价水体，我国把水体分为五类：Ⅰ类，主要适用于源头水、国家自然保护区；Ⅱ类，主要适用于集中式生活饮用水水源地一级保护区、珍贵鱼类保护区、鱼虾产卵区；Ⅲ类，主要适用于集中式生活饮用水水源地二级保护区、一般鱼类保护区及游泳区；Ⅳ类，主要适用于一般工业用水区及人体非直接接触的娱乐用水区；Ⅴ类，主要适用于农业用水区及一般景观要求区域。

据调查，全国50多个代表性湖泊中75%以上水域受到污染，劣Ⅴ类湖泊高达调查面积的19.6%；全国50个代表性水库中，1/3的水库受到污染；地下水资源的污染情况也很严重，新疆、青海、甘肃、内蒙古5个省（区）的地下水资源中，Ⅴ类所占比例达到36.2%。事实证明，我国可利用的水资源呈日趋减少的趋势。

随着科学和经济的发展，水资源的开发利用中与人类生活密切相关的主要有三大问题：洪涝灾害、干旱灾害和水污染，其中水污染是急需解决的问题，否则，到了下一代，将没有可用之水。

二、水污染的来源

水污染，是指水体因某种物质的介入，导致其化学、物理、生物或者放射性等方面特征的改变，从而影响水的有效利用，危害人体健康或者破坏生态环境，造成水质恶化的现象。

水污染有自然污染和人为污染两种，其中人为污染是主要的。目前，全国约有1/3以上的工业废水、9/10以上的生活污水未经处理就直接排入水域。江、河、湖、海都有自己的平衡，由于人类活动的干扰，工业废水、生活污水源源不断地流入其中，农药、肥料经雨水冲刷而至，使水体中生物所需的氮、磷等营养物质过剩，而一些浮游生物和某些藻类迅速生长繁殖，最终造成水环境恶化。归纳起来，水体的污染主要来自以下几方面。

1. 工业污染

工业生产所排放的污水是水环境中污染物的主要来源之一，虽然其排放量要比生活污水少，但危害却要比生活污水大得多，如果这些废水不经处理直接排到自然水体中，将对生态环境造成严重破坏。造纸业、冶金工业、化学工业以及采矿业是工业水污染的主要来源，另外，一些城市和农村水域周围的农产品加工和食品工业，如酿酒、制革、印染等行业往往是水体中化学需氧量和生化需氧量的主要来源。天然水体中溶解的氧含量一般为5～10毫克·升$^{-1}$，当大量耗氧有机物（碳氢化合物、蛋白质、脂肪、纤维素等）排入水体后，使水中溶解的氧急剧减少，水体会出现恶臭，进而破坏水体生态系统。另外，工业生产过程中产生的其他废弃物进入水体也可能造成水污染，如大气污染，最后可能以酸雨的形式污染水体。

知识·链接

化学需氧量和生化需氧量

化学需氧量（COD），指水体中能被氧化的物质在规定条件下进行化学氧化过程中所消耗氧化剂的量，通常用每升水样消耗氧的质量（毫克）表示。因为水中各种有机物进行化学氧化反应的难易程度不同，所以化学需氧量只表示在规定条件下，水中可被氧化物质的需氧量的总和。

生化需氧量（BOD），指地面水体中微生物分解有机物的过程中消耗水中的溶解氧的量，反映的是水体中可被微生物分解的有机物总量，以每升水中消耗溶解氧的质量（毫克）来表示。如果生物需氧量大于3毫克·升$^{-1}$，表示已经受到有机物的污染。

2. 生活污染

人类所产生的生活污水逐年增加，所占比例持续升高。2006 年全国生活污水排放总量为 296.6 亿吨，到 2008 年，增加至 330.1 亿吨。现阶段，污水处理厂对净化水质起了很大作用，但是，我国城市污水的集中处理率仅为 57.1%，远远不能完成处理生活污水的任务。

3. 农业污染

农业污染主要有两方面。一方面，畜禽养殖废弃物对农村水环境的污染，是农村环境污染的主要来源之一。没有经过处理的畜禽粪污直接排放或任意堆放造成氮、磷污染所致的水体富营养化，严重污染地下水和地表水环境，导致广大农村地区饮用水出现安全问题；另一方面，化肥和农药等化学品造成了水环境污染：①我国化肥利用率平均只有 30%～50%，大量的化肥流失导致农田土壤污染，通过农田径流加剧了湖泊和海洋的富营养化，成为水体面源污染的主要来源；②我国单位面积农药使用量超过世界平均水平 2 倍，其中大多数是难降解的有机磷农药和剧毒农药，一般农药只有 10%～20%附着在农作物上，绝大部分都被冲刷进入水体。

三、水污染的危害

近年来，我国一些水资源丰富的地区和城市发生了所谓的污染型缺水，出现了有水不能用的局面。水污染问题已加剧了水资源危机。具体来说，水污染有如下危害。

1. 危害人体健康

水被污染后，通过饮水或食物链，污染物进入人体，会使人急性或慢性中毒。砷、铬、铵类、苯并［*a*］芘等，还可诱发癌症。被寄生虫、病毒或其他致病菌污染的水，会引起多种传染病和寄生虫病。重金属污染的水，对人的健康均有危害。被镉污染的水、食物，人饮食后，会造成肾、骨骼病变，摄入硫酸镉 20 毫克，就会造成死亡。铅造成的中毒，引起贫血，神经错乱。六价铬有很大毒性，引起皮肤溃疡，还有致癌作用。饮用含砷的水，会发生急性或慢性中毒。砷使许多酶受到抑制或失去活性，造成机体代谢障碍，皮肤角质化，引发皮肤癌。有机磷农药会造成神经中毒，有机氯农药会在脂肪中蓄积，对人和动物的内分泌、免疫功能、生殖机能均造成危害。氰化物也是剧毒物质，进入血液后，与细胞的色素氧化酶结合，使呼吸中断，造成呼吸衰竭、窒息死亡。据统计，世界上 80％的疾病与水有关。伤寒、霍乱、胃肠炎、痢疾、传染性肝病五大疾病，均由水的不洁引起。

2. 危害工农业生产

水质污染后，工业用水必须投入更多的处理费用，造成资源、能源的浪费，食品工业用水要求更为严格，水质不合格，会使生产停顿，导致工业企业效益不高、质量不好。农业使用污水，使作物减产，品质降低，甚至使人畜受害，大片农田遭受污染，降低土壤质量。海洋污染的后果同样十分严重，如石油污染，造成海鸟和海洋生物死亡。

3. 水体富营养化的危害

水体的富营养化，是指氮、磷等植物营养物质含量过多所引起的水质污染现象。正常情况下，氧在水中有一定溶解度。溶解氧不仅是水生生物得以生存的条件，而且氧参加水中的各种氧化-还原反应，促进污染物转化降解，天然水体得到自然净化。

当含磷洗衣粉以及磷、氮化肥的大量施用，水中磷、氮等生物生长所需的重要元素增加，会使湖中的藻类获得丰富的营养而急剧增长（即水体富营养化），于是水中藻类疯长，细菌大量繁殖。当藻类在水面越长越厚，部分被压在水面之下的就会因难见阳光而死亡，湖底的细菌以死亡藻类作为营养，迅速增殖。大量增殖的细菌消耗了水中的氧气，使湖水中溶解氧急剧下降，导致湖中依赖氧气生存的鱼类死亡，随后细菌也会因缺氧而死亡，最终湖泊严重老化、死亡。此外，富营养化的水臭味大、颜色深、细菌多，这种水的水质差，不能直接利用，增加了制水成本。富营养化分泌的有害物质（如硫化氢、氮），有的直接毒死生物，有的通过食物链转移导致人类中毒。

四、水污染的防治

天然水体遭受污染，当污染物的浓度较低时，流经一段距离后就会逐渐变清，臭气消失，这是水体自然净化的结果。因为，水中的微生物有着清洁污水的作用，这些微生物以水体中的有机污染物作为自己的营养食料，通过吸附、吸收、氧化、分解等过程，把有机物变成简单的无机物，既满足了自身繁殖和生命活动的需要，又净化了污水。

然而当水体污染超标时，必须进行各种必要的处理，以满足生活用水、工农业用水的要求。目前，人们已充分意识到不能以破坏生态环境作为代价来发展经济，必须“大力推进资源集约利用、循环利用”。防治水污染原则是预防为主，重在管理，主要方法如下。

(1) 定期进行水体污染源调查 根据水源污染的类型进行实地观察和定期调查，将污水排放口的水样委托当地卫生防疫或环保部门进行分析，并将调查结果整理成文字材料，预测污染发展的趋势。

(2) 加强水源上游水质监测 监测项目主要选择对水源有影响的项目：①浊度、色度、臭味、肉眼可见物等；②反映有机物污染情况的溶解氧、生化需氧量（BOD)、化学需氧量（COD)、三氮（氨氮、亚硝酸盐、硝酸盐）；③反映细菌污染的微生物指标等；④富营养化状况、藻类与浮游生物的监测。

(3) 依法治理污染源　我国已经颁布了《水法》、《环境保护法》、《生活饮用水卫生规范》、《污水综合排放标准》、《城市供水条例》等法律法规，对已影响水源水质的污染源一定要依法治理，切实保障人民的身体健康。

五、污水处理与化学

有害化学物质严重影响水的使用价值，污染环境。污水中的酸、碱、氧化剂，铜、镉、汞、砷等化合物，苯、二氯乙烷、乙二醇等有机毒物，会毒死水生生物，影响饮用水源、风景区景观；污水中的有机物被微生物分解时消耗水中的溶解氧，当水中溶解氧耗尽后，有机物会进行厌氧分解，产生硫化氢、硫醇等难闻气体，使水质进一步恶化；如果大量石油漂浮水面，不仅影响水生生物的生命，还可能引起火灾。

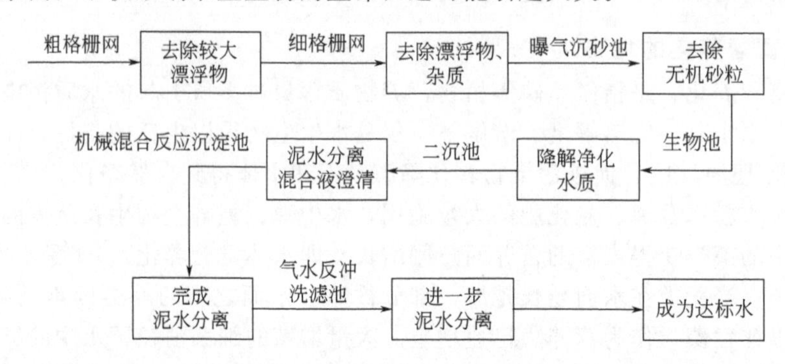

废水按水质状况及处理后水的去向确定水的处理程度。目前污水的处理程度一般分为三级。

(1) 一级处理（预处理）　主要是用物理法或化学法，将污水中可沉降固体除去，然后加氯消毒再排入水体。一级处理只是去除污水中的漂浮物和部分悬浮状态的污染物质，调节污水的pH值，减轻废水的腐蚀程度和减少后续处理负荷。经一级处理后的废水一般达不到排放标准。

(2) 二级处理（生化处理）　污水经一级处理后，再用生物化学方法除去污水中大量的有机物，使污水得到进一步净化的过程。活性污泥处理法是二级处理的常用方法。经二级处理的水一般可达到排放标准，可以灌溉农田，但经过二级处理后的水还存在少量的悬浮物、生物不能分解的有机物和一些无机物，不能直接用作自来水，也不能作为某些工业用水。经过三级处理后才能进一步提高水的质量。

(3) 三级处理（深度处理）　又称污水高级处理，方法有化学沉淀法、化学氧化还原法、吸附法、萃取法、离子交换法、电渗析法等，经过处理，可以进一步除去废水中残留的无机盐、有机物等，使水达到较高的水质标准。

最常用的是化学沉淀法。方法是往水中加入适当沉淀剂与一些阴、阳离子污染物反应形成沉淀，再分离除去；化学氧化法常用来处理难以生物降解的有机物，如农药、染料、酚类以及具有颜色、臭味的物质，常用的氧化剂有含氯类（液态氯、次氯酸钠、漂白粉等）和含氧类（空气、臭氧、过氧化氢、高锰酸钾等）；化学还原法常用于处理含有汞、铬等重金属离子的废水，常用的还原剂有废铁屑、废锌粒等。

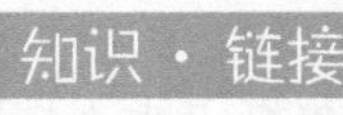

光催化处理污水技术

工业污水在污水处理厂进行正常处理后，再利用光催化处理污水技术进行二度处理，就可以作为饮用水直接饮用。该技术中常用的催化剂是 TiO_2（钛白粉），它是一种半导体，当光照射在 TiO_2 颗粒上时，价带电子（低能电子）被激发跃迁至导带而变为高能电子。价带由于失去电子出现空穴，有一定氧化能力，可将许多有机污染物氧化为 H_2O、CO_2、SO_4^{2-}、NO_3^-、X^- 等无机小分子，还可将剧毒物 CN^- 氧化为 CO_2、NO_2^-。同时，跃迁到导带中的高能电子还具有还原性，可将有害物 $Cr_2O_7^{2-}$ 等还原，这就是光催化处理污水技术的基本原理。

六、水的化学净化、纯化及软化

1. 水的化学净化

天然水中含有较多杂质，净化之后才能作为生活用水。首先，水源中的水要通过泵站被送到交替使用的沉降池中，结果一些固体杂质及悬浮物就沉降下来。如果悬浮物较多，难以自然沉降，可以使用化学沉降剂硫酸铝[$Al_2(SO_4)_3$]来沉降：

$$Al_2(SO_4)_3+6H_2O \longrightarrow 2Al(OH)_3\downarrow+3H_2SO_4$$

生成物 $Al(OH)_3$ 是絮状沉淀，具有较强的吸附力，在自身沉降的过程中会把水中的悬浮物吸附掉。澄清后的水经过滤后被送入曝气池，除去部分挥发性物质。曝气过程中带入的氧可以消除水中的不良气味，然后经过氯气消毒：

$$H_2O+Cl_2 \longrightarrow HClO+HCl$$

$$2HClO \longrightarrow 2HCl+O_2$$

氯气和新生态氧都有较强的氧化作用，能使有机体氧化，杀灭细菌。常用的漂白粉是将氯气通入消石灰[$Ca(OH)_2$]中制成的，其中含有次氯酸钙[$Ca(ClO)_2$]，次氯酸钙不稳定，分解释放出新生态氧具有消毒作用：

$$Ca(ClO)_2+H_2O \longrightarrow Ca(OH)_2\downarrow+2HClO$$

$$2HClO \longrightarrow 2HCl+O_2$$

经消毒过的水可以进入自来水系统供人们使用。

2. 水的纯化

经过净化进入自来水系统的水并不是纯水，因为水中还有其他的化学物质，不能满足药剂和注射用水等的需要，还需要采用蒸馏的方法除去水中不挥发的物质如钠、钙、镁和铁的盐，蒸馏后加入高锰酸钾（$KMnO_4$）和碱性溶液，再经二次蒸馏除去其中的有机物和挥发性酸性气体（如 CO_2），在蒸馏后的水中加入非挥发性的酸（如 H_2SO_4 或 H_3PO_4），进行第三次蒸馏除去氨等挥发性碱。经过三次蒸馏得的水称为重蒸水。水的纯化还可以采用离子交换法以除去水中的阴阳离子。

3. 硬水的软化

“硬度”是衡量水中含有的钙、镁离子总浓度的指标。一般将每升水中含钙、镁离子的总和相当于10毫克氯化钙定为1度。硬度低于8度的水为软水，8～16度为中水，16度以上为硬水，30度以上为极硬水。我国饮用水的标准是不能超过25度，最适宜的饮用水为8～18度。

我国南方地区的水多为软水，北方地区的水多为硬水。如果不是经常饮用硬度水的人偶尔喝了硬水，会造成肠胃功能紊乱，即所谓的“水土不服”。水的软硬还与口感有关，软水显得淡而无味，一般硬水更爽口，多数矿泉水硬度较高，所以感觉清爽可口，但用硬水泡茶、冲咖啡，口感将受到影响；工业锅炉用水绝对不能用硬水，因为在加热过程中生成的沉淀物$CaCO_3$会形成水垢，而水垢会造成受热不均、引起爆炸的危险；水的软硬和一些疾病的产生有密切关系，水的硬度太高和太低都不好，在水硬度较高的地区，人群心血管疾病发病率较低，但肾结石发病率却随水的硬度升高而升高；长期喝软水的人，需要通过其他途径补充某些矿物质。

软化硬水，可以用消石灰[$Ca(OH)_2$]和苏打(Na_2CO_3)处理。

$$Mg^{2+} + Ca(OH)_2 \longrightarrow Mg(OH)_2 \downarrow + Ca^{2+}$$

$$Ca^{2+} + Na_2CO_3 \longrightarrow CaCO_3 \downarrow + 2Na^+$$

七、海水的淡化

地球上淡水资源有限，而且污染的趋势日趋严重，净化成本日趋增加，向大海要水、要资源，是沿海（近海）地区淡水资源短缺的有效解决方法，也是实现水资源可持续利用，保障沿海地区经济社会可持续发展的重大措施，具有重大的现实意义和战略意义。

海水中约含有3.5%的盐类，如何淡化海水为人类所用？目前，主要有三类比较实用的技术，即电渗析（ED）、反渗透（RO）和蒸馏法。蒸馏法有低温多效蒸馏（LT-MED）、多级闪蒸技术（MSF）与机械压力蒸馏（TVC），其中，反渗透（RO）与低温多效蒸馏是我国目前应用最广泛的技术。

1. 反渗透法（RO）

反渗透海水淡化属于一种膜分离技术。反渗透膜是一种用特殊材料和加工方法制成的、具有半透性能的薄膜，这种薄膜能够在外加压力作用下使水溶液中某些组分选择性透过，从而实现淡化、净化或浓缩分离。用一张半透膜将淡水和盐水隔开，淡水会自然地透过半透膜至盐水一侧。当渗透到盐水一侧的液面达到某一高度时，渗透的自然趋势被这一压力所抵消最终达到平衡，这一平衡压力就是该体系的渗透压。当盐水一侧外加一个大于渗透压的压力，盐水中的水反过来会透过半透膜到淡水处，达到淡化的目的。

20世纪50年代反渗透技术开始应用于海水淡化，80年代复合膜研制成功后迅速发展。目前，反渗透已经取代多级闪蒸成为海水淡化市场的主导。反渗透技术是美洲、欧洲和亚洲的大中型海水淡化厂的首选，在海湾国家也有相当规模的应用。反渗透技术的优点：①反渗透为无相变过程，能耗低，吨水电力消耗在3.0～5.5千瓦时之间；②建设周期短，安装灵活，工程一次性投资低，而且装置紧凑，占地较少；③操作简单，维修方便。但是反渗透技术也有诸多的不足，如预处理要求严格，反渗透膜使用寿命短，海水温度低的情况下需加热处理，高压压缩海水能量回收率低等。

2. 低温多效蒸馏（LT-MED）

低温多效蒸馏，是海水的最高蒸发温度不超过70℃的一种海水淡化方式。海水中的盐类的溶解度在70℃左右随温度的提高大大降低，当蒸发温度低于70℃时，蒸发表面盐类结晶的速率大大降低，从而可以避免或减缓设备结垢的产生。

低温多效蒸馏技术，可利用电厂、化工厂或低温核反应堆提供的低品位蒸汽，将海水多次蒸发和冷凝达到较高的造水比，特别适合利用低位余热的大中型海水淡化厂中使用。此技术在国外已有20多年的发展历史，生产的蒸馏水纯度极高（盐度<5毫克·升$^{-1}$），可作为锅炉的补充用水、生产过程的工艺用水或者大规模的市政饮用水供水。目前单台装置最大产量为25000吨·天$^{-1}$，已有数百台1000吨·天$^{-1}$以上的装置在世界各地运行。

当前，全世界有200多个海水淡化工厂在运行，我国的西沙群岛也建有海水淡化装置。海水淡化技术为解决水危机带来了希望，在很大程度上缓解了部分地区的缺水状况。

第三节 大气环境

包围在地球外壳的气体部分叫做“大气圈”，通常称为大气。地表附近的大气是包含颗粒尘埃在内的混合气体，近地层大气中有氮（N）、氧（O）、氩（Ar）、氖（Ne）、氦（He）、氪（Kr）、氙（Xe）、氢（H）等成分，其中，氮、氧、氩三种成分占大气总量的99.96%，这些组分的含量几乎不会发生变化。此外，大气中还有二氧化碳（CO_2）、臭氧（O_3）、水汽（H_2O）等可变的成分，这些成分对大气的质量影响非常大。

知识·链接

海边空气多清新

如果你到过海边，你可能会感觉到那里的空气特别新鲜，呼吸也觉得非常舒畅。这是为什么呢?

海浪每天不断地拍打着海岸，潮涨潮落带来的湿润空气中含有大量的负氧离子(在一定条件下，带负电的离子与中性的分子结合就形成了负氧离子)。在城市内的一般公共场所，每立方厘米含负氧离子为10～20个，室内含40～50个，绿地草坪可为100～200个，而海边可达1万多个!

负氧离子被称为“空气维生素”。负氧离子是带负电的离子，有杀菌的作用，在空气中能抑制细菌的繁殖。大量的负氧离子有提高人的交感神经的功能，使人精神焕发，精力充沛，还能增加血液中的血红蛋白的含量。所以，呼吸海边的空气会特别令人神清气爽。

人类生活在地球之上，依靠空气中的氧气而生存。成年人每天需要呼吸 10～12 立方米的空气，清洁的空气是人类健康的重要保证。现代技术能监测到的大气污染物达近百种之多，常见的有一氧化碳（CO）、一氧化氮（NO）、二氧化氮（NO_2）、二氧化硫（SO_2）等。燃料的燃烧是造成大气污染的主要原因；大气中还有来自工业生产的其他污染物，包括石化工业、化学工业大规模地发展增加了空气中污染物的种类和数量；当然，农业生产中农药的喷洒而造成的大气污染也不可小觑。

下面介绍两种尾气中的污染物对大气环境的影响。

一、大气污染之一：汽车尾气污染

无污染的空气其组成成分相对稳定，但是，自然灾害（如火山喷发、森林火灾等）和人为因素（如工业废气、生活燃煤、汽车尾气等）会向空气中释放新的物质，造成空气成分的变化，被称之为大气污染。人类活动是导致大气污染的主要因素，其中包括人们耳熟能详的汽车尾气污染。

起初，人类的工作劳动完全是由本身或牛、马等畜力来完成，没有汽车和发动机等机械的介入。汽车诞生于 1886 年，现代汽车工业的超速发展，大大地改变了人类生活。翻开汽车的发展史，人们不会忘记，在 1893 年曾与威廉·迈巴特合作制成了第一台高速汽油实验性发动机的德国人戴姆勒（Daimler）在迈巴特的协助下，于 1886 年在巴特坎施塔特制成了世界上第一辆“无马之车”。该车是在买来的一辆四轮“美国马车”上装用他们制造的功率为 1.1 马力、转速为每分钟 650 转的发动机后，该车以每小时 18 公里的当时所谓“令人窒息”的速度从斯图加特驶向康斯塔特，世界上第一辆汽油发动机驱动的四轮汽车就此诞生了（见下图左）。

1908 年，亨利福特（Henery Ford）创办的福特公司开始出售历史上著名的“T”形车（见下图右）。福特公司于 1913 年首次推出了流水装配线的大量作业方式，使汽车成本大跌，汽车价格低廉，不再仅仅是贵族和有钱人的豪华奢侈品了，它开始逐渐成为大众化的商品。

（一）汽车尾气的组成与危害

汽车作为现代化交通工具，在福特公司的努力下走进千家万户，无疑给人们的工作与生活带来了极大的方便。随着国民经济的快速发展，汽车保有量迅猛增长，在我国大中城市，汽车排放所造成的污染日益严重。有资料表明，我国各大中型城市汽车尾气排放物造成空气污染占到70%左右，而且对在用车检测结果来看，尾气排放不合格的车辆占被检测车的50%～60%。

对于一辆尾气未加净化处理的车，人们常常可以看到车尾排气管喷出的团团白烟，柴油汽车和摩托还冒着滚滚黑烟，并夹带着难闻的气味，加上喇叭声和汽缸振动的噪声，更是令人难受。研究表明，1吨汽油通过汽车发动机燃烧提供动力后，要排放10～70千克的废气；另外，还有从燃料和燃烧系统中泄漏出来的汽油和气体有20～40千克。排出的废气中含有150～200种不同的化合物，以及铅尘、炭黑等颗粒物质。汽车发动机空挡运转时排出一氧化碳最多，约占排气量的5%。汽车缓慢行驶时，排气管喷出的烟是黑的，是因为燃料燃烧不完全，很多炭粒随气体排出。汽车高速行驶时，车尾喷出团团白烟，此时排气量最大，白烟中氮氧化物含量很高，这是汽油在高温燃烧下产生的一种有害气体。

研究表明，汽车尾气中含有上百种不同的化合物，其中的污染物有固体悬浮微粒、一氧化碳、二氧化碳、碳氢化合物、氮氧化合物、铅及硫氧化合物等。一辆轿车一年排出的有害废气比自身重量大3倍。

英国空气洁净和环境保护协会曾发表研究报告称，与交通事故遇难者相比，英国每年死于空气污染的人要多出10倍。交通事故看得见摸得着，血肉横飞的惨状容易引起震动，而汽车尾气污染的影响短时间看不出来，很容易被人们所忽视，但它所造成的后果无疑是巨大的、长期的、无穷的。据世界银行估计，因空气污染导致的医疗成本增加以及工人生病丧失生产力使我国GDP被抵消掉5%。

汽车尾气的组成复杂、危害众多，有必要逐一认识。

(1) 固体悬浮颗粒（PM） 固体悬浮颗粒的成分很复杂，并具有较强的吸附能力，可以吸附各种金属粉尘、强致癌物苯并芘和病原微生物等。固体悬浮颗粒随呼吸进入人体肺部，以碰撞、扩散、沉积等方式滞留在呼吸道的不同部位，引起呼吸系统疾病。当悬浮颗粒积累到临界浓度时，便会激发形成恶性肿瘤；此外，悬浮颗粒物还能直接接触皮肤和眼睛，阻塞皮肤的毛囊和汗腺，引起皮肤炎和眼结膜炎，甚至造成角膜损伤。

知识·链接

PM2.5和霾天气

"PM"的英文全称"particulate matter"，中文意思为"颗粒物"。"PM2.5"指"空气中直径小于或等于2.5微米的颗粒物"。显然，"PM2.5"对空气质量和能见度有重要影响，而且小于或等于2.5微米的颗粒物可以直接进入到人体的肺部，造成病变。气象专家研究表明，"PM2.5"已经成为引发灰霾天气的重要原因。

当大量极细微的包括"PM2.5"在内的颗粒均匀地浮游在空中，造成空气浑浊，使水平能见度小于10千米，并且相对湿度小于或等于80%，这时呈现的天气现象称为霾天气。发生霾天气时，远处光亮物将微带黄、红色，黑暗物则微带蓝色。与“雾”不同，“霾”是空气遭受污染的产物，所以霾天气比雾天更危害人体健康。受全球气候异常的影响，近些年来，我国北方地区干旱日重，加上城市温室气体的大量排放，出现霾天气的日子呈上升趋势。研究表明，由细颗粒物造成的灰霾天气对人体健康的危害甚至超过沙尘暴！因为，粒径10微米以上的颗粒物，会被挡在人的鼻子外面；粒径在2.5微米至10微米之间的颗粒物，能够进入上呼吸道，但部分可通过痰液等排出体外，对人体健康危害相对较小；而粒径在2.5微米以下的细颗粒物（即“PM2.5”），直径相当于人类头发1/10大小，被吸入人体后直接进入支气管，干扰肺部的气体交换，引发包括哮喘、支气管炎和心血管病等方面的疾病。此外，这些颗粒还可以通过支气管和肺泡进入血液，其中的有害气体、重金属等溶解在血液中，造成对人体健康更大的伤害。

(2) 一氧化碳(CO)　一氧化碳是城市空气中数量最大的一种污染物，80%是由汽车排出的。汽车在常速行驶时排放的废气中，一氧化碳约占3%，空挡行驶时高达12%。一氧化碳无色、无嗅又无味，人难以觉察到它的存在，当被吸入人体后，它与血液中的血红蛋白结合的速度比氧气快250倍。一氧化碳经呼吸道进入血液循环，与血红蛋白亲和后生成羰基血红蛋白，它们之间的亲和力比血红蛋白与氧气的亲和力大200～300倍，会使血红蛋白失去携氧能力，从而削弱血液向各组织输送氧的功能，血液中氧气含量降低导致人中毒，直接危害中枢神经系统，造成人的感觉、反应、理解、记忆力等机能障碍，重者危害血液循环系统，导致生命危险。所以，即使是微量吸入一氧化碳，也可能给人造成可怕的缺氧性伤害，当一氧化碳浓度为1200微克•毫升$^{-1}$时，将会导致生命危险。

(3) 氮氧化物（NO_x）　氮氧化物主要是指一氧化氮、二氧化氮，两者的毒性均较大（比一氧化碳大5倍），不仅能刺激呼吸系统，还能与血红素结合形成亚硝基血红素引起中毒。二氧化氮是棕色有特殊刺激性臭味的气体，当浓度为1微克•毫升$^{-1}$时，就能感觉到。在二氧化氮浓度为9.4毫克•米$^{-3}$的空气中暴露10分钟，就会造成人的呼吸系统功能失调。

(4) 碳氢化合物（HC）　碳氢化合物来自油料的不完全燃烧，大部分成分可能对人体健康没有直接危害。

除开这些常规污染物PM（颗粒）、CO（一氧化碳）、NO_x（氮氧化物）和HC（碳氢化合物）之外，还有非常规污染物有机醇、醛、酸等。其中，PM、醇、醛、酸有致癌的危险，而CO、NO_x和HC会引发人体疾病。

当上述污染物排入大气层会产生二次污染，发生光化学反应产生光化学雾（smoke fog），破坏臭氧层，产生酸雨等。

什么叫光化学雾呢？当氮氧化物和碳氢化合物在太阳紫外线的作用下，会产生一种具有刺激性的浅蓝色烟雾，这就是汽车排气污染最严重的危害物——“光化学烟雾”，其中有臭氧、醛类、硝酸酯类等多种复杂化合物。汽车尾气排出的氮氧化物，在强烈的太阳光照射下，发生光化学分解，生成游离氧原子。游离氧原子的活性很高，在大气中经催化作用，与普通的氧分子结合生成臭氧。臭氧的氧化性极强，能将汽车排气中的碳氢化合物氧化成甲醛、乙醛和酮类等，并进一步与氮氧化物反应，生成过氧酰基硝酸酯（简称PAN）

等一系列强氧化剂。这种光化学烟雾对人体最突出的危害是刺激眼睛和上呼吸道黏膜，引起眼睛红肿和喉炎。

光化学烟雾不仅会造成人类疾病，家畜、农作物的生命，工业材料的耐用度都会受到影响。人和动物造成的主要伤害是眼睛和黏膜受刺激、头痛、呼吸障碍、慢性呼吸道疾病恶化、儿童肺功能异常等。植物受到臭氧的损害，开始时表皮褪色，呈蜡质状，经过一段时间后色素发生变化，叶片上出现红褐色斑点。PAN 使叶子背面呈银灰色或古铜色，影响植物的生长，降低植物对病虫害的抵抗力。臭氧、PAN 等还能造成橡胶制品的老化、脆裂，使染料褪色，并损害涂料、纺织纤维和塑料制品等。同时，烟雾会导致大气能见度降低，给陆海空的运输带来困难。

知识·链接

光化学烟雾事件

洛杉矶市位于是美国西海岸的加利福尼亚州，是个堪比东部纽约的繁华城市，人口密集，汽车用量巨大。1943 年，美国洛杉矶市发生了世界上最早的光化学烟雾事件（见下图），此后，在北美、日本、澳大利亚和欧洲部分地区也先后出现这种烟雾。经过反复的调查研究，直到 1958 年才发现，这是由于洛杉矶市拥有的 250 万辆汽车排气污染造成的，这些汽车每天消耗约 1600 吨汽油，向大气排放 1000 多吨碳氢化合物和 400 多吨氮氧化物，这些气体受阳光作用，酿成了危害人类的光化学烟雾事件。1955 年和 1970 年洛杉矶又两度发生光化学烟雾事件，前者致使 400 多人因中毒、呼吸衰竭而死亡，后者使全市 3/4 的人患病。

几次严重的空气污染事件促使美国政府痛定思痛，1959 年美国加利福尼亚州制定了世界上第一个汽车尾气排放标准，即《汽车污染物控制法令》；1968 年美国联邦政府制定了《空气清洁法令》，并且半个世纪以来一直不断修改和完善。不懈的努力终于取得了实质性进展，目前，加利福尼亚州汽车尾气有害物排放与 20 世纪 60 年代相比降低了 90%，油耗降低了一半。

（二）汽车尾气污染的治理

对汽车尾气污染的治理，美国等西方发达国家处于领先水平。追溯起来，1959 年美国加利福尼亚州制定了世界上第一个汽车尾气排放标准《汽车污染物控制法令》；1968 年美国联邦制定了《空气清洁法令》，仅限制 CO 和 HC 的排放，当时所用催化剂是基于 Pt、Pd 的两效催化剂，主要为处理废气中的 CO 和 HC 化合物而设计，对 NO_x 的控制还未引起足够重视；随着汽车数量的增加，环保方面对 NO_x 的要求愈来愈严格，1973 年美国联邦政府制定法规开始限制 NO_x 的排放，促进了三效催化剂的出现。催化剂的活性组分为贵金属铂（Pt）、钯（Pd）、铑（Rh），其中 Rh 的主要目的就是去除尾气中的 NO_x。世界上第一辆装备三效催化系统的车约在 1975 年出现。20 世纪后期，由于各国排放法规日趋严格，为节能及改善汽车的排放性能，开始研发效率更高的稀土型三效催化剂。

1. 三效催化净化器工作原理

迄今为止，汽车尾气净化三效催化转化器被证实是控制汽车尾气排放、减少汽车污染的最有效的手段。三效催化器系统由一个复杂的电子控制系统组成，以保证空燃比限制在理论空燃比 14.6 附近（见下图），当尾气净化催化转化器在空燃比 14.6 附近工作时，才能使三种主要污染物的消除达到最佳效果，能达到 90%以上的转化率。

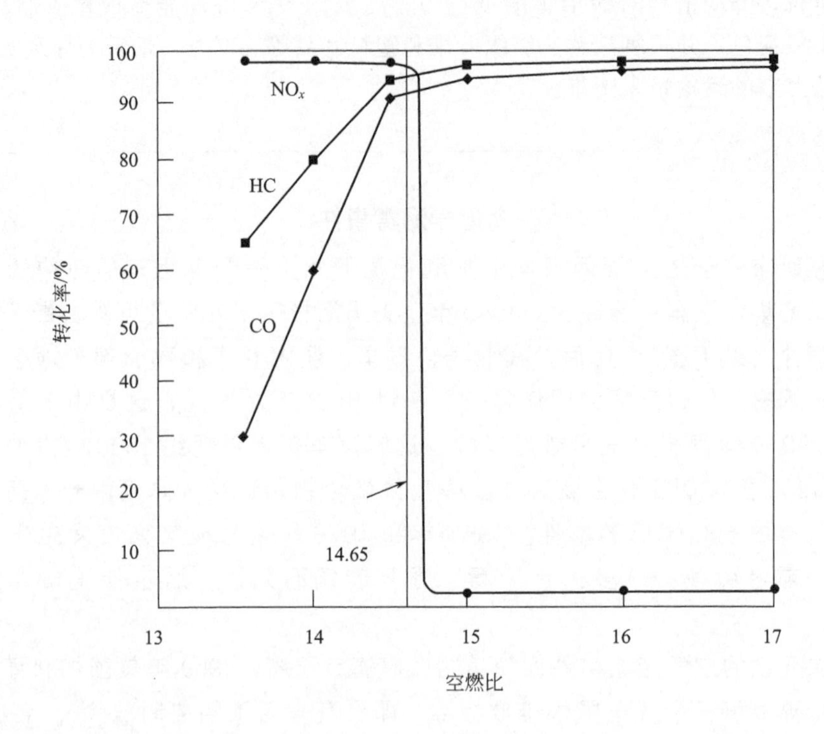

空燃比是通过加装氧传感器及在汽车尾气催化剂中加入铈锆固溶体储氧成分实现的，通过严格控制空燃比可以完成对 NO_x、HC、CO 的有效净化。三效催化净化器具有较高的净化效率，但需要有氧传感器、多点式燃料电子喷射、电子点火等闭路反馈系统相匹配。

如图所示，现在所使用的三效催化净化器基本上是以多孔蜂窝陶瓷为载体，再涂覆由氧化铝和铈锆固溶体储氧成分所构成的活化涂层，最后用浸渍的方法负载贵金属活性成分，即铂（Pt）、钯（Pd）、铑（Rh）等。三效催化净化器的一个最大特点是既能使 HC 和 CO 氧化成无毒的 CO_2 和 H_2O，也有使 NO_x 还原成无毒的 N_2，因为，在理论空燃比附近有如下反应发生：

$$2CO+O_2 = 2CO_2$$

$$2CO+2NO = N_2+2CO_2$$

$$C_nH_{2n}+3nNO = nN_2+nCO_2+nH_2O$$

$$2NO+2H_2 = N_2+2H_2O$$

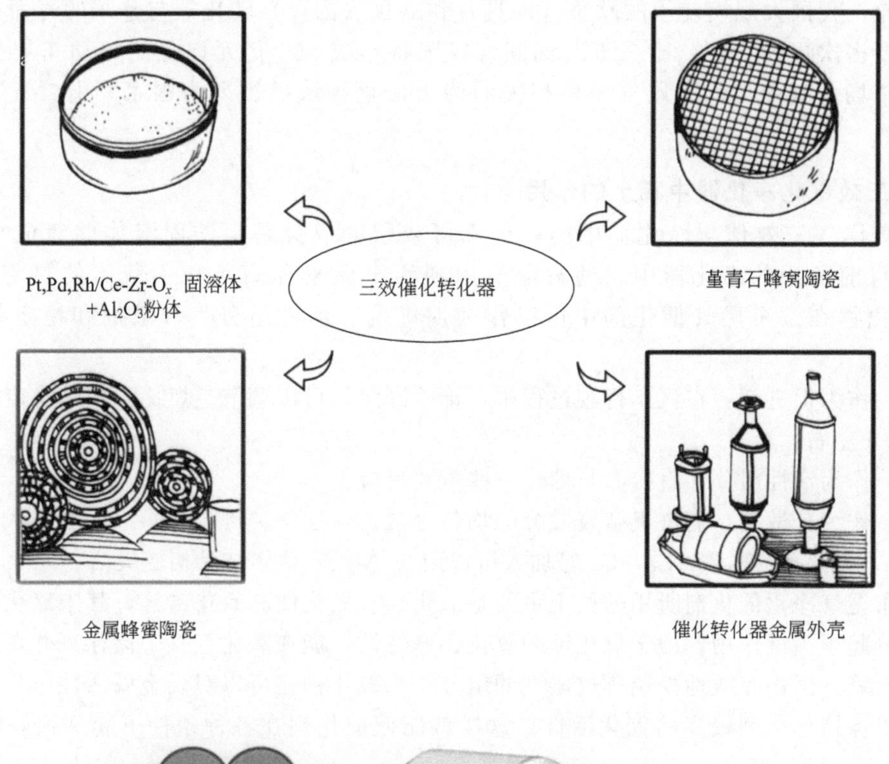

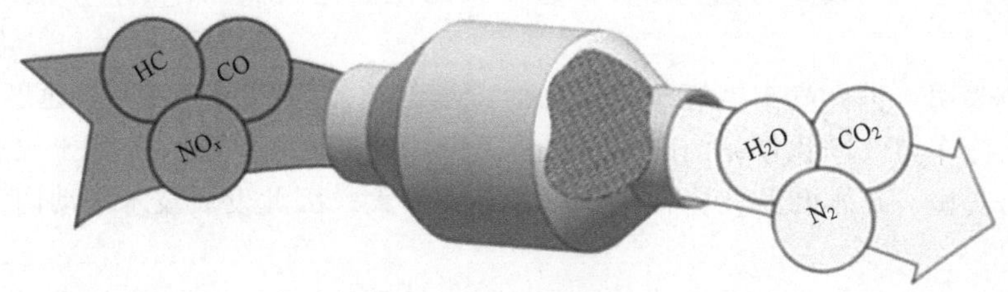

三效催化净化器效果图

2. 汽车尾气净化催化剂的特点

汽车尾气净化催化剂发展迅速，成效卓著，对环境保护作用巨大，经济效益和社会效益显著。由于技术复杂性，被称为催化应用的“最高艺术”。汽车尾气净化催化剂是科学和技术密集型产品，技术来源于对基础科学规律的掌握，没有高水平的基础研究不可能做出具有竞争力的尾气净化催化剂技术。迄今为止，在世界范围内只有 BASF，Johnson Matthey，Umicore 少数几个公司能掌握和发展尾气三效净化催化转化器的核心技术，并占领了大部分市场。

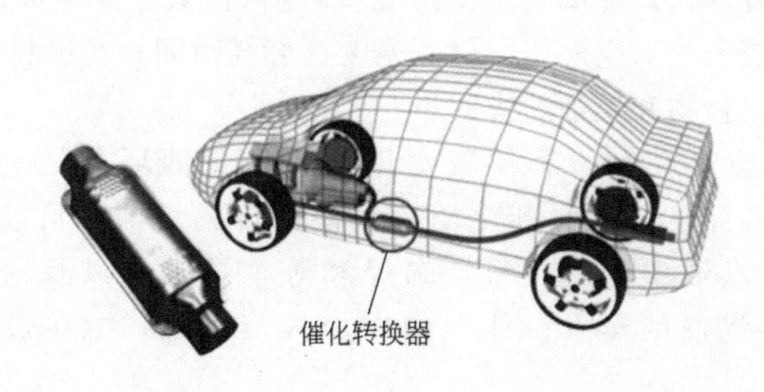

目前，我国大规模使用的欧Ⅲ（国Ⅲ）和欧Ⅳ（国Ⅳ）转化器与整车的寿命相差很远，需要多次更换。在“十二五”期间，我国将形成300亿元以上的机动车尾气净化催化器市场，其中与汽车尾气净化相关的稀土催化领域已被列为国家“十二五”重大项目。

3. 三效催化净化器中稀土的作用

汽车尾气三效催化净化器中的一个不可或缺的成分是铈锆固溶体储氧成分。另外，在目前所用的净化器中，通常需要用到稀土镧来提高氧化铝载体的热稳定性。稀土氧化物在汽车尾气催化剂中可以作为促进剂、活性组分、分散剂和稳定剂，具体如下。

(1) 作为促进剂：在汽车行驶过程中，铈锆固溶体可以调节空燃比，使其稳定在空燃比为14.6左右。

(2) 作为活性组分：直接参与催化一些重要反应。

(3) 作为分散剂：促进贵金属成分的均匀分散。

(4) 作为稳定剂：如La，Ce等加入可以阻止Al_2O_3载体结晶相变失活。

汽车尾气净化催化剂所用的稀土主要是氧化铈、氧化镧和氧化镨等，其中氧化铈作为储氧成分起了关键作用。由于氧化铈的氧化还原特性，能在氧化气氛中储存氧并在还原气氛中供出氧，因而有效地控制排放尾气的组分。二氧化铈还可以对贵金属活性组分起稳定作用，以保持催化剂较高的催化活性。这样就能使催化剂在各种条件下起到很好的净化作用。

有资料表明，世界汽车尾气净化催化剂市场的需求量以每年7%的速度在不断增长，因此稀土在汽车尾气净化催化剂中的用量也不断增长。我国虽然生产稀土很多，但出于技术原因，与美国、日本和欧共体相比，用量还不算大，因此发展技术推动内需将有很好的前景。

三效催化净化器的优点是净化率与燃料经济性都比较好，主要问题是成本较昂贵。必须指出的是，由于柴油机排放的气体中残留的氧较多，使氧传感器的控制不灵敏，所以三效催化净化器一般不用于柴油机，而只适用于汽油机。

4. 减少汽车尾气污染的有效措施

汽车尾气污染治理是一项庞大而复杂的系统工程，除了发展有效的三效净化器技术外，还要规范汽车的设计、制造、使用、维护保养，提高燃油品质，同时加强城市交通管理。只有抓住每一个影响汽车污染排放的环节，才能使汽车污染排放得到有效的控制。

(1) 通过法规和标准来约束汽车生产和改造维修厂家，推动汽车制造的水平。例如，汽车发动机的设计更合理化，降低它工作的温度，使得NO_x的生成量减少；通过改善喷油器的质量，控制燃烧条件（空燃比、燃烧温度、燃烧时间）使燃料完全燃烧，从而可以减少一氧化碳、碳氢化合物和煤烟的排放量。

(2) 改进燃料品质是控制汽车尾气污染相当重要的环节之一。必须淘汰含铅汽油，我国已经在2000年7月1日起全面禁止使用含铅汽油，目前已基本实现汽油无铅化；还要严格控制汽油中的硫含量、烯烃和芳香烃含量以及饱和蒸汽量，减少有害气体的生成，减少汽油的蒸发；往汽油中加入清洁剂，减少胶质和沉积物，也是改善燃烧措施之一。

无铅汽油

研究发现，四乙基铅的抗爆效果特别显著，加入少量的四乙基铅就能大大提高汽油的辛烷值（辛烷值，是衡量汽油在汽缸内抗爆震燃烧能力的一种数字指标，其值高表示抗爆性好），所以，从1921年起，四乙基铅作为汽油抗爆剂被广泛使用，加了四乙基铅的汽油就是含铅汽油。然而，人们发现，用四乙基铅调和的汽油在汽车尾气排放中会产生铅污染以及铅导出剂污染，当污染物通过呼吸道进入人体内，会直接促使人体血铅浓度升高。铅不仅具有神经毒性，还是产生多系统、多器官损伤的重要金属毒物，一经损害祸及终生。

出于安全环保的要求，国内外已经逐步实现了汽油的低铅化和无铅化。目前，无铅汽油中取代四乙基铅的新型防爆剂主要有：芳香烃类、甲基叔丁基醚（MTBE）、三乙基丁醚、三戊基甲醚、羰基锰（MMT）、醇类化合物。

(3) 发展石油代替资源，有效降低汽车尾气污染物的排放。目前，在我国部分城市已经开始推广车用乙醇汽油——在90%车用汽油中加入10%的燃料乙醇，既能改善汽车尾气排放，也改善了能源结构，推动了可再生能源的发展；其次，用天然气或液化石油气等气体代替汽油、柴油，由于气体燃烧杂质少，燃烧完全，可显著减少汽车污染物的排放。而且，封闭的燃料系统杜绝了燃料蒸发。所以，燃气汽车也被称作为清洁能源车、环保汽车、绿色汽车。推行代用燃气车改造已经成为控制汽车尾气排放的措施之一。

(4) 加强道路建设与交通管理是减少汽车排放污染的重要措施。例如，避免尾气排放不达标的新车进入城市；定期对在用车进行检查，杜绝尾气排放超标车，将尾气污染消除在萌芽状态；合理的交通状况和车速会使燃烧更充分，从而减少有害气体的产生。汽车在高速行驶时燃烧状况最好，污染物的排放也较少。所以，加强道路建设和交通管理、合理的城市规划、加快车辆的行驶速度、减少堵车时间，是减少排放污染的重要措施。

(5) 加强道路绿化建设，也是减轻环境污染的有效途径。加速城市道路建设，改变人、车混行状况，加宽路面以提高车速，减少车辆在道路上行驶时间；增加人行道树绿化程度，可以过滤汽车尾气和道路尘埃减轻环境污染。

二、大气污染之二：静态源尾气污染

静态源尾气污染主要来源于静态源：发电厂的烟囱排放气（二氧化硫、氮氧化物，粉尘）、各类工业生产过程的排放气（易挥发有机物）、垃圾废弃物焚烧的排放气、民用燃烧排放气等。与汽车尾气等移动污染源相比，由于大部分发电厂，化工厂等都位于人口密度较小的郊区，且流动性较小，因此其对空气污染的危害程度相对较小，但仍然是不可忽视的污染源。

（一）燃煤发电废气污染和处理

1. 二氧化硫的污染及处理

燃煤发电厂烟囱所排放废气主要有二氧化硫（SO_2）及氮氧化物。燃煤含硫率为1%

时，燃烧1吨原煤可排放16千克SO_2，SO_2是大气主要污染物之一。二氧化硫为无色有味气体，具有强烈刺激性气味，人的嗅觉器官可感受到3微克·毫升$^{-1}$以上的二氧化硫，当浓度达到8微克·毫升$^{-1}$时，即可对人产生危害，达400微克·毫升$^{-1}$时，会立即致人死亡；二氧化硫具有酸性，可与空气中的其他物质反应，生成微小的亚硫酸盐及硫酸盐颗粒。当这些颗粒被吸入时，它们将聚集于肺部，使呼吸困难，出现疾病；二氧化硫溶于水中，会形成亚硫酸，是形成酸雨的主要原因。

知识·链接

酸雨

正常雨水偏酸性，这是由于大气中的CO_2溶于雨水之中，形成部分电离的碳酸，所以pH值在6～7的范围，很适合土壤中养分的溶解，供生物吸收。但大气被汽车尾气、工业废气等污染后形成pH值小于5.6的降水，我们称之为“酸雨”。“酸雨”的形成可以描述如下。

气相反应：

$$2SO_2 + O_2 \xrightarrow[\text{(烟尘、}O_3\text{ 等)}]{\text{催化剂}} 2SO_3$$

$$SO_3 + H_2O \longrightarrow H_2SO_4$$

液相反应：

$$SO_2 + H_2O \longrightarrow H_2SO_3$$

$$2H_2SO_3 + O_2 \longrightarrow 2H_2SO_4$$

$$2NO + O_2 \longrightarrow 2NO_2$$

$$2NO_2 + H_2O \longrightarrow HNO_3 + HNO_2$$

自然界对酸雨有一定的防御能力，土壤中的碳酸钙、大气中的氧化钙和碳酸钙微粒、大气中天然和人为来源的氨等碱性物质可与酸雨起中和作用；但当超过防御能力时，就会带来种种灾害。酸雨会破坏生态平衡，使水域和土壤酸化，严重损害农作物和林业生产，危害渔业生产（当pH值小于4.8，鱼类就会消失），还会腐蚀建筑物、文化古迹和工厂设备，危害人类健康。

减少酸雨主要是要减少燃煤排放出的二氧化硫、汽车排放的氮氧化物。有效的措施有：工业上采取烟气脱硫装置，提高煤炭燃烧的利用率，节约用电，减少汽车尾气排放，废弃物回收再利用等。

目前国际上的脱硫技术多达200余种，按煤使用的不同过程可分为燃烧前、燃烧中和烟气脱硫。煤燃前脱硫是指煤洗选技术、煤气化技术和水煤浆技术。目前一些发达国家煤炭洗选率高达90%以上。煤燃烧中脱硫技术是指煤燃烧中生成的SO_2与加入的固硫剂（石灰浆或石灰粉）反应生成硫酸盐而进入到灰渣中。烟气脱硫指用石灰浆或石灰石在烟气吸收塔内脱硫。石灰石的脱硫效率是85%～90%，石灰浆法脱硫比石灰石法快而完全，效率可达95%。

2. 氮氧化物的污染及处理

氮氧化物也是发电厂的主要排放污染物。它包括 NO、NO_2、N_2O、NO_3、N_2O_4、N_2O_5 等。每燃烧 1 吨煤就产生 8～9 千克氮氧化物，是大气污染的主要污染源。大气中除 NO、NO_2 较稳定外，其他氮氧化物都不太稳定，所以，通常所指的氮氧化物，主要是 NO 和 NO_2 的混合物，空气中的 NO 很快会被空气中的 O_2 氧化生成 NO_2。NO 可与血红蛋白结合引起高铁血红蛋白血症。NO_2 吸入后对肺组织具有强烈的刺激性和腐蚀性。

防治氮氧化物污染的措施有，推广低氮燃烧技术，新建装置采用分级燃烧技术和低氮氧化物燃烧器，20 万千瓦及以上机组实施选择还原脱硝（SCR）技术。

SCR 技术已经非常成功地应用在实际工业生产中。该技术通常采用氨（NH_3）或尿素做还原剂，与氮氧化物进行选择性反应，NO_x 还原为 N_2 和 H_2O，该反应效率高，NO_x 的脱除率可达 99%，例如：

$$4NO+4NH_3+O_2 \longrightarrow 4N_2+6H_2O$$

催化剂为过渡金属氧化物负载在载体上，如 TiO_2/SiO_2，V_2O_5/SiO_2，MoO_3/Al_2O_3，WO_3/Al_2O_3。

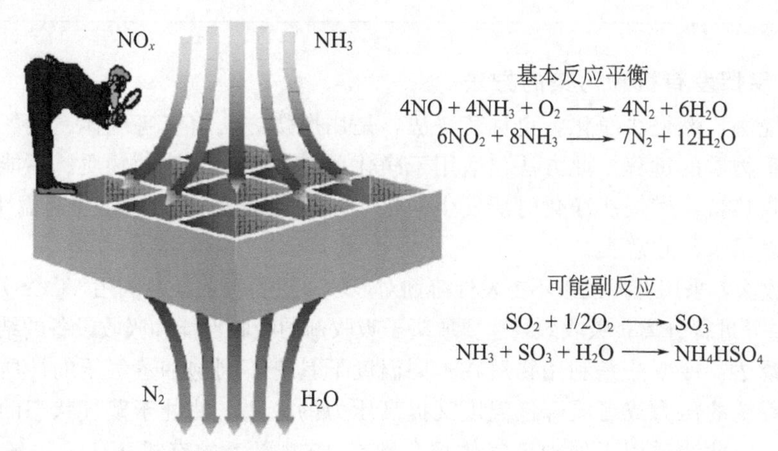

（二）易挥发有机物污染的处理

1. 易挥发有机物的概念及危害

易挥发有机物（VOCs）是常见的室内外空气污染物。美国 ASTM D3960—98 标准将易挥发有机物定义为任何能参加大气光化学反应的有机化合物。1989 年世界卫生组织（WHO）对总挥发性有机化合物（TVOC）的定义为，熔点低于室温而沸点在 50～260℃之间的挥发性有机化合物的总称。易挥发有机物主要成分大致可分为九类：芳香烃、饱和脂肪烃、不饱和脂肪烃/环烷烃、萜烯类、脂肪醇类、醛/酮类、脂肪酸类、脂类以及卤代烃类。

易挥发有机物是石油化工、制药工业、印刷工业、涂料装饰业、表面防腐、交通运输等行业排放废气中的主要污染物。室内空气污染源主要有三类：①室内装修装饰材料、家居用品以及其他日常用品；②人类自身以及日常生活活动所带来的污染源，比如吸烟、烹饪、打印机的使用、涂改液、杀虫液等；③室外污染源，如工业废气、汽车尾气、光化学烟雾等的扩散。室内 VOCs 的污染呈现多元化、交叉化的特点。

VOCs 的主要危害有两个方面：①大多数 VOCs 有毒、有恶臭，当其达到一定浓度后，对人的眼、鼻、呼吸道有刺激作用，对心、肺、肝等内脏及造成记忆力减退神经系统产生有害影响，甚至造成急性和慢性中毒，可致癌、致突变；②VOCs可破坏大气臭氧层，产生光化学烟雾及导致大气酸性化。

知识·链接

二噁英

二噁英（dioxin）即多氯二苯并二噁英（简称PCDDs）和多氯二苯并呋喃（简称PCDFs），是由两组共210种氯代三环芳烃类化合物组成，包括75种多氯代二苯并二噁英和135种多氯代二苯并呋喃。二噁英是剧毒物质，致死率极高，是氰化钠的130倍、氰化钾的300倍、砒霜的900倍，有“世纪之毒”之称。可经皮肤、黏膜、呼吸道、消化道进入体内，有致癌、致畸性及生殖毒性，可造成免疫力下降、内分泌紊乱，高浓度二噁英可引起人的肝、肾损伤，变应性皮炎及出血。

二噁英主要来源于焚烧和化工生产，例如，城市废弃物、医院废弃物及化学废弃物的焚烧，钢铁和某些金属冶炼以及汽车尾气排放等；化工厂中氯酚、氯苯、多氯联苯及氯代苯氧乙酸除草剂等生产过程，制浆造纸中的氯化漂白及其他工业生产中。

2. 控制易挥发有机物污染的方法

（1）燃烧法：燃烧法净化，也称焚烧法，是用燃烧方法将有害气体、蒸气、液体或烟尘转化为无害物质的过程。此方法仅适用于净化可燃或高温分解的物质。不能回收有用物质，但可回收热量。燃烧法净化时所发生的化学反应主要是燃烧氧化和高温下的热分解。燃烧法还可以用来消除恶臭。

（2）吸收法：采用低挥发或不挥发性溶剂对VOCs进行吸收，再利用VOCs分子和吸收剂物理性质的差异进行分离。吸收效果主要取决于吸收剂的吸收性能和吸收设备的结构特征。

（3）冷凝法：冷凝法是利用物质在不同温度下具有不同饱和蒸气压的性质，采用降低温度、提高系统的压力或者既降低温度又提高压力的方法，使处于蒸气状态的污染物冷凝并与废气分离。此法适用于处理废气体积分数在10^{-2}以上的有机蒸气。一般作为其他方法净化高浓度废气的前处理，以降低有机物负荷，回收有机物。

（4）吸附法：吸附法是利用多孔性固体吸附剂处理流体混合物，使其中所含的一种或数种组分浓缩于固体表面上，以达到分离的目的。含VOCs的气态混合物与多孔性固体接触，利用固体表面的未平衡的分子吸引力或化学键力，将混合气体中的VOCs组分吸附在固体表面，这种分离过程称为吸附法控制VOCs污染。

国际上对挥发性有机物污染排放标准日趋严格，催生了新的技术例如光催化降解技术、膜基净化技术等的发展，虽然目前这些技术处于研究阶段，相信通过不断的研究将会更好地用于社会生产实践中，在VOCs污染控制方面发挥更大的作用。

第四节 土壤污染

土壤是人类环境的主要组成因素之一，处于陆地生态系统中的无机界和生物界的中心。土壤内部存在着能量和物质的循环，土壤与水域、大气和生物之间也不断进行物质交换。如果土壤遭到大规模的严重破坏，人类将面临巨大的灾难。由于土壤污染具有隐秘性，不像水污染和空气污染一样和日常生活息息相关，因此一般民众关注较少。如今土壤污染已成为世界性问题，受到世界各国的高度重视，每年的4月22日被定为“地球日”。

一、土壤污染的概念

土壤污染，指由人类活动所产生的各种污染物通过各种途径进入土壤，其数量和速度超过了土壤的容纳和净化能力，使土壤的性质、组成及性状等发生变化，破坏土壤的自然生态平衡，并导致土壤的自然功能失调、土壤质量恶化的现象。土壤污染是全球三大环境（水体、大气和土壤）污染问题之一。土壤污染能导致土壤的组成、结构和功能发生变化，进而影响植物的正常生长发育，造成有害物质在植物体内累积，并可以通过食物链进入人体，以致危害人体健康。

我国是耕地资源极其匮乏的国家，而且数量还在不断减少。数据表明，我国的土壤污染问题也比较严重，全国目前至少有1300万～1600万公顷的耕地受到农药污染；每年因土壤污染减产粮食1000多万吨，因土壤污染而造成的各种农业经济损失合计约200亿元。

二、土壤的组成及性质

（一）土壤的组成

土壤是由固体、液体和气体三相共同组成的疏松多孔体。土壤固相包括土壤矿物质和土壤有机质。液体部分主要指土壤中的水分和溶液；气体指土壤孔隙中的空气，也叫土壤空气。液体和气体部分组成了土壤的孔隙部分。孔隙部分的存在，让土壤具有疏松的结构，以适合植物的生长和土壤生物的生存。从体积上说，土壤的固体部分与孔隙部分约各占一半。

（二）土壤的性质

1. 土壤的物理性质

土壤表现出一定的胶体的物理特性，通常带有负电荷，各胶体微粒间由于带同种电荷相互排斥而使土壤具有分散性；因灌溉原因加入电解质（可在水中电离成带电的离子）时，胶体微粒间的电荷排斥力消失，溶胶变凝胶，会使土壤具有凝聚性；土壤微粒有一定的吸附土壤中带电阳离子的能力，阳离子的电荷越多、离子半径越小，与土壤胶粒的吸附越紧密，并且能将其他相对吸附不紧密的离子置换下来。例如，钙离子（Ca^{2+}）能将吸附在土壤胶粒上的钠离子（Na^+）交换下来。

2. 土壤的化学性质

(1) 土壤的酸碱性：土壤中CO_2形成的碳酸，矿物质氧化产生的无机酸，有机物质分解产生的有机酸以及人为施用的无机肥料中残留的无机酸，都能在土壤溶液中电离出H^+使土壤显酸性；土壤微粒表面往往吸附着部分H^+，当这些H^+被其他离子交换下来也能增加土壤的酸度。另外，被吸附的离子中的Al^{3+}在被其他离子交换下来的时候，容易在土壤溶液中发生水解，生成H^+，从而使土壤表现出酸性。反之，当土壤溶液中存在较大量的弱酸强碱盐类（如Na_2CO_3，$NaHCO_3$）时，溶液会因为这类盐水解所生成

OH^-，OH^-浓度高于H^+而显碱性。在通常情况下，Na_2CO_3使土壤呈较强的碱性，pH值高达10上；$NaHCO_3$可使土壤呈较弱的碱性，pH值常为7.5～8.5。碱性的土壤往往不利于农作物的生长。

(2) 土壤的氧化还原性：土壤中含有一些能发生氧化还原反应的物质，这些物质的氧化态和还原态在溶液中形成一系列的平衡体系，从而使土壤既具有氧化性，又具有还原性。例如，SO_4^{2-}-H_2S、Fe^{3+}-Fe^2等体系的存在，决定了土壤的氧化性、还原性，进而影响到土壤中各种物质的转化和迁移。

(3) 土壤的缓冲性：因为酸、碱、盐类等外界物质进入土壤后，在一定限度内，土壤酸度、氧化还原等性质的变化稳定地保持在一定范围内的性质就是土壤的缓冲性。土壤缓冲性为植物生长和土壤生物的活动创造比较稳定的生活环境。

3. 土壤的生物性质

土壤生物，是土壤的重要组成部分，包括细菌、真菌、藻类、动物甚至病毒等。土壤生物的群落分布能够反映出该地区土壤的质量（肥力）。土壤生物：①可以分解土壤有机质和促进腐殖质形成，还能影响土壤有机碳、有机氮不断分解进而影响土壤气体的组成；②可以通过吸收、固定并释放养分，改善和调节植物营养状况，可以与植物共生促进植物生长；③土壤生物在土壤的自净功能中也表现突出，在有机物污染和重金属污染的治理中起重要作用。

三、土壤污染的类型

土壤污染物，通常是指进入土壤环境中，能够影响土壤正常功能、降低作物产量和生物学质量、有害于人畜健康的物质。土壤污染物的种类繁多，按污染物的性质一般可分为四类，即有机污染物、重金属、放射性元素和病原微生物。

1. 有机物污染

土壤的有机物污染是影响土壤环境的主要污染物。

有毒、有害的有机化合物在环境中不断积累，到一定时间或是在一定条件下有可能给整个生态系统带来灾难性的后果，被称之为“化学定时炸弹”。有机污染物有天然有机污染物和人工合成有机污染物之分，其中，人工合成有机污染物包括有机废弃物（工农业生产、生活废弃物中生物易降解和生物难降解的有机物）、农药（包括杀虫剂、杀菌剂和除草剂）等污染。具体来讲，土壤中的有机污染物主要有以下几种。

(1) 难降解的有机物：如有机氯类农药、石油、多氯联苯等。

(2) 降解中间产物毒性大于母体的有机物：如三氯乙醛、苯并[*a*]芘等。

(3) 可降解的有机物：如畜禽粪便、酚、有机洗涤剂等。

2. 重金属污染

随着工业、城市污染的加剧和农用化学物质种类、数量的增加，土壤重金属污染日益严重，污染程度和面积在逐年扩大。重金属污染物在土壤中移动性差，滞留时间长，不能被微生物降解，可经水、植物等介质最终影响人类健康。

重金属镉、汞、铬、铅及类金属砷是作物非必需元素，又称有毒元素；另外，铜、锌、硒、锰等虽然是作物必需元素，但含量超过作物需求上限时，也形成污染。重金属进入土壤的途径之一是使用含有重金属的废水进行灌溉，另一条途径是随大气沉降落入土壤。

必须重视的是，重金属不能被微生物分解，而且可为微生物富集，土壤一旦被重金属污染，不论是自然净化过程还是人工治理都是非常困难的。

3. 放射性元素污染

近年来，随着核技术在工农业、医疗、地质、科研等各领域的广泛应用，越来越多的放射性污染物进入到土壤中。放射性元素主要来源于大气层核实验的沉降物、原子能和平利用过程中所排放的各种废气、废水和废渣。含有放射性元素的物质不可避免地随自然沉降、雨水冲刷和废弃物堆放而污染土壤。土壤一旦被放射性物质污染就难以自行消除，只能自然衰变为稳定元素才能消除放射性。

4. 病原微生物污染

土壤中的病原微生物，主要包括病原菌和病毒等，来源于人畜的粪便和用于灌溉的污水（未经处理的生活污水，特别是医院污水）。

土壤环境中单种污染物构成的污染偶有发生，但多数情况下是伴生性和综合性的，即多种污染物形成的复合污染。

四、土壤污染的危害

土壤污染直接会使土壤的组成和理化性质发生变化，破坏土壤的正常功能，而且通过植物的吸收和食物链的积累等过程对人体健康构成危害。

1. 土壤污染导致严重的直接经济损失

对于各种土壤污染造成的经济损失，目前尚缺乏系统的调查资料。仅以土壤重金属污染为例，全国每年就因重金属污染而减产粮食1000多万吨，另外被重金属污染的粮食每年也多达1200万吨，合计经济损失至少200亿元。对于农药和有机物污染、放射性污染、病原菌污染等所导致的经济损失，目前尚难以估计。

2. 土壤污染导致食物品质不断下降

土壤污染导致生物产品品质不断下降。农田施用化肥使大多数城市近郊土壤都受到不同程度的污染，许多地方粮食、蔬菜、水果等食物中镉、砷、铬、铅等重金属含量超标或接近临界值。每年转化成为污染物而进入环境的氮素达1000万吨，农产品中的硝酸盐和亚硝酸盐污染严重。残存的农膜对土壤毛细管水起阻流作用，影响了土壤通气透水，最终影响了农作物产量和农产品品质。

3. 土壤污染危害人体健康

土壤污染会使污染物在植物体内积蓄，并通过食物链富集到人体和动物体中，危害人体健康，引发癌症和其他疾病。例如，放射性物质可以由多种途径进入人体，它们发出的射线会破坏机体内的大分子结构，甚至直接破坏细胞和组织结构，给人体造成损伤。高强度射线会灼伤皮肤，诱发白血病和各种癌症，破坏人的生殖机能，严重的能在短期内致死。少量累积照射会使造血器官、心血管系统、内分泌系统和神经系统等受到损害，发病过程往往延续几十年。土壤生物污染在土壤、植物、动物以及人体之间构成一条链，主要通过食物链进行物质和能量传递，危害也不容忽视。土壤健康、植物健康、动物健康和人体健康由食物链紧密联系在一起。

4. 土壤污染导致其他环境问题

土壤受到污染后，含重金属浓度较高的污染土容易在风力和水力作用下分别进入到大气和水体中，导致大气污染、地表水和地下水污染以及生态系统退化等其他次生生态环境问题。

五、我国土壤污染治理措施

1. 重金属污染的治理

土壤重金属污染治理途径主要有两种，一是改变重金属在土壤中的存在状态，使其由活化态转为稳定态；二是从土壤中直接除去重金属，常采用的物理及物理化学的方法有热解吸法、电化学法和提取法。对于挥发性重金属可用加热方法从土壤中解吸出来；若重金属渗透性不高而传导性又差，则可采用电化学法除去；提取法是利用试剂和土壤中的重金属作用，形成溶解性的重金属离子或金属试剂配合物，回收再利用。

向土壤中施用石灰、碱性磷酸盐、氧化铁、碳酸盐和硫化物等化学改良剂，可以加速有机物的分解，使重金属固定在土壤中，降低重金属在土壤及土壤植物中的迁移能力，使其转化成为难溶的化合物，减少农作物的吸收，从而减轻土壤中重金属的毒害。另外，还可以利用植物修复把一部分重金属从土壤中带走。

2. 生物污染的治理

微生物在土壤中的存活时间长短不一，但都是有限的，可利用各种病原微生物和寄生虫的特点进行防治，主要防治方法有以下几种。

(1) 物理防治方法　主要通过土壤的吸附过程来完成。病原体进入土壤后，一般会被土壤吸附截留，截留数量与土壤类型、酸碱性、阳离子交换量和孔隙饱和度等有关。一般土壤表面积越大、pH 越低、阳离子交换量越高，吸附病原体的数量就越多。另外，滤液流速、土壤水分含量、病原体大小和土壤溶液中可溶性有机物数量等因子也会影响病原体在土壤中的保留及转移速度。所以，通过改变这些因子可以降低土壤病原体的吸附量和在土壤中的停留时间，从而减轻土壤生物污染。

(2) 化学防治　臭氧具有极强的氧化性能，而且在水中可短时间内自行分解，没有二次污染，是理想的绿色氧化剂。臭氧还很容易溶解在土壤溶液中，其溶解度比氧气大 12 倍，有利于和污染物充分接触，杀死病原微生物，其分解产生的氧气还有抑制厌氧菌生长的作用。另外过氧化氢也有类似的灭菌作用。

(3) 通过竞争和拮抗作用消灭病原菌　往污染土壤中加入一些无害的微生物，改善土壤质地、结构、温度、湿度、pH、有机质含量和植被等因子，通过竞争碳源和氮源或者分泌一些对病原微生物有害的产物，从而饿死或毒死土壤中的病原菌，起到以生物治生物的效果，最终消除土壤生物污染。

3. 放射性物质污染的治理

放射性污染的间接防治法是先采用机械物理、化学、电化学和物理化学联合去污等方法对放射性污染水源、大型设备、车辆等进行去污，然后将放射性物焚烧、固化、掩埋，避免放射性污染物进入土壤。

目前，比较直接的处理方法是自然衰减消除法、化学处理法和物理填埋法。自然衰变可使放射性污染土壤降至可接受的程度，适用于偏远的实验区和核事故的现场；小规模的放射性土壤的处理可用化学处理法，但这种方法造价昂贵且会产生二次污染；物理填埋法理论上比较简单，但处理大规模低剂量的污染物时有较多困难。

随着技术发展，近年来可利用土壤放射性污染的生物修复技术，这种技术具体利用耐辐射的微生物、超积累植物和森林的吸附、拦截作用处理土壤放射性污染。

4. 污染土壤的综合治理

综合治理的方法主要包括：施用化学改良剂，采取生物改良措施，增加土壤环境容量，增强土壤净化能力，强化污染土壤环境管理与综合防治，大力发展清洁生产，调控土壤氧化还原条件，改变耕作制度，实行翻土和换土，采用农业生态工程实施治理。

在人类发展工业化进程的短短 200 年中，虽然取得了巨大的成就，促进了人类社会文明的飞速发展，但是人类活动对环境所造成的破坏也有目共睹的。进入 21 世纪后，只有走可持续发展的道路，合理利用好地球上有限的自然资源，保护好人类赖以生存的自然环境，才能让人类未来所饮用的水，所呼吸的空气，所居住并赖以获得食物的土壤会变得更加洁净，生活变得更加美好。

第五节 绿色化学

绿色化学，是一门从源头上阻止污染的新兴学科。美国在 1996 年设立了总统绿色化学挑战奖，用来奖励那些在减少化学污染方面取得成就的人；1999 年英国皇家化学会创办了第一份国际性《绿色化学》杂志，标志着绿色化学的正式产生。在化学领域，提倡绿色化学是走可持续发展的必经之路。

一、绿色化学的概念

绿色化学（green chemistry）又称为环境无害化学、环境友好化学或清洁化学，包括三个方面的内容。

(1) 实验原料的绿色化，即采用无毒、无害的原料，利用可再生资源。

(2) 化学反应的绿色化，指化学反应以“原子经济性”为基本原则，即在获得新物质的化学反应中，充分利用参与反应的每个原料的原子，实现零排放；反应过程不产生其他副产品；反应采用无毒、无害的溶剂、助剂和催化剂。

(3) 实验产品的绿色化，即生成无毒、无害，有利于保护环境和人类安全的环境友好产品。

绿色化学的核心内容，是原子经济性（atom economy）。1991 年美国 Stanford 大学著名有机化学家 M. M. Frost 教授提出（为此他获得了 1998 年度的“总统绿色化学挑战奖”的学术奖）了“原子经济性”这一概念，即原料分子中究竟有百分之几的原子转化成了产物。理想的原子经济反应是原料分子中的原子百分之百地转变成产物，不产生副产物或废物，实现废物的“零排放”。

化学反应的原子经济性用原子利用率来衡量，高效的有机合成应该最大限度地利用原料分子的每一个原子，使之结合到目标分子中。例如，完全的合成反应为 $A+B \longrightarrow C$，而一般的有机合成反应为 $A+B \longrightarrow C$（主产物）$+D$（副产物），其中的副产物 D 往往是废物，并且可能成为环境的污染源。

原子经济性反应有两个显著优点，一是最大限度地利用了原料，二是最大限度地减少了废物的排放。原子利用率的表达式是：

$$原子利用率=\frac{期望产品的摩尔质量}{化学方程式按计量所得物质的摩尔质量}\times 100\%$$

绿色化学的最大特点，在于它是在开始就采取预防污染的科学手段，因而过程和终端均为零排放，它研究污染的根源——污染的本质在哪里，而不是对终端或过程污染进行控制和处理。

二、绿色化学的原则

绿色化学实质上就是设计没有或尽可能小的对环境产生负面影响的，并在技术上、经济上可行的化学品和化学过程的科学。1998 年，P. T. Anastas 和 J. C. Warner 给出了绿色化学的 12 项原则，作为评估一条合成路线、一个生产过程、一个化合物是不是绿色的标准。目前，这 12 条原则依然为国际化学界所公认，它反映了近年来在绿色化学领域中所开展的多方面的研究工作内容，也指明了未来发展绿色化学的方向。绿色化学的 12 项原则主要内容是：

(1) 从源头上制止污染，而不是在末端治理污染；

(2) 合成方法应具有原子经济性，尽量使参加过程的原子都进入最终产物；

(3) 在合成方法中尽量不使用也不产生对人类健康和环境有毒有害的物质；

(4) 设计具有高使用效益、低环境毒性的化学品；

(5) 尽量不使用溶剂等辅助物质，不得已使用时它们必须是无害的；

(6) 生产过程应该在温和的温度和压力下进行，而且能耗应最低；

(7) 尽量采用可再生的原料，特别是用生物质代替石油和煤等矿物原料；

(8) 尽量减少副产品；

(9) 使用高选择性的催化剂；

(10) 化学产品在使用完后应能降解成无害的物质，并且能进入自然生态循环；

(11) 发展适时分析技术以便监控有害物质的形成；

(12) 选择参加化学进程的物质，尽量减少发生意外事故的风险。

绿色化学，不是借助于“环境控制”，如利用手套或通风橱来减少人们在化学物质中的暴露和由排放导致的环境污染，而是通过用无危险或危险性小的物质代替高危险性物质来减少或消除危险，反应过程通过“原子经济”实现废物零排放。此外，绿色化学还通过避免危险物的排放和尽可能减少危险物的产生来解决长期环保的问题。目前，世界上许多国家都把“化学的绿色化”作为 21 世纪化学进展的主要研究方向之一。

三、绿色化学的主要研究方向

绿色化学的目标，是寻找充分利用原材料和能源，且在各个环节都洁净和无污染的反应途径和工艺。为实现这一目标，有两个方面必须重视：一是开发以“原子经济性”为基本原则的新化学反应过程；二是改进现有化学工业过程，减少和消除污染。近年来，绿色化学的研究主要是围绕着化学反应、原料、催化剂、溶剂和产品的绿色化等方面进行，简单举例说明如下。

1. 绿色化学合成

己二酸是合成尼龙、聚氨基甲酸酯、润滑剂等的重要原料。传统合成方法是以苯为原料，先催化加氢合成环己烷，然后通过空气氧化合成环己酮或环己醇，最后用硝酸再氧化制成己二酸。该工艺原料苯来自石油，且是致癌物质，工艺过程长，反应条件苛刻，转化率低，副产物多，生产过程中使用和产生有毒、有害物质。

为克服以上问题，美国 Michigan 大学的霍斯特和查斯开发出了以蔗糖为原料，通过生物转化生产己二酸的工艺。该工艺是利用经 DNA 重组技术改进的微生物发酵酵母菌，将蔗糖变成葡萄糖，再变为己二烯二酸，然后在温和条件下加氢制取己二酸。这一方法中，蔗糖来源方便，且无毒、无害，工艺条件简单，安全可靠，实现了用生物质资源代替矿物质资源的绿色新工艺路线。

2. 绿色原料

例如，传统的由氢氰酸制甲基丙烯酸甲酯的方法是丙酮一氰醇法，丙酮先与氢氰酸加成得到丙酮氰醇，然后再水解、酯化得到甲基丙烯酸甲酯。该工艺除氢氰酸有毒之外，还有硫酸带来的腐蚀和污染问题，原子经济性（47%）也不高。

$$CH_3\overset{\overset{\displaystyle O}{\|}}{C}CH_3 + HCN \longrightarrow CH_3\underset{\underset{\displaystyle CN}{|}}{\overset{\overset{\displaystyle OH}{|}}{C}}CH_3 \xrightarrow[H_2SO_4]{CH_3OH} CH_2{=}\overset{\overset{\displaystyle CH_3}{|}}{C}{-}COOCH_3$$

美国 Shell 公司以无毒无害的丙炔为原料经羰基化、酯化生产甲基丙烯酸甲酯，原子利用率为 100%。

$$CH_3C{\equiv}CH + CO + CH_3OH \longrightarrow CH_2{=}\overset{\overset{\displaystyle CH_3}{|}}{C}{-}COOCH_3$$

又如，在异氰酸酯的生产过程中，过去一直是用剧毒的光气作为合成原料，而现在的环境友好的化学工艺改进为用二氧化碳和胺催化合成异氰酸酯。

3. 绿色溶剂

目前，代替传统溶剂的途径包括使用水溶液、超临界流体、高分子或固定化溶剂、离子液体、无溶剂系统及毒性小的有机溶剂等。

例如，二氧化碳的临界温度为 31℃，临界压力为 7.38MPa。二氧化碳的临界温度接近室温，临界压力也比较适中，易于实际操作；超临界二氧化碳可以很好地溶解一般的、相对分子质量比较小的有机化合物及许多工业材料，如聚合物、油脂等。超临界二氧化碳是目前技术最成熟、使用最多的一种超临界流体。据报道，二氧化碳在聚合反应、亲电反应、酶转化等反应中已被证明是很好的溶剂；此外，超临界二氧化碳在烃类的烷基化反应、异构化反应、氢化反应、氧化反应中都具有重要作用。

4. 绿色催化剂

绿色催化也叫环境友好催化，是绿色化学的一个重要分支。正确选用催化剂，不仅可以加速反应的进程，显著地提高反应转化率和产物选择性，降低能耗，而且还能从根本上减少或消除副产物的产生，减少废物排放，最大限度地利用各种资源。

(1) 发展新的环保催化剂，对空气污染和工业废水等进行净化处理，保护大气、水源和土壤，优化人类生存环境。为了保护环境，近年来国内外科研工作者正从分子筛、杂多酸、超强酸等新型催化材料中大力开发固体绿色催化剂，这些催化剂具有选择性高、不腐蚀设备、不污染环境、易分离、稳定性好、可再生利用等优点，在化学反应中得到广泛的应用。例如，烯烃的烷基化反应生产乙苯和异丙苯，在生产过程中要用酸催化反应，传统方法是用液体酸 HF 作催化剂，现在可以用固体酸——分子筛催化合成，并配合固定床烷基化工艺，很好地解决了环境污染问题。

(2) 开发新型高效催化剂以替代传统的催化剂，从而改进生产过程，减少污染物的排放，因此降低生产过程对环境的危害程度。例如，在酰基化反应中需用到有腐蚀性、易水解的无水三氯化铝作催化剂，而每生产 1 吨酰化产物，就会带来 3 吨对环境有害的酸性富铝废弃物及蒸气。将蒙脱土作为载体，把三氯化铝吸附在其上开发成新的非均相催化剂，该催化剂的用量仅为传统三氯化铝催化剂用量的十分之一，废弃物氯化氢的排放量也减少了四分之三。

5. 绿色化学中的回收、再循环

由于自然界的资源有限，人类生产的各种化学品能否回收和再循环使用是绿色化学研究的一个重要内容。例如，世界塑料的生产量已达 1 亿吨，大部分是由石油裂解的乙烯、丙烯，经催化聚合而成，而这 1 亿吨中约有 5%经使用后当年就作为废物排放，如包装袋、地膜、一次性饭盒、汽车垃圾等。我国推广地膜使用塑料高达 30 万吨，白色污染和石油资源浪费十分严重。西欧各国提出“三 R”原则：①减少（reduce）塑料制品的用量；②提高塑料的稳定性，倡导塑料制品尤其是塑料包装袋的再利用（reuse）；③重视塑料的再资源化（recycle），回收废弃塑料，再生成其他化学品、燃料油或焚烧发电供气等。

总之，绿色化学主张在通过化学转换获取新物质的过程中充分利用每个原子，具有原子经济性，既能够充分利用资源，又能够防止污染，保护环境，是一门“从源头上阻止污染”的化学，对保护环境、走可持续发展之路意义重大。

趣味实验 6-1　一氧化碳与氧化铜反应

【实验目的】

通过一氧化碳与氧化铜反应实验认识一氧化碳的还原性。

【实验原理】

一氧化碳为无色、无臭、无刺激性的气体。在水中的溶解度很低。一氧化碳具有还原性，在加热的条件下，可以从某些氧化物中夺取氧，而使氧化物还原，如一氧化碳和氧化铜的反应，能把氧化铜还原成金属铜，本身生成二氧化碳。

【实验用品】

两支试管（大、小各一支）、胶塞两个、试管夹一个、酒精灯一个、铁架台两个；浓硫酸、氧化铜、澄清饱和石灰水、脱脂棉少许。

【实验步骤】

将装有氧化铜的细玻璃管用试管夹夹着再固定在铁架台上，往一支小试管中加入 1.5～2mL 石灰水，塞上插有导管的胶塞（注意：导管插在液面），再用内装脱脂棉的胶管按图连接安装好。通入一氧化碳气体，赶走试管内空气。将酒精灯点燃，预热后集中在有氧化铜的部位加热，约半分钟，氧化铜逐渐被还原成光亮的紫红色铜粉或有铜镜生成。

实验完毕后，取下尾气的尖嘴管套在发生一氧化碳的管口，用火点燃多余的一氧化碳。

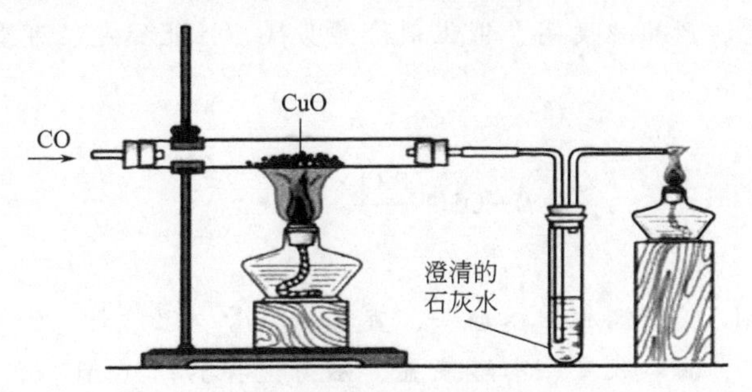

一氧化碳还原氧化铜装置图

【实验结果】

黑色的氧化铜变成红色的铜，澄清的石灰水变浑浊。

【注意事项】

(1) 应将氧化铜铺成薄层，以便使氧化铜受热温度高，反应速率加快而且反应完全，实验效果好。

(2) 实验时，应先通入一氧化碳，待把管内的空气排尽后再加热，以防管内残存的空气与一氧化碳形成混合气，当加热时，会发生爆炸事故。

(3) 实验完毕，应先停止加热，再继续缓慢通入一氧化碳气体，待玻璃管冷却后，停止通气，以防止被还原出来的炽热的铜重新被空气氧化。

(4) 通入一氧化碳的速度不宜过快，否则反应不完全。

(5) 由于一氧化碳还原氧化铜的反应，要在550℃以上才能进行，因此最好选用加网罩的酒精灯加热，以提高酒精灯火焰的温度。

【思考题】

1. 实验过程中为什么要先通入一氧化碳气体？简述氧化还原反应的特点？

2. 有没有其他气体可以与氧化铜发生氧化还原反应？

趣味实验 6-2 环己烯的绿色催化合成

【实验目的】

掌握 $FeCl_3 \cdot 6H_2O$ 催化脱水制备环己烯的原理及基本操作；掌握绿色化学的基本原理——绿色催化在有机合成中的应用。

【实验原理】

环己烯，无色液体，易燃，熔点为103.5℃，沸点为82.98℃，相对密度为0.8102。易溶于乙醇、乙醚、丙酮、苯、四氯化碳，不溶于水。中等毒性，不要吸入其蒸气或让其接触皮肤。能与水形成二元共沸混合物，共沸点为97.8℃（含水80%）。

环己烯可用于制造赖氨酸、己二酸，可用作石油萃取剂和高辛烷值汽油的稳定剂，在化工生产中用作溶剂和制备催化剂，在农药中间体和聚合物合成方面也有着广泛的应用前景。

工业上和实验室通常使用浓硫酸或磷酸催化环己醇脱水制备环己烯，但产率低，副反应多，设备腐蚀严重，后处理麻烦并排出大量废酸水污染环境。

本实验使用 $FeCl_3 \cdot 6H_2O$ 作催化剂，催化环己醇脱水制备环己烯，具有产率高、工艺简单、操作容易控制、产品纯度高、催化剂价廉易得、性能稳定、可重复使用且不对环境造成污染等显著优点。

反应式为：

$$\text{环己醇(C}_6\text{H}_{11}\text{—OH)} \xrightarrow{FeCl_3 \cdot 6H_2O} \text{环己烯}$$

【实验用品】

圆底烧瓶（50mL）、分馏柱、蒸馏头、直形冷凝管、温度计（0～150℃）、温度计套管、接引管、锥形瓶、油浴装置、水浴装置、磁力搅拌器；10mL（9.6g，0.1mol）环己醇、1.3g $FeCl_3 \cdot 6H_2O$。

【实验步骤】

在 50mL 圆底烧瓶中，加入 10mL 环己醇和 1.3g $FeCl_3 \cdot 6H_2O$ 及数粒沸石。用油浴控温加热，开动磁力搅拌器，缓慢升温，使混合物沸腾，慢慢地蒸出含水的浑浊状液体，注意控制分馏柱顶部的温度，不要超过 90℃（环己醇与水形成的共沸物的沸点是 97.8℃），油浴温度为 180～190℃，慢慢蒸出生成的环己烯和水的浑浊液体，直至无馏出液蒸出（约需 1h），待烧瓶内有白色烟雾出现，立即停止加热，撤去热源。用量筒测量馏出液中的水层与油层的体积。

将馏出液静置，分出下面的水层，向油层（留在分液漏斗内）加入等体积的饱和食盐水（约 5mL），摇匀后，静置分层。分出水层后，将油层倾入干燥的小锥形瓶中，加入 1～2g 块状无水氯化钙干燥，用磨口塞塞紧，放置 0.5h。

将经过干燥后的环己烯小心转移到干燥的 25mL 蒸馏烧瓶中，加入数粒沸石，在水浴上进行蒸馏操作，收集 80～85℃的馏分。测定产物的折射率。

【思考题】

1. 加热时，分馏柱顶部的温度为什么要控制在 90℃以内？温度过高，会怎样？
2. 加入饱和食盐水的目的是什么？

趣味实验 6-3 用废旧易拉罐制备明矾

【实验目的】

认识铝和氢氧化铝的两性；了解明矾的制备方法；掌握溶解、过滤、结晶以及沉淀的转移和洗涤等基本操作。

【实验原理】

铝是一种典型的两性元素，既能与酸反应，又能与碱反应。将其溶于浓氢氧化钠溶液，即生成可溶性的四羟基合铝(Ⅲ)酸钠（$Na[Al(OH)_4]$），用稀 H_2SO_4 调节该溶液的 pH 值，可将其转化为氢氧化铝；氢氧化铝溶于硫酸转变成硫酸铝。硫酸铝与硫酸钾在水溶液中结合成一类在水中溶解度较小的同晶的复盐，称为明矾[$KAl(SO_4)_2 \cdot 12H_2O$]。将溶液冷却，明矾立即结晶出来。上述转变的化学反应式可表示如下：

$$2Al + 2NaOH + 6H_2O = 2Na[Al(OH)_4] + 3H_2\uparrow$$

$$2Na[Al(OH)_4] + H_2SO_4 = 2Al(OH)_3\downarrow + Na_2SO_4 + 2H_2O$$

$$2Al(OH)_3 + 3H_2SO_4 = Al_2(SO_4)_3 + 6H_2O$$

$$Al_2(SO_4)_3 + K_2SO_4 + 24H_2O \longrightarrow 2KAl(SO_4)_2 \cdot 12H_2O$$

废旧易拉罐的主要成分是铝，采用废旧易拉罐代替纯铝制备明矾可以实现废物再利用，当然，采用铝箔等其他铝制品也可以完成本反应。明矾可作为净水剂，是泡沫灭火剂的组成成分之一（另一组分是小苏打 $NaHCO_3$），也可作为膨化剂及解毒杀虫等药物使用。

【实验用品】

100mL 烧杯 2 只，20mL、10mL 量筒各 1 只，普通漏斗，布氏漏斗，抽滤瓶，表面皿，蒸发皿，煤气灯，台秤；试剂：$3mol \cdot L^{-1}$ H_2SO_4 溶液、1∶1 H_2SO_4 溶液、NaOH（s）、K_2SO_4（s）、易拉罐或其他废旧铝制品（实验前充分剪碎）、pH 试纸（1～14）、无水乙醇。

【实验步骤】

1. 四羟基合铝（Ⅲ）酸钠（$Na[Al(OH)_4]$）的制备

在台秤上用表面皿快速称取固体氢氧化钠 1g，迅速将其转移至 100mL 的烧杯中，加 20mL 水温热溶解。称量 0.7g 剪碎的易拉罐，将烧杯置于热水浴中加热（反应激烈，防止溅出！可盖上表面皿），分次将易拉罐碎屑放入溶液中。待反应完毕后，趁热用普通漏斗过滤。

2. 氢氧化铝的生成和洗涤

在上述四羟基合铝酸钠溶液中加入 4mL 左右的 $3mol \cdot L^{-1}$ H_2SO_4 溶液，至溶液的 pH 值为 7～8。此时溶液中生成大量的白色氢氧化铝沉淀，用布氏漏斗抽滤，并用去离子水洗涤沉淀。

3. 明矾的制备

将抽滤后所得的氢氧化铝沉淀转入蒸发皿中，加 5mL 1∶1 H_2SO_4，再加 7mL 水，小火加热使之溶解，加入 2g 硫酸钾继续加热至溶解，将所得溶液在空气中自然冷却后，加入 3mL 无水乙醇，待结晶完全后，减压过滤，用 5mL 1∶1 的水-乙醇混合溶液洗涤晶体两次；将晶体用滤纸吸干，称重，计算产率。

【思考题】

为什么最后一步减压过滤时不直接用水洗涤，而要用 1∶1 的水-乙醇混合溶液洗涤晶体？

（王翔，吕小兰）

第七章 新能源与化学

第一节 能源简介

能源是人类活动的物质基础。能源是一个包括着所有燃料、流水、阳光和风的术语，人类用适当的转换手段便可让它们为自己提供所需的能量。从某种意义上讲，人类社会的发展离不开优质能源的出现和先进能源技术的使用。在当今世界，能源的发展、能源和环境，是全世界乃至全人类共同关心的问题，也是我国社会经济发展的重要问题。

一、能源的利用史

人类对能源利用的历史，也就是人类认识和征服自然的历史。在能源利用史上，主要有三大划时代的革命转折：第一次是煤炭取代木材等成为主要能源；第二次是石油取代煤炭而居主导地位；第三次是向多能结构的过渡，这一转换目前正在进行还将继续实现。火的使用，使人类第一次支配了自然力，使人类和动物界彻底分开。但是，当时人类还没有掌握把热能转变成机械能的技巧，因此，木材并不能产生动力。从茹毛饮血的原始社会到漫长的奴隶社会、封建社会，人力和畜力是生产的主要动力来源。风力和水力的利用，使人类找到了可以代替人力和畜力的新能源。随着生产的发展，社会需要的热能和动力越来越多。而柴草、风力、水力所提供的能量受到许多条件的限制不能大规模使用。煤的发现，提供了大量热能；风车和水车的制作，积累了机械制造的丰富经验；于是，两者结合起来，蒸汽机出现了。蒸汽机的使用，不仅奠定了各国工业化的基础，也开辟了人类利用矿物燃料作动力的新时代。但是，蒸汽机十分笨重，效率又低，无法在汽车、飞机上使用。人类在生产实践中又发明了新的热机——内燃机。内燃机的使用，引起了能源结构一次又一次的变化，石油开始登上历史舞台，世界各国依赖石油创造了经济发展的奇迹。

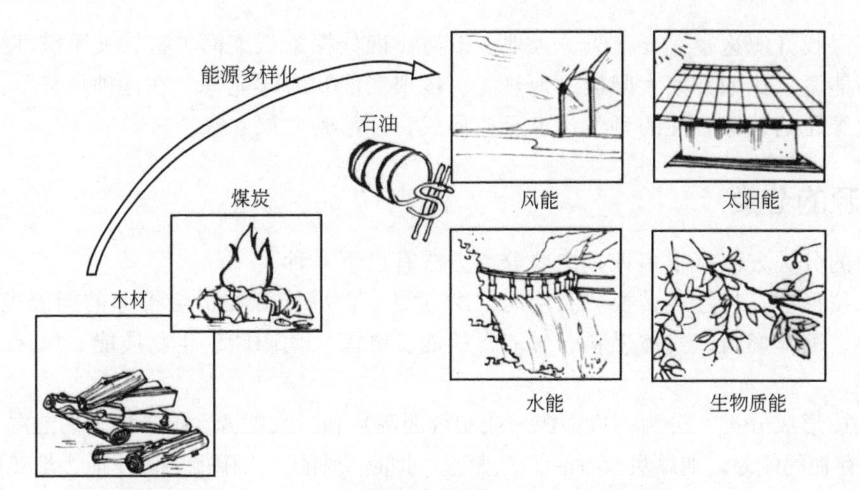

能源的发展

那么地球上的能源有哪些可用，它们又来自何方呢？概括来说，地球上的能源按来源可分为三类：第一类是地球和其他天体相互作用形成的，如潮汐能；第二类来自地球的内部，如地热能和原子核能；第三类来自地球以外，主要是太阳能以及由它产生的能源，如煤、石油、天然气、生物质能、水能、风能、海洋热能等。

随着人类文明的不断发展，人类对能源的需求与日俱增，能源消耗量正在以惊人的速度增长，据统计，仅在20世纪消耗的能源几乎等于前19个世纪所消耗的总能源的一半。为了满足能源需求，人类过度开采和使用化石燃料、森林等自然资源，使得地球上的自然燃料能源的储藏量正在急剧减少。

如何合理开发和利用能源已成为地球人类大家庭最重要的问题，人类必须认真对可利用的各种能源进行“算计”和“筹划”，既要满足目前需要，又要考虑长远的影响和发展，还子孙后代一片蓝天，努力创造一个宜居的生存环境。一方面，从节流方面想办法和采取措施。研究出如何进一步更为妥善、合理、高效率地开发利用化石燃料和水力等常规能源(也叫传统能源)，比如研究提高能源转换效率的方法，改善能源开采和利用的方式等；另

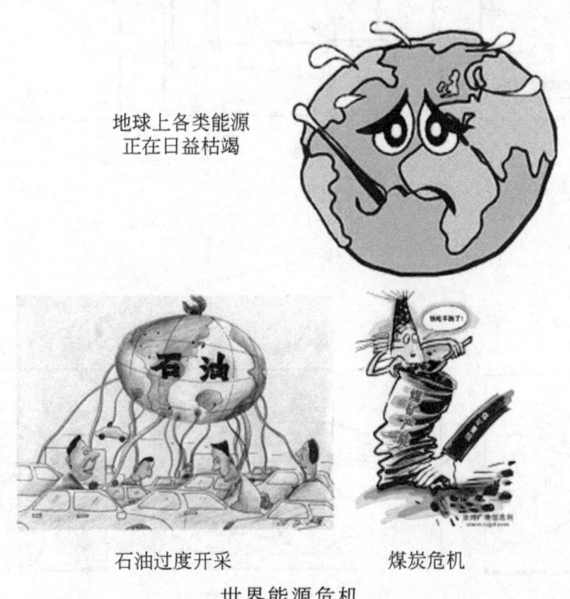

石油过度开采　　煤炭危机

世界能源危机

一方面，寻找开源途径。要上天、入地、下海，四处探索低廉而丰富、又不破坏生态环境的清洁新能源，比如开发太阳能、地热能、核聚变能和海洋能等。在这种形势下，能源技术这门边缘化的、综合性的科学技术迅速形成，并蓬勃发展起来。

二、能源的分类

能源的分类方法有很多种，主要分类方法有以下几种。

(1) 按形态、特性或转换和利用的层次分类 世界能源委员会推荐的能源类型分为：固体燃料、液体燃料、气体燃料、水能、核能、电能、太阳能、生物质能、风能、海洋能和地热能。

(2) 按形成分类 分为一次能源（或初级能源）和二次能源。前者即天然能源，指在自然界现成存在的能源，如煤炭、石油、天然气、水能、风能、太阳能、潮汐能、地热能等。后者是由一次能源经过加工直接或转换得到的能源，如石油制品、焦炭、煤气、热能等。

(3) 按能否再生分类 分为可再生能源和不可再生能源。可再生能源是指在自然界中可以不断再生、连续永久利用的能源，具有取之不尽，用之不竭的特点，主要包括太阳能、风能、水能、海洋能、生物质能、地热能等；不可再生能源泛指人类开发利用后，在现阶段不可能再生的能源资源。例如煤和石油都是由古生物遗体被掩压在地下深层中并经过漫长的演化而形成的，故也称为“化石燃料”，并且这些燃料被燃烧耗用后，不可能在数百年乃至数万年内再生，因而属于不可再生能源。此外，不可再生能源还有天然气和核能。

(4) 按其使用成熟程度分类 分为新能源和常规能源。新能源又称为非常规能源，是指传统能源之外的各类能源形式，是新开发利用或正在积极研究、有待推广的能源，如太阳能、地热能、风能、海洋能、生物质能和核聚变能等，如图所示；常规能源又称传统能源，是指已经被大规模生产和广泛利用的能源，如煤炭、石油、天然气、水能等。

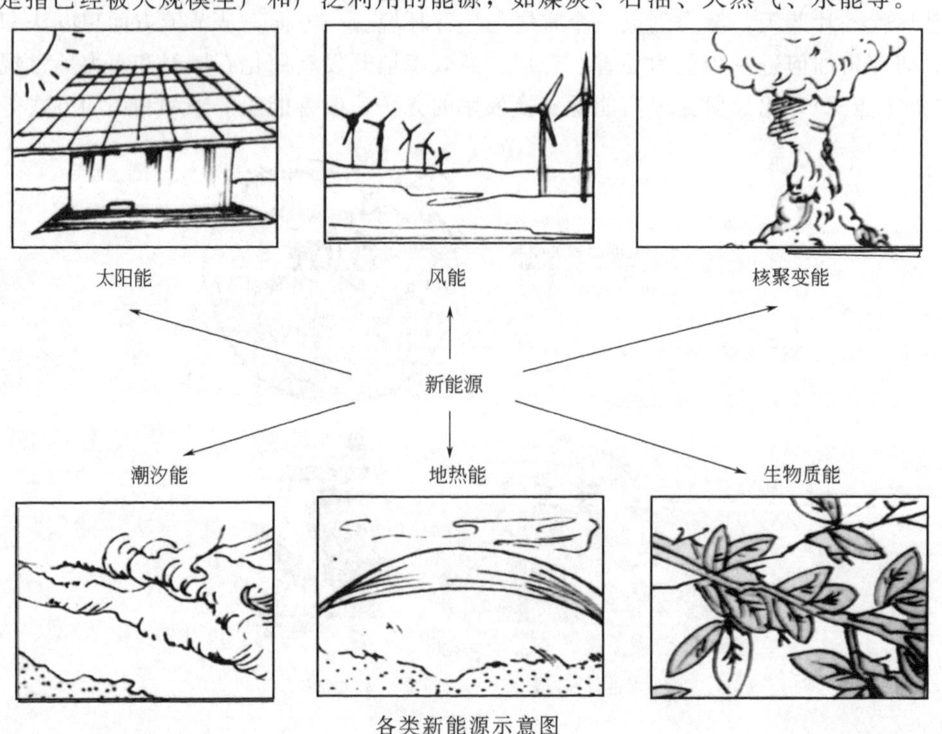

各类新能源示意图

(5) 按对环境影响程度分类　分为清洁型能源和非清洁型能源。清洁能源是指在生产和使用的过程中不会排放有害物质的能源，可再生、消耗后可以得到恢复，或者非再生的(如风能、水能等) 以及经过洁净技术处理后的能源 (如洁净煤油等)；非清洁能源是指使用过程中或者使用后会对人类的和生存环境产生危害的能源。

三、能源储量及消费

(一) 世界能源储量和分布

目前，人类使用的能源主要是非再生能源，例如石油、天然气、煤炭和裂变核燃料，约占能源总消费量的90%；再生能源包括水力、植物燃料等只占到10%左右。世界能源储量最多是太阳能，占再生能源的99.4%，而水能、风能、地热能、生物能等不到1%。在非再生能源中，利用海水中的氘资源产生的人造太阳能(聚变核能)几乎占100%，煤炭、石油、天然气、裂变核燃料加起来也不足千万分之一。然而非再生资源总有枯竭的一天，所以，人类对能源的使用归根到底要依靠太阳能，太阳能是人类永恒发展的能源保证。

世界能源储量分布是不平衡的。石油储量最多地区是中东占56.8%；天然气和煤炭储量最多是欧洲，各占54.6%和45%；亚洲大洋洲除煤炭稍多 (占18%) 以外，石油、天然气都只有5%。据预测，全世界石油储量只够开采40～50年，天然气约65年，煤炭的开采储量也不过200余年，如图所示。

石油

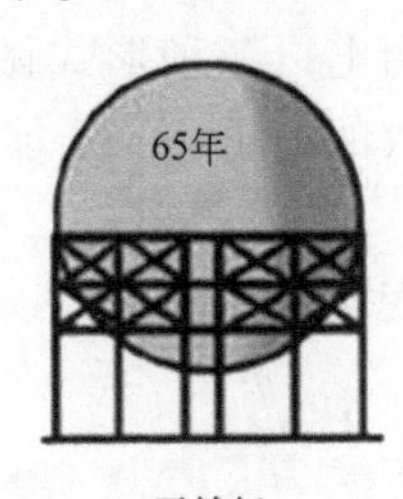

天然气

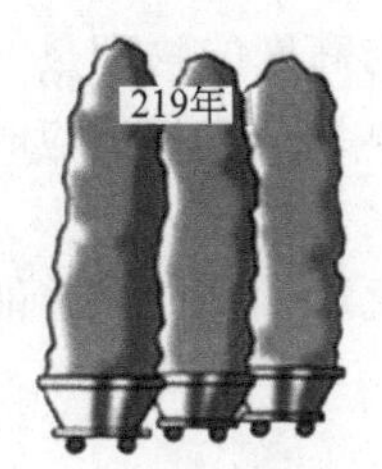

煤炭

有限的化石燃料

(二) 我国能源储量和分布

我国的能源资源非常丰富，世界各国有的能量资源我国都有。我国煤炭资源 (探明储量) 居世界第三位；水力资源总量居世界第一位；石油资源占世界第十一位；天然气资源居世界第十四位；太阳能资源居世界第二位；潮汐、地热、风力和核燃料资源等也都很丰富。但是我国人均占有量很少，只有世界平均水平的一半，且地区分布不均衡。2010年，我国煤炭探明储量1145亿吨，占世界煤炭总储量的13.3%，分布极不均衡。在我国北方的大兴安岭、太行山、贺兰山之间的地区，地理范围包括煤炭资源量大于1000亿吨以上的内蒙古、宁夏、陕西、山西、甘肃、河南6省区的全部或大部，是我国煤炭资源集中分布的地区，其资源量占全国煤炭资源量的50%左右，占北方地区煤炭资源量的55%以上。在我国南方，煤炭资源量主要集中于贵州、云南、四川三省，占南方煤炭资源量的91.47%。我国太阳能和风能资源丰富，利用潜力巨大。

20世纪90年代以来，我国经济的持续高速发展有效带动了能源消费总量的急剧上升。从1993年起，我国由能源净出口国变成净进口国，能源总消费已大于总供给，能源需求的对外依存度迅速增大，煤炭、石油、天然气和电力等能源都存在缺口，其中，石油需求量的大增以及由其引起的结构性矛盾日益成为能源安全所面临的最大难题。目前，在我国一些边远地区有3000多万用户没有电，虽然这些地区大的电网难以到达，却有着丰富的可再生能源，因此太阳能、风能的开发将成为当地能源建设的重点。随着750千瓦和兆瓦级风力发电机的开发应用，风力资源的利用效率已得到明显提高。此外，建设风能和光能互补系统将实现风能与太阳能更好的结合。在未来的几年中，通过新能源科技应用示范工程的建设，将大力推动太阳能及其他新能源技术在西部地区的发展。总之，新能源和可再生资源的开发利用（如：太阳能电池、燃料电池和锂离子电池等）将成为我国能源的重要发展方向。

四、能源化学

化学是人类用以认识和改造物质世界的主要方法和手段之一，其成就是社会文明的重要标志。目前全球关注的四大热点问题如环境保护、能源的开发与利用、新材料的研制、生命过程奥秘的探索都与化学密切相关。化学一开始就跟能量、能源有着不可磨灭的千丝万缕的联系。人类的文明始于火的使用，燃烧现象是人类最早的化学实践之一，燃烧把化学与能源紧密地联系在一起。人类巧妙地利用化学变化过程中所伴随的能量变化，创造了五彩斑斓的物质文明。

能量和能源既有联系又有区别。能量来自能源，但能量本身是量度物质运动形式和量度物体做功的物理量，它包括机械能、热能、电能、化学能、原子能等。机械能是表示物体运动状态与高度的物理量。电能指电以各种形式做功的能力（所以有时也叫“电功”）。化学能是物体发生化学反应时所释放的能量。原子能是原子核发生变化时释放的能量，包括裂变能和聚变能。

化学变化通常都伴随着能量的变化，如图所示。放热或吸热常常是化学反应中能量变

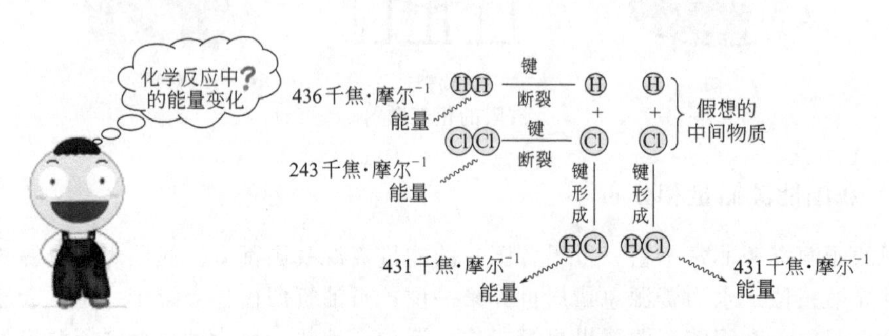

$H_2(g)+Cl_2(g) = 2HCl(g)$ 反应的能量变化示意图

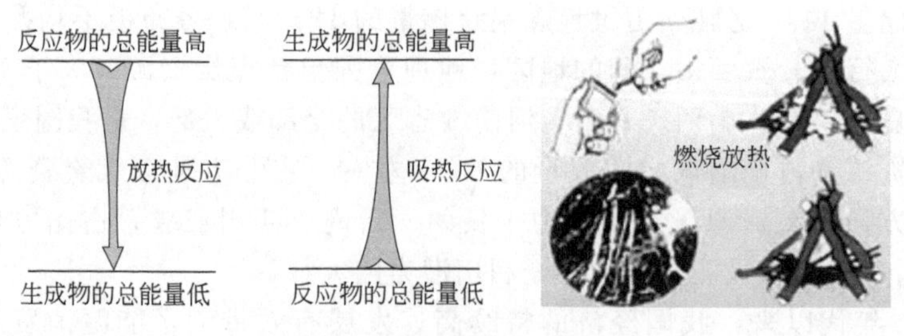

化学反应中能量的变化

化的具体表现。通常将在进行中同时向环境提供能量的化学反应称为放热反应；反之，若在发生化学反应的同时从环境中吸收能量，则称为吸热反应。有时，化学反应中能量的变化还会以光能的形式表现。例如，燃烧过程会放出光能，而有些反应需要在光的照射下才能进行，如摄影胶片。还有些化学反应以电磁能的形式表现，称电化学反应，最常见的就是化学电池。

事实上，各种能量可以通过化学或者物理变化过程进行相互转化。例如，日常生活中使用的电动车（或叫电瓶车、轻型电动车）在行驶时，是将化学能转变为电能，再由电能转变为动能的；电动车在充电过程中，是将电能转变为化学能储存在蓄电池中的；通过切割电磁圈的磁感线，可以使机械能转化为电能。在电机中，机械能和电能可以互逆转换；一个手摇发电机接导线连上小灯泡，就是机械能转化成光能。光能转化为机械能，生活中也有，例如微波炉、光波炉。植物吸收太阳光进行光合作用就是光能转化为化学能。

五、能源发展趋势

能源是人类社会发展的重要基础资源，但由于世界能源的产地与能源消费中心相距较远，特别是随着世界经济的发展、世界人口的剧增和人民生活水平的不断提高，世界能源需求量持续增大，由此导致对能源资源的争夺日趋激烈、环境污染加重以及环保压力加大。我国屡屡出现的“油荒”、“煤荒”和“电荒”以及国际市场超过 90 美元一桶的高油价加重了人们对能源危机的担心，人们更加关注世界能源的供需现状和趋势，也更加关注我国的能源供应安全问题。

据统计，2004 年全世界能源年总消耗量约为 134 亿吨标准煤，其中石油、天然气和煤等化石能源占 85%，大部分电力也是依赖化石能源生产的；核能、太阳能、水力、风力、波浪能、潮汐能、地热等能源仅占 15%。虽然一些发达国家遭受 20 世纪 70 年代两次石油危机打击后千方百计摆脱对石油的过度依赖，但是这 30 多年里石油仍是最主要的能源，并且全球需求量以年均 1.9% 的速度持续增长。煤仍然是电力生产的主要燃料，全球需求量将以每年 1.5% 的速度增长。这是因为化石能源价格比较低廉，开发和利用的技术也比较成熟并且已达到系统化和标准化。所以，化石能源在相当长一个时期依然是地球上赖以生存和发展的能源基础。

知识 · 链接

化石能源危机

世界能源以化石能源为主的结构特征，使得化石能源走向枯竭和化石能源利用对环境的污染时刻困扰着人类。众所周知，化石能源是不可再生能源，用一点就少一点，总有枯竭的那一天。据《2004 BP 世界能源统计年鉴》测算世界石油总储量为 1.15 万亿桶，以目前的开采速度计算可供生产 46 年。作为世界石油龙头的沙特阿拉伯石油储量已经达到约 2500 亿桶，日产量 800 多万桶，分别占世界石油总储量近 1/4 和总需求量近 1/10，这个国家以“我们每天为世界提供石油”作为使命，在过去 30 多年里为世界石油的供应起到了稳定器的作用。但是，沙特石油公司高级职员私下表示“我不知道这种情况还能够持续多久”。因为沙特老油田已经接近产油的高峰期，而开采新油田的难度非常大。世界各大产油国都大致如此，阿曼目前的产油量仅是其高峰期的 1/5，美国石油开采量每年下降 3%，传统的石油出口国印度尼西亚甚至一度需要进口石油来应急。全球再次找到大型油田的可能性已经非常小，只能寄希望于西伯利亚的永久冻土带、加拿大油砂和几处深海大陆架。这种状况加剧了人们对不可再生能源走向枯竭的危机感。近年来国际市场油价持续提高，很大程度是这种危机感的直接反应。

目前，以煤炭、石油为主的世界能源结构带来全球性能源环境问题主要表现为酸雨、臭氧层破坏、温室气体排放等。在许多发展中国家，城市大气污染已达到十分严重的程度。在欧洲和北美等地区也出现了超越国界的大气污染，形成了广泛的环境酸化，上千个湖泊的湖水酸度达到了养不活鱼类的程度，酸性气体所造成的腐蚀带来的损失，每年高达 10 亿美元。我国以煤炭、石油为主的能源结构也造成了严重的大气污染，二氧化硫和二氧化碳的排放量都居世界前列，二氧化碳排放量的增加使全球变暖——温室效应，人类该如何面对？

近年来，各种新能源的开发利用给出了答案。太阳能、地热能、风能、海洋能、生物质能等可再生能源的研究开发迅速展开，尤其是美国、日本和中国等国都在大力开发氢燃料电池技术，使用氢燃料电池的汽车样机已经上路，2008 年北京奥运会期间出现了使用氢燃料电池的公共汽车。到 21 世纪中期，人类有望进入“新能源时代”。核能的开发利用也已经重新受到重视。由于技术的不断进步，核电站的安全性、核废物处理等难题将得到有效解决，中国、芬兰、美国都在着手建设新一代核电站，国际原子能机构实施了先进的核燃料计划，日、法、美、俄等国推动了核聚变能的远期商业应用。总之，核能将进入新一轮的发展期。

知识·链接

我国首座深水钻井平台在南海首钻成功

2012 年 5 月 9 日，我国首座自主设计、建造的第六代深水半潜式钻井平台“海洋石油 981”的钻头在南海荔湾 6-1 区域 1500 米深的水下探入地层，标志着我国海洋石油工业“深水战略”迈出了实质性的一步。

此次南海首钻是我国石油公司首次独立进行的深水油气勘探开发，也使我国成为第一个在南海自营勘探开发深水油气资源的国家，我国海洋石油工业深水勘探开发的序幕也由此正式拉开。

据了解，全球海洋油气资源储量非常丰富，约占全部油气储量的 34%，探明率大约为 30%。在丰富的海上油气资源中，大陆架占据主要成分，约为 60%，深水、超深水的资源量占全部海洋资源量的 30%～40%。近年来，全球获得的重大勘探发现中 50% 来自海洋，主要是深水海域。全球深水油气勘探主要集中在墨西哥湾、南大西洋两岸的巴西与西非沿海三大海域，被称为深水油气勘探的“金三角”，它们集中了当前世界大约 84% 的深水油气钻探活动。截至目前，世界主要深水区油气探明总储量为 206.03 亿立方米。

南海是我国最大、最深的海，南海的油气资源极为丰富，整个南海盆地群石油地质资源量在（230～300）亿吨，天然气总地质资源量约为 10 万亿立方米，占我国油气总资源量的 1/3，其中 70% 蕴藏于约 154 万平方公里的深海区域。

第二节 质子交换膜燃料电池

第一代动力系统蒸汽机和第二代动力系统内燃机都消耗了大量不可再生化石能源，也造成了严重的环境污染，并在很大程度上限制了人类社会的可持续发展。根据国际能源机构的预测，全世界的能量消耗在今后的20年至少要增加一倍。如果没有新型的能源动力，世界将从目前的能源短缺很快走向能源枯竭。为了解决经济发展、能源短缺和环境污染三者之间日益加剧的矛盾，发展高效、清洁、可持续发展的新能源动力技术是大势所趋。在已开发和利用的新型能源中，燃料电池使用的是可再生的能源——氢气，具有高效环保的优势，被誉为21世纪的绿色能源技术。

燃料电池的由来

意大利人伏特，在1789年做了一个实验。他用一种金属片接触青蛙腿，用另一种金属片接触青蛙的神经，当用导线把两片金属连接起来的时候，青蛙腿会发出微微的颤动。这个发现引起了伏特的兴趣。接着，他用自己的舌头做实验。他把一片锡箔放在自己的舌头上，并让锡箔跟一枚银币相接触，舌头上立刻有电麻的感觉。后来，他找了许多不同的金属，如锌、锡、铅、铁、金、银等来做实验，使其中两种金属互相接触，结果，每接触一对金属，都能测出其中微弱的电流。

不久，伏特又把一组组铜片和锌片浸泡在一个个盛盐水的容器里，再用导线把它们连接起来，这样，伏特终于发明了一种能产生电流的装置——伏特电池。常见的干电池的工作原理就来自最原始的伏特电池。

燃料电池是干电池家属中的一员，最早出现在100多年前。20世纪60年代“阿波罗号”宇宙飞船上使用了燃料电池，使燃料电池成为电池明星。

电筒里、收音机里使用的干电池，外壳是负极，中间的碳芯是正极。长期不用，干电池外壳会渗出一种溶液（电解液），这类似于伏特实验时用的盐水。燃料电池也有正、负电极和电解液，只不过多了氧化剂和燃料。

燃料电池的发电原理与干电池一样，不同的是，干电池的燃料装在电池内部，当燃料用完以后，电池就不能继续供电，需换新的电池使用；而燃料电池的燃料储存在电池之外，只要将燃料和氧化剂持续输入电池中，燃料电池就可以源源不断地发电，燃料电池也就由此而得名。

一、燃料电池简介

燃料电池（fuel cell）的概念是1839年 W. Grove 提出的，至今已有大约160年的历史，它是一种将存在于燃料与氧化剂中的化学能直接转化为电能的发电装置，是新能源中的重要一种。如下表所示：

燃料电池一览表

项目	质子交换膜燃料电池	直接甲醇燃料电池	固态氧化物燃料电池
简称	PEMFC	DMFC	SOFC
操作温度	低温（60～200℃）	低温（60～100℃）	高温（600～1000℃）
燃料	氢气	甲醇	氢气、天然气、煤气
优点	低污染、低噪声、启动快	低污染、低噪声、携带方便	能源效率高、具有重整能力
缺点	需氢气重整器、成本高昂	技术需求高、成本高昂	启动时间长、燃料纯度高

燃料电池从结构上看有正、负极和电解质等，像一个蓄电池，但事实上它不能“储电”，而是一个“发电厂”，电能转换效率一般可达到45%～60%，而火力发电的效率一般在30%～40%。近几年来，燃料电池的商业化发展非常迅速，在航空航天、交通运输、消费电子产品及固定供电供热装置等领域都有广泛应用。

燃料电池发电是继火力、水力和核能发电之后的新一代发电技术，是一种不需要经过燃烧、直接以电化学反应的方式将燃料和氧化剂的化学能转变为电能的高效连续的发电装置。工作原理是原电池反应而不通过燃烧的方式，避免了能量损失，转换效率不受“卡诺循环”的限制，理论效率可达 90.5%，实际使用效率是普通内燃机效率的 2～3 倍。另外它还具有燃料多样化、噪声低、排气干净、对环境污染小、可靠性和维修性好等优点。当然，燃料电池也存在不足之处，例如，质子交换膜燃料电池需要通过氢气的重整器，成本会比较高；直接甲醇燃料电池技术要求高、成本也高；固态氧化的燃料电池的启动时间长，需要燃料的纯度高。但是，燃料电池的研究为解决环境问题提供了新思路，为解决能源危机提供了新的途径。

二、质子交换膜燃料电池的结构和工作原理

质子交换膜燃料电池（PEMFC），其原理相当于水电解的“逆”装置，如图所示。单电池由阳极、阴极和质子交换膜构成。阳极和阴极分别为氢燃料发生氧化和氧化剂还原的场所，并且两极都含有加速电极电化学反应的催化剂；质子交换膜作为电解质。电池工作时相当于一直流电源，其阳极即电源负极，阴极为电源正极。

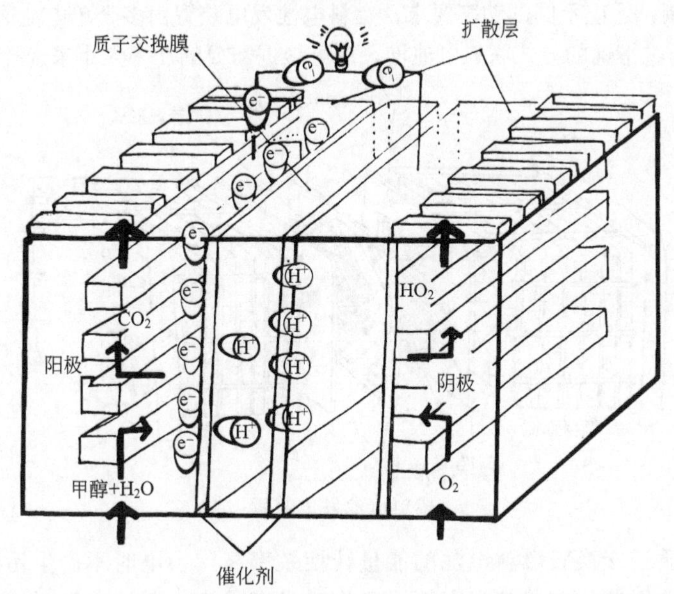

质子交换膜燃料电池的工作原理图

两电极的反应如下。

阳极（负极）：$2H_2-4e^-=\!=\!=4H^+$

阴极（正极）：$O_2+4e^-+4H^+=\!=\!=2H_2O$

由于质子交换膜只能传导质子，因此氢质子（H^+）可以直接穿过质子交换膜到达阴极，而电子（e^-）则不能通过质子交换膜，那么它该从哪里通过呢？它可以从外电路到达阴极。这样一来，电子从外电路流向阴极时使得外电路产生直流电，从而使外电路的灯泡发光。

以阳极为参考时，阴极电位为 1.23 伏。即每一单电池的发电电压理论上限为 1.23 伏。接有负载时输出电压取决于输出电流密度，通常在 0.5～1 伏之间。将多个单电池层叠组合就能构成输出电压满足实际负载需要的燃料电池堆（简称电堆，如图所示）。

三、质子交换膜燃料电池的优点

质子交换膜燃料电池堆

(1) 高效转化：不需要通过热机过程，不受卡诺循环的限制，通过氢氧化合作用直接将化学能转化为电能，其能量转化效率为 40%～60%；如果实现热电联供，燃料的总利用率可高达 80% 。

(2) 启动迅速：低温快速启动，化学反应迅速，适应负载变化。

(3) 工作安静：燃料电池的电池组无机械运动部件，工作时安静，噪声很低。

(4) 可靠性高：运行高度可靠，可用作各种应急电源和不间断电源。

(5) 环境友好：低热辐射和低排放，运行温度低于 100℃，以纯氢为燃料时，燃料电池的化学反应物仅为水；以富氢气体为燃料时，其二氧化碳的排放量比热机过程减少了 40% 以上，对缓解地球的温室效应很有意义。

(6) 功率可调：适应不同的功率要求，燃料电池发电装置由多个单电池通过直叠的方式串联成电池堆或者通过平铺的方式联成电池堆，也可根据需要的功率大小来选择组装的层数。

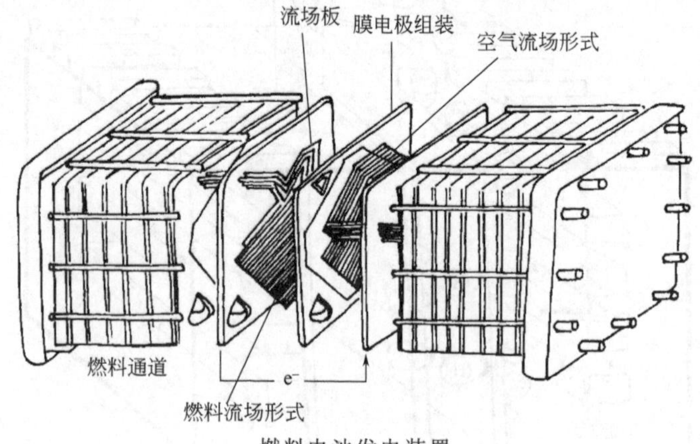

燃料电池发电装置

总体来说，质子交换膜燃料电池的能量转换效率高，发电时不产生污染，发电单元模块化，可靠性高，组装和维修都很方便，工作时没有噪声。质子交换膜燃料电池是一种清洁、高效的绿色环保型电源，被公认为电动汽车、固定发电站等的首选能源。

四、质子交换膜燃料电池的发展状况

20 世纪 60 年代，美国首次将 PEMFC 用于 Gemini 宇航飞行。到 20 世纪 80 年代，PEMFC 的研究进展具有很大的突破，电池的性能和寿命大幅度提高，电池组的体积比和质量比功率分别达到 1000 瓦·升$^{-1}$和 700 瓦·千克$^{-1}$，超过了美国能源部和新生代汽车联合体（DOE/PNGV）所制定的电动车指标。20 世纪 90 年代以来，各种以 PEMFC 为动力的电动汽车、潜艇、电站在国内外运行。

由于质子交换膜燃料电池的高效、环保等突出优点，美国政府将其列为对美国经济发展和国家安全至为关键的 27 个关键技术领域之一；加拿大政府将燃料电池产业作为国家知识经济的支柱产业之一加以发展，而且，加拿大 Ballard 公司已经开始出售商业化的各种功率系列的 PEMFC 装置。

中国科学院大连化学物理研究所、清华大学、上海空间电源研究所、上海神力等很多单位也在开展 PEMFC 的研究，并取得了长足进展，接近国外先进水平。阻碍 PEMFC 大规模商业化的主要原因是燃料电池的价格还远远没有达到实际应用的要求。影响燃料电池成本的因素是材料价格昂贵、组装工艺没有突破。目前 PEMFC 成本为汽油、柴油发动机成本(50 美元·千瓦$^{-1}$)的 10～20 倍。PEMFC 要作为商品进入市场，有赖于燃料电池关键材料价格的降低和性能的进一步提高。

五、质子交换膜燃料电池的应用

质子交换膜燃料电池既适宜用于集中发电，建造大中型电站和区域性分散电站，也可用作各种规格的电动车、分散电源、不依赖空气推进的潜艇动力源和各种可移动电源，同时也可作为手机、笔记本电脑等优选小型便携式电源，如图所示。燃料电池产业可在三个不同的级别上不断发展：100 瓦～10 千瓦电池面向民用，是移动基站、分立电源、潜艇、电动自行车、摩托车、游艇及场地车等的较佳动力源；10～100 千瓦电池是电动汽车的首选动力源，是整个燃料电池产业发展的方向；100 千瓦以上电池是特殊条件下的电站动力源，如军用、边远地区的首选。

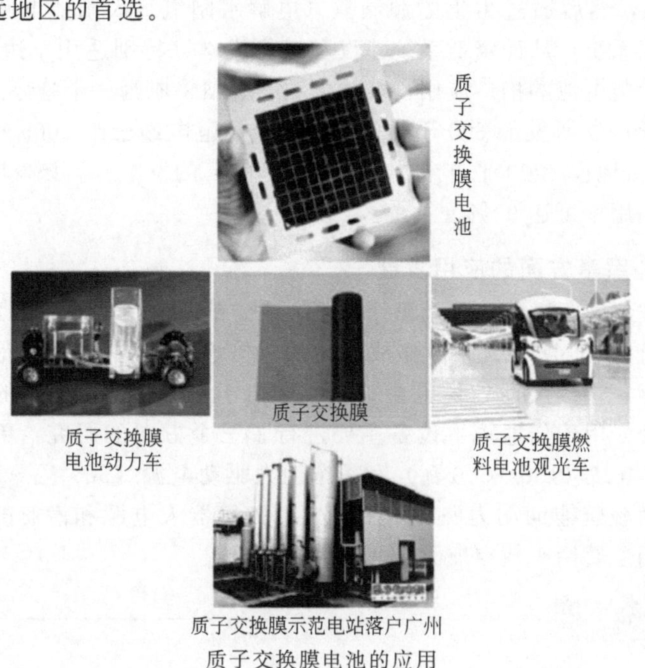

质子交换膜电池的应用

1. PEMFC 在便携式电源方面的应用发展

PEMFC 作为移动式电源的应用领域分为两大类：一是用作手机电池、笔记本电脑等便携式电源、卫星通信车载电源、小型移动电源（如：军用背负式通信电源）等，适用于计算机、通信、军事等领域，以满足应急供电及高可靠性和高稳定性供电的需要；二是用作自行车、摩托车、汽车等交通工具的动力电源，以满足对车辆排放的环保要求。从目前发展情况看，PEMFC 是技术最成熟的电动车动力电源。

根据各国的社会、工业环境和能源供需的不同，每个国家 PEMFC 在电动车的发展方向也有所不同。美国和日本的研究主要集中在燃料电池轿车方向，欧洲主要研究燃料电池公共汽车，我国的燃料电池在脚踏车和轻型燃料电池轿车的应用方面有很大前景。

世界上第一辆 PEMFC 驱动的“绿色汽车”（green car）由美国 Energy Partners 公司于 1993 年开发出来，该车功率 15 千瓦，0～30 千米·小时$^{-1}$的加速时间为 10 秒，最高时速达 60 千米·小时$^{-1}$，一次充氢行驶里程为 96 千米。近年来，我国对燃料电池电动车的研发也极为重视，被列入国家重点科技攻关计划，在 2009 年 2 月国家财政部曾明确对购买燃料电池汽车每辆可补贴 25 万元。

2. PEMFC 在固定式电源方面的应用发展

PEMFC 不仅适用于作为交通电源，也非常适合用于固定式电源。既可与电网系统互联用于调峰，也可作为独立电源，用作海岛、山区和边远地区，或作为国防（人防）的发供电系统电源。如果采用多台 PEMFC 发电机进行联网可构成具有众多优点的分散式供电系统。

① 可省去电网线路及配电调度控制系统。

② 有利于热电联供（由于 PEMFC 电站无噪声，可就近安装进行发电，将其产生的热进入供热系统），可使燃料总利用率高达 80%。

③ 战争和自然灾害等影响比较小，尤其适于现代战争条件下的主动防护需要。

④ 通过煤气、天然气重整制氢。可利用现有的煤气和天然气供气系统等基础设施为 PEMFC 提供燃料，然后通过再生能源制氢（电解水制氢、太阳能电解制氢、生物制氢等）形成循环利用系统，从而降低系统建设和运行成本（特别适用于边远地区）。国际上普遍认为，随着燃料电池的推广应用，发展分散型电站将成为一个趋势。

华南理工大学独立研发的 300 千瓦的 PEMFC 示范电站已于 2009 年年底启用，项目投资 1850 万元，占地仅 2000 平方米，是一个“微型”的发电厂。该发电厂彻底颠覆传统煤电模式，能量利用率可达 90%。

3. PEMFC 在军事方面的应用发展

当前，信息技术装备已成为覆盖整个战场、决定战争胜负的重要因素，它不仅是总体作战的“神经系统”，而且成为总体作战能力的“倍增器”。电源作为信息技术装备的命脉，能否安全可靠、连续灵活地供电至关重要。由于 PEMFC 发电机的具有诸多优越性能，国外将 PEMFC 用于陆地军事设备主要进行了三个方向的研究：单兵作战动力电源（＜100 瓦）、移动电站（100～500 瓦）和军车动力驱动电源（500 瓦～10 千瓦）；海军军事设备应用有海面舰艇辅助动力源、水下无人驾驶机器人电源和潜艇的驱动电源三个方面；空中军事应用主要用于航空航天和无人驾驶飞机。

知识·链接

质子交换膜简介

质子交换膜（PEM）是质子交换膜燃料电池（PEMFC）的核心组成部件之一，它与一般化学电源中使用的隔膜有很大差别，它既是一种致密的选择性透过膜，也可作为电解质来传递质子，以及作为电极上催化剂的基底，其性能应满足以下要求：

(1) 较高的质子传导率，实现较高的电池效率；

(2) 气体（尤其是氧气和氢气）在膜中的渗透性应尽可能小，保证电池的库仑效率；

(3) 膜应具有高的稳定性，不发生降解；

(4) 具有足够高的机械强度和热稳定性，满足大规模生产的要求；

(5) 膜的表面性质适于与催化剂结合；

(6) 适当的性能/价格比。

目前已经商业化的全氟磺酸膜主要有 Nafion 膜（美国 Du Pont 公司）、Flemion 膜（日本 Asahi Glass 公司）、Aciplex 膜（日本 Asahi Chemical 公司）和 Dow 膜（美国 Dow Chemical 公司）。

Nafion 膜在 PEMFC 中得到了最广泛的应用，其树脂的合成分为以下几个步骤：四氟乙烯与三氧化硫反应组成环砜；环砜和碳酸钠发生缩聚，随后与四氟乙烯共聚形成不溶性树脂；不溶性树脂水解制备全氟磺酸聚合物；最后在适当的电解质中将氟磺酸聚合物的 Na^+ 交换成 H^+。

第三节 锂离子电池

一、锂离子电池简介

当今，触手可及的数码产品正悄然地改变着人们的生活，生活中到处可见它们的身影：数码相机记录着全家出游的每个甜蜜瞬间；手机是快捷上网和出门办事的必需品；笔记本电脑成了办公、娱乐的必备工具……然而，这些数码产品都离不开锂离子电池。

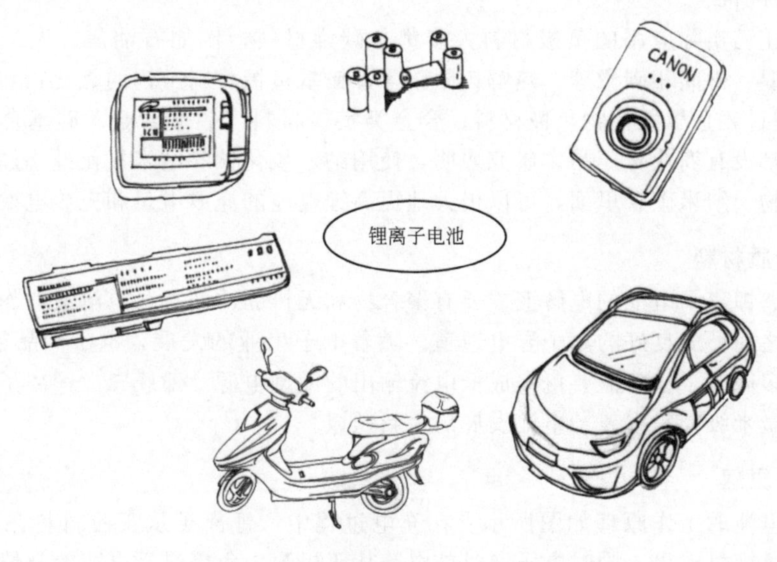

锂离子电池

锂离子电池是怎样走进人们生活中的呢？数码产品等移动型高科技器件的开发和产业化，呼唤着比能量高、可移动、资源节约型、能反复使用、不污染环境的绿色能源储备装置；太阳能、风能利用技术也迫切需要绿色能源储备技术的支撑。正是市场迫切的需求，

20 世纪 90 年代最新型的二次电池——锂离子电池应运而生。锂离子电池是一种绿色高能的可充电电池，主要依靠锂离子在正极和负极之间移动来工作，它具有电压高、比能量大、充放寿命长、放电性能稳定、比较安全、无污染等优良性能，一经出现就引起人们的极大兴趣，被称为“电池之王”，很快进入了人们的生活。

二、锂离子电池的组成及工作原理

和其他化学电池一样，锂离子电池也是由三个部分组成：正极、负极和电解质。电极材料都是锂离子可以嵌入（插入）/脱嵌（脱插）的，主要是具有可供锂离子可逆嵌脱结构的化合物；电解液是锂离子的载体，是将锂盐溶解在一定的非水、非质子性的有机溶剂中制成的。

1. 正极材料

可选的正极材料很多，不同的正极材料对照表如下所示。

不同的正极材料对照

正极材料	平均输出电压/伏	能量密度/安时•克$^{-1}$
钴酸锂	3.7	140
锰酸锂	3.7	100
磷酸铁锂	3.7	130

目前主流产品多采用锂铁磷酸盐（$LiFePO_4$），具有比能量高、热稳定性和循环性能良好以及原料来源丰富、价格低廉、环境友好等诸多优点。但由于 $LiFePO_4$ 的离子传导率和电子传导率都较低，只适合在小电流密度下进行充放电，因此改善 $LiFePO_4$ 的导电性能、提高锂离子在材料本体和固液界面之间的迁移速度便成为其应用的关键。

2. 负极材料

至今为止已实际应用的负极材料大多都是碳素材料，例如石油焦、人工石墨、碳纤维、天然石墨、中间相碳微球、热解树脂碳等；锡基负极材料（锡的氧化物和锡基复合氧化物）、含锂过渡金属氮化物负极材料、合金类负极材料（锡基合金、硅基合金、锗基合金等）目前都没有商业化产品。研究表明，使用纳米氧化钛和纳米氧化硅添加在传统的石墨、锡氧化物、纳米碳管里面，可以极大地提高锂电池的充放电量和充放电次数。

3. 电解质材料

组成固态锂离子电池的电解液主要有聚合物和无机固体两种。电解液的作用是在电池内部正负极之间形成良好的离子导电通道。随着电子工业的发展，电子产品趋向小型化、微型化，很多微电子设备需要可集成低电流输出的微型电源。薄膜二次锂离子电池厚度可达毫米甚至微米级，是锂离子电池发展的最新领域。

4. 工作原理

锂离子电池的工作原理如图所示。在充电过程中，锂离子从正极材料晶格间脱离出来，嵌入到负极材料里，同时电子通过外电路从正极流向负极进行电荷的补偿；放电过程中，锂离子从负极脱出嵌入到正极。在充放电过程中，锂离子在正负极间不断地进行可逆嵌脱，犹如来回摆动的摇椅或往复运动的羽毛球，所以又称为摇椅电池。

以钴酸锂和石墨为例，电极反应可表述如下。

正极：$LiCoO_2 \longrightarrow Li_{1-x}CoO_2 + xLi^+ + xe^-$

负极：　　$nC_6 + xLi^+ + xe^- \longrightarrow Li_xC_6$

电池总反应：　$LiCoO_2 + nC_6 \longrightarrow Li_{1-x}CoO_2 + Li_xC_6$

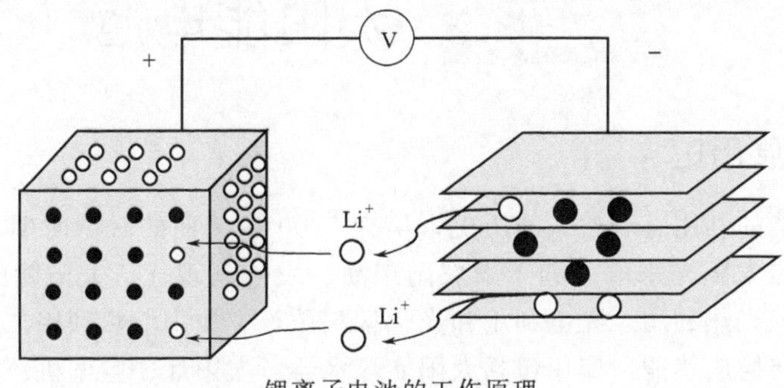

锂离子电池的工作原理

三、锂离子电池的应用领域

目前锂离子电池作为化学电源研究开发的热点之一，因具有优越的性能，已在军用、民用领域得到了广泛应用。对锂离子电池来说，凡是属于镉-镍电池和金属氢化物-镍电池可应用的领域，锂离子电池都可使用。由于锂离子电池具有比能量高、工作电压高等特点，还可以开辟新的领域。目前应用最多是移动电话、笔记本电脑和摄录机等，电动汽车和混合型电动汽车用锂离子电池是研究开发的热点之一，在不间断电源（UPS）上的应用研究也已开始。有报道称，美国 21 世纪新卫星计划中有锂离子电池在空间的应用研究。

随着武器小型化技术的发展，体积小和重量轻的电源一直是人们追求的目标。例如，未来小型化武器中使用的遥测电源，目前使用的锌-银蓄电池在体积和重量方面无法满足要求，所以研制出体积小、重量轻的锂离子电池是当务之急。

在能源储备装置中的广泛应用，锂离子电池与太阳能、风能联用，构成全绿色新能源系统。总之，锂离子电池即在 21 世纪将渗透到社会的各个角落。

知识·链接

锂离子电池面面观

锂离子电池的电极一般由锂化合物和石墨（纯碳）构成，这两种材料都非常轻，同时锂元素的反应性也非常强，因此原子键结中可以存放更多的能量。在现有的充电电池中，具备同样蓄电量的情况下，锂离子电池是最轻的，它是手机、笔记本电脑、数字相机等随身物品的必选电池。有意思的是，锂离子没有记忆效应，也就是说锂离子电池不必先把电力用完后才能再充电，而且蓄电量也不会很快减少，大约每个月减少 0.1% 的电力（算上保护回路的需求也才 5%，镍氢电池大约每个月减少 20%）。最后，它历经数百次的充放电后效果还是很显著。

但是，锂离子电池存在的缺点也着实让人烦恼。首先，它的总蓄电力（最大电量）会随着出厂时间增加而减少。无论你用不用锂离子电池，出厂 2～3 年后电池的最大蓄电力都会大幅降低，甚至无法使用，因此，买了放着是完全错误的做法。其次，锂离子电池很怕热，在高温环境中最大蓄电量降低的效应会被加速。最后，锂离子电池还不应过量放电，一旦放电超过某个程度，电力可能再也充不进去。

第四节 太阳能电池

一、太阳能发展历史

人类对太阳能的利用有着悠久的历史，早在2000多年前的战国时期，我国就知道利用铜制凹面镜聚焦太阳光来取火和干燥农副产品。发展到现代，太阳能的利用已日益广泛，包括太阳能的光热利用、光电利用和光化学利用等。太阳能热利用技术是通过转换装置把太阳辐射能转换成热能，应用包括太阳能热水器、太阳灶、空调机、被动式采暖太阳房、干燥器、集热器和热机等，如图所示。利用太阳热能进行发电称为太阳能热发电，也属太阳能热利用技术领域。

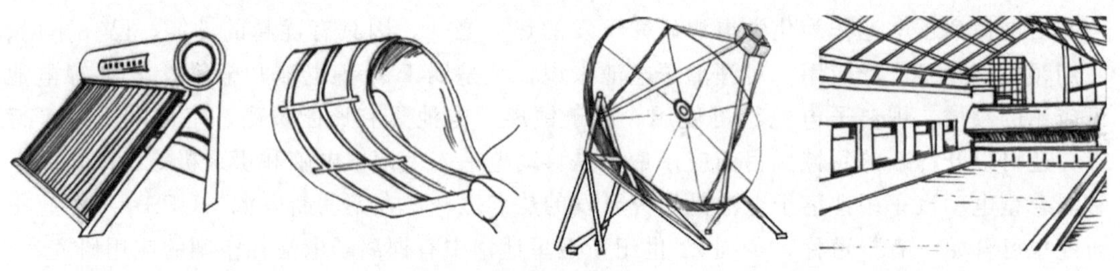

太阳能热利用技术

目前，太阳能光发电技术是太阳能应用的主要方向，该技术是通过转换装置把太阳辐射能直接转换成电能，应用于各种太阳能电池、制氢装置及太阳能自行车、汽车、飞机等，并在建造空间电站领域开展了前期工作。在多种太阳能电池中，硅太阳能电池已进入产业化阶段，目前研究和发展的热点是有机薄膜太阳能电池。光电转换装置通常是利用半导体器件的光伏效应原理进行光电转换，因而又称为太阳能光伏技术，如图所示。

太阳能的发展经历了以下几个重要阶段。

(1) 1954年，光电转换效率为6%的实用型单晶硅光电电池在美国贝尔实验室研制成功。

(2) 1955年，以色列Tabor提出了选择性吸收表面概念和理论，并在此基础上成功研制了选择性太阳吸收涂层。

(3) 1973年，由于中东战争引发的世界性能源危机，世界上掀起了开发利用太阳能的热潮。随之，美国政府制定了政府级的阳光发电计划，从而促进了太阳能产品的商业化。

(4) 1980年，美国正式积极投入光伏发电行业并把它列入公共电力规划，累计资金投入达8亿多美元。

(5) 1992年，联合国召开的“世界环境与发展大会”在巴西举行，世界各国都积极开展了加强清洁能源技术的开发，并将利用太阳能与环境保护紧密地结合在一起。

(6) 后来，一系列的计划先后出现，如“阳光计划”、“光伏发电计划”、“环境计划”、“月光计划”（节能计划）等。

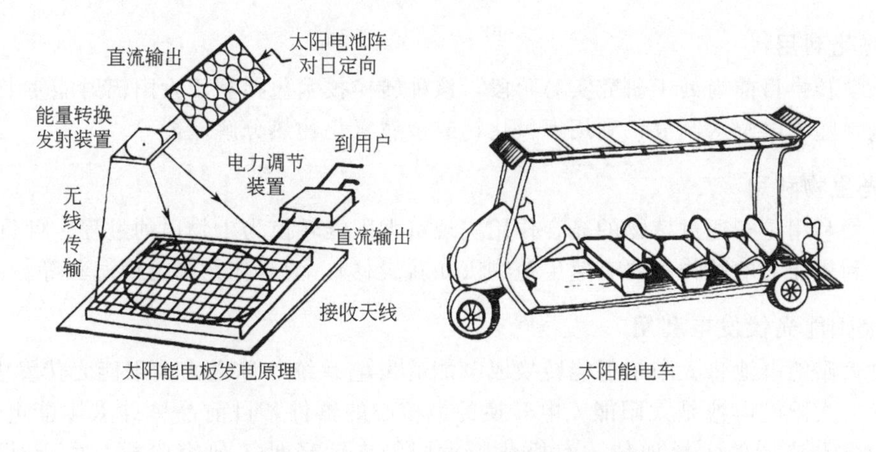

太阳能电板发电原理　　　太阳能电车

太阳能路灯　　　西班牙安达索尔太阳能发电站

太阳能发电和发光技术

(7) 自 20 世纪 90 年代以来，联合国召开了一系列由各国领导人参加的高峰会议，积极讨论并制定了世界性太阳能战略规划，国际太阳能公约和设立国际太阳能基金等，以推动全球性太阳能和可再生能源的开发利用。

我国的太阳能产业，在技术开发方面，出台了一系列有利其商业化的优惠扶持政策，还在 863 及 973 高科技攻关计划中专门设立了“太阳能薄膜电池”等技术的研究项目。“光明工程”是我国专门的太阳能发展扶贫工程计划。

二、太阳能的利用方式

太阳能具有一系列丰富的优点，如资源丰富，取之不尽、用之不竭，到处可开发应用，无需开采和运输，不会污染环境和破坏生态平衡等。我国是太阳能资源十分丰富的国家之一，太阳能的开发利用是一种十分诱人的新能源与可再生能源产业。太阳能的利用方式很多，大体分四类。

1. 光热利用

光热利用的基本原理是通过将太阳辐射能收集，与物质发生相互作用转换成热能并加以利用。目前，使用最多的太阳能收集装置主要有真空管集热器、平板型集热器和聚焦型集热器三种。根据用途和所能达到的温度不同，太阳能光热利用可分为低温利用（小于200℃）、中温利用（200～800℃）和高温利用（大于 800℃）。目前低温利用主要有太阳能干燥器、太阳能热水器、太阳能蒸馏器、太阳能温室、太阳房、太阳能空调制冷系统等，中温利用主要有太阳能热发电聚光集热装置、太阳灶等，高温利用主要有高温太阳炉等。

2. 光化利用

光化学转换目前尚处于研究实验阶段，该种转换技术包括利用太阳辐射能使半导体电极产生电，随之电解水制氢，利用氢氧化钙或金属氢化物热分解储能等。

3. 光生物利用

光生物利用是指通过植物的光合作用实现将太阳能转换为生物质的过程。目前具有这种光生物利用能力的植物主要有速生植物（如薪炭林）、油料作物和巨型海藻等。

4. 太阳能光伏发电利用

通过太阳能电池将太阳辐射能转换成电能的发电系统，称之为太阳能光伏发电系统，如图所示。太阳能电池是太阳能光电转换的最核心的器件。目前晶体硅太阳能电池占据生产、市场和应用的主导地位。有机薄膜太阳能电池还处于研究阶段，由于其具有成本低、质量轻、柔软可变形等晶体硅太阳能器件不具备的优点，有望成为太阳能电池的主导。

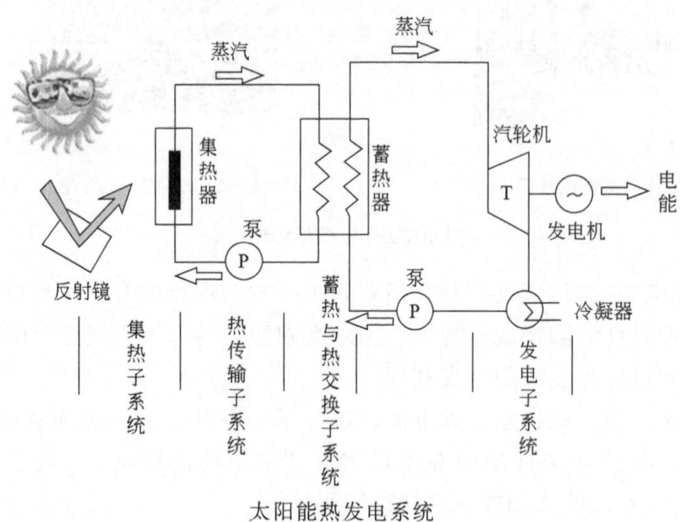

太阳能热发电系统

三、太阳能电池的分类

1. 晶体硅太阳能电池

目前，单晶硅电池、多晶硅电池、非晶硅电池和铜铟硒电池等晶体硅太阳能电池，已经得到了应用。

单晶硅太阳能电池转换效率最高，技术也最为成熟。在实验室里最高的光电转换效率达 24.7%，规模生产时效率为 15%，通常采用热氧化或者常压化学气相沉积工艺制备。单晶硅可用于光伏电站、通信电站、航空器电源、太阳能庭院灯或聚焦光伏发电系统等。单晶硅太阳能电池在大规模应用和工业生产中仍占据主导地位，但由于单晶硅成本价格高，大幅度降低其成本又很困难。所以，为了节省硅材料，将发展的多晶硅薄膜和非晶硅薄膜作为单晶硅太阳能电池的替代产品。

与单晶硅太阳能电池相比较，多晶硅薄膜太阳能电池具有成本低廉的优点，而且光电转换效率高于非晶硅薄膜电池，其实验室最高转换效率为 18%，工业规模生产的转换效率为 10%。因此，多晶硅薄膜电池不久将会在太阳能电池市场上占据主导地位，主要用于光伏电站建设、光伏建筑材料、光伏幕墙或屋顶光伏系统。在阳光照射作用下，多晶结构由于具有不同晶面散射强度，可呈现不同色彩，因此多晶硅具有更好的装饰效果。

非晶硅薄膜太阳能电池成本低、质量轻、转换效率较高，便于大规模生产，有极大的潜力，其主要用于手表，计算器，玩具，门窗、天窗等建筑材料。但受限于其材料所引发的光电效率衰退效应，导致稳定性不高，直接影响了它的实际应用。如果能进一步解决稳定性问题并提高转换效率问题，那么非晶硅太阳能电池将无疑是太阳能电池的主要发展产品之一。

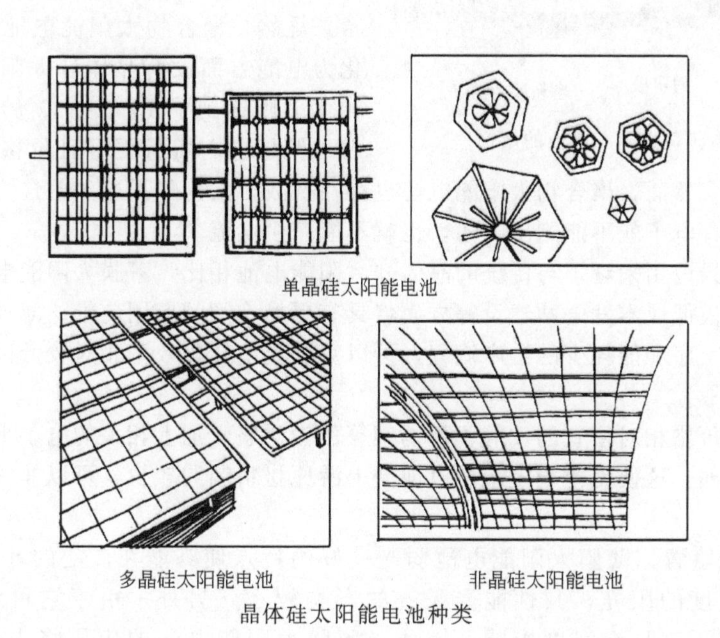

单晶硅太阳能电池

多晶硅太阳能电池　　非晶硅太阳能电池

晶体硅太阳能电池种类

2. 染料敏化太阳能电池

染料敏化太阳能电池（DSSC）主要是指以染料敏化多孔纳米结构二氧化钛（TiO_2）薄膜为光阳极的一类半导体光电化学电池，另外也有用氧化锌（ZnO）、二氧化锡（SnO_2）等作为 TiO_2 薄膜替代材料的光电化学电池。它是仿照植物叶绿素光合作用原理的一种太阳能电池。由于染料敏化太阳能电池中使用了有机染料，其功能就如同树叶中的叶绿素，在太阳光的照射下，易产生光生电子，而纳米晶 TiO_2 薄膜就相当于磷酸类脂膜，这种太阳能电池被形象称为“人造树叶”。

染料敏化纳米晶太阳能电池具有低成本、高效率、寿命长、大规模生产、结构简单和易于制造等诸多优点，随着技术的发展和制备工艺的优化，这种太阳能电池将会有着十分广阔的应用前景。

3. 聚合物薄膜太阳能电池

相比无机硅太阳能电池，有机聚合物薄膜太阳能电池具有制备过程简单、质量轻、成本低、可制备柔性器件等众多优点。

最早的聚合物薄膜太阳能电池器件结构具有类似于三明治的夹心结构：下层以透明的ITO 导电玻璃作正极；中间层是此类器件的核心部分即活性层——由共轭聚合物给体和富勒烯衍生物（PCBM）受体共混组成；上层是低功函的金属负极，如图所示。

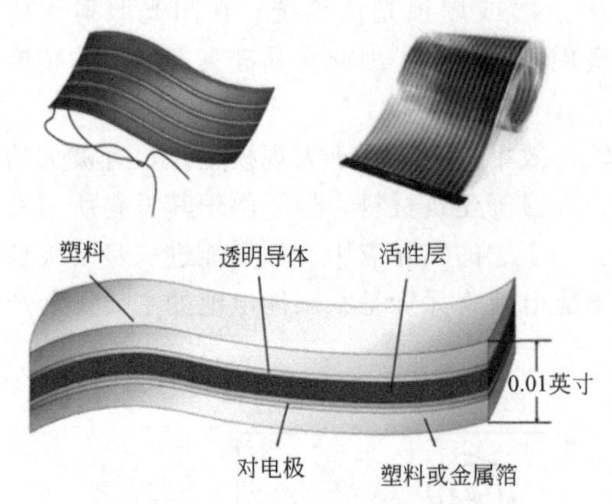

聚合物薄膜太阳能电池的结构

聚合物太阳能电池的工作原理是利用有机化合物吸收太阳光并把它转换为电能。当固定波长的阳光照射在太阳能电池的半导体材料上时，它产生电子和带正电的空穴。为了产生外部电流，必须将电子与空穴分离，从而使电子能够跑出。聚合物太阳能电池的活性层一般是由分别能够传导空穴和传导电子的两种材料组成。

虽然，聚合物太阳能电池在将太阳光转化为电能方面没有晶体硅太阳能高效（光电转化率则达到了 15%～20%），只有 9% 左右，但是它们质量更轻且价格低廉，因此应用也非常广泛。然而，聚合物太阳能电池也存在挑战，因为如果这些聚合物在纳米级别没有排列得很好，电子就不能跑出电池，也就不能产生电流。

从市场前景应用来看，与传统的晶体硅太阳能电池相比，薄膜太阳能电池在光伏建筑一体化、大规模低成本发电站建设等方面将具有更加广阔的应用前景。薄膜太阳能电池拥有简单的制造工序和能耗少的生产流程，可以克服光电转化效率相对较低以及寿命较短所带来的成本挑战。

由于采用价格相对便宜的玻璃、不锈钢等作为衬底，加上相关的电子半导体及玻璃行业已经发展成熟，这使得薄膜太阳能电池受上游原材料制约较少，可以非常好地控制成本和价格。

从应用环境看，薄膜太阳能电池弱光性好的特点使其能在广泛的环境下发电，因其适用各种强度的阳光，其性能受天气的影响较小。另外，由于它可承受较高的温度，发电功率不容易受温度影响。因此，薄膜太阳能电池的应用将十分广泛，如图所示。

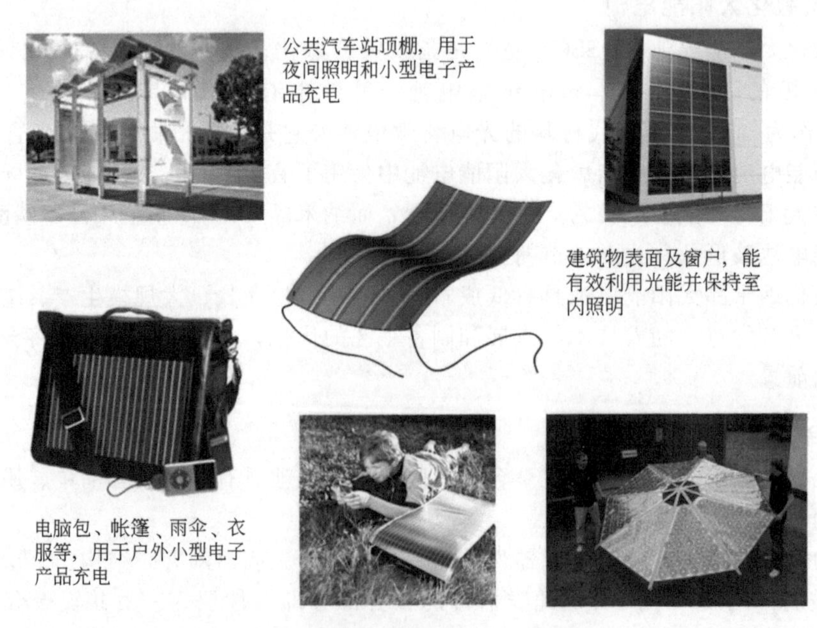

聚合物薄膜太阳能电池的应用

另外，由于薄膜太阳能电池具有耐用、便携、光电转换效率高等特点，可广泛应用于电子消费品、军事、远程监控/通信、室内/野外供电等领域；也由于使用塑料等轻质柔软的材料为基板，薄膜太阳能电池将广泛用于手表、计算器、窗帘甚至服装上。值得一提的是，清洁太阳能的广泛应用将同时带来下一代储能电池在千瓦级小单元储能以及太阳能并网发电中储能调频的应用并获得广阔发展。

知识·链接

太阳能应用的远景

国际太阳能会议发表的“伟大的太阳能挑战”报告中提出，21世纪将是太阳能世纪，只要把地球接收到的0.01%太阳能加以利用，就可以满足全世界对能源的需求。有专家预计，到21世纪中期全世界所消耗的电力的20%～30%将由太阳能电池直接供给。

科学家们设想，太阳能电池可以做得很大、范围很广，既可以建在无人居住的沙漠或荒野上，也可以把太阳能电池板漂浮在海上。这虽然能大面积接收太阳光照，但仍受夜晚、季节和气候的限制。那么，能不能摆脱这些限制呢？有可能！可以把太阳能电池板像人造卫星一样发射到大气层外面去！先用航天飞机或者大型运载火箭把预制部件送到低轨道上进行装配，再用离子推进装置把装配好的电站送到同步轨道。但是，怎样将太阳能电池发出的电送回地面？科学家设想，把发出的电转换成微波束，发射到地面的接收装置，再转换成电能，通过电网送给用户。

另一设想是建立太阳能-氢能系统。接收的太阳能一部分转换成电，更大部分用来制氢。产生的氢能，一部分用于当地夜间或电力高峰负荷时的需求，剩下的氢用管道输送到能源消费中心，然后将氢供民用、工业用和发电用。太阳能制氢的方法有多种，如用太阳能电池发电，再用电来分解水制氢；可聚焦太阳光，产生高温将水直接分解成氢或氧；用半导体悬浮体系的光催化，让太阳光直接分解水，即光催化反应；或使用生物工程方法，利用太阳能的藻类或其他植物、微生物进行生物制氢。

将来很有可能每家自己发电供自己用！白天，全家人上班、上学，房顶上的太阳能收集器接收了太阳能，自动制氢，再把制好的氢存储起来供人们晚上回来用。一般来说，整个白天接收的太阳能应够一个晚上使用。如不够，还有像煤气罐一样的储氢罐（用储氢合金来储氢）和像煤气管道一样的输氢管道。汽车也可以用储氢罐取代油箱，储氢罐可像充电电池那样，一旦氢用尽，可自己接通输氢管来充氢。

第五节　核　能

一、核能简介

核电站、核电厂，是人类对核能利用的成果，什么是核能呢？核能（nuclear energy）俗称原子能，物理学家指出，世界上一切物质都是由原子构成的，而原子又是由原子核和它周围的电子构成的。当轻原子核结合或者重原子核分裂的时候，都会放出大量的能量，这些能量就是所谓的核能。

根据爱因斯坦的质能方程 $E=mc^2$（其中 E＝能量，m＝质量，c＝光速常量，如图所示），核能得到了科学的解释，并且开始广泛地开发利用。核能的释放一般有两种形式，第一种是重核的裂变，即一个重原子核（如铀和钚），分裂成两个或多个中等原子量的原子核，然后引起链式反应，从而释放出巨大的能量；第二种是轻核的聚变，即两个较轻的原子核（如氢的同位素氘），聚合成一个较重的核，从而释放出很大的能量。理论和实践都证明，轻核聚变比重核裂变释放出的能量要大得多。

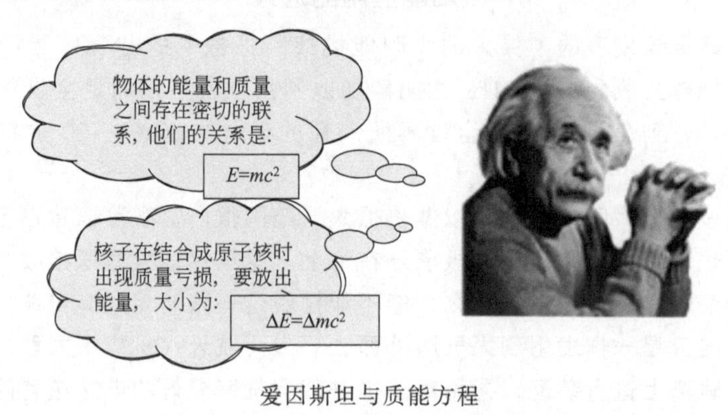

爱因斯坦与质能方程

二、核能的发现

当前，化石燃料的燃烧对环境造成了严重的污染和破坏。然而，核能不会产生这些有害物质，核能是目前唯一达到工业应用、可以大规模替代化石燃料、实现可持续发展的能源。

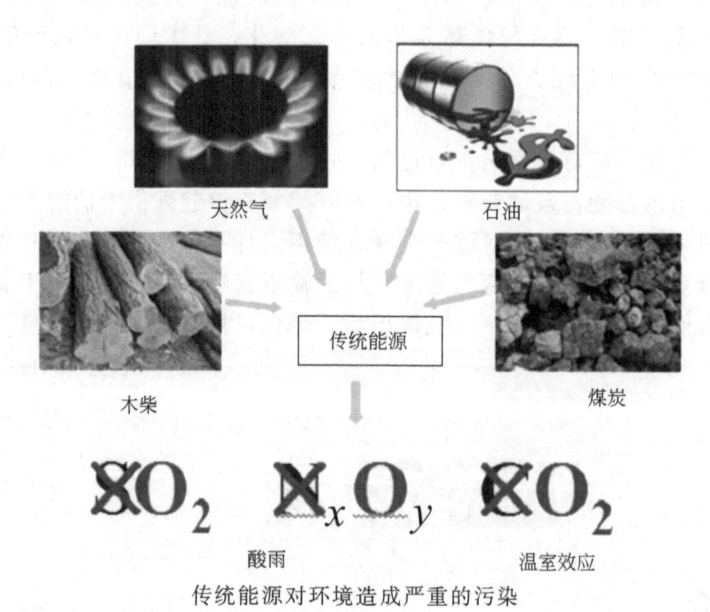

传统能源对环境造成严重的污染

无论是植物的光合作用，人和动物的消化过程，或是木柴、煤和石油的燃烧，都是化学反应，相关的能量转换都发生在原子的外层电子中，而原子核并未参与这种提供能量的过程。科学家注意到，有些物质在没有发生化学反应的条件下，仍不断地向外部释放能量。1905年，著名的物理学家爱因斯坦提出了很少有人懂的相对论。然而，这个深奥的理论引出了一个相当实用的质能转换公式。此公式显示，质量可以转化成能量，而且转化的倍数是十分惊人的，是光速的平方，即9亿亿倍。如果把1千克的物质完全没有损耗转化为电能，居然可以获得900亿千瓦时的电。

1942年12月，著名科学家费米在美国芝加哥大学带领几十位科学家成功启动了世界上第一座核反应堆，这标志着人类从此进入了核能时代。

怎样才能把质量转化为能量呢？核物理学家发现某些不稳定的重金属在裂变时可进行质能转换。例如，铀235原子受到中子轰击并吸收中子后，会裂变一些小的原子并释放中子。在这个过程中，会有一些质量损失，而转化为能量。更为可怕的是，这个反应一旦启动，就可以持续不断地进行下去，因为裂变的过程中不断有新的中子产生，就会不断地触发铀原子裂变，直到所有的铀原子都裂变完。一些科学家敏锐地意识到可以用铀来制造炸弹，因为铀几乎可以在瞬间完成全部核裂变。据计算，1千克铀全部裂变释放的能量是1千克黄色炸药（TNT）爆炸释放的能量的2000万倍。最终这样的原子弹被制造出来，并在第二次世界大战时被投放到日本。1945年8月6日和9日人类第一次见识到了原子弹的威力。

三、核能的利用

核能是能源的重要发展方向，特别在世界能源结构从石油为主向非油能源过渡的时期，核能、煤炭和节能被认为是解决能源危机的主要希望。为此，各国都在大力发展核电。由于核能有巨大的威力，1千克铀原子核全部裂变释放出的能量，约等于2700吨标准煤燃烧时所放出的化学能。一座生产100万千瓦的核电站，每年只需要25～30吨低浓度铀核燃料，然而生产相同功率的煤电站，每年则需要300多万吨原煤，这些核燃料只需10辆卡车就能运到现场，而运输300多万吨煤炭，却需要1000列火车。核聚变反应释放的能量也是非常惊人的。有人作过生动的比喻：1千克煤只能使一列火车开动8米，1千克铀可使一列火车开动4万公里；而1千克氘化锂和氚化锂的混合物，可以使一列火车从地球开到月球，其行程是40万公里。地球上蕴藏着数量可观的铀、钍等核裂变资源，如果把它们的裂变能充分地利用起来，可满足人类上千年的能源需求。汪洋的大海蕴藏着20万亿吨氘，它们的聚变能是几万亿亿吨煤的能量，可满足人类百亿年的能源需求。核能是人类最终解决能源问题的希望。核能技术的开发，将对现代社会产生深远的影响。

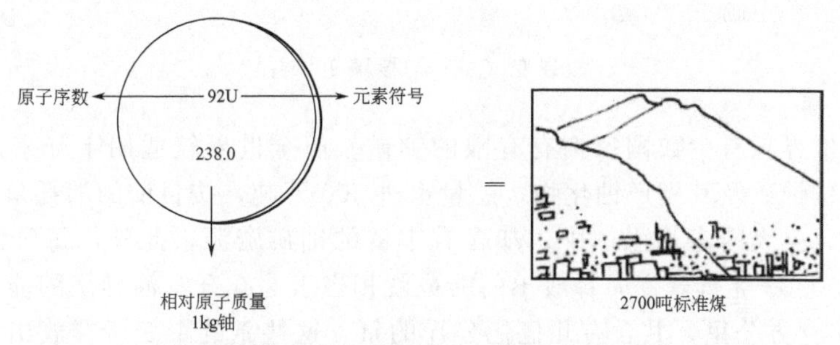

1千克铀原子核全部裂变释放出的化学能

（一）核电站

核电站和火力发电站及水力发电站是不一样的，它是一种新型的发电站。核电站利用原子核内部蕴藏的能量产生电能。在发达国家，核电已有几十年的发展历史，核电已成为一种成熟的能源。核能的成就首先被应用于军事目的，要实现核能的和平利用，其中最重要也是最主要的是通过核电站来发电，核电是世界公认的经济实惠、安全可靠的能源。

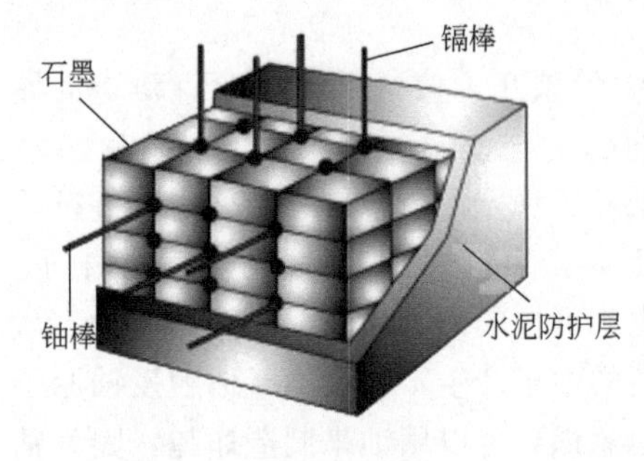

核能发电装置

如今，核电站已经跻身电力工业行列，它是利用原子核裂变反应放出的核能来发电的装置，并且通过核反应堆实现核能与热能的转换。核反应堆的种类，按引起裂变的中子能量分为热中子反应堆和快中子反应堆。由于热中子更容易引起铀 235 的裂变，因此热中子反应堆比较容易控制，大量运行的就是这种热中子反应堆。这种反应堆需用慢化剂，通过它的原子核与快中子弹性碰撞，将快中子慢化成热中子。

当今，全世界几乎 16% 的电能是由 441 座核反应堆生产，而其中有 9 个国家的 40% 多的能源生产来自于核能。我国正在加大能源结构调整力度。积极发展核电、风电、水电等清洁优质能源。2008 年我国开工建设福建宁德、福清和广东阳江三个核电项目。至今，我国核电装机容量约是 2000 万千瓦，到 2020 年为止我国电力总装机容量预计为 9 亿千瓦时，核电的比重将占电力总容量的 4% 左右。

（二）核武器

核武器是利用能自动进行核裂变或聚变反应释放的能量产生爆炸作用，并具有大规模杀伤与破坏效应的武器的总称。核武器主要包括裂变武器与聚变武器，但其中主要利用铀 235 或钚 239 等重原子核的裂变链式反应原理制成的裂变武器，称为原子弹；主要利用氘或氚等轻原子核的热核反应原理制成的热核武器或聚变武器，称为氢弹。

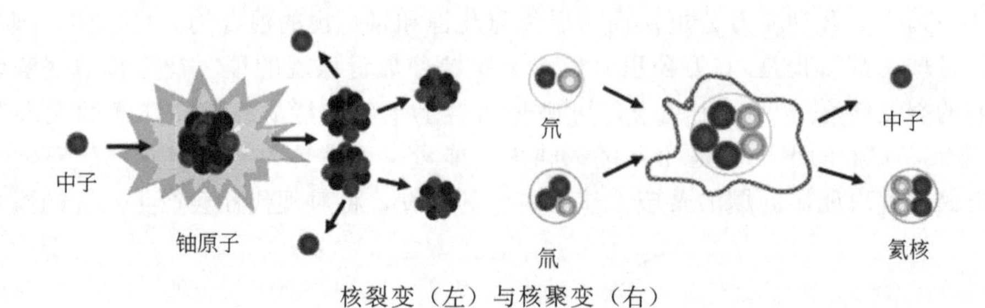

核裂变（左）与核聚变（右）

目前，全世界只有少数国家拥有有限的铀矿。但全世界较适用于开采的只有 100 万吨，加上低品位铀矿及其副产铀化物，总量也过 500 万吨，按目前的消耗量，只能够开采几十年。然而，巨大的海水水体中，却含有丰富的铀矿资源，此外，每升海水中就含有 0.03 克氘，这 0.03 克氘聚变时释放出的能量就相当于 300 升汽油燃烧的能量。海水的总体积为 13.7 亿立方公里，共含有几亿亿公斤的氘。这些氘的聚变所释放出的能量，足以保证人类上百亿年的能源消耗。而且氘的提取方法十分简便，成本较低，所以核聚变堆的运行也是十分安全的。因此，以海水中的氘、氚的核聚变能解决人类未来的能源需要，将展示出最好的前景。如果一旦从海水中大规模提取核能源得以实现，海洋就成为人类提取能源的宝库。

四、核能的安全问题

虽然核能拥有很多优点，但是人们对于核能的感识大多都偏向于负面。最让人恐慌的莫过于核事故，核事故指在核设施（例如核电厂）内发生了意外情况，造成放射性物质外泄，致使工作人员和公众受超过或相当于规定限值的照射。随着各国的核能计划增多，公众日益关注核安全问题，自 1986 年前苏联发生切尔诺贝利核电站核燃料泄漏事件到 2011 年日本地震导致的福岛第一核电站核泄漏事故的发生，核能源成了许多人心中的恶魔。

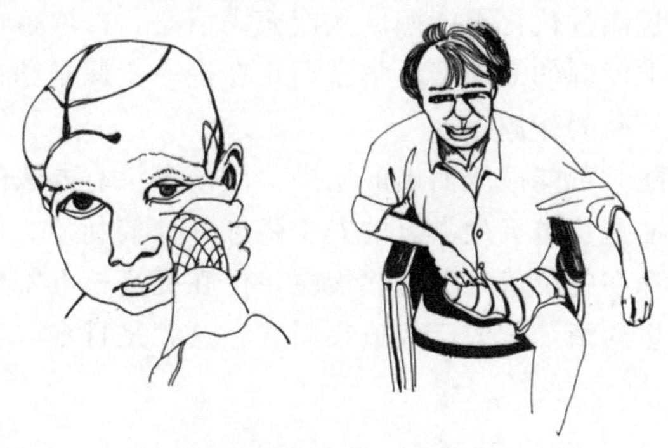

经核辐射的儿童和老人

知识·链接

切尔诺贝利核燃料泄漏事件

1986 年 4 月 26 日，前苏联切尔诺贝利核电站的 4 号机组反应堆发生爆炸并且引起大火。30 人当场死亡，逾 8 吨强辐射物泄漏。核电站周围 6 万多平方公里土地受到直接污染，320 多万人受到核辐射侵害，造成人类和平利用核能史上最大一次灾难。世界卫生组织在 2005 年所作的报告里指出，切尔诺贝利核泄漏事件致死 56 人，除此之外，近 60 万人受到大剂量的核辐射，保守估计有 4000 人会死于核辐射导致的癌症。

核泄漏一般的情况对人员的影响表现在放射性物质。放射性物质可以通过呼吸吸入，皮肤伤口及消化道吸收进入体内，从而引起内辐射。外辐射可穿透一定距离被机体吸收，使人员受到外照射伤害。内外辐射形成放射病的症状有：呕吐、疲劳、头昏、脱发、失眠、溃疡、出血、皮肤发红、白血病、腹泻等。有时还会增加癌症、畸变、遗传性病变发生率，影响几代人的健康。一般来讲，身体接受的辐射能量越大，其放射病症状越严重，致癌、致畸风险就越大。

切尔诺贝利事故后，世界各国尤其是东欧国家都加强了对反应堆安全的关注。之后全球核电业就开始进入低潮，根据国际原子能机构的统计显示，2000 年年底，全球正在运行的核动力堆一共有 438 座，到了 2003 年 3 月，增至 441 座，仅增加了 3 座。但现实的能源危机改变了这一切。因为生活在能源危机的背景下，人们对生存的渴求战胜了对恐惧的担忧，欧美国家被冻结 30 多年的核电计划也都纷纷解冻。

五、核能的未来发展趋势

迄今为止，日本福岛核泄漏效应仍在欧洲蔓延。2011 年 5 月，德国执政联盟在历经

12个小时的磋商之后终于达成一致，决定在2022年之前全面放弃核电站。瑞士甚至比德国更早宣布全面弃核。在我国，核仍被视为新能源、清洁能源，并被赋予光明的未来。

由于核能发电具有无污染性、经济性、安全性三大优势，核能发电具有不错的发展前景。就我国目前状况而言，为配合国家能源结构调整，首先要发展的就是核电。我国核电发展的最新目标是在2020年前要新建核电站31座，在运行核电装机容量为4000万千瓦；在建核电装机容量为1800万千瓦。

核物理学家和核能专家们已经为人类描绘了一幅蓝图：大力开发与利用核能，拓宽核能的应用领域，尽快以核能替代化石能源。人们充满信心，已取得可喜进展的聚变反应堆核电站将长期地满足人类能源的需求；科学家们正在进一步探索和构想的正反物质淹没堆核电站为人类提供源源不断的能源。

选择“核电”这头随时可能破笼而出的老虎，应该是没有办法的办法，一方面是能源短缺的现实困境，一方面是核电天生具有的安全隐患，计较利益之后，唯有两害相权取其轻。虽然完全否定核电存在的价值未免有些极端，但在提高核电安全系数的同时，推广节能手段，发展一些可再生的清洁能源已经迫在眉睫，这就是日本、德国、瑞士“弃核”带给我们的最大启示。

第六节 氢能

一、氢能简介

当前，我国正处于快速发展的道路上，能源匮乏问题日益凸显。为了保持可持续发展战略，既要充分利用已有的能源供应体系，又要积极开发新能源和可再生能源。化石燃料终有一天要枯竭，氢能将是我们所期待的一种新的二次能源。

氢能是指以氢及其同位素为主体的反应中或氢的状态变化过程中所释放的能量，包括氢核能和氢化学能两大部分。

氢（H）是自然界中最轻的元素，氢的燃烧热值异常高，每千克氢可产生热值120.4兆焦，是汽油的3倍，除核燃料外，所有的矿物燃料或化工燃料均望尘莫及。氢易燃烧，爆发力强，并且燃烧速度快，氢正在能源领域崭露头角。自然界中存在的氢气很少，氢大多以化合物的形式存在，获得自由氢很困难，需要消耗较多的其他能量才能得到适量的自然氢，从经济角度来看很不划算。这就是氢虽好但长期未被作为主要能源的原因。

自从20世纪70年代两次石油危机以来，人类用高新技术加快了对氢能源的开发速度，扩大了氢能源的使用规模。

二、氢能的特点

氢位于元素周期表之首，原子序数为1，在常温常压下为气态，在超低温或者超高压下则成为液态。作为能源，其特点如下。

(1) 氢在所有元素中质量最小，在标准状态下，密度为0.0899克·升$^{-1}$。在－252.7℃时可成为液体。若将压力增大到数十兆帕，液氢可变为金属氢。

(2) 在所有气体中，氢气的导热性最好。在一般情况下，比大多数气体的热导率高出

10 倍，因此在能源工业中氢是极好的传热载体。

(3) 氢是自然界存在最普遍的元素，除空气中含氢气外，它主要以化合物的形态储存于水中，而水是地球上最广泛的物质。根据推算，如果把海水中的氢全部提取出来，所产生的总热量比地球上所有化石燃料放出的热量还要大 9000 倍。

(4) 除核燃料外，氢的发热值为 1.4×10^5 千焦·千克$^{-1}$，是汽油发热值的 3 倍，也是所有化石燃料、生物燃料和化工燃料中最高的。

(5) 氢气燃烧性能好，点燃快，与空气混合时有宽泛的可燃范围，而且燃点高，燃烧速度快。

(6) 氢气是一种无色、无味、无毒的清洁气体，氢燃烧后的产物是水，无环境污染问题，而且燃烧生成的水还可以继续制氢，可反复循环使用。

(7) 氢能利用形式多。氢能利用既包括氢和氧燃烧时所放出的热能使得热力发动机产生机械功，又包括氢与氧发生电化学反应用于燃料电池直接获得的电能。氢还可以转换成固态氢，用做结构材料。用氢代替煤和石油，不需要对现有的技术装备进行重大的改造，只需将现在的内燃机稍加改装即可使用。

(8) 氢存储方式多样，包括气态、液态或固态，能适应储运以及各种应用环境的不同要求。

因此，氢是人类长期以来梦寐以求的清洁能源。目前液氢已广泛用做航天动力的燃料。氢作为能源应有一完整的系统，包括氢的制取、储存、运输及应用。

三、氢气的制取

氢气的制备分为实验室制备和工业生产制备。

氢气有许多实验室制备方法，主要包括金属（金属氢化物）与水/酸的反应或金属与强碱的反应，如：

$$2Na+2H_2O \longrightarrow 2NaOH+H_2$$

$$Zn+2HCl \longrightarrow ZnCl_2+H_2$$

$$LiH+H_2O \longrightarrow LiOH+H_2$$

$$LiAlH_4+4H_2O \longrightarrow LiOH+Al(OH)_3+4H_2$$

$$2Al+2NaOH+2H_2O \longrightarrow 2NaAlO_2+3H_2$$

$$Si+2NaOH+H_2O \longrightarrow Na_2SiO_3+2H_2$$

在反应过程中，要使用极少量的活泼金属或金属氢化物颗粒，否则容易发生爆炸。

工业上生产中，主要是以煤、石油及天然气为原料大规模制取氢气。目前主要有水煤气法、电解水和天然气或裂解石油气制氢。

水煤气法

$$H_2O(g)+C(s) \longrightarrow CO(g)+H_2(g)$$

$$CO(g)+H_2O(g) \longrightarrow H_2(g)+CO_2(g)$$

裂解石油气法

$$C_nH_{2n+2}+nH_2O \longrightarrow nCO+(2n+1)H_2$$

电解水法

阴极 $$2H_2O+2e^- \longrightarrow 2OH^-+H_2$$

阳极 $$2OH^- \longrightarrow H_2O+\frac{1}{2}O_2+2e^-$$

总反应 $$H_2O \longrightarrow H_2 + \frac{1}{2}O_2$$

目前，氢燃料仍旧大部分来源于化石燃料，以美国为例，美国 95% 氢燃料，要么从化石燃料中提炼，要么通过化石燃料提供能量电解加工获得。因此，氢燃料的获取，事实上并没有减轻实际污染排放量或化石燃料使用量。因此，世界上许多能源专家都把研究氢能源的来源作为主要课题。

日本的两家公司分别从污水和面团中获得了氢。日本鹿岛建设公司与东京大学努力合作，将从污水中获得氢的想法变为现实，并经过长期的研究发现微生物可以让人们从倾倒的废水和流经稻田的水中获取氢。

科研人员认为，在污水中加入一些特殊的细菌，通过电击污水就能够释放出氢燃料。这种被称为微生物燃料细胞的细菌，几乎能将废水中任何可生物降解的有机物质转化为环保的氢燃料。那么，细菌是如何使污水释放出氢燃料的呢？因为投放到污水中的细菌可以快速分解出醋酸，又能释放出电子和质子，并能产生相当数量单位的电压。如果从外部输入电力，以电击废水，氢气泡立刻会从废水中冒出，耗电量只是电解水生成氧和氢的十分之一，而且整个过程不会释放温室气体，绝对环保。目前，鹿岛公司的原装燃料电池能够从 1 立方米的废水中获得 130 瓦的电量。虽然这一成果目前还不足以投入市场，但是该公司相信到 2020 年以前他们将有能力生产出更高效的产品，并有望实现商业化生产。

同时，日本札幌啤酒厂也宣布，他们研制出了更有效的获氢方式。2005 年以来，这家有名的啤酒制造企业就一直致力于提高从面团中获得氢的技术。他们将面包店里丢弃的面包屑和面团收集起来，分解废料获得氢。该公司能够从 125 千克废面团中提取出 25000 千克的氢。

如果这一技术能够得到进一步的改善并实现有效利用，氢能源经济必将成为现实。人们都把氢能源看做未来的清洁能源，氢燃料电池将是取代石油用于给汽车加油的一种重要能源。在此基础上预计，未来的 15 年内，全球将会有 500 万到 1000 万辆环保车上路；到了 2050 年，会增加到 3 亿 5000 万辆。

氢燃料相对于化石燃料还具有很多优点。舍弃化石燃料，转而采用氢燃料，好处很多。使用氢燃料电池作为动力，只会产生氧气和水滴，这两样都不会对人体健康或环境造成任何的危害。因此，氢能源的广泛利用必将成为一种趋势。

四、氢气的储存与运输

氢在通常情况下呈气态存在。目前，氢的储存有三种方式：一是气态储存，将氢气储在地下库内，也可装入钢瓶；二是液态储存，即把氢气冷却至-240℃，使其变为液态，储存在大缸内；三是利用金属氢化物储存，即利用各种能捕获氢的所谓储氢材料来储存氢，这些材料多半是合金材料。现已研制成的储氢合金有：稀土系的镧镍，每千克可储氢 153 升；钛系的钛铁，吸氢量较多；镁系的镁合金，其吸氢量最大；此外还有锆系。这些储氢材料储氢性能良好，但价格较昂贵。金属储氢材料可应用于汽车，进行汽油和氢混合燃烧。只要在汽油中加入 5%的氢，就可节省 20%～30%的汽油，且能使汽车的排气清洁

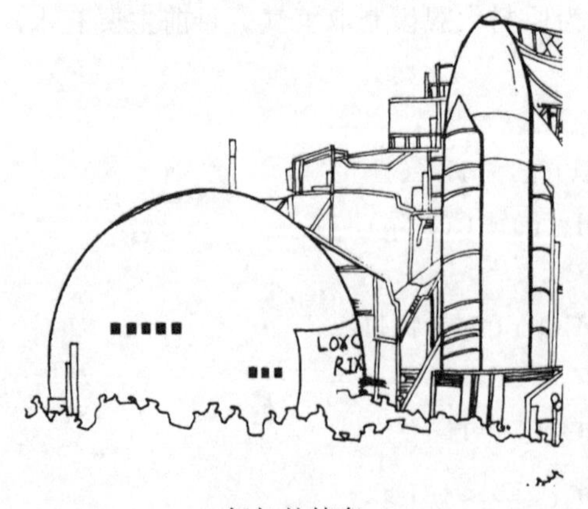

氢气的储存

许多。

五、氢能的应用

氢能作为一种清洁的新能源和可再生能源，其利用途径和方法很多，氢可以直接应用于化学工业生产中，也可作为燃料用于交通运输、热能和动力生产中，并显示出高效率和高效益的特点。

1. 航天

液氢的需求量随着宇航事业的发展而增加。早在第二次世界大战期间，氢就被用作A-2火箭发动机的液体推进剂。美国从1950年开始以工业规模生产液氢，除供应大型火箭发动机实验场和火箭发射基地外，还供应大学、研究所、化学工业、食品工业等部门。1960年液氢首次用做航天动力燃料。液氢与液氧是火箭推进系统中优越的高能燃料/高能氧化剂组合。例如，美国“阿波罗”登月计划中登月飞船使用的起飞火箭和“土星五号”登月舱的前两级使用的推进剂就是氢/氧组合，它们的应用使探月计划顺利完成。法国的阿里亚娜火箭，日本的H2火箭以及我国长城工业总公司拥有的长征系列运载火箭都是采用液氢作为推进剂。现在氢已成为火箭领域的常用燃料；科学家们正在研究一种“固态氢”的宇宙飞船。固态氢既作为飞船的动力燃料，又作为飞船的结构材料。在飞行期间，飞船上所有的非常重要零件都可以转为能源而“消耗掉”，这样就能减轻飞船的重量使之在宇宙中能飞行更长的时间；目前在远程洲际客机和超音速飞机上以氢作动力燃料已进入样机和试飞阶段。下图为氢能做航天器动力燃料示意。

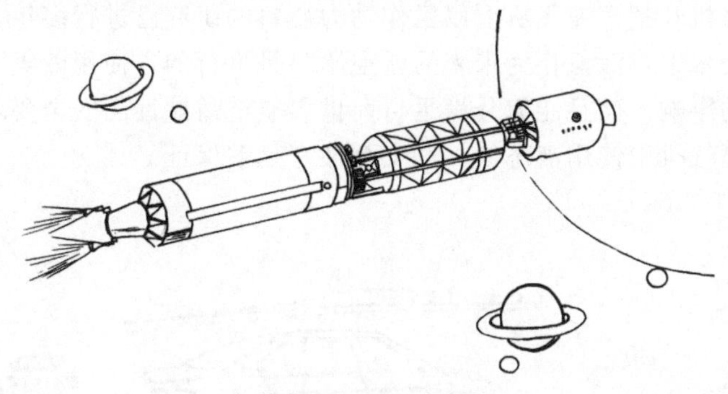

氢能作航天器动力燃料

知识·链接

神舟十号飞船发射使用的液态燃料火箭

传统的火箭发动机可分为固态和液体发动机。固体火箭发动机的燃料为固态，其特点为维护简单，结构较轻，适合于质量较小的推力要求，目前用于中小型火箭。液体火箭发动机的燃料以液态为主，比如航天飞机使用液态氢和液态氧作为动力，可快速燃烧释放强大能量，适用于大型火箭，比冲明显优于固态火箭发动机，但液体火箭发动机结构较为复杂，加注燃料和维护、更换都具有一定危险性。

我国在2013年6月11日成功发射的神舟十号飞船，通过长征二号F运载火箭(CZ-2F)点火起飞，该火箭就是典型的液态燃料火箭。四个捆绑式助推器、芯一级和芯二级都采用了液态火箭发动机。

据报道，美国波音公司正在设计制造新一代的无人驾驶飞机，这种小型无人机是以液氢为燃料，有效载荷约为450公斤。最引人注目的是，这种无人机最长甚至可以在空中持续飞行约30天。性能如此优越的飞机，其用途将不仅仅局限于军事领域。人们可以利用这种无人机为野生动物研究工作中的监测或摄影提供平台，也可以为在线地图网站提供高精度航拍图片，甚至还可以为某些遥远的地区提供无线网络接入。

2. 交通

氢能汽车是以氢为主要能量提供移动汽车的动力。一般的内燃机，通常注入柴油或汽油，氢汽车则改为使用气体氢。在汽车、火车和舰船等运输工具中，用氢能产生动力来驱动车、船，无论从能源开发、节能及环境保护等方面都可带来很大的环境效益、经济效益和社会效益。

根据用氢方式不同，氢能汽车可分为液氢汽车、金属氢化物汽车、掺氢汽油汽车及镍氢电池（Ni-MH）汽车等。氢能汽车，由于其排气对环境的污染小、噪声低，特别适用于行驶距离不太长而人口稠密的城市、住宅区及地下隧道等地方。美国、日本、德国、法国等汽车大国早已推出了以氢作为燃料的示范汽车，并进行了几十万公里的道路运行实验。美、德、法等国采用金属氢化物储氢，而日本则采用液氢。用氢发动机和储氢合金燃料箱结合的燃料供给系统，最高时速达100千米·小时$^{-1}$，连续行驶里程为120千米。实验证明，以氢作为燃料的汽车在适应性、经济性和安全性三方面都具有良好的前景。

在远程洲际客机和超声速飞机上以氢作动力燃料的研究已进行多年，目前已进入样机和试飞阶段。在技术上，液氢作为未来的航空燃料是可行的，使用液氢不但能极大地降低航空飞行对环境的影响，而且能充分满足目前世界航空适航性的安全要求。据证实，在配备有双发动机的喷气机中使用液态氢，其安全性有足够保证。

氢能火车、汽车和舰船

3. 民用发电

氢是21世纪人类最理想的能源之一。用氢能发电，不仅噪声小、效率高，而且启动快、成本低。常见的氢能发电方法包括：燃料电池、氢直接产生蒸汽发电、氢直接作为燃料发电。

4. 其他用途

以氢能为原料的燃料电池系统除了在交通、民用发电等方面的应用外，在军事方面的应用也显得尤为重要，德国、美国均已开发出了以PEMFC为动力系统的核潜艇，该类型潜艇具有隐蔽性好、续航能力强、无噪声等优点，因而受到各国的青睐。

知识·链接

最干净的能源“氢”

真正在燃烧时完全没有污染的燃料只有一种，那就是氢。煤炭、石油等燃料燃烧时总会产生许多污染物，即使用先进的技术处理，也不可能消除得干干净净。然而，氢的燃烧生成物只是水，没有其他物质生成，对环境没有任何污染。而且氢的热值高，每克液氢燃烧可产生 120 千焦耳的热量，是 1 克汽油燃烧放出热量的 2.8 倍，其使用安全性也和汽油差不多。氢的储运性能好，使用也方便。其他各类能源都可以转化成以氢的方式进行储存、运输或直接燃烧使用。

氢究竟是如何被发现的呢？18 世纪，瑞典一位名叫卡尔·舍勒的年轻药剂师对化学很感兴趣，一天到晚孜孜不倦地做实验进行研究。有一次，他把铁屑放进瓶子里，再倒进稀硫酸，结果瓶里冒出了气泡。他赶紧把插有玻璃导管的木塞往瓶口一塞，让气泡沿着管子往外走。然后，他为了看个仔细，把一支点燃的蜡烛靠近管口，不料逃出的气泡居然着了火，出现了浅蓝色火焰。

最初，他只知道这种气体可以燃烧，并不知道它是什么，因此，他把这种气体叫做可燃空气。后来，人们发现这种可燃空气竟是所有气体中最轻的，经过统一命名后称之为氢气。

氢的特点是质轻、可燃，而且能量大得吓人。1977 年 11 月 19 日，印度安得拉邦马德里斯海港外狂风怒吼，巨浪翻天，海面突然燃起大火，光耀几十千米，吓得人们瞠目结舌。后来才知道，那是由于强烈的飓风掠过海面，摩擦海水引起的高热，致使海水分解出氢和氧。同时，飓风中的电荷使氢发生爆炸、燃烧，才引起一片火海。因此，氢是代替石油和煤炭的一种新能源，是十分理想的新燃料。

随着科学技术的不断进步和氢能系统技术的全面发展，氢能的应用范围必将不断扩大，氢能也将深入到人类活动的各个方面，直至走进千家万户。

趣味实验 7-1　巧用硬币使二极管发光

【实验目的】

通过巧用硬币使二极管发光实验来探究电池的电极材料有哪些？以及如何确定电极的正、负极？

【实验原理】

在盐溶液中，电极物质都有挣脱到溶液中的倾向，电池的两极因吸引电子能力不同，导致倾向大小也不一样；负电极（银币）易失去电子，失去的电子进入溶液，电子由导线流入正极，产生电流，点亮二极管。

【实验用品】

13 枚 1 元银币、13 枚 5 角的铜币、13 根别针、盐水、冰块盒、发光二极管。

【实验步骤】

（1）将盐水倒入各个小格子中大概 3/4 高度（如图，可以直接用冰箱中常见的制冰盒)，将两种硬币一前一后用别针连接好，然后按照图的样式将硬币一个个组织排好(注意铜币和银币的顺序)。如果没有铜币和银币也可以用铜片和锌片代替，这时锌是电池的负极。

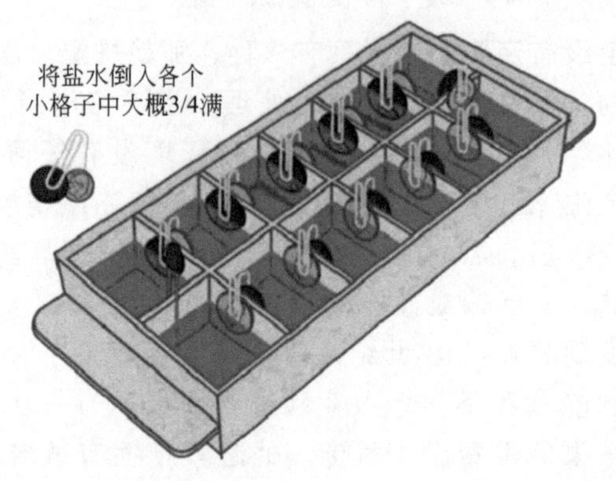

(2) 最后放上 LED 小灯。发现什么？——真会发光哦！你的发光了吗？

【实验结果与讨论】

你用万用表测量一下，共产生了几伏电压？有 1.5V 吗？铜和银(铜和锌)在盐溶液中为什么是银(锌)更容易失去电子呢？

趣味实验 7-2　自制水果电池

【实验目的】

通过自制的水果电池探究水果电池的电压大小与哪些因素有关。

【实验原理】

水果(苹果、梨、橘子和西红柿等)中含有大量的水果酸，是一种很好的电解质。如果在水果中插入两个电极，由于两种金属片的电化学活性不一样，使得其中更活泼的那块金属片能置换出水果或者蔬菜中酸性物质的氢离子，因而会像化学电池一样产生电流。

【实验用品】

一根 5cm 长的铜片、一条 2mm 宽的锌皮(从废干电池上剪下)、两根导线、一个电压表、一个苹果。

【实验步骤】

找一根 5cm 长的铜片、一条 2mm 宽的锌皮，刮净，把铜片和锌皮插入苹果，取两根导线，分别将它们的一端接在水果电池的两极上，另一端接在电压表的正负接线柱上，实验装置组合如图所示。

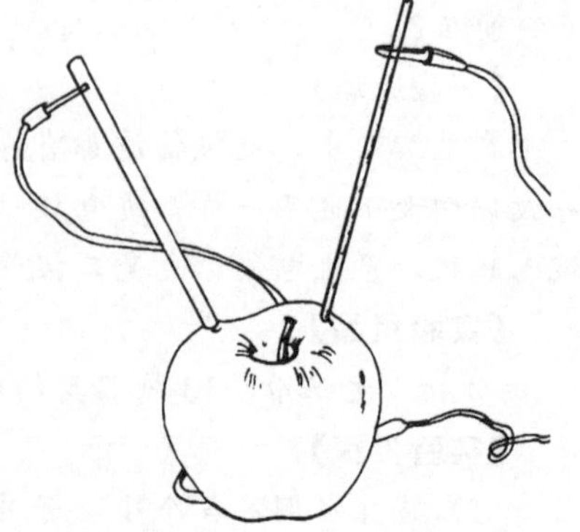

【实验结果与讨论】

你会惊奇地发现电压表的指针发生偏转了，这说明水果电池的铜片与锌片之间确实有电压存在。妙趣背后的真相——水果电池的电压大小与哪些因素有关？

【猜想与假设】

1. 可能与两金属片之间的距离有关；

2. 可能与两金属片插入水果的深度有关；

3. 可能与水果的种类有关；

4. 可能与水果的酸度有关；

5. 可能与两金属片插入水果的面积大小有关；

6. 可能与金属片的种类有关。

【评估】

1. 水果电池的电压较低，如何产生更高的电压？

2. 小明选用一个冰冻的西红柿做实验，他发现电压特别得小，对此你可以提出什么猜想？猜想的依据是什么？

【提示】

当一个物理量与多个因素可能有关，只需要研究与其中一个因素的关系时，应该保持其他因素相同，而只改变这一个因素，从而进行研究，这种研究问题的方法称为控制变量法。

根据实验数据可以看出，选取了不同的金属片作为电极、不同的水果来做实验，可知是研究与金属的种类、水果的种类之间的关系。选用不同的金属片与不同的水果时，电压不相等，说明电压与这两个因素有关。

如果把几节干电池串联起来，电压就大于一节干电池的电压，同样道理，如果把几个水果电池串联，就得到较高的电压，可以根据需要串联不同数量的水果电池得到所需的电压。

冰冻的西红柿与普通西红柿的区别在于温度不同，因而可从温度方面进行猜想。

趣味实验 7-3 染料敏化 TiO_2 太阳能电池

【实验目的】

掌握染料敏化太阳能电池的原理，探究电池的开路电压和短路电流的大小与哪些因素有关。

【实验原理】

当太阳光照射到电池表面时，负极上二氧化钛（TiO_2）膜表面的天然染料受到激发后转变为氧化态并产生电子，然后电子通过外电路流向涂有导电的二氧化锡（SnO_2）膜层的正电极，形成电流。

【实验用品】

TiO_2粉末、导电玻璃、新鲜的或冰冻的黑梅、山梅、石榴籽或红茶、乙醇、石墨、碘离子溶液。

【实验步骤】

1. 制作 TiO_2膜

(1) 先把 TiO_2粉末放入研钵中与黏合剂进行研磨。

（2）接着用玻璃棒缓慢地在事先镀有透明导电 SnO_2 膜的导电玻璃上进行涂膜。

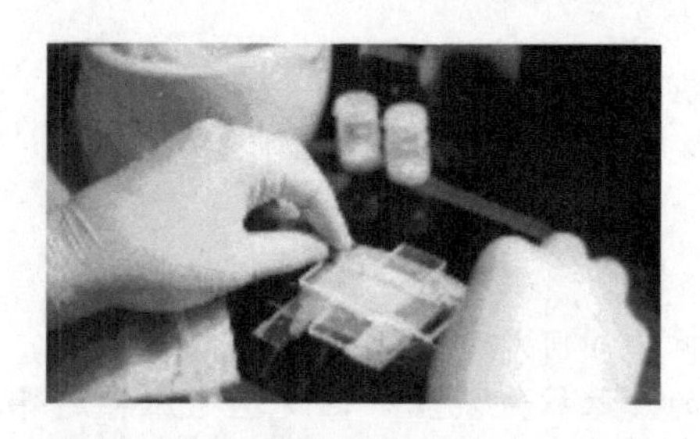

（3）把 TiO_2 膜放在酒精灯下烧结 10～15min，然后进行冷却。

2. 利用天然染料为 TiO_2 着色

如图所示，在新鲜的或者冰冻的黑梅、山梅、石榴籽或红茶中，加入一汤匙水并进行挤压，然后把 TiO_2 膜放进去进行着色，大约 5min，待膜层变成深紫色，如果膜层两面着色不均匀，可以再放进去浸泡 5min，然后用乙醇冲洗，最后用柔软的纸轻轻地将其擦干。

3. 制作正电极

由染料着色的 TiO_2 膜为电子流出的一极（即负极）。导电玻璃的导电面（涂有导电的 SnO_2 膜层）构成正电极，利用一个简单的万用表就可以判断玻璃的哪一面是可以导电的；利用手指接触也可以做出判断，因为导电面较为粗糙。如图所示，把非导电面标上“＋”，然后用铅笔在导电面上均匀地涂上一层石墨。

4. 加入电解质

利用含碘离子的溶液作为太阳能电池的电解质，它主要用于还原和再生染料。如图所示，在 TiO_2 膜表面上滴加一到两滴电解质即可。

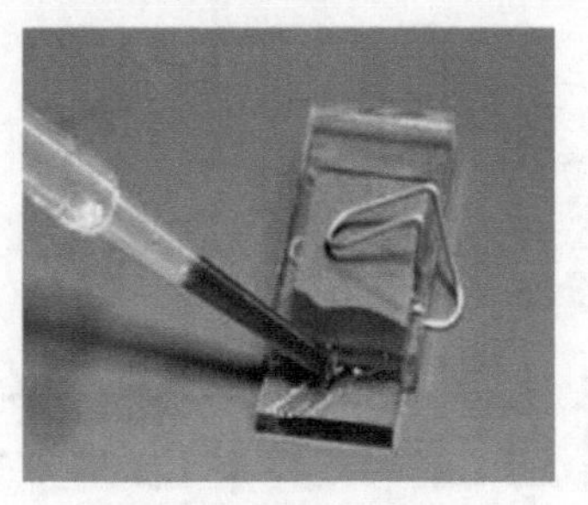

5. 组装电池

把着色后的 TiO_2 面朝上放在桌上，在膜上面滴一到两滴含碘和碘离子的电解质，然后把正电极的导电面朝下压在 TiO_2 膜上。把两片玻璃稍微错开，用两个夹子把电池夹住，两片玻璃暴露在外面的部分用以连接导线。这样，太阳能电池就做成了。

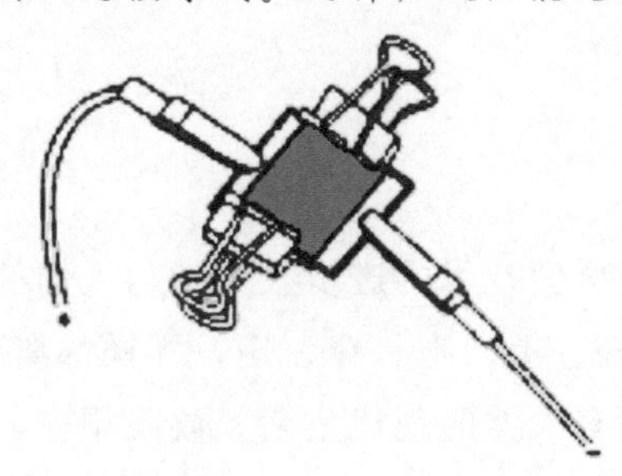

【实验结果与讨论】

在室外太阳光下，检测你的太阳能电池可否产生电流。分析电池的开路电压和短路电流的大小与哪些因素有关？

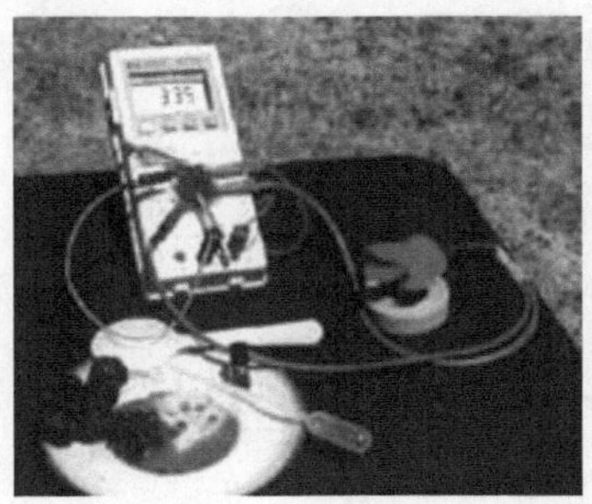

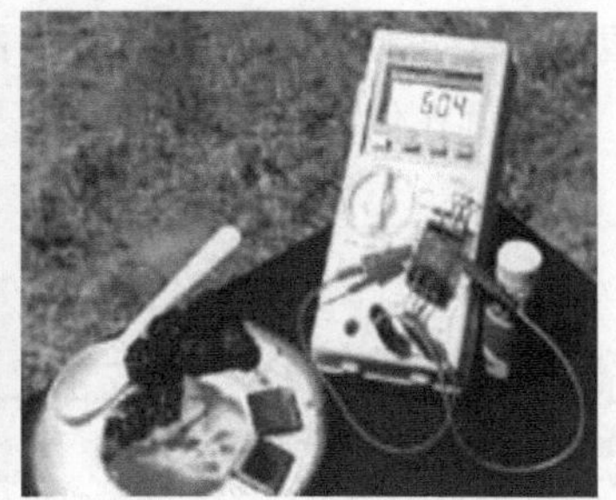

（谈利承，陈义旺）

第八章
日用品与化学

随着社会生产力的发展，科学技术的进步，化学与人们的生活越来越密切。我国著名化学前辈杨石先生说：“农、轻、重、吃、穿、用，样样都离不开化学。”因此可以说，没有化学创造的物质文明，就没有人类的现代生活。放眼望去，人类生活的各个方面，社会发展的各种需要都与化学息息相关。

化学工业的发展，给人类提供了非常丰富的日常用品，其中个人洗护用品和化妆品的出现，使人们更加关注个人生活品质，满足了人们对美的追求。日常生活中刷牙、护肤和洗涤用品以及塑料用品、服装等生活的必需品中都包含了丰富的化学知识，只要稍加留心，你会发现，化学就在你我身边。

第一节 刷牙——牙膏里的化学

日常生活中常用的清洁用品“牙膏”，大家司空见惯，每天都要使用，但是你可知道，牙膏的使用历史非常悠久。最早的牙膏是古埃及人发明的。在牙膏问世之前，人们用的是“牙粉”，一种碳酸钙和肥皂粉的混合物，用来保持牙齿清洁，清除污渍。随着科学技术的发展，工艺装备的不断改进和完善，各种类型的牙膏相继问世，产品的质量和档次不断提高，现在的牙膏品种已由单一的清洁型，发展到具有护理、修复、保健、消炎杀菌、辅助治疗等多项功能合一的功能型，牙膏的特性也由皂基型发展到合成化学型，市面上林林总总上百个品牌的多功能型牙膏，满足了不同层次消费水平的需要。

知识·链接

最早的牙膏

2003 年奥地利国家图书馆的地下室中发现了一张古埃及莎草纸，上面写满了古怪的象形文字。经考证，上面描述了一种可以亮白牙齿的粉末，这些粉末遇到唾液，就会变成膏状物，能够清洁牙齿，粉末的成分是：1% 盎司的岩盐和鸢尾干花，2% 盎司的薄荷和 20 粒胡椒。这是古埃及人用的牙膏——人类最早的牙膏。

美国牙科协会给牙膏的定义为：牙膏是和牙刷一起用于清洁牙齿表面的物质。中国牙膏工业协会的定义为：牙膏是和牙刷一起用于清洁牙齿，保护口腔卫生，对人体安全的一种日用必需品。一支合格的牙膏要求：①在有效去除牙齿表面的薄膜和菌斑的同时能保护牙釉质和牙本质不受到损伤；②无毒害作用，对口腔黏膜无刺激性；③对口腔具有良好的清洁作用；④有舒适的气味，使用后有凉爽清新的感觉；⑤易于从口腔中和牙齿、牙刷上清洗；⑥ 具有良好的物理和化学稳定性；⑦方便使用；⑧具有合理的性价比。当前，随着人们生活品质的不断提高，兼具美白、消炎、抗过敏等的功能性牙膏更加受到人们的青睐了。

一、牙膏中的化学成分及功能

牙膏的生产原料种类很多，原料的质量及原料之间的配伍性能是影响牙膏产品质量的直接因素。牙膏中的主要化学成分包括摩擦剂、湿润剂、表面活性剂、黏合剂、香料、甜味剂及其他一些特殊成分。

牙膏中主要化学成分及作用

成分	主要作用	常用原料
摩擦剂	除去牙齿表面的污垢，赋予光泽	磷酸钙、碳酸钙、氢氧化铝、二氧化硅
发泡剂	分散牙膏，洗去口中的污垢	十二烷基硫酸钠、月桂酰基肌氨酸钠
润湿剂	具有润湿性，保持性状稳定	山梨醇、甘油、丙二醇
黏合剂	保持牙膏体系稳定，具有成型性	羧甲基纤维素钠(CMC)，海藻酸钠
调味香料	赋予香味和爽快感	香料、甜味剂
着色剂	着色	蓝色 1 号、黄色 4 号、红色 106 号
防腐剂	防止氧化变质	苯甲酸钠、对羟基苯甲酸甲酯
药效成分	赋予功能	氟、止血环酸、葡聚糖酶、甘草次酸

别看只是一支小小的牙膏，内含的成分可真不少！

二、牙膏的主要原料

1. 黏合剂羧甲基纤维素钠（CMC）

CMC 是由棉纤维经碱化处理后加入氯乙酸钠反应而生成的，其中氯乙酸钠与纤维素分子中葡萄糖单基上的羟基发生取代反应。CMC 可形成高黏度的胶体、溶液，有黏着、增稠、流动、乳化分散、赋形、保水、保护胶体、薄膜成型、耐酸、耐盐、悬浊等特性，且无生理毒害作用，因此在食品、医药、日化、石油、造纸、纺织、建筑等领域生产中得到广泛应用。在牙膏中主要起成型和吸附污垢的作用。

2. 发泡剂十二烷基硫酸钠（K_{12}）

常用的发泡剂十二烷基硫酸钠（K_{12}）通常由椰子油加氢制成椰子油醇（十二醇），经磺化、加碱中和制得，一般为 8～16 醇混合的钠盐。作为发泡剂，K_{12} 有良好的起泡、浸润、去污、抗硬化和乳化性能，在牙膏中能起到降低水的表面张力、润湿、起泡、乳化、洗涤、去污等作用，既有去除牙齿污垢的功能，又有清洁口腔的功效。

3. 润湿剂山梨醇

山梨醇是由葡萄糖经催化加氢反应而制得的，具有较好的润湿性和湿度稳定性，有令人愉快的、清新的口味，甜度近于蔗糖的一半，并且没有气味。

市面上的牙膏产品，大多采用山梨醇作为润湿剂，一般采用山梨醇含量为 70% 的抗冻型液体山梨醇。抗冻型的山梨醇并不意味着山梨醇在冬天不结晶，在储存条件不好、天气较冷、时间较长的情况下也会出现结晶现象。对于结晶的山梨醇，要注意在使用前充分将其熔化，熔化不彻底的山梨醇会影响膏体的形成。

4. 香精

牙膏中所加入的香精一般有极强的消泡作用，香精中的油脂类与 K_{12} 作用，遇水乳化，消耗部分 K_{12}。香精中低级醇、酮、酚能使 K_{12} 所形成的泡沫壁变薄变脆，从而使泡沫量减少。对于香精引起的泡沫量减少，一方面减少或不用有消泡作用的香精原料用量；另一方面就是增加 K_{12} 的用量，一般来说，K_{12} 和香精在牙膏配方中用量比为 2∶1。

三、牙膏的质量问题

每种牙膏生产的工艺会有所不同，但基本生产工艺如下：

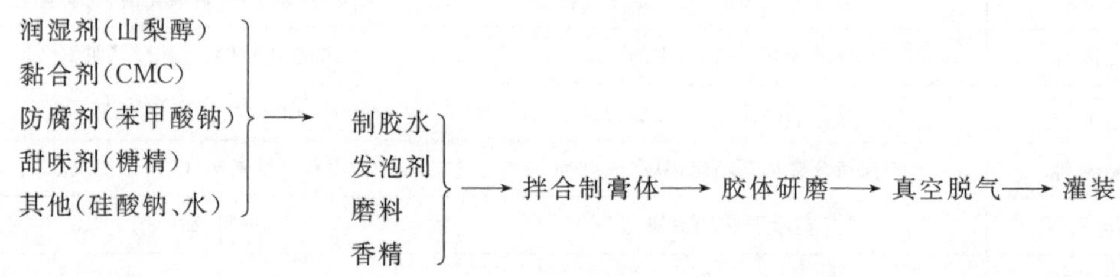

由此可见，牙膏生产是一个将各种原辅料混合的过程，没有剧烈的化学反应，但是组成膏体的各种原辅料以及膏体和膏体外包装之间存在着复杂的化学反应、电化学反应，使得牙膏在储存过程中会发生如气胀、分水等现象，直接导致牙膏的质量不合格。

从化学角度分析，产生牙膏质量问题的主要原因如下。

（一）气胀

气胀，指膏体产生了气体，管内压力过大，使包装膨胀甚至膏体冲破包装的现象。产生气胀的主要原因有原辅材料的质量、原辅材料相互间发生反应、生产工艺等，铝管包装时发生的可能性较大。

1. 原辅材料原因

(1) 甘油、山梨醇：若牙膏中含有甘油或山梨醇，容易引起牙膏壳体铝管的腐蚀，反应方程式如下：

$$2Al+6H^{+}=2Al^{3+}+3H_2\uparrow$$

同时也易发生与碳酸钙的反应：

$$CaCO_3+2H^{+}=Ca^{2+}+H_2O+CO_2\uparrow$$

在发生化学反应的同时，也会伴随着电化学反应的发生：

Al 阳极 | 电解质膏体 | H^{+} 阴极

阳极反应： $2Al-6e^{-}\longrightarrow 2Al^{3+}$

阴极反应： $6H^{+}+6e^{-}\longrightarrow 3H_2\uparrow$

化学反应、电化学反应产生的氢气、二氧化碳气体聚集牙膏管中，铝管局部被破坏，使膏体暴露从而失水、变硬；另外，空气中的氧气氧化膏体中的某些成分，也会使牙膏的膏体受到影响。

(2) 碳酸钙：碳酸钙作为一种摩擦剂，是组成牙膏膏体的主要物质，含量可达50%。碳酸钙的性质一般比较稳定，但仍存在着引起气胀的可能：

$$H_2O \rightleftharpoons H^{+}+OH^{-}$$

$$Al^{3+}+3OH^{-}=Al(OH)_3$$

$$CaCO_3+2H^{+}=Ca^{2+}+H_2O+CO_2\uparrow$$

由于牙膏中的碳酸钙是天然矿石，常常含有许多金属离子如 Fe^{3+}、Cu^{2+} 等。若经机械粉碎后不经处理，这些离子能够参与下面的反应产生气体而产生气体会引起气胀。

$$3H_2O+3CO_3^{2-}+2Fe^{3+}=2Fe(OH)_3\downarrow+3CO_2\uparrow$$

$$H_2O+2CO_3^{2-}+2Cu^{2+}=Cu_2(OH)_2CO_3\downarrow+CO_2\uparrow$$

(3) 磷酸氢钙、泡花碱等缓蚀剂：由于碳酸钙型牙膏中含有大量的碳酸钙，为了防止铝管被腐蚀，通常加入0.3%～0.5%的二水合磷酸氢钙和相近量的泡花碱（硅酸钠）作为缓蚀剂。如果加入量小，效果不明显，但是如果加入量大，则易发生气胀现象，产生的气体主要为 CO_2。

2. 配方原因

牙膏是一个配方型产品，因而对原材料的配伍性要求较高，例如，同一配方中包括酸性较强的材料，会和碳酸钙反应产生 CO_2。

事实上，引起气胀的原因还有很多，如碳酸钙的质量，铝的纯度、熔炼过程、表面光洁度，其他原料甚至环境等因素都会引发一系列的化学反应和电化学反应。气胀产生可能是单一的原因，也可能是多种原因共同作用的结果，不同的厂家、不同的工艺、不同的原料引起气胀的原因也会各不相同。

（二）膏体分水

膏体分水，是指膏体均相胶体体系受到破坏而使固液分离，导致析出水分。膏体分水一般是由原料质量、加工工艺或设备引起的。下面从原料方面解释如下。

1. 黏合剂

黏合剂与其他原料合理匹配，是膏体稳定的关键。牙膏常用的黏合剂 CMC，是形成三维网状结构的胶基原料，制胶过程就是CMC和水及水溶性添加剂形成网状结构的过程。

黏合剂CMC是由棉纤维经碱化处理后加入氯乙酸钠，氯乙酸钠与纤维素分子中葡萄糖单基上的羟基发生取代反应而生成的。棉纤维葡萄糖单基上的3个羟基都比较活泼，都可能被取代，但一般很少同时被取代。若葡萄糖单基只取代一个羟基，代替度为1.0，取代两个羟基，代替度为2.0，三个羟基都被取代代替度为3.0。当葡萄糖单基上的羟基有的被取代，有的未被取代，就会导致CMC的代替度的不均匀性，胶水不能形成均匀的网状结构，膏体的水分就不能很好地固定在膏体中而出现分离现象。

2. 摩擦剂

碳酸钙型牙膏中的碳酸钙占膏体总量的50%左右。若碳酸钙经机械粉碎后，微粒表面呈光滑状，其吸水量将变得很小，易使膏体分水。若碳酸钙加工时包含了过多的水分，使胶水网状结构呈水分相对过剩，或碳酸钙含量太低，如少于40%，膏体会有分离出水现象。而且如果摩擦剂粒度过小，比表面积大，表面自由能高，形成聚集体，排出包覆在胶体内的自由水，也会有分离出水的现象。

3. 发泡剂

牙膏中常用的发泡剂K_{12}是一种混合物，是8～14醇混合的钠盐，其中十二醇和十四醇的含量存在差异，含量的高或低都对膏体稳定性产生很大影响。一般来说十二醇含量应为35% ～45%，十四醇含量应为15%，如果这两种醇组分发生变化，也会引起膏体分水，导致膏体的不稳定。

4. 润湿剂

常用的润湿剂有山梨醇和甘油等，如果加入过量，会影响胶体与水的结合能力。如果润湿剂含水量过大，也会产生分水现象。

5. 其他

牙膏中常会加入部分添加剂，改善膏体的稳定性。例如，若添加剂中钠离子过多，由于CMC也是含钠离子的化合物，根据同离子效应原理，膏体的黏度降低，会导致分离出水。

牙膏中出现的质量问题，除各种原辅料以及膏体和膏体外包装之间发生化学反应引发之外，还有可能由于生产工艺操作不当引起。例如，某些产品中防腐剂的用量太少，使某些菌类能够生存繁殖，发生微生物发酵作用产生气体而产生气胀等问题。

以上牙膏质量问题基本都涉及化学知识，只有妥善加以解决和改进，才能生产出放心和舒心的牙膏。

四、如何选择牙膏

市面上牙膏品种繁多，该如何进行选择？在日常生活中是选择普通牙膏还是含氟具有防龋齿功效的牙膏？或者是多效牙膏呢？为了让牙膏发挥出最好的功效，必须弄清楚每一种特效牙膏的特点，按需选择。

1. 含氟牙膏

“含氟牙膏”中最重要的成分是氟化物。在自然界中，氟常以天然矿物质的形式存在。

过去 50 年中，“含氟牙膏”的使用对龋齿的大幅度下降起到了作用。人们口腔内的细菌是靠食物残渣里的糖和淀粉而生存的。氟化物能保护牙齿不受细菌分解食物产生的酸性物质的侵害，原因是由于氟化物使牙齿釉质更坚固不易被酸破坏，此外还可以修复牙齿中已经被酸损坏而开始腐烂的部位。

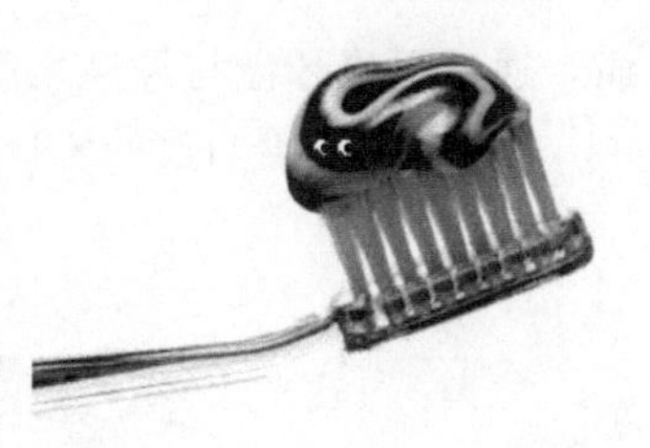

知识·链接

防治龋齿

世界卫生组织已将龋齿列为第三大非传染性疾病，仅次于心血管疾病和癌症。在人的口腔中，容易产生球菌类微生物“变形链球菌”，这是形成龋齿的罪魁祸首。链球菌与口腔中的食物残渣相互作用，在牙齿表面产生一种深黄色黏稠牙垢（主要成分为二水合磷酸钙）。牙垢与唾液中石灰质结合，形成坚固的牙石。牙石容易诱发龋齿，导致患者的牙齿脱落。在链球菌的生长过程中，会产生大量的酸。珐琅质在酸性溶液中会逐渐溶解，牙齿表面就出现一个个细孔，进而出现龋齿的前兆。

防治龋齿，必须经常漱口，保持口腔清洁；用保健牙刷和含氟牙膏刷牙，牙刷的刷毛要有一定的硬度，每次刷牙时间不应少于 3～4 分钟，并重点清刷容易积牙垢的部位。刷牙或漱口用水温度应在 36℃左右；饮食要保证精、细，食品及水果要适当搭配，以加强牙齿咀嚼功能和促进唾液分泌。甜食最好和正餐一起吃，少吃或不吃零食。吃过甜食之后需刷一刷牙，漱一漱口。

2. 洁齿牙膏（普通牙膏）

每个人的牙齿表面都有一层细菌，被称作牙菌斑。如果牙菌斑没有及时地清除以保证一定的口腔卫生，它就会变硬成为牙垢。难以消除的牙垢会在牙齿上堆积并侵入牙龈，最终导致牙龈疾病。

牙膏中有多种成分能防止牙垢的堆积。在牙膏中常常添加一些物质，如焦磷酸盐和锌柠檬酸，对防牙垢很有效。此外，一些洁齿牙膏中含有的三氯生（化学成分：2,4,4′-三氯-2′-羟基二苯醚）抗生素能杀死口腔中的一些细菌。目前，洁齿牙膏也大部分是含氟牙膏。

3. 抗过敏牙膏

抗过敏牙膏是专门给牙齿过敏的人使用的，这些人群的牙齿比较容易因冷、热刺激而过敏。抗过敏牙膏中含有硝酸钾或氯化锶，这些化合物的有效时间长达四周，能够缓解疼

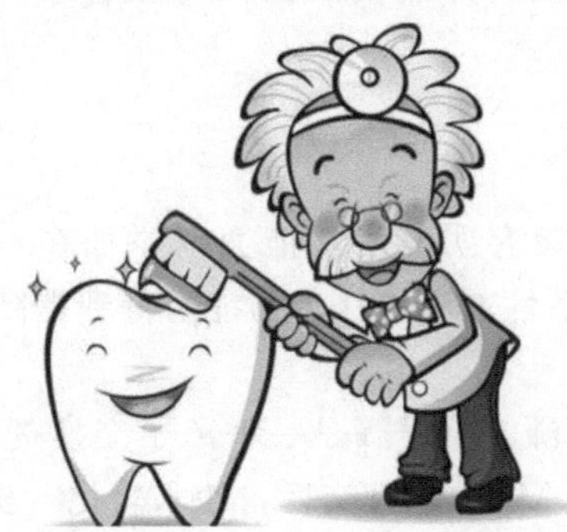

痛，通过阻碍牙齿与神经之间的联系而减轻牙齿的敏感度。

谨慎挑选适合自己的牙膏，保持口腔卫生，牙齿才能健康，才能追求更有品味的生活。

第二节 洗涤去污化学

洗涤是每个人天天都要做的工作，不管是个人卫生还是公共卫生，都少不了洗涤的程序。简单地说，洗涤就是从载体表面去污除垢从而使物体表面洁净的过程。洗涤过程通常可分为：①在洗涤剂的作用下，污垢与载体脱离；②脱离的污垢被分散、悬浮于介质中。

洗涤剂是按一定配方配制的日用化学品，是以一种或多种表面活性剂为主要成分，并配入各种助剂，以提高、完善去污能力，并赋予多种功能的配方产品。洗涤剂的去污作用是由表面活性剂降低界面张力而产生的润湿、渗透、起泡、乳化、增溶等多种作用的综合结果。一种优良的洗涤剂除了具有使污垢脱离载体的能力外，还应有较好的分散和悬浮污垢、防止污垢再沉积的能力。

对肥皂、合成洗涤剂这些日常生活的必需品，貌似大家都很熟悉，但它们究竟是什么成分，具有什么性能，使用时有什么要注意的问题以及对环境有什么影响？要回答这些问题，就要掌握与洗涤剂相关的化学知识。

一、洗涤剂的主要成分

（一）表面活性剂

表面活性剂，是一类重要的精细化学品，其分子结构具有两亲性：一端为亲水基团，另一端为憎水基团；亲水基团常为极性的基团，如羧酸、磺酸、硫酸、氨基或胺基及其盐，也可是羟基、酰胺基、醚键等；而憎水基团常为非极性烃链，如 8 个碳原子以上烃链。因此表面活性剂在溶液中能定向排列，并能使表面张力显著下降的物质。

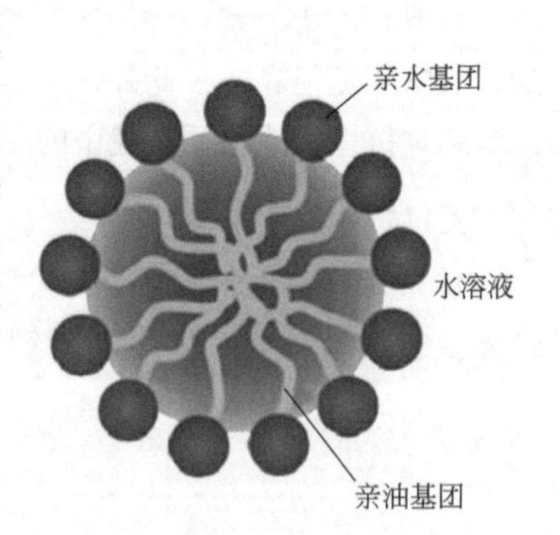

（二）洗涤助剂

洗涤助剂，是一类自身没有明显洗涤能力但添加在洗涤剂配方中却可以使表面活性剂的洗涤去污能力得到提高的物质，如软水剂、抗再沉积剂、荧光增白剂等。

(1) 螯合剂（软水剂）：沸石分子筛是一种离子交换剂，其结晶硅酸盐孔穴中可相对自由移动的 Na^{+} 能与 Ca^{2+}、Mg^{2+} 进行交换，使水软化，提高洗涤剂的去污能力。4A 沸石分子筛在洗涤剂中具有较好的助洗性能和配伍性，对人体无毒，使用安全，不危害环境，是磷酸盐的合适代用品，已普遍使用在低磷和无磷洗涤剂中。

(2) 抗再沉积剂：洗涤是可逆过程，已从织物上除去的污垢有可能返回到织物上。能将除去的污垢合适地分散在洗涤液中，使污垢不再返回到织物表面的物质称为抗再沉积剂。肥皂的抗再沉积性能较好，洗衣粉中加入 CMC 后则能达到很好的抗再沉积效果。

CMC 抗再沉积的原因是，CMC 容易分散在水中形成胶体，被污垢和织物吸附，使吸附表面带负电荷，形成空间障碍，抗污垢再沉积到织物上。目前，洗衣粉中普遍加了 CMC，加入量为 0.5%～1%。

(3) 荧光增白剂：是一种无色的荧光染料，能使紫外线（290～400 纳米）转变成蓝光。它发出的蓝色荧光能弥补白色织物吸收日光中的青光（补色作用）部分，使白色织物显得更白，有色织物显得更鲜艳。如二苯乙烯三嗪类化合物，配入量约 0.1%。目前，市面上出售的大多数白色纺织品都经过荧光增白剂增白。

荧光增白剂对人体皮肤是否有害尚无定论，但精明的商家会特别申明不在婴儿衣服上面使用。

(4) 香精：使织物、毛发洗涤后留有清新香味。香精是由多种香料组成，与洗涤剂组分有良好配伍性，在 pH 值为 9～11 的溶液中比较稳定。洗涤剂中加入香精的质量一般小于 1%。

(5) 酶制剂：市面上有许多加酶的洗衣粉和衣领净。酶是一种生物催化剂，由生物活性细胞产生的蛋白质组成。大分子的污垢（肉汤、血迹、油脂、化妆品、酱汁等）沉积在织物上很难除去。如果在洗涤剂中加入酶，便可将大分子转化成分子量较小的物质或水溶性物质，这些物质可被表面活性剂分散在水溶液中或溶于水，从而将污垢除去。目前，洗涤剂中使用的酶有：蛋白酶、脂肪酶、淀粉酶、纤维素酶。但值得注意的是，加酶洗涤剂必须在低温（$<30℃$）和 pH 为 7～9.5 条件下使用。因为在较高温度和酸性或碱性较强条件下酶容易失效；同时必须在有效期内使用，25℃可储存 6 个月。

洗涤剂种类很多，下面介绍肥皂、洗衣粉等常见洗涤剂的结构特点。

二、常用洗涤剂

(一) 肥皂

肥皂是一种高级脂肪酸的钠盐或钾盐。工业上一般是以油脂为原料，与烧碱溶液反应制取。

$$\underset{\text{油脂}}{C_3H_5(OOCR)_3} + \underset{\text{烧碱}}{3NaOH} \longrightarrow \underset{\text{肥皂}}{3RCOONa} + \underset{\text{甘油}}{C_3H_5(OH)_3}$$

其中生产洗衣皂的油脂中含牛油占 75%、棕榈油占 10%等；生产香皂的油脂猪油占 35%、棕榈油占 25%等，其工艺过程为：皂化（共煮 3～4 小时）→盐析（加盐，使皂上醇下分层）→碱析（补充皂化）→整理（加助剂，防酸败、增加泡沫）→成型→包装。

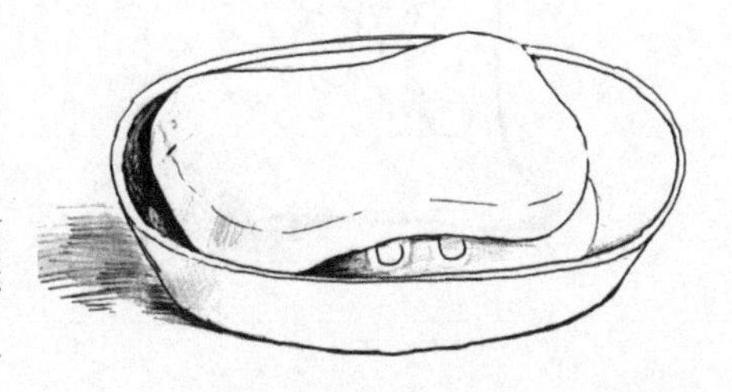

成品肥皂的主要成分有如下几种。①发泡剂。水玻璃又称为泡花碱，是洗衣皂中添加的填料之一，其组成是 $Na_2O : SiO_2$ 为 1∶2.44。水玻璃既可以在洗涤过程中对污垢起到分散和乳化作用，又能使肥皂光滑细腻，硬度适中。②钛白粉。添加钛白粉是为了增加肥皂的白度，改善真空压条皂发暗的现象，为肥皂增加光泽。一般添加量为0.1%～0.2%。③碳酸钠。可以提高肥皂的硬度，而且它本身是碱性盐，也可以中和部分未皂化完的游离酸。一般添加量为0.5%～3.0%。④荧光增白剂及色素。肥皂中荧光增白剂用量一般为0.03%～0.2%。添加的色素以黄色为主，有酸性金黄G（酸性皂黄），也有加蓝色群青的肥皂。⑤钙皂分散剂。为了防止肥皂在硬水中与Ca^{2+}、Mg^{2+}生成不溶于水的皂垢，降低表面活性；也为了减少皂垢凝聚使织物泛黄发硬，失去光泽和美感。常用的钙皂分散剂有：椰子油酰单乙醇胺、烷基酰胺、聚氧乙烯醚硫酸盐、牛油甲酯磺酸钠等表面活性剂。⑥香精。肥皂中还可以添加由人工合成的模仿水果和天然香料气味的浓缩芳香油。

知识·链接

减肥皂

“减肥皂”到底有没有？答案是“有”。通过科学配方，可以做到辅佐减肥的作用。靠谱的“减肥皂”多采用名贵中药，根据中医学理论，经过科学的配方，将萃取精制的药物精华加到皂基中制成。有减肥作用的中草药植物提取物有，茶叶提取物、红花提取物、海藻提取物、甘菊提取物、常青藤提取物、绞股蓝提取物等。这些提取物大多可以食用，安全性很高，对皮肤无副作用，有不错的减肥功效。用添加这些药物精华的“减肥皂”每天沐浴，除了洁肤，还可以起到保健、消除皮下脂肪、增强皮肤弹性的作用。

（二）洗衣粉

20世纪40年代以后，随着化学工业的发展，人们利用石油中提炼出的化学物质——四聚丙烯苯磺酸钠，制造出了比肥皂性能更好的洗涤剂。后来人们又把具有软化硬水、提高洗涤剂去污效果的磷酸盐配入到洗涤剂中。人们为了使用、携带、存储、运输等方便，就把洗涤剂制造成了洗衣粉。洗衣粉几乎是每一个家庭必需的洗涤用品。

洗衣粉有普通洗衣粉、浓缩洗衣粉、加酶洗衣粉和加香洗衣粉，它们的主要成分如同其他洗涤剂一样具有：活性成分、助洗成分、缓冲成分、增效成分、分散剂及辅助成分。

（三）洗衣液

在传统的用于衣物洗涤的产品中，洗衣粉一直占着主要的地位。而洗衣粉在使用过程中却并不能完全溶解，同时残留物容易导致衣物损伤，并且不易漂洗。因此，人们在使用发展过程中不断对配方和形式进行改进。如今，细心的人会发觉，有一种新的洗涤产品逐渐在取代洗衣粉的地位，这就是洗衣液。洗衣液能够完全溶解且溶解速度快，易漂易洗，不会伤及皮肤和衣物，同时去污能力强，并且能够深入衣物纤维内部发挥洗涤作用，去污更彻底。

常见的洗衣液一般分为三种：普通洗衣液、高档无磷洗衣液和概念型洗衣液。其中，概念型洗衣液是当今最流行的洗衣液，在原有基础上加上各种流行的消费概念，比如抗菌杀菌、消毒卫生、柔软、温和不伤手等，其实主要成分还是非离子表面活性剂。

知识·链接

衣物漂洗要彻底

人们在日常生活中洗衣物，非常重视衣物表面看得见的污垢是否洗去了，往往会忽略肉眼看不见的、因漂洗不净而残存在衣物中的洗涤剂和细菌等。洗衣粉常用的表面活性剂——十二烷基苯磺酸钠，在除污过程中是“功臣”，但它同时也是一种协同致癌物，另外洗衣粉中的荧光增白剂也是一种致癌物质，会影响人的生育能力。因此，我们在洗涤衣物时，洗衣粉不宜多放，而且一定要注意多漂洗几次衣物，彻底地将残存在衣物中的洗涤剂漂去！

（四）餐具洗液

餐具上油污较多，因此对洗涤剂的要求也更高。餐具洗液主要由表面活性剂、发泡剂和增溶剂等组成。常用的表面活性剂为直链烷基苯磺酸钠、烷基磺酸钠、烷基聚氧乙烯醚硫酸酯盐、α-烯基磺酸钠、烷基聚氧乙烯醚磷酸酯盐等。餐具洗液主要在餐具、蔬菜、水果等物品上使用，所以必须保证对人体无害、不刺激皮肤、对餐具无腐蚀作用，对水果和蔬菜不应损伤其营养成分。烷基磺酸钠和脂肪醇醚硫酸钠都是阴离子表面活性剂，属于石化产品，使用之后务必用清水充分冲洗，尽量减少其在餐具和果蔬上的残留量。

（五）干洗

干洗是利用化学溶剂——干洗剂对衣服进行洗涤的方法。干洗剂是通过渗透、溶解和稀释污垢从而达到洗涤效果的。干洗剂主要有石油溶剂干洗剂、氟利昂溶剂干洗剂、液态二氧化碳干洗剂、四氯乙烯干洗剂，我国干洗剂以四氯乙烯为主。

四氯乙烯是有机溶剂，不可燃、去油污能力极强、干洗效果很好，不属于破坏臭氧层的化学物质，不是温室效应气体，也不是形成化学烟雾的物质，在安全浓度下对人体健康没有长期负面的影响。但使用不当也会损害中枢神经系统，可导致头痛、头晕和疲劳，长期或反复接触可引起慢性头痛、精力不集中及肝功能损伤。所以干洗后的衣物应放在通风处充分晾晒，内衣尽可能不干洗。

三、洗涤用品的一般选择

洗涤用品是化学品，因此使用和购买选择的时候，首先要查看该商品是否有生产和毒性检验证号、卫生许可证号，以及是否注明产品使用的有效期限。其次，还需要了解产品的性能、用途和使用方法。选择无毒、去污力强，pH 值接近皮肤酸值上限（人皮肤的 pH 一般在 4.5～6.5），对皮肤无损害、无刺激，使用方便的洗涤剂。再者，要少选或不选碱性洗涤剂，此类洗涤剂虽然具有较好的去污效果，但会使皮脂过多流失，造成表皮粗糙，角质层受破坏，使细菌易于侵入。另外，为了保护人类生存环境，尽可能选择无磷洗涤剂，大家一起努力，促进洗涤剂工业朝着更加环保的方向发展。

第三节　护肤品化学

东方女性历来崇尚“肤如雪，凝如脂”的肌肤至高境界，“水、透、白”即集“水润、通透、白皙”为一体的三维美白已经成为当今理想肌肤专业美白的黄金标准。那么，护肤品是如何使得皮肤保持良好状态，肌肤又是如何老化的？

一、皮肤的结构与老化

1. 皮肤的结构

要想保护皮肤，就需要先了解皮肤的结构。如下图所示，皮肤分为表皮、真皮和皮下组织。更新细胞和细胞的新陈代谢就主要发生在表皮中；真皮中富含胶原蛋白，使皮肤富有弹性，具有一定的抗冲击能力；皮下组织是脂肪层，对上层细胞提供保护作用。

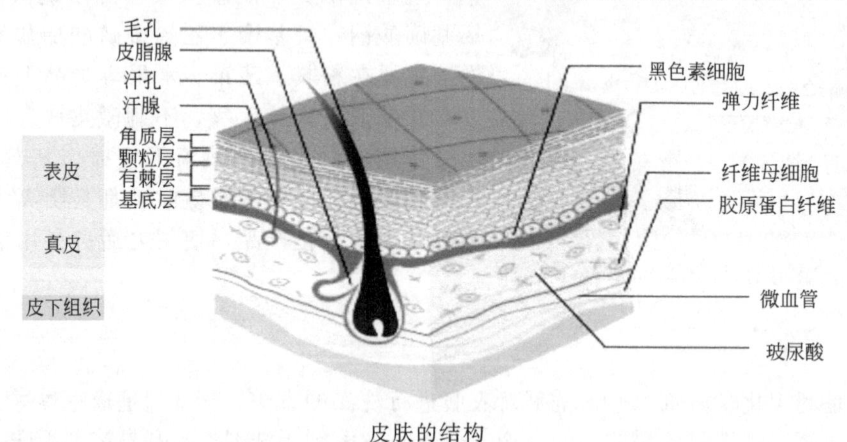

皮肤的结构

2. 皮肤的老化

皮肤是机体第一道天然保护屏障，使机体免受外界物理、化学物质以及微生物侵害，维持机体内环境稳定。

即使免受外界环境对皮肤的影响，皮肤也会随着人的衰老而老化。皮肤衰老是人体衰老的一个重要表现。皮肤老化分为如下两种。

(1) 固有性老化，是由遗传因素和不可抗拒因素（如重力、机体内分泌及免疫功能随机体衰老的改变）引起的。随着年龄的增长，新陈代谢减缓，老死细胞堆积导致皮肤粗糙，没有光泽；真皮母细胞对抗酶的破坏力的能力减弱了，胶原纤维和弹性纤维的数量和质量也随之下降，人体的肌肤就慢慢失去了弹性；表皮和真皮的交界面开始衰退松散，皱纹也随之慢慢生成。

(2) 外源性老化，是由于紫外线照射、吸烟、风吹、接触化学物质等环境因素引起的老化。其中光老化，即紫外线照射是影响皮肤老化的最重要因素。

随着岁月的推移，嘴角皱纹，皮肤松弛老化就不可避免地出现了。如何才能让皮肤保持光鲜亮丽，不让岁月的痕迹刻在脸上，适当的护肤品加上良好的心态是最好的“武器”。

二、护肤品的发展

护肤品，是指具有养颜美容的功能，能增强皮肤的弹性和活力保护皮肤的产品。为了满足人们的不同需求，商场里摆满了琳琅满目的护肤产品。按护肤品的功效可分为：保湿、美白护肤品，还有功效型的药用护肤品；按作用部位不同又可分为：面霜、眼霜、唇膏、护发素、护手霜等；按作用人群不同可分为女士护肤品、男士护肤品、婴幼儿护肤品等。

护肤品的发展大体经历了以下五个过程。

1. 矿物油时代

现代护肤品是现代化学工业的产物，廉价的石油产品合成的护肤品（如凡士林等）的大量推出，使护肤品从上流社会进入万千大众，开启了美容业的新纪元。那个时候从植物中提炼还很难，而石油，石化，合成工业很发达，所以很多护肤品化妆品的原料来源于化学工业，原料相对简单，成本低，但是工业合成的护肤品、化妆品中含有致癌物等有害物质。20 世纪 70 年代，日本 18 位患严重黑皮症的妇女在律师团和舆论的支持下，联名控告日本七大家名牌化妆品厂家，轰动了世界，这极大地促进了护肤品的革命。最典型的改进就是用古老的“天然油”（植物油、动物油）取代了的“矿物油”。

2. 天然成分时代

从 20 世纪 80 年代开始，皮肤专家发现：在护肤品中添加各种天然原料，对肌肤有一定的滋润作用。此时大规模的天然萃取分离工业已经成熟，于是，市场上越来越多的护肤品中加入天然成分！从陆地到海洋，从植物到动物，各种天然成分应有尽有（如芦荟、海藻、藿藿芭油、海豹油等）。但令人遗憾的是，人们的肌肤依然照常老化，代谢功能的退化也没有减缓，护肤品专家们这时才惊异地发现：肌肤衰老的根本原因是“肌肤氧化”，其表现为皮肤过早老化、代谢功能退化。

1990 年在日本京都召开的关于抗氧化问题的化妆品界国际会议，为天然护肤品时代作了一个历史的结论。无论什么天然精华素、营养素，只要皮肤不能吸收，都是一种负担，是造成皮肤氧化的主要原因。正如在金鱼缸里倒下一瓶油会让金鱼窒息而死，护肤品中的“油”，正是皮肤的第一个破坏者，抑制了皮肤自身的代谢功能，窒息了皮肤的呼吸，令皮肤愈来愈敏感、脆弱。

3. 抗氧化作用时代

氧化是一种化学反应，它不但会使金属生锈，使鲜花枯萎，还让人的皮肤老化。在人体细胞中，氧化能够破坏DNA，导致衰老、癌症和其他疾病。肌肤衰老的根本原因是"肌肤氧化"，只有阻止氧化才能延缓肌肤衰老。因此，护肤变得跟身体保养一样，需要一些功效性的作用，而不是保护，维持而已。这个时代最著名的理论就是自由基理论，最著名的抗氧化之父雷派克博士同一批科学家开创了自由基氧化的理论，并且逐渐被很多企业应用。因此加进抗氧化和抗自由基成分就成为该时代护肤品的特点。

抗氧化和抗自由基是20世纪90年代护肤品的中心议题。而使用抗氧化剂成了第三代产品的标志，维生素C和维生素E等成了流行的食品。抗氧化主题的深化，使得抗自由基也成为时尚，因此，超氧化物歧化酶风靡至今。

4. 零负担时代

为了满足特殊肌肤的要求，护肤品中各种各样的添加剂越来越多，给肌肤造成了没必要的损伤，甚至过敏，这个给护肤行业敲响了警钟，追寻零负担已成为现阶段护肤发展史中最实质性的变革。2010年后，零负担产品开始诞生，一批零负担产品，主导减少没必要的化学成分，增加纯净护肤成分为主题，给用过频繁化妆品的女性朋友带了全新的变革，"零负担"产品的主要特点在于：减少了很多无用成分，增加了护肤成分，例如玻尿酸、胶原蛋白等。产品性能极其温和。

5. 基因时代

随着人类基因组计划的逐步实施，与皮肤和衰老有关的基因被逐渐破解，标志着护肤也进入了基因护肤时代。虽然护肤品的基因时代才刚刚开始，但是潜藏在大企业之间的并购已经暗流涌动，许多药厂介入其中。罗氏大药厂斥资468亿美金收购基因科技，葛兰素史克用7亿2千万收购sirtris的一个抗老基因技术。这个时代的特点是更严密、更科学，因为技术的先进，加上新奇，必须要有严格的临床和实证，严格检测。未来的趋势是每个人的体检都会有基因图谱扫描这项，根据图谱的变化来验证产品的功效。这，很值得期待！

以上几个时代并不是完全割裂的，是逐渐演变的，护肤品的发展日新月异，人们的生活也因此增光添彩。

三、护肤品中的化学奥秘

护肤品有很多种类型，人们常按护肤品的功效来进行分类，例如保湿、美白、抗皱等。那这些护肤品如何发挥其功效呢？当然与它们所含的化学成分密切相关，下面做个系统的梳理。

（一）保湿性护肤品

保湿性护肤品是一类能够补充皮肤含水量，帮助皮肤恢复弹性等功能，减轻皮肤干燥、脱屑等现象，让粗糙的皮肤变得光滑、柔软、细腻的护肤产品。同时它对于许多慢性皮肤病如银屑病、遗传过敏性皮炎等也有辅助治疗的作用。

不同功能的保湿护肤品含有不同的有效成分。常见的有以下几种。①吸湿保湿：有效成分有甘油、山梨醇、聚乙二醇等多元醇类。此类保湿护肤品适于夏季、初秋季节和南方地区使用。②水合保湿：有效成分为胶原质和弹力素，会形成网状结构，容易锁住水分，达到保湿效果。适于各类皮肤和各种气候。③油脂保湿：有效成分为凡士林、白蜡油、三酸甘油酯等。④修复保湿：有效成分为 V_A、V_B、V_C、V_E、果酸等。

这些保湿护肤品都含有相同的主要成分：封包剂、湿润剂和润肤剂。

1. 封包剂

封包剂通常为油脂性物质，它可以在皮肤表面形成一层惰性油膜，防止皮肤表面水分蒸发，从而减少经表皮水分丢失。封包剂有生物脂质和非生物脂质两大类。

生物脂质保湿作用：一是通过外源封包作用；二是穿过皮肤角质层进入高尔基体中，再一起与内源脂质成分参与板层小体的合成，从而恢复皮肤屏障功能。包括胆固醇、脂肪酸和神经酰胺等。

最常见的封包剂是非生物脂质，它们虽不能穿过角质层，但可以填充在角质细胞间。形成一个疏水的非双层脂质结构替代原来的脂质双分子层，减少经表皮水分丢失。与生物脂质相比，它们起效更快，因为生物脂质还需要进入细胞，参与细胞内脂质的合成和加工。

根据来源不同可以将封包剂分为动物、植物和矿物三类。以下介绍几种常用的封包剂成分。

(1) 凡士林　凡士林是一种非常有效的封包剂，可以进入去除脂质的角质层，它可以降低经表皮水分丢失，有助于恢复皮肤屏障功能。同时凡士林具有耐氧化性能，稳定性好，但质感比较油腻，容易导致粉刺。

(2) 矿物油　化妆品中经常使用石蜡油，其稳定性和质感良好。若纯粹使用矿物油能减少 30%的经表皮丢失的水分。

(3) 羊毛脂　羊毛脂是绵羊皮脂腺的分泌产物，是单酰、二酰、羊毛酸、羊毛醇、羟基酯化物等混合物，它和表皮脂质有许多类似之处，具有保湿作用原因是，一方面在肌肤表层形成保护膜，从而锁住肌肤本身水分不流失，时间可长达 12 个小时以上；同时可以渗透到角质层的脂质双分子层中，补充人体肌肤必需的脂肪酸、胶原蛋白，并在肌肤表层形成丝般的保护膜，锁住肌肤的水分不流失，同时抵御外部环境（如阳光紫外线、风沙、灰尘、工业尘埃等）的伤害，从而滋养肌肤，防止肌肤干裂，保持肌肤弹性，防止肌肤因缺乏水分而衰老。

(4) 硅油　硅油属于一类新的封包剂，特点是无强烈的气味、低致敏性、不会产生粉刺，在市场上销售的"无油配方"保湿产品中经常可以见到这种成分。单用时降低水分丢失的作用较弱，要与其他封包剂合用。

(5) 生物脂质　光老化部位或是老年人的皮肤，主要是由于缺乏胆固醇，补充以胆固醇为主的生物脂质能帮助恢复屏障功能；缺乏神经酰胺，表现为遗传过敏性皮炎，补充以神经酰胺为主的生物脂质能帮助恢复皮肤屏障功能；而像银屑病患者、新生儿和尿布皮炎患儿要使用以脂肪酸为主的保湿产品。

(6) 亚油酸　据报道，护肤品、化妆品中的亚油酸具有清除自由基、抗氧化、保护细胞膜稳定性的作用，可以延缓皮肤衰老、改善皮肤性能。

2. 湿润剂

湿润剂是指能吸收水分的物质，它们可以从皮肤深层将水分吸引到表皮角质层，也可以从环境中吸收水分，并将水分锁定在表皮角质层内。常用的有以下几种。

(1) 甘油　甘油是常用的湿润剂，它可以防止在湿度低的情况下角质层脂质结晶，保持层状结构；也可以提高糜蛋白酶样蛋白酶的活性，消化固定角质层的细胞桥粒结构，使干性皮肤患者角质层桥粒降解，从而促进脱屑。

(2) 丙二醇和丁二醇　丙二醇和丁二醇有类似甘油的角质松解作用。如果使用丙二醇浓度过高会引起刺激反应，因此建议使用浓度为2%～15%。丙二醇可溶解不溶于水的物质，可作为溶剂，同时还是促渗透剂。这两者都是常用的保湿剂。

(3) 天然保湿因子　天然保湿因子中有氨基酸类、吡咯烷酮羧酸（PCA）、乳酸、尿素。其中游离氨基酸是一种表皮分化最终阶段产生的蛋白质，是丝聚蛋白质的代谢产物，角质层内的游离氨基酸有很好的吸湿作用；PCA占角质层干重的2%，其结构类似黏多糖，可以将真皮的水分或表皮深层吸引到表皮角质层；乳酸，能促进表皮鳞屑脱落，使皮肤变光滑，有吸湿、剥脱作用；尿素，通过将氢键打开，将角质细胞结合水的部位暴露出来，提高表皮角质层结合水的能力。尿素抑制表皮细胞增殖使角质细胞体积增大，以降低皮肤的通透性，降低单位时间内经过表皮的失水率。同时它还能通过减少角质细胞间的连接，加快脱屑。

(4) 羟酸　羟酸可以促进细胞增殖和角质细胞脱屑，增加胶原合成，还可以刺激神经酰胺的合成，同时由于其结构中含有多个羟基而有很好的吸收水分的作用。

(5) 泛酰醇　泛酰醇在组织内被转化为D-泛酸（维生素B_5），是辅酶A的组成部分，有一定的结合水的能力。

(6) 透明质酸　透明质酸相对分子质量为20万～100万，是一种酸性黏多糖，其水溶液具有高黏度。由于它们的多糖苷键相当牢固，形成黏弹性网络结构，膨胀的分子形状占据较大的空间，能结合较大量的水分子，因此在细胞间基质中能够很好地保持水分，如2%透明质酸可以保持98%的水分。但这种物质本身不能增加角质层的含水量。因此需要与其他湿润剂和封包剂联合使用。

3. 润肤剂

润肤剂包括酯、长链醇等化合物，如十六烷基硬脂酸盐。长链醇涂抹后能填充在干燥皮肤角质细胞间的裂隙中，防止皮肤表面水分蒸发，增进皮肤角质层含水量，促进恢复皮肤屏障功能，使皮肤变得柔软、光滑。

外用保湿护肤品后，其中的封包剂可以在皮肤表面形成一道人为的屏障，从而减少皮肤表面水分蒸发，增进皮肤角质层含水量，使皮肤屏障功能恢复。

湿润剂可以增进角质层结合水的能力，减少水分的丢失，增加皮肤角质层含水量，促进皮肤屏障功能恢复。润肤剂对皮肤表面水分蒸发没有影响，但涂抹后即可使皮肤变得光滑、柔软。因此，保湿护肤品的配方非常重要，上述三种主要成分缺一不可。

（二）美白护肤品

人体的肤色差异通常取决于表皮黑色素的含量与分布、角质层的厚度以及真皮血液循环情况等，主要有以下几个影响因素：黑色素大量累积；皮肤的干燥程度；角质细胞过量沉积；压力和炎症；体内毒素淤积；肌肤微循环差及皮肤氧化等。

黑色素细胞存在皮肤表皮基底层，表面呈树状突起，延伸至四周的角质细胞中。细胞质中含有黑色素小体，内含酪氨酸酶。受压力、紫外线等因素刺激，酪氨酸酶得以活化并在氧气的帮助下与血液中的酪氨酸反应产生多巴，继而生成黑灰色的多巴醌，又通过不同途径进一步氧化催化、聚合形成黑色素颗粒，其在细胞代谢的层层推动下，被转移至肌肤表层，不能被及时代谢，于是逐渐积累、沉淀形成色斑。除受遗传因素影响外，黑色素的合成及分解主要受以下因素影响：微量元素、体内激素、维生素、氨基酸及环境等。体内激素如性激素能促进黑色素合成，而肾上腺皮质激素则可抑制其合成。

近年来，爱美的女士们已不再满足于以传统的粉底等来掩盖面部瑕疵，而是更加追求自然的美白效果，因此美白护肤品就应运而生。下面就看看美白护肤品中有哪些有效成分，其作用机理又是如何。

(1) V_C 良好的天然还原剂，可还原黑色素，抑制黑色素形成，促进表皮黑色素脱落。该成分使用安全、有效，但稳定性差，易失活，不易被皮肤直接吸收。

(2) 曲酸　通过抑制酪氨酸酶、二羟基吲哚羧酸氧化酶及多巴异构酶活性等方式抑制黑色素生成，阻断二羟基吲哚聚合，美白效果迅速。但是这类产品的稳定性较差，不易被皮肤吸收，而且安全性也受到质疑。

(3) 果酸　果酸能够加速角质细胞分解，此类成分能快速美白，但需与其他美白成分复配且不宜长久使用。

(4) 熊果苷　能抑制酪氨酸酶活性，减缓黑色素形成；加速新陈代谢，促进黑色素分解，其特点为安全、高效，但稳定性较差，在光照条件下易变质。

(5) 胎盘素　修复受损黑色素细胞，维持其代谢平衡；促进细胞新陈代谢，加速角质细胞分解，此类产品性质温和，安全性高，但易腐败变质。

(6) 天然植物及中草药　通过抑制酪氨酸酶活性等来抑制黑色素的生成或通过“清除自由基、抗氧化、保湿、滋养、活血、防晒”等功效辅助美白。此类成分性质自然、温和，但需多种成分科学复配才能达到较好的美白效果。

(7) 内皮素拮抗剂　阻止黑色素细胞膜受体与内皮素结合，抑制黑色素细胞分化、增殖；间接抑制酪氨酸酶活性，干扰黑色素形成。

(8) 传明酸　抑制酪氨酸酶和黑色素细胞的活性，能够还原已形成的黑色素，阻止黑色素聚集，此类产品高效，温和无刺激，稳定性好，目前没发现明显的副作用。

目前，市场上的美白剂型主要有喷雾、乳液、膏霜、水、凝胶、面膜等形式。一般来说，美白喷雾型的功效成分能够瞬间被吸收；面膜则具有短时强效美白效果；美白水的渗透、吸收效果最好，但附着性较差，功效不持久；乳液与凝胶则因附着性强，涂展性好，美白效果的持久性较好。

（三）抗皱护肤品

内脏功能失调是导致产生皱纹的重要因素之一。人体面部与人体其他部位一样，需要营养，而人体内的营养物质是通过内脏的功能活动产生的。所以，内脏功能失调必然导致营养物质的缺乏，使面部肌肤失去气血滋养而导致早衰，出现皱纹。日晒，风吹及寒冷，皮肤干燥，某些化学物质如酸、碱等的刺激，使皮肤失水，化妆品选择不当，也是诱发皱纹的重要因素。

要做到正确使用护肤品达到抗皱效果，有必要明白抗皱护肤品的祛皱原理。

(1) 适当补充胶原蛋白：胶原蛋白虽然在人体干重中的比例不足3%，却支撑着所有的外貌容颜，对皱纹更有着“重要作用”。然而随着年龄的增长，胶原蛋白含量逐渐萎缩，使皮肤塌陷、弹性变差而产生皱纹。其实日常饮食中，猪脚、鸡爪、银耳都含有丰富的胶原成分，只要加以正确利用并长期坚持就可取得很好的美容效果。

(2) 小剂量地使用肉毒素：肉毒素能够神经激素阻断神经和肌肉之间的信号传导，从而引起肌肉的松弛性麻痹，使肌肉无法跳动、收缩而达到迅速去皱的效果。注意，大剂量使用肉毒素将可能致命，需在专业机构专业医生指导下小剂量注射才能保证安全。

(3) 补水和营养是最基本的日常抗皱护理。干枯萎缩的细胞令肌肤产生皱纹，而水分营养会使细胞饱满丰盈，新陈代谢良好。

在使用抗皱护肤品的同时保持好的作息和生活习惯，才能达到较好的抗皱效果。日常护肤品对于已经产生的皱纹，只能淡化，不能根除，所以肌肤的抗皱应是以预防为主。

四、几种护肤品的化学鉴别法

1. 洁面乳

如果直接把洁面乳挤到 pH 试纸上进行测试，pH 值显弱酸性的洁面乳比较好，因为人体的皮肤本身是弱酸性，所以显弱酸性的洁面乳较温和，没什么刺激。而碱性的清洁力较强，但会损害皮肤的天然保护层，较适用于油性皮肤。

2. 化妆水

将化妆水用力摇，摇完之后看其泡泡状态：①泡泡很少，说明有效成分少；②泡泡多且大，说明含有水杨酸，洁肤的效果较好，但刺激性大易过敏；③泡泡很多很细，而且很快就消失了，说明含酒精，不要长期使用，否则容易伤害皮肤的保护膜；④泡泡细腻丰富，有厚厚的一层，且经久不消，此类化妆水质量较好。

3. 乳液

乳液最大的作用就是保湿、滋润。乳液有水包油和油包水两种剂型，前者较为清爽且容易被吸收，而油包水型则不易被吸收，涂上之后还会有油腻感。鉴别乳液剂型的方法是，取一杯清水，然后取豌豆大小的乳液放入水中，通常水包油型的乳液会浮在水面上，稍微搅拌就会慢慢溶解，变成乳白色。大部分油包水型会沉到水面以下，并且不容易溶在水中。因此选用购买时，要浮在水面上，搅拌后会溶解的才是好的乳液。

4. 膏霜

取放一点膏霜在普通勺里，点火灼烧，直到完全烧尽，如果有黑色残渣，说明有添加剂，残渣越多证明添加剂越多，质量就越差。也可以放一根棉芯在勺里，把棉芯点着，如果发现勺里的膏霜会冒黑烟，那就说明这样的产品也不好。

知识·链接

五种神奇的防晒水果

日常生活中，有五种水果会神奇地转换成防晒物质，食用后可能比防晒霜更管用哟!

(1) 番茄是最好的防晒食物，富含抗氧化剂番茄红素，每天若摄入 16 毫克番茄红素可将晒伤的危险系数下降 40%，番茄煮熟后比生吃效果好。

(2) 西瓜：西瓜汁中含有多种有益健康和美容的化学成分，如含有促进皮肤生理活性的氨基酸，这些成分易被皮肤吸收，对面部皮肤的防晒、滋润、增白效果较好。

(3) 柠檬：柠檬含有丰富的维生素C，能促进新陈代谢、延缓衰老、美白淡斑、收细毛孔、软化角质层，对皮肤有很强的护理作用，同时还能增强皮肤的抗晒能力。

(4) 橙子：含有大量维生素C和胡萝卜素，可以软化和保护血管，促进血液循环，降低胆固醇和血脂，还可以抑制致癌物质的形成。研究显示，每天喝3杯橙汁可以增加体内高密度脂蛋白的含量，从而可降低患心脏病的可能。

(5) 猕猴桃富含亮氨酸与苯丙氨酸等十多种氨基酸，还含有丰富的矿物质，对防晒有一定帮助。

第四节 服装中的化学

各种色彩斑斓、造型优美的服装，给人类生活带来了姹紫嫣红、气象万千的美丽景色。材料是构成各种服装最重要的物质基础，不仅服装的构成离不开材料，而且服装的功能依赖于材料的性质。随着人们生活水平的提高，服装的功能已经不仅仅局限于御寒，舒适、美观，人们还希望服装具有特殊的功能，如防辐射功能等。因此开发和利用新的服装材料，如新型纤维材料、纱线和织物的新结构、新型环保服装材料等已经成为一种趋势。

服装材料是人类古老的艺术和技术之一，也是人类文明进化的基础。服装材料的发展历程也是人类文明发展的历程。对服装材料的研究不仅包括天然纤维的发现和加工，还包括化学纤维的研制。机器设备的革新，这些成就都丰富了服装材料的发展。现代科学技术的飞速发展，大大促进了纤维工业和纺织加工技术的改革，新型纺织品不断出现。金属、塑料等新材料和新工艺也丰富了各种服装材料。化学手段在服装发展历史和当前潮流中发挥着重要的作用，例如，可以通过化学手段来发展服装材料的种类和合成新型面料，学会从化学角度上认识日常服装中有害的化学物质及相应的防护方法，既要穿得美丽也要穿得健康。

一、服装中的主要成分

服装材料是指构成服装的一切材料，其种类繁多、形态各异。主要可分为两大类：第一类，纤维制品。纤维制备构成的服装是常规服装的主要表现形式，如以布为代表的纺织品、毛毡等集合制品以及一些皮革制品；第二类，杂制品。服装中除了纤维制品外，为了顺应时代与潮流的发展以及不同设计师的设计理念和手段，在服装中还会添加些木材、金属、橡胶等杂制品。

随着现代社会的进步，制作服装的面料也越来越丰富，有丝绸、呢绒、棉布，还有涤纶、尼龙、腈纶和人造棉等。其实构成这些面料的都是一些纤维类的物质，纤维是制造纱线、织物、保暖絮片等的基本原料，也是构成服装美感与功能的基础。纤维不仅可以从自然界中获取，也可以通过化学合成的手段制备。下面就介绍一下服装材料中具体的纤维类别。

纤维				
天然纤维			化学纤维	
植物纤维(天然纤维素纤维)	种子纤维	棉花	人造纤维(再生纤维)	人造纤维素纤维
		木棉		人造蛋白质纤维
	韧皮纤维	苎麻	合成纤维	氯纶(聚氯乙烯纤维)
		亚麻		丙纶(聚丙烯纤维)
	叶纤维	剑麻		腈纶(聚丙烯腈纤维)
		焦麻		维尼纶(聚乙烯醇缩甲醛纤维)
动物纤维(天然蛋白质纤维)	丝纤维	桑蚕丝		涤纶(聚酯纤维)
	毛纤维	绵羊毛		氨纶(聚氨酯弹性纤维)
		山羊绒(开司米)		锦纶(聚酰胺纤维)
		兔毛		
		羊驼毛		

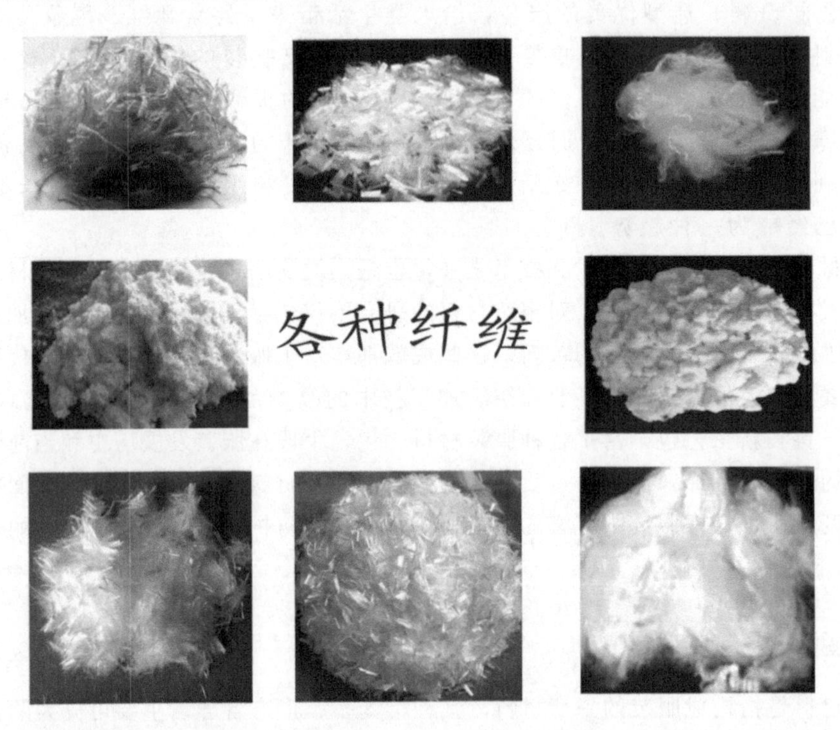

(一) 天然纤维

天然纤维是从天然或人工培植的植物上、人工饲养的动物上直接提取的纺织纤维，是纺织工业的重要材料来源。尽管 20 世纪中叶以来合成纤维产量迅速增长，纺织原料的构成发生了很大变化，但是天然纤维年总产量在纺织纤维中仍约占 50%。在化学纤维出现以前，人们主要利用天然纤维来御寒和打扮。而在崇尚“绿色产品”的今天，棉花、麻、羊毛以及蚕丝等天然纤维更具有特殊的意义。

1. 植物纤维

植物纤维是通过天然或人工培植的植物中提取而获得的纤维，它的主要组成物质是纤维素，因此它又被称作天然纤维素纤维。根据纤维在植物上生长部位的不同，又可分为种子纤维、韧皮纤维和叶纤维。棉和麻是常用的植物性纤维。纤维素分子有极长的链状结构，属线性高分子化合物，其分子式为（$C_6H_{10}O_5$）$_n$，n 的数值为几百至几千甚至一万以上。

2. 动物纤维

动物纤维就是从动物身上获得的纤维。其主要组成物质是蛋白质，因此又可被称为天然蛋白质纤维。它主要包括丝纤维和毛纤维。丝纤维是从昆虫腺分泌物中获得的纤维，如桑蚕丝、柞蚕丝、蓖麻蚕丝、木薯蚕丝等。毛纤维是从动物披覆的毛发中获得的纤维，如绵羊毛、山羊绒、兔毛、马海毛、骆驼毛等。

凡是由蛋白质构成的纤维，弹性都比较好，织物不容易产生褶皱，不怕酸的侵蚀，但碱对它们的腐蚀性很大。

（二）化学纤维

化学纤维是指用化学方法和机械加工得到的纤维状物体。根据原料来源和处理方法的不同，可分为人造纤维和合成纤维两大类。

1. 人造纤维

人造纤维，又称再生纤维，它是用含有天然纤维的原料经过人工加工而再生制得的。人造纤维的化学组成与原天然纤维基本相同，它包括人造纤维素纤维和人造蛋白质纤维两大类，前者是利用自然界中存在的棉短绒、木材、甘蔗渣等含有纤维素的物质制成的纤维，如黏胶纤维；后者是利用天然蛋白质产品为原料，经过人工加工制成的纤维，如酪素纤维、大豆纤维、花生纤维、乳酪纤维等，这类纤维的原料价格高，性能又欠佳，所以目前使用较少。

根据人造纤维的形状和用途不同，人造纤维又可以分为人造丝、人造棉和人造毛三种。

知识·链接

如何利用木材、芦苇、甘蔗渣、麦秆等来纺丝织布?

先将这些不能纺丝的纤维素先后用二硫化碳和氢氧化钠处理，就会得到纤维素黄原酸钠。除去杂质后，将其溶解于稀碱液中就制成一种黏稠的液体。通过特殊的喷丝装置将此黏液喷入硫酸和硫酸盐的溶液中，这种黏胶状的酯就会被分解为纤维素。这就是黏胶纤维生产的全过程。

2. 合成纤维

下面介绍几种常见的合成纤维。

(1) 涤纶（聚酯纤维） 涤纶又名“的确良”。它的发展极为迅速，已成为合成纤维中产量最大的品种之一。它的原料是对苯二甲酸和乙二醇，它们分别来源于石油工业中的甲苯和乙烯。

涤纶具有很高的强度，耐磨性也仅次于尼龙，而且耐光、耐蚀、耐蛀、易洗快干、挺括、保型性好。涤纶的综合性能优于尼龙，是优良的衣料，也被大量用于轮胎帘子线、工业滤布、绳索等。但其缺点是吸湿性能差，导电性差，因此不适宜作内衣，也不易染色。

(2) 尼龙（聚酰胺纤维） 尼龙是聚酰胺类纤维的商品名。它主要指尼龙6和尼龙66。尼龙在三大合成纤维（聚酰胺纤维、聚酯纤维、聚丙烯腈纤维）中产量位居首位。

尼龙的最大优点是强度大，弹性好，耐摩擦。其强度比棉花大两三倍，耐磨性是棉花的10倍，尼龙绳强度比同样粗的钢丝绳还要大。另外它质轻，比棉花轻35%。它耐腐蚀，不受虫蛀。但尼龙纤维的耐光性、耐热性和保型性都较差，制成的衣料不挺括，容易变形，所以尼龙不适于作高级服装的面料，而且不宜用开水洗涤尼龙衣物，熨烫的温度也不能很高。

(3) 腈纶（聚丙烯腈纤维） 腈纶就是俗称的“人造羊毛”，在国外它又被称为“奥纶”、“开司米纶”，是仅次于聚酯纤维和聚酰胺纤维的合成纤维品种。腈纶质地柔软，轻盈，保暖。它虽然比羊毛轻10%以上，但强度却大2倍多。腈纶不但不会发霉和被虫蛀，对日光的抵抗性也比羊毛强1倍，比棉花强10倍，因此特别适合制造帐篷、炮衣、车篷、幕布等室外织物。用它制成的毛线，特别是轻软的膨体绒线早就为人们所喜爱。

(4) 丙纶（聚丙烯纤维） 丙纶自20世纪60年代工业化生产以来，发展速度很快。由于其原料便宜易得，聚合和纺丝工艺简单，丙纶以轻、牢、耐磨而著称，引起人们的广泛重视。

聚丙烯纤维是合成纤维中密度最小的，可以浮在水上，因此丙纶穿着和使用都比较轻便。它的强度和耐磨性与聚酰胺相近，此外还有不吸湿、绝缘等特点。丙纶主要用于绳索、网具、滤布、编织绳和编织袋等。用丙纶做成的消毒纱巾具有不粘连伤口的特点，且可直接高温消毒。它主要的缺点是吸湿性、可染性差。此外，由于其耐光耐热性低，因此不宜在烈日下暴晒，日晒后老化现象比较显著，若在聚合体中加入添加剂，或进行化学处理，或与第二组分进行接枝共聚，老化现象可得到改善。

(5) 氯纶（聚氯乙烯纤维） 聚氯乙烯虽是生活中最广泛使用的塑料品种，但直到解决了溶液纺丝所需的溶剂问题并改善了纤维的热稳定性后，氯纶纤维才有了较大的发展。由于原料丰富，工艺简单，成本低廉，又有特殊用途，因此它在合成纤维中具有一定的地位。

氯纶的突出优点是，难燃、保暖、耐晒、耐磨、耐蚀和耐蛀，弹性也很好，但由于染色性差，热收缩大，限制了它的应用。目前，改良的办法是，与其他纤维品种共聚或与其他纤维进行乳液混合纺丝。

（三）特种化学处理织物

随着人们生活水平的提高和社会的进步，人们对服装的要求也越来越高，不但要求美观新颖，同时还要穿着舒适，并且有一些特殊的功能。

1. 抗紫外线涤纶

新型功能性纺织纤维原料之一是抗紫外线涤纶，与普通的涤纶相比，它具有优异的物理、机械性能，强度高，弹性好，尺寸稳定性和抗皱性强，耐气候性、化学稳定性、耐热性优良，同时还具有遮蔽紫外线的功能。

抗紫外线涤纶通过将具有遮蔽紫外线功能的无机陶瓷微粒添加到聚酯熔体中，再经纺丝加工而制成。将这抗紫外线涤纶经纺织印染、整理加工后，会使紫外线遮蔽率大大增强，这与以往在聚酯熔体中添加有机抗紫外线防老化剂或纺织品涂敷整理后赋予遮蔽紫外线功能的方法不同。无论是采用抗紫外线涤纶短纤维与棉纤维的混纺纱，还是与普通涤纶长丝交织生产的纺织面料，其平均紫外线遮蔽均达到94%以上。另外，该涤纶对紫外线、可见光及红外线有一定的分散和反射作用，因此，强化了其对紫外线的遮蔽作用。

2. 人造气候服装

人穿着人造气候服装时会感觉润湿、温热、柔软、滑爽、厚实，其中最主要的是润湿和温热。因为这种服装主要由两层材料构成：第一层是贴身层，由合成纤维衬衣构成；第二层是由纯棉布网络织物构成。人造气候服装可保持衣服内的温度始终保持在30～33℃，相对湿度在50%左右，因此大大地增强了人们穿衣的舒适感。

服装材料的发展趋势与社会现状、人们的需求、科学技术的发展水平等诸多方面的因素有关。随着消费水平的提高和现代生活方式的转变，现代人越来越不满足已有纺织品所能提供的功能，纺织品的生产也呈现出飞速发展的态势。纺织品已从御寒蔽体发展到美观舒适，从安全卫生发展到保健强身，并出现了许多新功能、多功能、高功能的纺织品，极大地适应了现代人对服装的新要求。人们对已有的服装材料进行物理化学改性，使其性能更加完美。通过印染技术获得五颜六色的面料；通过超微纤维化获得具有更轻、更薄且软、暖、透气、透湿的功能；通过丝光处理使得棉织品更光滑、具有丝般的光泽；在羊毛织物中通过陶瓷加工，也可具有丝绸的效果，具有光滑、凉爽和舒适感；也还可以通过对纤维表面化学改性，增加纤维表面的亲水性基团，达到迅速吸湿的目的。

通过这些技术，人们得到的纤维是像天然纤维那样舒适透气，同时像合成纤维那样保养方便。现代科学技术的发展使这一切成为了现实，人们通过不断开发新材料及对现有纤维进行改性，使服装用的纤维性能更加得完美。美观性、舒适性、保健性、功能性、方便随意性、绿色环保性等成为了现代纤维材料的主要发展方向。

二、服装中的危害

为了使服装挺括、不起皱和防蛀，通常在纺织品的生产过程中使用化学手段，添加各种化学品，使其满足人们的需要。但如果使用过程中不加以注意，这些化学品就可能会对人体产生危害。

(一) 服装中常见的有害物质

1. 甲醛

服装中的甲醛主要来源于纺织印染助剂，它能与纤维素羟基结合，以提高印染助剂在织物上的耐久性。

我国于2003年发布了GB 18401《国家纺织产品基本安全技术规范》标准，对纺织品中甲醛的含量进行了限定：婴幼儿用品不超过20毫克·千克$^{-1}$；直接接触皮肤的产品不超过75毫克·千克$^{-1}$；非直接接触皮肤的产品不超过300毫克·千克$^{-1}$。甲醛是一种易溶于水的化学品，因此服装买回家后最好先用清水进行充分漂洗后再穿，这样服装中的甲醛含量将大大降低。同时在选购服装过程中，尽量不要购买进行过抗皱处理的服装；尽量选择小图案的衣服，而且图案上的印花不要很硬。为婴幼儿购买服装最好选择浅色的，深色的服装经孩子穿着摩擦，易使染料脱落渗入皮肤，对儿童身体造成伤害。

2. 致癌偶氮染料

偶氮染料是指具有偶氮基（—N═N—）的染料。这是应用品种最多的一类合成染料，包括酸性、碱性、酸性媒介、阳离子、活性和分散染料等，可用于各种纤维染色和印花。长期的研究和临床试验证明，偶氮染料染色的纺织品与人体长期接触，与人体中正常代谢所释放的物质（如汗液）混在一起，经还原会释放出 20 多种致癌芳香胺类，可形成致癌芳香胺中间体，其危害性大于甲醛。如果长期穿着含可分解芳香胺染料的衣物，会导致头疼、恶心、失眠、呕吐、咳嗽，甚至膀胱癌、输尿管癌、肾癌等恶性疾病。这种染料在人的身体上驻留的时间很长，就如同在人的皮肤上的膏药，通过汗液和体温的作用引起病变。医学实验表明，这种作用甚至比通过饮食引起的作用还快。

我国是出口服装的大国，但经常会有些用料讲究，做工精细的服装被退回。这些色彩绚丽、款式新颖的服装退回的主要原因是使用了致癌偶氮染料。在西欧等地的服装必须接受禁用染料的检测，超标的服装将不允许进入市场。而在我国行销的服装却不需要接受类似的检测。因此有关专家已经在呼吁有关部门尽早建立起相关的法规，以保护消费者的利益。

3. 残留的重金属

由于使用金属络合染料，纺织品中常含有重金属。即使天然植物纤维在生长加工过程中都有可能从土壤、空气中吸收重金属。此外，在纺织品印染和染料加工过程中也可能带入一部分重金属。重金属对人体的危害是相当严重的。人一旦吸收了重金属，则可能会累积于肝、肾、骨骼、心及脑中，当含量积累到一定程度时，便会对人体产生巨大毒性。这种情况对儿童更为严重，因为儿童对重金属的吸收能力远高于成人。

除了上述几种常见的服装中的污染，还有在生产、储存和运输过程中加入的化学防腐剂，或植物生长过程中使用的农药都有可能在人体中积蓄造成伤害。服装对人体造成的危害主要是以接触后引发的局部危害最为常见，严重者也可有全身症状。其中局部损害则是以接触性皮炎为主。

(二) 服装危害的防护

首选应对在日常生活中接触到的化学物质有所了解，尽量穿着天然纺织品制作的，并且是采用天然染料染色的衣服。最好不要穿会褪色的衣服，尽量选择浅色的。在购买衣物时要特别注意，若一些纺织制品散发出特殊气味（如霉味、汽油味、煤油味、鱼腥味及芳香烃气味等），这表明纺织品上有过量的化学药剂残留或纺织品发生了生物或化学变质。

穿着新衣物前要认真阅读使用说明书，掌握正确的使用方法。不要买不合格的产品(如没有使用说明或没有标明注意事项的产品)。据有关专家介绍，从服装标签上能完全了解得到服装的安全等级。《国家纺织品基本安全技术规范》标准规定，市场上所有销售的服装的吊牌、标签或使用说明上都应明确标注产品分类。目前市场上的服装标签上有“生态纤维制品标志”和“天然纤维制品标志”两种。生态纤维制品标志是以经纬纱线编织成树状的图形。天然纤维制品标志是以N、P两个字母构成的图形。它们的使用范围、品牌品种、使用期限与数量有严格的规定。申领这两种标志必须经过严格的审批，且企业对它们的使用情况受到中国纤维检验局的监控。因此，在购买服装时，应认准这两种标志。

有调查表明，75%的小孩有将小物品放入口内的习惯。有些物品（如经防虫剂处理的衣服、床上用品等）与人体接触时，其中的防虫剂等化学物质就可能被唾液和汗水溶解。小孩如果舔食这类物品就会有危害，所以要特别注意对小孩的防护。如果发生问题不要惊慌，应该及时去医院治疗。只要治疗及时，一般都不会造成严重的伤害。

第五节 塑料制品

塑料诞生于1909年，是美国化学家贝克兰德在德国化学家贝耶尔研究的基础上，用两种化工原料合成的。20世纪70年代，世界塑料产量迅速增加，超过了曾经称霸世界的钢铁产量。现在，人类生活已离不开塑料制品。

塑料是由许多材料配制混合而成的，并不是一种简单的纯物质。塑料的主要成分是高分子聚合物，为了增强塑料的性能，还要向聚合物中添加各种辅助材料，如稳定剂、润滑剂、增塑剂、着色剂等。

一、塑料的成分

1. 合成树脂

塑料的最主要成分是合成树脂，一般其在塑料中的含量为40%～100%。由于树脂的性质常常决定了塑料的性质且含量大，人们常把树脂看成是塑料的同义词。其实塑料与树脂是两个不同的概念。树脂不仅用于制造塑料，还可以用于制备涂料、胶黏剂及合成纤维，是一种未加工的原始聚合物；而绝大多数的塑料成分不是100%的树脂，还需要向其中加入其他物质。

2. 填料

填料又名填充剂，能提高塑料的强度和耐热性。填充剂在塑料中的含量一般控制在40%以下。例如酚醛树脂中加入木粉后能显著提高机械强度。填料分为无机填料和有机填料两类，前者如硅藻土、石棉、玻璃纤维、炭黑等；后者如纸张、木粉、碎布和各种织物纤维等。

3. 增塑剂

增塑剂可与树脂混溶，是一类对光、热稳定的高沸点的有机化合物，具有无臭、无毒的性质。增塑剂能增加塑料的柔软性和可塑性，降低脆性，使塑料更易于加工成型。生产聚氯乙烯塑料时，若加入较多的增塑剂可得软质塑料，若不加或少加增塑剂（用量<10%），则得到硬质塑料。

知识·链接

常用的增塑剂

增塑剂是塑料中用量最大的添加剂，其中邻苯二甲酸酯类是目前应用最广泛的一类增塑剂，约占全部增塑剂消费量的70%左右。

但研究表明，邻苯二甲酸酯类化合物是重大的环境污染物之一，其分布广，难降解，具致癌、致畸、致突变的遗传毒性，对人和动物的生殖系统产生影响，也能干扰动物和人体的内分泌系统。

近年来，我国白酒行业屡报增塑剂超标问题，引起了消费者的恐慌。有专家解读，造成白酒中超标最有可能的原因，一是在装卸、储运等过程中使用的聚氯乙烯材质的管道或容器，导致聚氯乙烯中的增塑剂溶解析出，从而使得白酒中的增塑剂含量超标。如装卸白酒或酒精的塑料管道，塑料瓶盖。二是掺入白酒中的香精、香料增塑剂超标。

4. 稳定剂

为了防止合成树脂在加工和使用过程中受光和热的作用分解和破坏，延长使用寿命，要在塑料中加入稳定剂。常用的有硬脂酸盐、环氧树脂等。稳定剂的用量一般为塑料的0.3%～0.5%。

5. 着色剂

着色剂可使塑料具有各种鲜艳、美观的颜色，常用有机染料和无机颜料作为着色剂。合成树脂的本色大都是白色半透明或无色透明的。在工业生产中常利用着色剂来增加塑料制品的色彩。

6. 润滑剂

润滑剂的作用是防止塑料在成型时粘在金属模具上，同时可使塑料的表面光滑美观。常用的润滑剂有硬脂酸及其钙、镁盐等。

7. 抗氧剂

抗氧剂的作用主要是防止塑料在加热成型或在高温使用过程中受热氧化而使塑料变黄、发裂等。

除了上述助剂外，塑料中还可加入阻燃剂、发泡剂、抗静电剂、导电剂、导磁剂、相容剂等，以满足不同的使用要求。

二、塑料的性质

塑料的成分决定了它具有：①质轻；②耐磨耗性和透明性；③绝缘性好，导热性低；④具良好的耐冲击性；⑤加工成本低，成型性、着色性好；⑥化学稳定性好，不会锈蚀。因此塑料在日常生活中应用得非常广泛。然而大部分塑料也具有一定的缺点：①耐热性差，热膨胀率大，易燃烧；②容易变形，尺寸稳定性较差；③容易老化；④多数塑料耐低温性差，低温下变脆；⑤某些塑料易溶于溶剂等性质。因而，它的应用也受到一定的限制。

三、不同型号的“塑料”

塑料是重要的有机合成高分子材料，应用非常广泛。但是废弃塑料带来的“白色污染”也越来越严重。了解塑料的分类，科学地使用塑料制品，不仅有利于塑料的分类回收，还能有效控制和减少“白色污染”。

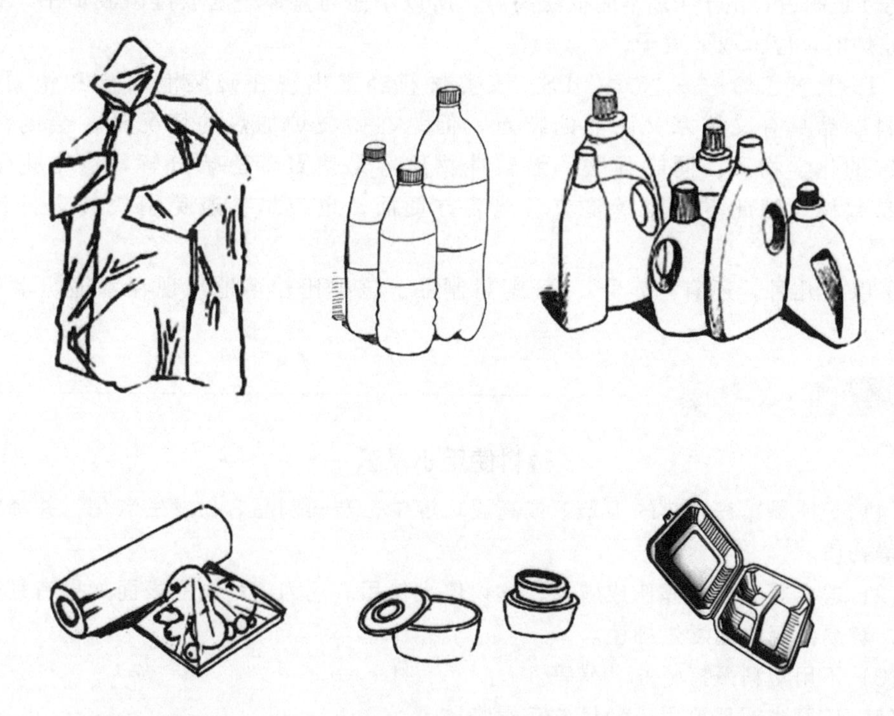

(1) PET 聚对苯二甲酸乙二醇酯（聚酯）——“1 号”PET。该类塑料产品主要用于矿泉水瓶、碳酸饮料瓶等饮料瓶的制作。该类塑料只能耐热至 70℃，且易变形。若装高温液体则容易释放出对人体有害的物质。因此只适合装暖饮或冻饮，不能装热水，也不能用于装酒、油等物质，且不宜重复使用。因此饮料瓶用完后就应丢弃至分类的垃圾桶内，不再用来作为水杯或作为储物容器盛装其他物品，以免引发健康问题而得不偿失。

(2) HDPE 高密度聚乙烯——“2 号”HDPE。该类塑料产品常用于清洁用品、沐浴产品的包装。该类塑料制品可在清洁后重复使用，但这些容器通常不好清洗，残留原有的清洁用品，容易变成细菌的温床。

因此清洁用品、沐浴产品的瓶子最好不要循环使用，以免对健康产生影响。当然更不能再用来作为水杯，或者用来做储物容器装其他物品。

(3) PVC聚氯乙烯——“3号”PVC。这种材质可塑性优良，价钱便宜，使用普遍。常见雨衣、建材、塑料膜、塑料盒等都是由此种塑料制成。但该类塑料材质耐热81℃，高温时容易产生有害物质，因此不能用于食品包装。若随食物进入人体，可能引起乳腺癌、新生儿先天缺陷等疾病。

(4) LDPE低密度聚乙烯——“4号”LDPE。该类塑料产品常用于保鲜膜、塑料膜等成品中。该类塑料材质同样耐热性不强。通常合格的PE保鲜膜在超过110℃时就会出现热熔现象，而产生有害物质，而且食物中的油脂易将保鲜膜中的有害物质溶解。因此在使用保鲜膜包裹食品时，加热前应该先要取下保鲜膜，切勿随食物放入微波炉蒸煮，这样才能最大程度地降低其危害性。

(5) PP聚丙烯——“5号”PP。该类塑料制品常用于微波炉餐盒、常见豆浆瓶、优酪乳瓶、果汁饮料瓶中。其熔点高达167℃，是唯一可以安全放进微波炉的塑料制品，因此可以在清洁后重复使用。需要注意的是有些微波炉餐盒，盒体以5号PP制造，但盒盖却以1号PE制造，由于PE不能抵受高温，所以不能与盒体一起放进微波炉中。在需要放入微波炉时，应该取下盖子。

(6) PS聚苯乙烯——“6号”PS。该类材料经常出现在碗装泡面盒和快餐盒中。该类塑料制品具有又抗寒又耐热的特点，但是在微波炉加热的情况下，会因高温而释出有害的化学物质。同时强酸、强碱性物质容易使聚苯乙烯分解，这个化学物质非常容易致癌。因此不能用微波炉煮碗装方便面，也应尽量避免用快餐盒打包过烫的食物。

除了以上几种，还有“7号”PC塑料制品。该类比较多地出现在水壶、水杯、奶瓶中。

知识·链接

塑料使用小常识

(1) 长期暴露在炽热的阳光下或高温环境中，塑料制品容易发生老化，并释放一些有毒物质。

(2) 若容器有任何摔伤或破损，建议停止使用。因为塑料制品表面如果有细微的坑纹，容易藏污物而滋生细菌。

(3) 不用塑料瓶打酱油、醋等。

(4) 矿泉水瓶反复用，会释放有毒物质。

(5) 大多数塑料废品埋在地底下几百年、几千年甚至几万年也不会腐烂。

四、塑料用品的简单鉴定

一看，一般来说颜色越深的塑料毒性越大，因为深颜色的色料一般毒性很大；二闻，塑料含有的异味一般都是在制品中添加助剂、色料或残余单体的味道，所以这种塑料绝不能装食物；三摸，一般能装食品的塑料摸起来光滑且有光泽，如果手感不光滑，特别是发黏的塑料一定不能用。

由于塑料产品在高温下会分解而给人体造成伤害，因此建议最好别用塑料制品装高温液体，改用陶瓷、钢杯、玻璃杯、纸容器等其他材料的容器来盛装，这样不仅可以减少对人体的伤害，还能因减少使用石油化学产品，让环境更美好。

趣味实验 8-1 自制牙膏

【实验目的】

掌握普通牙膏的配方，并自己动手制作出一支牙膏。

【实验原理】

牙膏是清洁牙齿，保护口腔卫生的日用必需品，牙膏由摩擦剂、湿润剂、表面活性剂、黏合剂、香料、甜味剂及其他一些特殊成分按一定比例混合而成。

【实验用品】

天平、量筒、烧杯、滴管、玻璃棒、旧牙膏管；二水合磷酸氢钠、羧甲基纤维素钠、十二烷基硫酸钠（化学浆糊 CMC）、甘油、木糖醇、香精、蒸馏水。

【实验步骤】

1. 取 1.3g CMC、16mL 甘油，依次放入烧杯中，加 20mL 蒸馏水，搅拌均匀。

2. 称 0.25g 木糖醇，将其溶解在 8mL 蒸馏水中，再加 2.5g 十二烷基硫酸钠，搅拌均匀后倒入上述烧杯中。

3. 向烧杯中再加入 47g 二水合磷酸氢钠，边搅拌边滴 5 滴香精，混合均匀后即成牙膏。

4. 打开旧牙膏壳的底部，将牙膏壳做成管状，把自制的牙膏装入，用小夹子封好即制得成品。

趣味实验 8-2 沐浴露的配制

【实验目的】

1. 了解主要洗涤用品表面活性剂的性质；

2. 掌握沐浴露配制的基本原理及各种原料的作用；

3. 掌握沐浴露的基本配制工艺。

【实验原理】

沐浴露是常用的个人皮肤清洁用品，具有清洁、去污、除菌、杀菌等功能，其主要成分有：（1）阴离子表面活性剂，如：AES Na、$K_{12}NH_4$、$AESNH_4$、MAPK、肥皂。它们的去污效果好、安全性高、性质温和，且价格合适。（2）非离子表面活性剂，如 6501、APG。（3）两性表面活性剂，如 BS-12、CAB、咪唑啉。（4）金属离子螯合剂、防腐剂、香精、柠檬酸、珠光剂等成分。

【实验用品】

烧杯、搅拌器；AES-Na、6501、CAB、柠檬酸、金属离子螯合剂、防腐剂、香精、珠光剂等。

【配方】

编号	原料名称	含量/%	编号	原料名称	含量/%
①	70%AES-Na	10	⑥	珠光片	1.0
②	CAB	6.5	⑦	卡松	0.1
③	6501	4.5	⑧	草本香精	0.3
④	柠檬酸	0.1	⑨	纯水	77.3
⑤	EDTA	0.2			

【实验步骤】

首先将37g纯水加入反应容器中，然后按上表中所给比例，依次加入CAB、6501、AES于反应容器中，搅拌均匀，再将柠檬酸、EDTA、珠光片加入，搅拌均匀，将37.3g纯水加入，搅拌均匀，升温至75℃，待反应物全部溶解后，利用冷却水将反应物冷却至45℃后，加入卡松和香精，继续冷却至35℃出料。

【注意事项】

升温至75℃后待所有的反应物都溶解后才能冷却。

趣味实验 8-3　洗洁精的配制

【实验目的】

1. 通过实验加深对表面活性剂类型及作用的认识；
2. 掌握液状洗涤产品配制的基本操作及其生产原理；
3. 了解洗涤剂产品洗涤效果测定的方法。

【实验原理】

洗洁精是常用的家用洗涤剂，主要起清洁去污及除菌杀菌等作用，其主要成分是去污作用效果较好、安全性能高、价格便宜的阴离子表面活性剂，如烷基苯磺酸钠、脂肪醇聚氧乙烯醚硫酸钠（AES）等，一般还需加入起协调和增稠作用的非离子表面活性剂6501或6502和金属离子螯合剂、防腐剂、香精等。

【实验用品】

电炉、水浴锅、电动搅拌器、温旋转黏度计、天平、玻璃棒、滴管、温度计（0～100℃）、烧杯（100mL、250mL）、量筒（10mL、100mL）；脂肪醇聚氧乙烯醚硫酸钠（AES）、十二烷基苯磺酸钠（ABS-Na）、脂肪醇二乙醇酰胺（尼诺尔6501）、十二醇硫酸钠（K_{12}）、脂肪醇聚氧乙烯醚（AEO）、碳酸钠、羧甲基纤维素（CMC）、甘油、偏硅酸钠、氯化钠、香精、色素。

【配方】

原料名称	配比(质量分数)/%
月桂醇聚氧乙烯醚硫酸钠(AES)	12
月桂醇硫酸钠(K_{12})	5
烷基醇酰胺(6501)	4
甘油	1
EDTA-Na盐	1
纯水	75.5
苯甲酸钠	0.5
氯化钠	1
香精	适量

【实验步骤】

按上表所给比例，向75.0g纯水中分别加入脂肪醇聚氧乙烯醚硫酸钠（AES）、十二醇硫酸钠、烷基醇酰胺（6501）、甘油、EDTA钠盐、苯甲酸钠，加热，搅拌均匀，使其完全溶解。然后按配比加入氯化钠、色素、香精等，即可得成品，并用黏度计测定产品的黏度。

【实验数据记录与处理】

将实验数据和结果记录在下列表格中。

序号	产品pH值	产品黏度/mPa·s	备注

【注意事项】

1. 用食盐增稠时，应配成质量分数为20%的食盐溶液。
2. 加入防腐剂和香精时，温度不应高于50℃。

【思考题】

1. 黏度计的使用应注意哪些问题？
2. 配制洗洁精的主要原料有哪些？为什么必须控制洗洁精的pH值？
3. 能否用冷水配制洗洁精？

趣味实验8-4　肥皂的制作

【实验目的】

1. 制取肥皂，初步体验有机物的制作过程和特点；
2. 加深对皂化反应、盐析、可逆反应进行方向控制的理解。

【实验原理】

将油脂和氢氧化钠混合后加热，油脂水解为高级脂肪酸钠和甘油，前者经加工成型后就是肥皂。

【实验用品】

酒精灯、玻璃棒、三角架、石棉网、蒸发皿、量筒、烧杯、纱布、坩埚钳；30% NaOH、无水乙醇、饱和NaCl（烧杯中）、植物油（25mL量筒中）。

【实验步骤】

（1）向蒸发皿中分别加入8mL植物油、加入8mL无水乙醇、4mL 30% NaOH溶液，于蒸发皿中加热，用玻璃棒不断搅拌。

（2）用玻璃棒蘸取上述混合液滴入水中，若混合物溶解，无油滴，表明皂化反应已经完全，可停止加热。

（3）盐析：将蒸发皿中液体冷却，加适量蒸馏水，适量饱和 NaCl 溶液，肥皂因发生（盐析）凝聚而从混合液中析出，并浮在表面。

（4）过滤：将混合物倒入烧杯，用纱布滤出固态物质，挤干。

【思考题】

1. 反应中加入酒精的目的是什么？

2. 皂化反应的原理是什么？

注：皂化反应为油脂在碱性条件下的水解反应。

（李志美，胡昱）

参考文献

[1] 张家治．化学史教程［M］．第3版．太原：山西教育出版社，2006.
[2] 袁莉，白蒲婴，郭效军．化学史简明教程［M］．兰州：甘肃科学技术出版社，2007.
[3] 王彦广，林峰．化学与人类文明［M］．杭州：浙江大学出版社，2001.
[4] 陈芳烈．微观世界的奥秘，化学与未来［M］. 昆明：晨光出版社，1999.
[5] 布莱恩•赖普. 氢 惰性气体元素［M］. 济南：山东教育出版社，2006.
[6] 任平君，冯丽等．元素世界［M］. 呼和浩特：远方出版社，2006.
[7] 夏志清，郭其敬．漫谈化学元素［M］. 武汉：湖北教育出版社，2001.
[8] 朱春伟．大脑的记忆：关于大脑记忆功能的探索［M］. 长春：吉林大学出版社，2010.
[9] 王镜岩等．生物化学［M］．第3版．北京：高等教育出版社，2002.
[10] 陈晓平．食品生物化学［M］. 郑州：郑州大学出版社，2011.
[11] 吴伟平，钟衍汇．生物化学［M］. 南昌：江西科学技术出版社，2008.
[12] 桂兴芬，吕文华，康爱华．生物化学［M］. 郑州：郑州大学出版社，2008.
[13] 王金胜，王冬梅，吕淑霞．生物化学［M］．北京：科学出版社，2007.
[14] 陈少华．生物化学［M］. 南京：江苏科学技术出版社，2007.
[15] 冯磊．基础营养学［M］. 杭州：浙江大学出版社，2005.
[16] 何计国，甄润英．食品卫生学［M］. 北京：中国农业大学出版社，2003.
[17] 王培林，傅松滨．医学遗传学［M］．第3版．北京：科学出版社，2001.
[18]《生命的起源》编写组．生命的起源［M］．北京：中国出版集团，世界图书出版公司，2010.
[19] 王谷岩．了解生命［M］. 南京：江苏教育出版社，1998.
[20] 尤启冬．药物化学［M］．第2版．北京：化学工业出版社，2008.
[21] 王尧，杜子威．神经生物化学与分子生物学［M］．北京：人民卫生出版社，1997.
[22] 江汝元．生活中的化学［M]. 北京：中国建材工业出版社，2001.
[23] 赵雷洪，竺丽英．生活中的化学［M］．杭州：浙江大学出版社，2010.
[24] 康娟等．身边的化学［M]. 北京：中国林业出版社，2002.
[25] 蔡炳新，王玉枝，汪秋安．化学与人类社会［M］．长沙：湖南大学出版社，2005.
[26] 尤启东．药物化学［M］．第7版．北京：人民卫生出版社，2011.
[27] 张胜义，陈祥迎，杨捷．化学与社会发展［M]. 北京：中国科学技术出版社，2009.
[28] 方明建，郑旭煦．化学与社会［M]. 武汉：华中科技大学出版社，2009.
[29] 芦金荣，周萍．化学药物［M]. 南京：东南大学出版社，2006.
[30] 徐红、王开贞、王玉奎．临床常用药物［M］．第2版．济南：山东科学技术出版社，2004.
[31] 孟长功．化学与社会［M］. 大连：大连理工出版社，2008.
[32] 冯凤琴，叶立扬．食品化学［M］．北京：化学工业出版社，2005.
[33] 李梅，韩莉，梁竹梅．化学实验与生活［M］．第2版．北京：化学工业出版社，2009.
[34] 周志华，马宏佳等．化学与生活·社会·环境［M]. 南京：江苏教育出版社，2007.
[35] 阿部芳郎，张金延，张锦得．洗涤剂通论［M］．北京：中国轻工业出版社，1992.
[36] 徐培珍，赵斌，孙尔康．化学实验与社会生活［M］．南京：南京大学出版社，2008.
[37] 郑富源．合成洗涤剂生产技术［M］．北京：中国轻工业出版社，1996.
[38] 麦尔布哈·阿布都热西提，沙拉买提·托乎提．元素周期表研究进展［J］．新疆师范大学学报：自然科学版，2006，25（4）：49-52.
[39] 唐志华．生命元素图谱与化学元素周期表［J］．广东微量元素科学，2001，8（2）：1-5.
[40] Science，1998，281：1936.
[41] Science，1999，284：2111.
[42] Science，2000，287：1630.
[43] 余邦良，马亚平，刘全忠等．铂类抗癌药物研究进展［J］．海南大学学报：自然科学版，2005，23（1）：72-80.
[44] 华平，王美红，沈承武等．镇静催眠药市场面面观［J］．世界临床药物，2009，30（6）：377-380.

[45] 孙清廉．形形色色的药物剂型［J]．食品与健康，2012，8：42-43.
[46] 边纪．10种理想的食品搭配［J]．生活百科新农村，2006，6：23.
[47] 田荣福，殷会成，秦少青．食品搭配与生命健康［J]．畜牧兽医科技信息：食品卫生，2004，11：54.
[48] 田宗学．茶叶中的化学成分与保健［J]．中学化学教学参考，2002，11：57-58.
[49] 邹盛勤．茶叶的药用成分、药理作用及应用研究进展［J]．中国茶叶加工，2004（3）：35-37.
[50] 肖勤．农村水环境污染现状及其治理对策［J]．畜牧与饲料科学，2009，30（1）：123-124.
[51] 刘建，徐学良，刘富裕．水污染及其危害［J]．地下水，2004，26（3）：167-168.
[52] 赵丰，黄民生，戴兴春．当前水环境污染现状分析与生态修复技术初探［J]．上海化工，2008，33（7）：27-30.
[53] 刘志刚．汽车发展史简述［J]．汽车运用，2000，12：15-16.
[54] 杨庆山，兰石琨．我国汽车尾气净化催化剂的研究现状［J]．金属材料与冶金工程，2013，01：53-59.
[55] 马云．汽车尾气污染的危害及其控制对策［J]．北方环境，2013，03：61-62.
[56] 黄鹏．浅谈汽车尾气对人体健康的影响［J]．微量元素与健康研究，2013，03：63-64.
[57] 杨庆山，兰石琨．汽车尾气净化催化剂载体的研究进展［J]．湖南有色金属，2013，01：49-53.
[58] 仇雅莉．三元催化转换理论在汽车尾气治理中的应用［J]．交通标准化，2013，10：122-124.
[59] 李艳宾．汽车尾气氮氧化物还原的详细机理：［学位论文]．大连：大连理工大学，2013.
[60] 董相军，夏鸿文．汽车尾气污染状况及对策研究［J]．交通节能与环保，2013，02：17-20.
[61] 田贺忠，陆永祺等．我国酸雨和二氧化硫污染控制历程及进展［J]．中国电力，2001，34（3）：51-56.
[62] 沈学优，罗晓璐，朱利中．空气中挥发性有机化合物的研究进展［J]．浙江大学学报：理学版，2001，28（5）：547-556.
[63] 张云，李彦峰．环境中VOCs的污染现状及处理技术研究发展［J]．化工环保，2009，29（9）：411-415.
[64] 曲茉莉．大气中的污染现状及治理技术研究进展［J]．环境科学与管理，2012，37（6）：102-104.
[65] 李静，田晶，厉巍．浅谈VOCs污染控制［J]．科技致富向导，2011，26：46.
[66] 夏家淇，骆永明．关于土壤污染的概念和3类评价指标的探讨［J]．生态与农村环境学报，2002，22（1）：87-90.
[67] 李妍．我国土壤污染状况及防治分析［J]．边疆经济与文化，2010，11：32-33.
[68] 袁建新，王云．我国《土壤环境质量标准》现存问题与建议［J]．中国环境监测，2000，16（5）：41-44.
[69] 张效年，蒋能慧．土壤电化学性质的研究Ⅲ．红壤胶体的电荷特征［J]．土壤学报，1964，12（2）：120-131.
[70] 林玉锁．我国土壤安全面临的突出问题［J]．环境保护，2004，10：39-42.
[71] 林强．我国的土壤污染现状及其防治对策［J]．福建水土保持，2004，16（1）：25-28.
[72] 李浩然，郝滢洁，路紫．我国水资源特点及其对区域经济的影响［J]．国土与自然资源研究，2007，4：63-65.
[73] 韩素清，迟翔．土壤污染的类型及影响和危害［J]．化工之友，2007，5：33-34.
[74] 江惠忠．绿色化学的研究方向［J]．新视角，2012，11：139-140.
[75] 王哲勤．绿色化学发展前景探索与挑战［J]．吉林广播电视大学学报，2012，9：128-130.
[76] 吴广义．世界能源形势热点分析［J]．前线，2004，9：22-24.
[77] 于景荣，邢丹敏等．燃料电池用质子交换膜的研究进展［J]．电化学，2001，7（4）：385-395.
[78] 安平，其鲁．锂离子二次电池的应用和发展［J]．北京大学学报：自然科学版，2006，42：1-7.
[79] 孟玉．牙膏原料对牙膏质量的影响［J]．牙膏工业，2001，4：36-38.
[80] 刘德明．牙膏的成分功效与牙膏的使用［J]．日用化学品科学，2004，27（10）：47-48.
[81] 朱本浩．选择牙膏有学问［J]．家庭医学，2006（3）：36.
[82] 李发生．化妆品与生活［J]．江西化工，2005（4）：21-22.
[83] 杨卫国．衣用液体洗涤剂文献综述及配方技术解说［J]，甘肃化工，2003，3：6-9.
[84] 吴振强．三种常用化妆品的鉴别方法［J]．中国质量技术监督，2006，12：60.
[85] 鄢又玉，赵春芳等．美白护肤品作用机理及配方研发设计［J]．日用化学工业，2009，39（6）：423-427.
[86] 李钟宝、蔡晨露、刘秀梅．邻苯二甲酸酯类增塑剂合成与应用研究进展［J]．塑料助剂，2010，4：8-15.
[87] 张娜，刘欣．邻苯二甲酸酯类化合物的研究进展［J]．环境科学导刊，2009，28（3）：25-28.
[88] 潘鸿瑞．区分抗菌药、抗生素、消炎药［J]．现代养生，2011，01：54-55.